研究生数学教学系列(工科类)

矩 阵 论

南京航空航天大学

戴 华 编著

科 学 出 版 社

北 京

内 容 简 介

本书较全面、系统地介绍了矩阵理论的基本理论、方法和某些应用. 全书共10章,分别介绍了线性空间与内积空间、线性映射与线性变换、λ矩阵与矩阵的Jordan标准形、初等矩阵与矩阵因子分解、Hermite矩阵与正定矩阵、范数理论与扰动分析、矩阵函数与矩阵值函数、广义逆矩阵与线性方程组、Kronecker积与线性矩阵方程、非负矩阵与M矩阵等内容. 本书内容丰富、论述严谨. 各章后面配有一定数量的习题,有利于读者学习和巩固.

本书可作为理工科院校硕士研究生和高年级本科生的教材,也可作为有关专业的教师和工程技术人员的参考书.

图书在版编目(CIP)数据

矩阵论/戴华编著. —北京:科学出版社,2001.8
(研究生数学教学系列. 工科类)
ISBN 978-7-03-009673-9

Ⅰ.矩… Ⅱ.戴… Ⅲ.矩阵-理论-研究生-教材 Ⅳ.O151.21

中国版本图书馆CIP数据核字(2001)第051680号

责任编辑:吕 虹 姚莉丽 张中兴/责任校对:包志虹
责任印制:张 伟/封面设计:黄华斌 王 浩

科学出版社出版
北京东黄城根北街16号
邮政编码:100717
http://www.sciencep.com
北京建宏印刷有限公司印刷
科学出版社发行 各地新华书店经销
*
2001年8月第 一 版 开本:720×1000 1/16
2022年1月第二十五次印刷 印张:18 3/4
字数:334 000

定价:49.00元
(如有印装质量问题,我社负责调换)

前　言

作为数学的一个重要分支，矩阵理论具有极为丰富的内容．作为一种基本的工具，矩阵理论在数学学科以及其他科学技术领域，如数值分析、最优化理论、概率统计、运筹学、控制理论、力学、电学、信息科学与技术、管理科学与工程等学科都有十分重要的应用．因此，学习和掌握矩阵的基本理论和方法，对于工科研究生来说是必不可少的．

本书的主要内容曾作为南京航空航天大学工科研究生的必修课教材讲授多年，经过不断地充实更新，并对内容的安排作了精心的处理．撰写时，力求使本书具有一定的理论深度，且注重广度适中、深入浅出、简洁易懂、便于自学．

全书共 10 章，较全面、系统地介绍了矩阵的基本理论、方法和某些应用．第一与第二章是线性代数的基础理论，主要介绍线性空间与内积空间、线性映射与线性变换等基本概念和性质．这部分内容的熟练掌握和深刻理解，对后面内容的学习有着很大的影响．第三至第五章是矩阵分解理论，主要介绍矩阵的 Jordan 标准形、初等矩阵与矩阵因子分解、Hermite 矩阵与正定矩阵．这些内容是矩阵理论研究、矩阵计算及其应用中不可缺少的工具和手段．第六至第八章介绍了范数理论、矩阵函数与矩阵值函数、广义逆矩阵及其应用．第九与第十章主要介绍了矩阵 Kronecker 积、线性矩阵方程与矩阵最佳逼近、非负矩阵等基本理论及其应用．每章配有一定数量的习题，以供读者练习．带 * 号的内容可用于选讲或自学．

作者感谢东南大学应用数学系陈建龙教授，他仔细审阅了全部书稿，并提出了不少有益的建议．感谢南京航空航天大学研究生院、教务处对本书的出版给予的大力支持．同时感谢熊春茹副编审和吕虹编审为本书的出版付出的辛勤劳动．

限于水平，书中不妥之处，敬请读者指正．

编　者

2000.12

目　录

第一章　线性空间与内积空间

本章概述线性空间与内积空间的基本概念和基本理论. 这些概念是通常几何空间概念的推广和抽象. 在近代数学发展中,这些概念和理论已渗透到数学的各个分支. 本章内容是学习本书的基础.

§1.1　预备知识:集合、映射与数域

1.1.1　集合及其运算

我们常常会遇到或处理一类对象或某种整体. 例如,实数的全体 $\mathbf{R}$,复数的全体 $\mathbf{C}$,闭区间$[a,b]$上定义的连续函数全体 $\mathbf{C}[a,b]$,等. 所涉及的这些整体性对象,在数学上用集合(简称集)这一抽象概念概括.

集合是近代数学的最基本概念之一,它是由具有某种性质所确定的事物的总体. 根据这种性质可以辨别任一事物属于或不属于这个集合. 属于这个集合的事物称为这个集合的元素. 通常用大写字母 $A,B,C,\cdots$表示集合,而用小写字母 $a,b,c,\cdots$表示集合的元素. 若 a 为集合 A 的元素,则称 a 属于 A,记为 $a\in A$;若 a 不是集合 A 的元素,则称 a 不属于 A,记为 $a\notin A$.

表示一个集合通常有两种方法. 一种是列举法,即把一个集合的元素都列举出来. 例如,集合 A 由元素 a_1,a_2,a_3 组成,则记 $A=\{a_1,a_2,a_3\}$;另一种是概括法,即把这个集合的元素所具有的特征性质表示出来. 具有这种特征的元素在这个集合中,而不具有这种特征的元素就不在这个集合中. 如果这种特征可以用一个关于元素 x 的命题 $P(x)$($P(x)$是对元素 x 的说明,它可以是说明语句,也可以是数学表达式)表示,则这个集合 A 表示为 $A=\{x|P(x)\}$. 当 x 具有这种特征时,命题 $P(x)$为真;x 不具有这种特征时,命题 $P(x)$为假,则 A 是具有性质 $P(x)$的元素 x 所成的集合. 例如,适合方程$x^2+y^2=r^2$ 的全部点(x,y)的集合 A 可表示为$A=\{(x,y)|x^2+y^2=r^2\}$.

设 A,B 是两个集合,如果集合 A 的元素都是集合 B 的元素,则称 A 为 B 的**子集**,或称 B **包含** A,记为 $B\supseteq A$ 或 $A\subseteq B$. 如果 $A\subseteq B$ 且 $A\supseteq B$,则称集合 A 与 B **相等**,记为 $A=B$.

含有有限个元素的集合称为**有限集**;否则称为**无限集**. 不含任何元素的集合称为**空集**,记为$\varnothing$. 为了方便,我们规定空集是任意集合的子集.

定义 1.1.1　设 A,B 是两个集合,由属于 A 或者属于 B 的所有元素作成的集合称为 A 与 B 的**并集**,记为 $A\cup B$,即 $A\cup B=\{x|x\in A$ 或 $x\in B\}$;由既

属于 A 又属于 B 的所有元素作成的集合称为 A 与 B 的**交集**，记为 $A\cap B$，即 $A\cap B=\{x\mid x\in A$ 且 $x\in B\}$.

例如，设 $A=\{1,2,3\}$，$B=\{2,3,4,5\}$，则

$$A\cup B=\{1,2,3,4,5\},A\cap B=\{2,3\}$$

由集合的交与并运算的定义，显然有

$$A\subseteq A\cup B,B\subseteq A\cup B,A\cup A=A,A\cup\varnothing=A$$

$$A\cap B\subseteq A,A\cap B\subseteq B,A\cap A=A,A\cap\varnothing=\varnothing$$

并且集合的交与并运算满足以下运算规律.

定理 1.1.1　设 A,B,C 是 3 个集合，则

(1) $A\cup B=B\cup A$，$A\cap B=B\cap A$；

(2) $A\cup(B\cup C)=(A\cup B)\cup C$，$A\cap(B\cap C)=(A\cap B)\cap C$；

(3) $A\cup(B\cap C)=(A\cup B)\cap(A\cup C)$，$A\cap(B\cup C)=(A\cap B)\cup(A\cap C)$.

证明　这里我们仅证明(3)中第二个等式，其余证明留给读者.

如果 $x\in A\cap(B\cup C)$，则 $x\in A$ 且 $x\in B\cup C$，即 $x\in A$ 且 $x\in B$ 或 $x\in C$. 于是有 $x\in A\cap B$ 或 $x\in A\cap C$，即 $x\in(A\cap B)\cup(A\cap C)$. 从而有

$$A\cap(B\cup C)\subseteq(A\cap B)\cup(A\cap C)$$

另一方面，如果 $x\in(A\cap B)\cup(A\cap C)$，则 $x\in A\cap B$ 或 $x\in A\cap C$，即 $x\in A$ 且 $x\in B$ 或 $x\in A$ 且 $x\in C$. 于是有 $x\in A$ 且 $x\in B\cup C$，即 $x\in A\cap(B\cup C)$. 从而有

$$(A\cap B)\cup(A\cap C)\subseteq A\cap(B\cup C)$$

因此

$$A\cap(B\cup C)=(A\cap B)\cup(A\cap C)$$ □

1.1.2　二元关系与等价关系

定义 1.1.2　设 A,B 是两个非空集合，元素对的集合 $\{(a,b)\mid a\in A,b\in B\}$ 称为 A 与 B 的 **Descartes 积**，记作 $A\times B$，即 $A\times B=\{(a,b)\mid a\in A,b\in B\}$.

例如，设 $A=\{1,2,3\}$，$B=\{a,b\}$，则

$$A\times B=\{(1,a),(1,b),(2,a),(2,b),(3,a),(3,b)\}$$

定义 1.1.3　设 A,B 是两个集合，$A\times B$ 的子集 R 称为 $A\times B$ 中的一个**二元关系**，即对任意 $a\in A,b\in B$，如果 $(a,b)\in R$，则称 a 与 b 有关系 R，记为

aRb. 特别地，$A\times A$ 中的二元关系简称为 A 上的二元关系.

例如，设 $A=\{$一群学生$\}$，两学生 $a,b\in A$，如果 a 和 b 年龄相同，就记为 aRb，则 R 是 A 上的一个二元关系.

定义 1.1.4　如果集合 A 上的一个二元关系 R 满足

(1) 自反性：对任意 $a\in A$，有 aRa；

(2) 对称性：对任意 $a,b\in A$，如果 aRb，则 bRa；

(3) 传递性：对任意 $a,b,c\in A$，如果 aRb，bRc，则 aRc，

则称 R 是 A 上的一个**等价关系**.

例如，实数集 $\mathbf{R}$ 上的相等"$=$"是 $\mathbf{R}$ 上的等价关系.

定义 1.1.5　设 R 是 A 上的一个等价关系，$a\in A$，称 $[a]=\{x\mid x\in A, xRa\}$ 为 a 关于 R 的**等价类**. A 的所有元素关于 R 的等价类集合 $A/R=\{[a]\mid a\in A\}$ 称为 A 关于 R 的**商集**.

定义 1.1.6　设每个 $B_i(i\in I)$ 都是集合 A 的非空子集，如果 $A=\bigcup\limits_{i\in I}B_i$，并且对任意 $i,j\in I$，当 $i\neq j$ 时有 $B_i\cap B_j=\varnothing$，则称 $\{B_i\}$ 是 A 的一个**分类**.

如下定理建立了集合的分类与等价关系之间的联系.

定理 1.1.2　(1) 集合 A 上的每个等价关系 R 都决定 A 的一个分类.

(2) 集合 A 的每个分类都决定 A 上的一个等价关系.

证明　(1) 如果 R 是 A 上的等价关系，则 A/R 给出了 A 的一个分类.

(2) 如果 $\{B_i\}$ 是 A 的一个分类，令

$$R=\{(x,y)\mid \text{存在 } B_i, \text{使得 } x\in B_i, y\in B_i\}$$

则 R 是 A 上的一个等价关系.

1.1.3　映射

映射是函数概念的推广，它描述了两个集合的元素之间的关系，是数学中最基本的概念和工具.

定义 1.1.7　设 A,B 是两个非空集合，如果存在一个 A 到 B 的对应法则 f，使得对 A 中的每一个元素 x 都有 B 中惟一的一个元素 y 与之对应，则称 f 是 A 到 B 的一个**映射**，记为 $y=f(x)$. 元素 $y\in B$ 称为元素 $x\in A$ 在映射 f 下的**像**，称 x 为 y 的**原像**. 集合 A 称为映射 f 的**定义域**. 当 A 中元素 x 改变时，x 在映射 f 下的像的全体作成 B 的一个子集，称为映射 f 的**值域**，记为 $R(f)$.

通常用记号

$$f:A\rightarrow B$$

抽象地表示 f 是 A 到 B 的一个映射. 而用记号

$$f:x\to f(x)$$

表示映射 f 所规定的元素之间的具体对应关系.

例 1.1.1　设 $A=\{a,b,c\}$,$B=\{1,2,3,4\}$. 规定

$$f:a\to 1$$
$$b\to 2$$
$$c\to 3$$

则 f 是 A 到 B 的一个映射.

例 1.1.2　设 A 是整数集,B 是自然数集. 规定

$$f:n\to |n|+1,\quad n\in A$$

则 f 是 A 到 B 的一个映射.

例 1.1.3　设 A 是一个集合. 规定

$$I_A:a\to a,\quad a\in A$$

则 I_A 是 A 到自身的一个映射. 这种映射称为集合 A 上的**恒等映射**或**单位映射**.

定义 1.1.8　设 f 是集合 A 到集合 B 的一个映射,如果对任意 $a,b\in A$,当 $a\neq b$ 时有 $f(a)\neq f(b)$,则称 f 是 A 到 B 内的一一映射或称 f 是 A 到 B 的**单映射**;如果对任意 $b\in B$ 都有一个 $a\in A$ 使得 $f(a)=b$(即 $R(f)=B$),则称 f 是 A 到 B 上的映射或称 f 是 A 到 B 的**满映射**;如果映射 f 既是单映射又是满映射,则称 f 是 A 到 B 上的一一映射或称 f 是 A 到 B 的**双映射**.

例 1.1.1 中的映射是一个单映射,例 1.1.2 中的映射是一个满映射,而例 1.1.3 中的映射是一个双映射.

设 f_1 是集合 A_1 到 B_1 的一个映射,f_2 是集合 A_2 到 B_2 的一个映射,如果 $A_1=A_2$,$B_1=B_2$,并且对任意 $a\in A_1$ 有 $f_1(a)=f_2(a)$,则称映射 f_1 和 f_2 **相等**,记为 $f_1=f_2$.

定义 1.1.9　设 A,B,C 是三个非空集合,并设有两个映射 $f_1:A\to B$,$f_2:B\to C$,由 f_1,f_2 确定的 A 到 C 的映射 $f_3:a\to f_2(f_1(a))$,$a\in A$,称为**映射 f_1 和 f_2 的乘积**,记为 $f_3=f_2\cdot f_1$.

一般说来,映射 f_1 和 f_2 的乘积不具有交换律,即 $f_2\cdot f_1\neq f_1\cdot f_2$. 事实上,当 $A\neq C$ 时,映射 $f_1\cdot f_2$ 未必有意义. 即使 $A=B=C$,映射 $f_2\cdot f_1$ 与 $f_1\cdot f_2$ 都有意义,但 $f_2\cdot f_1$ 和 $f_1\cdot f_2$ 也未必相等. 例如,当 $A=B=C=\{0,1\}$,定义映射 f_1,f_2 如下

$$\begin{cases} f_1(0)=1, \\ f_1(1)=0, \end{cases} \qquad \begin{cases} f_2(0)=0 \\ f_2(1)=0 \end{cases}$$

则容易验证 $f_2 \cdot f_1 \neq f_1 \cdot f_2$. 映射的乘积适合结合律.

定理 1.1.3 设有映射 $f_1: A \to B$, $f_2: B \to C$, $f_3: C \to D$, 则有

(1) $f_3 \cdot (f_2 \cdot f_1) = (f_3 \cdot f_2) \cdot f_1$;

(2) $f_1 \cdot I_A = I_B \cdot f_1 = f_1$.

证明 显然, $f_3 \cdot (f_2 \cdot f_1)$ 与 $(f_3 \cdot f_2) \cdot f_1$ 都是 A 到 D 的映射. 对任意 $a \in A$, 有

$$[f_3 \cdot (f_2 \cdot f_1)](a) = f_3[(f_2 \cdot f_1)(a)] = f_3[f_2(f_1(a))]$$

$$[(f_3 \cdot f_2) \cdot f_1](a) = (f_3 \cdot f_2)(f_1(a)) = f_3[f_2(f_1(a))]$$

因此 $f_3 \cdot (f_2 \cdot f_1) = (f_3 \cdot f_2) \cdot f_1$. 类似可证(2). □

定义 1.1.10 设有映射 $f: A \to B$, 如果存在映射 $g: B \to A$ 使得

$$g \cdot f = I_A, \quad f \cdot g = I_B$$

其中 I_A, I_B 分别是 A 与 B 上的恒等映射, 则称 g 为 f 的**逆映射**, 记为 f^{-1}. 如果映射 f 有逆映射 f^{-1}, 则称 f 为**可逆映射**.

定理 1.1.4 设映射 $f: A \to B$ 是可逆的, 则 f 的逆映射 f^{-1} 是惟一的.

证明 设映射 $g: B \to A$ 和 $h: B \to A$ 均为 f 的逆映射, 则 $g \cdot f = I_A$, $f \cdot g = I_B$, $h \cdot f = I_A$, $f \cdot h = I_B$. 于是由定理 1.1.3 有

$$h = h \cdot I_B = h \cdot (f \cdot g) = (h \cdot f) \cdot g = I_A \cdot g = g \qquad \square$$

定理 1.1.5 映射 $f: A \to B$ 是可逆映射的充分必要条件是 f 为 A 到 B 上的一一映射.

证明 设 $f: A \to B$ 是可逆映射, 则存在 f 的逆映射 $f^{-1}: B \to A$. 对任意 $a_1, a_2 \in A$, 如果 $f(a_1) = f(a_2)$, 则有

$$(f^{-1} \cdot f)(a_1) = (f^{-1} \cdot f)(a_2)$$

从而 $a_1 = a_2$. 因此 f 是 A 到 B 内的一一映射.

对任意 $b \in B$, 若 $f^{-1}(b) = a$, 则 $f(a) = f(f^{-1}(b)) = (f \cdot f^{-1})(b) = b$. 因此 f 是 A 到 B 的一个满映射. 于是, f 是 A 到 B 上的一一映射.

反过来, 若 f 是 A 到 B 上的一一映射, 则对任意 $b \in B$, 存在 $a \in A$ 使得 $f(a) = b$. 定义映射 g 为

$$g: B \to A, g(b) = a$$

则

$$(f \cdot g)(b) = f(g(b)) = f(a) = b$$

即 $f \cdot g = I_B$，并且对任意 $a \in A$，

$$(g \cdot f)(a) = g(f(a)) = g(b) = a$$

即 $g \cdot f = I_A$. 由定义 1.1.10 知，$g = f^{-1}$ 为 f 的逆映射. □

定义 1.1.11 设 A 是一个非空集合，A 到自身的映射称为 A 的**变换**；A 到自身的双映射称为 A 的**一一变换**；如果 A 是有限集，A 的一一变换称为 A 的**置换**.

1.1.4 数域与代数运算

讨论数学问题时，经常涉及到某一个数集中数的运算规则及其性质. 为了准确地分析和研究数学问题，引进数域的概念.

定义 1.1.12 设 **P** 是包含 0 和 1 在内的数集，如果 **P** 中任意两个数的和、差、积、商(除数不为 0)仍是 **P** 中的数，则称 **P** 为一个**数域**.

显然，有理数集 **Q**、实数集 **R** 和复数集 **C** 都是数域，分别称为有理数域、实数域和复数域. 但是，数域不限于有理数域 **Q**、实数域 **R** 和复数域 **C**. 例如，数集 $\mathbf{Q}(\sqrt{2}) = \{a + b\sqrt{2} \mid a, b \in \mathbf{Q}\}$ 也是一个数域.

我们经常要研究带有运算的集合，为此，这里介绍代数运算的概念.

定义 1.1.13 设 A,B,C 是三个非空集合，$A \times B$ 到 C 的映射称为 A 与 B 到 C 的一个**代数运算**. 特别地，$A \times A$ 到 C 的映射称为 A 到 C 的代数运算；$A \times A$ 到 A 的映射称为 A 的代数运算或 A 的**二元运算**，也称集合 A 对代数运算是封闭的.

由定义可知，一个代数运算是一个特殊的映射. 如果有 A 与 B 到 C 的一个代数运算，记为"∘"，则由定义，对任意 $a \in A, b \in B$，经过代数运算∘，得惟一的 $c \in C$，即

$$\circ : (a, b) \to c$$

记为 $c = a \circ b$.

例如，在有理数集 **Q** 中，普通的加法与乘法都是 **Q** 的代数运算.

例 1.1.4 设 $\mathbf{R}^n$ 是实数域 **R** 上的一个 n 维向量空间，对 $x = \begin{bmatrix} x_1 \\ x_2 \\ \vdots \\ x_n \end{bmatrix}$，

$$y=\begin{bmatrix} y_1 \\ y_2 \\ \vdots \\ y_n \end{bmatrix} \in \mathbf{R}^n, \text{则}$$

$$\circ:(x,y) \to x \circ y = \begin{bmatrix} x_1+y_1 \\ x_2+y_2 \\ \vdots \\ x_n+y_n \end{bmatrix}$$

是 $\mathbf{R}^n$ 的一个代数运算，通常称为 $\mathbf{R}^n$ 上的加法运算，记为"＋". 对 $k\in\mathbf{R}, x\in\mathbf{R}^n$，则

$$*:(k,x) \to k*x = \begin{bmatrix} kx_1 \\ kx_2 \\ \vdots \\ kx_n \end{bmatrix}$$

是 $\mathbf{R}$ 与 $\mathbf{R}^n$ 到 $\mathbf{R}^n$ 的一个代数运算，通常称为 $\mathbf{R}^n$ 上的数乘运算，记为"·".

§1.2 线性空间

1.2.1 线性空间及其基本性质

线性空间是线性代数最基本的概念之一，它是向量空间的自然推广.

定义 1.2.1 设 V 是一个非空集合，$\mathbf{P}$ 是一个数域. 在 V 上定义了一种代数运算，称为**加法**，记为"＋"；定义了 $\mathbf{P}$ 与 V 到 V 的一种代数运算，称为**数量乘法**（简称数乘），记为"·". 如果加法与数量乘法满足如下规则：

(1) $\alpha+\beta=\beta+\alpha$；

(2) $(\alpha+\beta)+\gamma=\alpha+(\beta+\gamma)$；

(3) 在 V 中有一个元素 0（称为**零元素**），对于 V 中任一元素 α 都有 $\alpha+0=\alpha$；

(4) 对 V 中任一元素 α，都有 V 中的元素 β 使得 $\alpha+\beta=0$（β 称为 α 的**负元素**，记为 $-\alpha$）；

(5) $1\cdot\alpha=\alpha$；

(6) $k\cdot(m\cdot\alpha)=(km)\cdot\alpha$；

(7) $(k+m)\cdot\alpha=k\cdot\alpha+m\cdot\alpha$；

(8) $k\cdot(\alpha+\beta)=k\cdot\alpha+k\cdot\beta$,
其中 k,m 是 $\mathbf{P}$ 中的任意数,α,β,γ 是 V 中的任意元素,则称 V 为数域 $\mathbf{P}$ 上的**线性空间**.

线性空间中的元素也称为向量,这里所指的向量比线性代数中 n 维向量的含义更为广泛. 线性空间有时也称为向量空间.

例 1.2.1　分量属于数域 $\mathbf{P}$ 的全体 n 维向量作成的集合,按 n 维向量的加法和数与 n 维向量的数量乘法构成数域 $\mathbf{P}$ 上的线性空间,记为 $\mathbf{P}^n$.

例 1.2.2　元素属于数域 $\mathbf{P}$ 的全体 $m\times n$ 矩阵作成的集合,按矩阵的加法和数与矩阵的数量乘法构成数域 $\mathbf{P}$ 上的线性空间,记为 $\mathbf{P}^{m\times n}$.

例 1.2.3　数域 $\mathbf{P}$ 上一元多项式的全体作成的集合 $\mathbf{P}[x]$,按通常的多项式加法和数与多项式的乘法构成数域 $\mathbf{P}$ 上的线性空间. 数域 $\mathbf{P}$ 上次数小于 n 的一元多项式再添上零多项式也构成数域 $\mathbf{P}$ 上的线性空间,记为 $\mathbf{P}[x]_n$.

例 1.2.4　区间 $[a,b]$ 上全体连续实函数作成的集合,按函数的加法和数与函数的数量乘法构成实数域 $\mathbf{R}$ 上的线性空间,记为 $\mathbf{C}[a,b]$.

直接由定义 1.2.1 可以证明线性空间的一些基本性质.

定理 1.2.1　设 V 是数域 $\mathbf{P}$ 上的线性空间,则

(1) V 中零元素是惟一的;

(2) V 中任一元素 α 的负元素是惟一的;

(3) $0\cdot\alpha=0, k\cdot 0=0, (-1)\cdot\alpha=-\alpha$;

(4) 如果 $k\cdot\alpha=0$,那么 $k=0$ 或者 $\alpha=0$.

证明　这里仅证明(2),其余的证明留给读者去完成.

假设 α 有两个负元素 β 与 γ,则

$$\alpha+\beta=0, \alpha+\gamma=0$$

从而

$$\beta=\beta+0=\beta+(\alpha+\gamma)=(\beta+\alpha)+\gamma=0+\gamma=\gamma$$ □

利用负元素,我们定义线性空间中的减法

$$\alpha-\beta=\alpha+(-\beta)$$

为了书写方便,数量乘法"·"也按普通乘积的表示法直接连写.

现在我们给出线性空间中凸集的概念.

定义 1.2.2　设 V 是数域 $\mathbf{P}$ 上的线性空间,W 是 V 的一个非空子集,如果对 W 中任意两个向量 α,β 以及任意 $0\leqslant\lambda\leqslant 1$,都有 $\lambda\alpha+(1-\lambda)\beta\in W$,则称 W 是**凸集**.

1.2.2 向量的线性相关性

定义 1.2.3 设 V 是数域 $\mathbf{P}$ 上的线性空间，$\alpha_1,\alpha_2,\cdots,\alpha_r(r\geqslant1)$ 是 V 中一组向量，$k_1,k_2,\cdots,k_r$ 是数域 $\mathbf{P}$ 中的数. 如果 V 中向量 α 可以表示为

$$\alpha = k_1\alpha_1 + k_2\alpha_2 + \cdots + k_r\alpha_r$$

则称 α 可由 $\alpha_1,\alpha_2,\cdots,\alpha_r$ **线性表示**，或称 α 是 $\alpha_1,\alpha_2,\cdots,\alpha_r$ 的**线性组合**.

定义 1.2.4 设 $\alpha_1,\alpha_2,\cdots,\alpha_r$ 与 $\beta_1,\beta_2,\cdots,\beta_s$ 是线性空间 V 中两个向量组，如果 $\alpha_1,\alpha_2,\cdots,\alpha_r$ 中每个向量都可由向量组 $\beta_1,\beta_2,\cdots,\beta_s$ 线性表示，则称向量组 $\alpha_1,\alpha_2,\cdots,\alpha_r$ 可以由向量组 $\beta_1,\beta_2,\cdots,\beta_s$ 线性表示. 如果向量组 $\alpha_1,\alpha_2,\cdots,\alpha_r$ 与向量组 $\beta_1,\beta_2,\cdots,\beta_s$ 可以互相线性表示，则称向量组 $\alpha_1,\alpha_2,\cdots,\alpha_r$ 与向量组 $\beta_1,\beta_2,\cdots,\beta_s$ 是**等价**的.

容易证明向量组之间的等价具有如下性质：

(1) 自反性：每一个向量组都与它自身等价；

(2) 对称性：如果向量组 $\alpha_1,\alpha_2,\cdots,\alpha_r$ 与 $\beta_1,\beta_2,\cdots,\beta_s$ 等价，那么向量组 $\beta_1,\beta_2,\cdots,\beta_s$ 也与 $\alpha_1,\alpha_2,\cdots,\alpha_r$ 等价；

(3) 传递性：若向量组 $\alpha_1,\alpha_2,\cdots,\alpha_r$ 与 $\beta_1,\beta_2,\cdots,\beta_s$ 等价，且向量组 $\beta_1,\beta_2,\cdots,\beta_s$ 与 $\gamma_1,\gamma_2,\cdots,\gamma_t$ 等价，则向量组 $\alpha_1,\alpha_2,\cdots,\alpha_r$ 与 $\gamma_1,\gamma_2,\cdots,\gamma_t$ 等价.

定义 1.2.5 设 V 是数域 $\mathbf{P}$ 上的线性空间，$\alpha_1,\alpha_2,\cdots,\alpha_r(r\geqslant1)$ 是 V 中一组向量，如果存在 r 个不全为零的数 $k_1,k_2,\cdots,k_r\in\mathbf{P}$，使得

$$k_1\alpha_1 + k_2\alpha_2 + \cdots + k_r\alpha_r = 0$$

则称 $\alpha_1,\alpha_2,\cdots,\alpha_r$ **线性相关**；如果向量组 $\alpha_1,\alpha_2,\cdots,\alpha_r$ 不线性相关，就称为**线性无关**.

由定义 1.2.5 可得向量组线性相关定义的另一个说法.

定理 1.2.2 设 V 为数域 $\mathbf{P}$ 上的线性空间，V 中一个向量 α 线性相关的充分必要条件是 $\alpha=0$；V 中一组向量 $\alpha_1,\alpha_2,\cdots,\alpha_r(r\geqslant2)$ 线性相关的充分必要条件是其中有一个向量是其余向量的线性组合.

证明 如果一个向量 α 线性相关，由定义 1.2.5 可知，有 $k\neq0$，使

$$k\alpha = 0$$

由定理 1.2.1(4)知 $\alpha=0$.

反之，若 $\alpha=0$，则对任意数 $k\neq0$ 都有 $k\alpha=0$. 由定义 1.2.5 知，向量 α 线性相关.

如果向量组 $\alpha_1,\alpha_2,\cdots,\alpha_r$ 线性相关，则存在不全为零的数 $k_1,k_2,\cdots,k_r$ 使得

$$k_1\alpha_1 + k_2\alpha_2 + \cdots + k_r\alpha_r = 0$$

因为 $k_1,k_2,\cdots,k_r$ 不全为零,不妨设 $k_r\neq 0$,于是上式可改写为

$$\alpha_r=-\frac{k_1}{k_r}\alpha_1-\frac{k_2}{k_r}\alpha_2-\cdots-\frac{k_{r-1}}{k_r}\alpha_{r-1}$$

即向量 α_r 是其余向量 $\alpha_1,\alpha_2,\cdots,\alpha_{r-1}$ 的线性组合.

反过来,如果向量组 $\alpha_1,\alpha_2,\cdots,\alpha_r$ 中有一个向量是其余向量的线性组合,譬如说

$$\alpha_r=l_1\alpha_1+l_2\alpha_2+\cdots+l_{r-1}\alpha_{r-1}$$

上式可改写为

$$l_1\alpha_1+l_2\alpha_2+\cdots+l_{r-1}\alpha_{r-1}+(-1)\alpha_r=0$$

因为 $l_1,\cdots,l_{r-1},-1$ 不全为零,由定义 1.2.5 知,向量组 $\alpha_1,\alpha_2,\cdots,\alpha_r$ 线性相关. □

例 1.2.5 实数域 $\mathbf{R}$ 上线性空间 $\mathbf{R}^{2\times 2}$ 的一组向量(矩阵)

$$\boldsymbol{E}_{11}=\begin{pmatrix}1&0\\0&0\end{pmatrix},\ \boldsymbol{E}_{12}=\begin{pmatrix}0&1\\0&0\end{pmatrix},\ \boldsymbol{E}_{21}=\begin{pmatrix}0&0\\1&0\end{pmatrix},\ \boldsymbol{E}_{22}=\begin{pmatrix}0&0\\0&1\end{pmatrix}$$

是线性无关的.

事实上,如果

$$k_1\boldsymbol{E}_{11}+k_2\boldsymbol{E}_{12}+k_3\boldsymbol{E}_{21}+k_4\boldsymbol{E}_{22}=0$$

即

$$\begin{pmatrix}k_1&k_2\\k_3&k_4\end{pmatrix}=0$$

则 $k_1=k_2=k_3=k_4=0$. 因此,满足 $k_1\boldsymbol{E}_{11}+k_2\boldsymbol{E}_{12}+k_3\boldsymbol{E}_{21}+k_4\boldsymbol{E}_{22}=0$ 的 k_1,k_2,k_3,k_4 只能全为零. 于是 $\boldsymbol{E}_{11},\boldsymbol{E}_{12},\boldsymbol{E}_{21},\boldsymbol{E}_{22}$ 线性无关.

容易证明:线性空间 $\mathbf{R}^{2\times 2}$ 的一组向量(矩阵) $\alpha_1=\begin{pmatrix}1&0\\0&0\end{pmatrix},\alpha_2=\begin{pmatrix}-1&0\\1&1\end{pmatrix},\alpha_3=\begin{pmatrix}0&0\\1&1\end{pmatrix}$ 线性相关.

定理 1.2.3 设 V 为数域 $\mathbf{P}$ 上的线性空间,如果 V 中向量组 $\alpha_1,\alpha_2,\cdots,\alpha_r$ 线性无关,并且可由向量组 $\beta_1,\beta_2,\cdots,\beta_s$ 线性表示,则 $r\leqslant s$.

证明 采用反证法. 假设 $r>s$,因为向量组 $\alpha_1,\alpha_2,\cdots,\alpha_r$ 可由向量组 $\beta_1,\beta_2,\cdots,\beta_s$ 线性表示,即

$$\alpha_i = \sum_{j=1}^{s} a_{ji}\beta_j, \qquad i = 1,\cdots,r$$

作线性组合

$$x_1\alpha_1 + x_2\alpha_2 + \cdots + x_r\alpha_r = \sum_{i=1}^{r} x_i \sum_{j=1}^{s} a_{ji}\beta_j = \sum_{j=1}^{s}\left(\sum_{i=1}^{r} a_{ji}x_i\right)\beta_j$$

考虑齐次线性方程组

$$\begin{cases} a_{11}x_1 + a_{12}x_2 + \cdots + a_{1r}x_r = 0 \\ a_{21}x_1 + a_{22}x_2 + \cdots + a_{2r}x_r = 0 \\ \cdots\cdots\cdots\cdots \\ a_{s1}x_1 + a_{s2}x_2 + \cdots + a_{sr}x_r = 0 \end{cases}$$

因为上述齐次线性方程组未知数 $x_1,x_2,\cdots,x_r$ 的个数 r 大于方程的个数 s,从而有非零解 $x_1,x_2,\cdots,x_r$,即我们可找到不全为零的数 $x_1,x_2,\cdots,x_r$ 使得

$$x_1\alpha_1 + x_2\alpha_2 + \cdots + x_r\alpha_r = 0$$

因此,向量组 $\alpha_1,\alpha_2,\cdots,\alpha_r$ 线性相关. 这与 $\alpha_1,\alpha_2,\cdots,\alpha_r$ 线性无关矛盾,于是 $r\leqslant s$. □

由定理 1.2.3 直接可得如下结论.

推论 1.2.1 两个等价的线性无关向量组必含有相同个数的向量.

定理 1.2.4 设线性空间 V 中向量组 $\alpha_1,\alpha_2,\cdots,\alpha_r$ 线性无关,而向量组 $\alpha_1,\alpha_2,\cdots,\alpha_r,\beta$ 线性相关,则 β 可由 $\alpha_1,\alpha_2,\cdots,\alpha_r$ 线性表示,并且表示法是惟一的.

证明 因为向量组 $\alpha_1,\alpha_2,\cdots,\alpha_r,\beta$ 线性相关,则存在不全为零的数 $k_1,k_2,\cdots,k_r,k_{r+1}$ 使

$$k_1\alpha_1 + k_2\alpha_2 + \cdots + k_r\alpha_r + k_{r+1}\beta = 0$$

并且 $k_{r+1}\neq 0$;否则向量组 $\alpha_1,\alpha_2,\cdots,\alpha_r$ 线性相关,这与条件矛盾. 从而

$$\beta = -\frac{k_1}{k_{r+1}}\alpha_1 - \frac{k_2}{k_{r+1}}\alpha_2 - \cdots - \frac{k_r}{k_{r+1}}\alpha_r$$

即 β 可由 $\alpha_1,\alpha_2,\cdots,\alpha_r$ 线性表示.

假设 β 可由 $\alpha_1,\alpha_2,\cdots,\alpha_r$ 线性表示为

$$\beta = k_1\alpha_1 + k_2\alpha_2 + \cdots + k_r\alpha_r = l_1\alpha_1 + l_2\alpha_2 + \cdots + l_r\alpha_r$$

则

$$(k_1-l_1)\alpha_1+(k_2-l_2)\alpha_2+\cdots+(k_r-l_r)\alpha_r=0$$

因为向量组 $\alpha_1,\alpha_2,\cdots,\alpha_r$ 线性无关，从而 $k_i-l_i=0(i=1,\cdots,r)$. 因此，β 可惟一地表示为 $\alpha_1,\alpha_2,\cdots,\alpha_r$ 的线性组合. □

定义 1.2.6 设 $\alpha_1,\alpha_2,\cdots,\alpha_s$ 是线性空间 V 中一组向量，如果 $\alpha_1,\alpha_2,\cdots,\alpha_s$ 中存在 r 个线性无关的向量 $\alpha_{i_1},\alpha_{i_2},\cdots,\alpha_{i_r}(1\leqslant i_j\leqslant s,j=1,\cdots,r)$，并且 $\alpha_1,\alpha_2,\cdots,\alpha_s$ 中任一向量都可由向量组 $\alpha_{i_1},\alpha_{i_2},\cdots,\alpha_{i_r}$ 线性表示，则称向量组 $\alpha_{i_1},\alpha_{i_2},\cdots,\alpha_{i_r}$ 为向量组 $\alpha_1,\alpha_2,\cdots,\alpha_s$ 的**极大线性无关组**，数 r 称为向量组 $\alpha_1,\alpha_2,\cdots,\alpha_s$ 的**秩**，记为 $\text{rank}\{\alpha_1,\alpha_2,\cdots,\alpha_s\}=r$.

一般说来，向量组的极大线性无关组不惟一，但是每一个极大线性无关组都与向量组本身等价. 由等价的传递性可知，一个向量组的任意两个极大线性无关组都是等价的，并且任意两个等价向量组的极大线性无关组也等价. 由推论 1.2.1 知，一个向量组的极大线性无关组都含有相同个数的向量，即向量组的秩是惟一的，并且等价的向量组具有相同的秩.

1.2.3 线性空间的维数

现在引入线性空间的维数概念，它是线性空间的一个重要属性.

定义 1.2.7 如果线性空间 V 中有 n 个线性无关的向量，但是没有更多数目的线性无关向量，则称 V 是 n **维**的，记为 $\dim(V)=n$；如果在 V 中可以找到任意多个线性无关的向量，则称 V 是**无限维**的.

按照这个定义，数域 $\mathbf{P}$ 上的线性空间 $\mathbf{P}^n$ 是 n 维的. 数域 $\mathbf{P}$ 上一元多项式的全体作成的线性空间 $\mathbf{P}[x]$是无限维的，因为对于任意的正整数 N，$\mathbf{P}[x]$中都有 N 个线性无关的向量 $1,x,\cdots,x^{N-1}$.

无限维线性空间与有限维线性空间有比较大的差别. 本书主要讨论有限维线性空间.

定理 1.2.5 如果在线性空间 V 中有 n 个线性无关的向量 $\alpha_1,\alpha_2,\cdots,\alpha_n$，并且 V 中任一向量都可由 $\alpha_1,\alpha_2,\cdots,\alpha_n$ 线性表示，则 $\dim(V)=n$.

证明 因为 $\alpha_1,\alpha_2,\cdots,\alpha_n$ 线性无关，所以 V 至少是 n 维的. 为了证明 $\dim(V)=n$，只需证明 V 中任意 $n+1$ 个向量必线性相关即可.

设 $\beta_1,\beta_2,\cdots,\beta_{n+1}$ 是 V 中任意 $n+1$ 个向量，则它们可由 $\alpha_1,\alpha_2,\cdots,\alpha_n$ 线性表示. 假如 $\beta_1,\beta_2,\cdots,\beta_{n+1}$ 线性无关，由定理 1.2.3 知 $n+1\leqslant n$，于是得出矛盾. □

例 1.2.6 数域 $\mathbf{P}$ 上线性空间 $\mathbf{P}^{m\times n}$ 的一组向量(矩阵)$\{\boldsymbol{E}_{ij}\}$，

$$
\boldsymbol{E}_{ij}=\begin{bmatrix} & & & 0 & & & \\ & & & \vdots & & & \\ & & & 0 & & & \\ 0 & \cdots & 0 & 1 & 0 & \cdots & 0 \\ & & & 0 & & & \\ & & & \vdots & & & \\ & & & 0 & & & \end{bmatrix}\begin{matrix} \\ \\ \\ \text{第 } i \text{ 行}, \\ \\ \\ \\ \end{matrix} \quad i=1,\cdots,m;\ j=1,\cdots,n
$$

第 j 列

是线性无关的，并且 $\mathbf{P}^{m\times n}$ 中任一矩阵 $\boldsymbol{A}=(\alpha_{ij})$ 可表示为

$$\boldsymbol{A}=\sum_{i=1}^{m}\sum_{j=1}^{n}\alpha_{ij}\boldsymbol{E}_{ij}$$

由定理 1.2.5 知 $\dim(\mathbf{P}^{m\times n})=mn$.

§1.3 基与坐标

在解析几何中，为了研究向量的性质，引入坐标是一个重要的步骤. 在有限维线性空间中，坐标同样是一个有力的工具.

定义 1.3.1 设 V 为数域 $\mathbf{P}$ 上的 n 维线性空间，V 中 n 个线性无关的向量 $\varepsilon_1,\varepsilon_2,\cdots,\varepsilon_n$ 称为 V 的**一组基**. 设 α 是 V 中任一向量，则 α 可惟一地表示为基 $\varepsilon_1,\varepsilon_2,\cdots,\varepsilon_n$ 的线性组合

$$\alpha=x_1\varepsilon_1+x_2\varepsilon_2+\cdots+x_n\varepsilon_n \tag{1.3.1}$$

其中系数 $x_1,x_2,\cdots,x_n$ 称为 α 在基 $\varepsilon_1,\varepsilon_2,\cdots,\varepsilon_n$ 下的**坐标**，记为 $(x_1,x_2,\cdots,x_n)$ 或 $(x_1,x_2,\cdots,x_n)^{\mathrm{T}}$.

经常将(1.3.1)改写为

$$\alpha=x_1\varepsilon_1+x_2\varepsilon_2+\cdots+x_n\varepsilon_n=(\varepsilon_1,\varepsilon_2,\cdots,\varepsilon_n)\begin{bmatrix}x_1\\x_2\\\vdots\\x_n\end{bmatrix} \tag{1.3.2}$$

其中 $(\varepsilon_1,\varepsilon_2,\cdots,\varepsilon_n)$ 可视为 $1\times n$ 分块矩阵，其元素 $\varepsilon_1,\varepsilon_2,\cdots,\varepsilon_n$ 不是数字而是向量.

例如,在例 1.2.6 中向量(矩阵)组$\{\boldsymbol{E}_{ij}\}$($i=1,\cdots,m,j=1,\cdots,n$)是线性空间 $\mathbf{P}^{m\times n}$的一组基.

定理 1.3.1 在 n 维线性空间 V 中,任意一个线性无关的向量组 α_1, $\alpha_2,\cdots,\alpha_r$ 都可以扩充成 V 的一组基.

证明 如果 $r=n$,则 $\alpha_1,\alpha_2,\cdots,\alpha_r$ 是 V 的一组基. 下面设 $r<n$. 此时 V 中必有一个向量 β_1 不能由 $\alpha_1,\alpha_2,\cdots,\alpha_r$ 线性表示;否则由定理 1.2.5 有 $\dim(V)=r$,这与 $\dim(V)=n$ 矛盾. 因此,$\alpha_1,\alpha_2,\cdots,\alpha_r,\beta_1$ 线性无关. 如果 $r+1=n$,则 $\alpha_1,\alpha_2,\cdots,\alpha_r,\beta_1$ 是 V 的一组基. 如果 $r+1<n$,则 V 中必有一个向量 β_2 不能由 $\alpha_1,\alpha_2,\cdots,\alpha_r,\beta_1$ 线性表示,从而 $\alpha_1,\alpha_2,\cdots,\alpha_r,\beta_1,\beta_2$ 线性无关. 依次下去,可得线性无关的向量组

$$\alpha_1,\alpha_2,\cdots,\alpha_r,\beta_1,\beta_2,\cdots,\beta_p$$

其中 $r+p=n$. 这个向量组就是 V 的一组基. □

例 1.3.1 在 n 维线性空间 $\mathbf{P}^n$ 中,

$$\varepsilon_1=\begin{bmatrix}1\\0\\\vdots\\0\end{bmatrix},\ \varepsilon_2=\begin{bmatrix}0\\1\\\vdots\\0\end{bmatrix},\ \cdots,\ \varepsilon_n=\begin{bmatrix}0\\0\\\vdots\\1\end{bmatrix}$$

是 $\mathbf{P}^n$ 的一组基. 对任一向量 $x=(x_1,x_2,\cdots,x_n)^{\mathrm{T}}\in\mathbf{P}^n$ 都有

$$x=x_1\varepsilon_1+x_2\varepsilon_2+\cdots+x_n\varepsilon_n=(\varepsilon_1,\varepsilon_2,\cdots,\varepsilon_n)\begin{bmatrix}x_1\\x_2\\\vdots\\x_n\end{bmatrix}$$

所以$(x_1,x_2,\cdots,x_n)^{\mathrm{T}}$ 就是向量 x 在这组基下的坐标.

例 1.3.2 在线性空间 $\mathbf{P}[x]_n$ 中,

$$\varepsilon_1=1,\varepsilon_2=x,\varepsilon_3=x^2,\cdots,\varepsilon_n=x^{n-1}$$

是 $\mathbf{P}[x]_n$ 中 n 个线性无关的向量,并且数域 $\mathbf{P}$ 上任一次数小于 n 的多项式都可由 $\varepsilon_1,\varepsilon_2,\cdots,\varepsilon_n$ 线性表示. 因此 $\dim(\mathbf{P}[x]_n)=n$,并且 $\varepsilon_1,\varepsilon_2,\cdots,\varepsilon_n$ 是$\mathbf{P}[x]_n$ 的一组基. 在这组基下,多项式$f(x)=a_0+a_1x+a_2x^2+\cdots+a_{n-1}x^{n-1}$的坐标为$(a_0,a_1,\cdots,a_{n-1})^{\mathrm{T}}$.

容易验证:$\varepsilon'_1=1,\varepsilon'_2=x-a,\varepsilon'_3=(x-a)^2,\cdots,\varepsilon'_n=(x-a)^{n-1}$也是$\mathbf{P}[x]_n$的一组基.

由 Taylor 展开公式

$$f(x)=f(a)+f'(a)(x-a)+\frac{f''(a)}{2!}(x-a)^2+\cdots$$

$$+\frac{f^{(n-1)}(a)}{(n-1)!}(x-a)^{n-1}$$

因此,多项式 $f(x)$ 在基 $\varepsilon'_1,\varepsilon'_2,\cdots,\varepsilon'_n$ 下的坐标为 $\left(f(a),f'(a),\frac{f''(a)}{2!},\cdots,\frac{f^{(n-1)}(a)}{(n-1)!}\right)^{\mathrm{T}}$.

在 n 维线性空间 V 中,任意 n 个线性无关的向量都可取作 V 的基. 例 1.3.2 说明同一个向量在不同基下的坐标一般是不同的. 下面研究向量的坐标是如何随着基的改变而变化的. 建立 V 中任一向量在不同基下坐标间的关系.

设 $\varepsilon_1,\varepsilon_2,\cdots,\varepsilon_n$ 与 $\varepsilon'_1,\varepsilon'_2,\cdots,\varepsilon'_n$ 是 n 维线性空间 V 的两组基,它们之间有如下关系

$$\begin{cases}\varepsilon'_1=t_{11}\varepsilon_1+t_{21}\varepsilon_2+\cdots+t_{n1}\varepsilon_n\\ \varepsilon'_2=t_{12}\varepsilon_1+t_{22}\varepsilon_2+\cdots+t_{n2}\varepsilon_n\\ \cdots\cdots\cdots\cdots\\ \varepsilon'_n=t_{1n}\varepsilon_1+t_{2n}\varepsilon_2+\cdots+t_{nn}\varepsilon_n\end{cases}\tag{1.3.3}$$

关系式(1.3.3)用矩阵记号可表示为

$$(\varepsilon'_1,\varepsilon'_2,\cdots,\varepsilon'_n)=(\varepsilon_1,\varepsilon_2,\cdots,\varepsilon_n)\begin{pmatrix}t_{11}&t_{12}&\cdots&t_{1n}\\ t_{21}&t_{22}&\cdots&t_{2n}\\ \vdots&\vdots&&\vdots\\ t_{n1}&t_{n2}&\cdots&t_{nn}\end{pmatrix}\tag{1.3.4}$$

n 阶矩阵 $\boldsymbol{T}=\begin{pmatrix}t_{11}&t_{12}&\cdots&t_{1n}\\ t_{21}&t_{22}&\cdots&t_{2n}\\ \vdots&\vdots&&\vdots\\ t_{n1}&t_{n2}&\cdots&t_{nn}\end{pmatrix}$ 称为由基 $\varepsilon_1,\varepsilon_2,\cdots,\varepsilon_n$ 到基 $\varepsilon'_1,\varepsilon'_2,\cdots,\varepsilon'_n$ 的**过渡矩阵**.

容易证明:过渡矩阵 $\boldsymbol{T}$ 是可逆的.

现在建立 V 中任一向量在不同基下坐标间的关系.

设向量 $\alpha\in V$ 在基 $\varepsilon_1,\varepsilon_2,\cdots,\varepsilon_n$ 与 $\varepsilon'_1,\varepsilon'_2,\cdots,\varepsilon'_n$ 下的坐标分别为 $(x_1,x_2,\cdots,x_n)^{\mathrm{T}}$ 与 $(x'_1,x'_2,\cdots,x'_n)^{\mathrm{T}}$,即

$$\alpha=(\varepsilon_1,\varepsilon_2,\cdots,\varepsilon_n)\begin{bmatrix}x_1\\x_2\\\vdots\\x_n\end{bmatrix},\quad \alpha=(\varepsilon'_1,\varepsilon'_2,\cdots,\varepsilon'_n)\begin{bmatrix}x'_1\\x'_2\\\vdots\\x'_n\end{bmatrix}$$

于是

$$(\varepsilon_1,\varepsilon_2,\cdots,\varepsilon_n)\begin{bmatrix}x_1\\x_2\\\vdots\\x_n\end{bmatrix}=(\varepsilon'_1,\varepsilon'_2,\cdots,\varepsilon'_n)\begin{bmatrix}x'_1\\x'_2\\\vdots\\x'_n\end{bmatrix}$$

将(1.3.4)代入上式右端得

$$(\varepsilon_1,\varepsilon_2,\cdots,\varepsilon_n)\begin{bmatrix}x_1\\x_2\\\vdots\\x_n\end{bmatrix}=(\varepsilon_1,\varepsilon_2,\cdots,\varepsilon_n)\boldsymbol{T}\begin{bmatrix}x'_1\\x'_2\\\vdots\\x'_n\end{bmatrix}$$

因为 $\varepsilon_1,\varepsilon_2,\cdots,\varepsilon_n$ 线性无关,所以

$$\begin{bmatrix}x_1\\x_2\\\vdots\\x_n\end{bmatrix}=\boldsymbol{T}\begin{bmatrix}x'_1\\x'_2\\\vdots\\x'_n\end{bmatrix}\quad 或\quad \begin{bmatrix}x'_1\\x'_2\\\vdots\\x'_n\end{bmatrix}=\boldsymbol{T}^{-1}\begin{bmatrix}x_1\\x_2\\\vdots\\x_n\end{bmatrix}\qquad(1.3.5)$$

(1.3.5)给出了在基变换(1.3.4)下,向量的坐标变换公式.

例 1.3.3　在线性空间 $\mathbf{R}^{2\times 2}$ 中,

$$\varepsilon_1=\begin{pmatrix}1&0\\0&0\end{pmatrix},\varepsilon_2=\begin{pmatrix}0&1\\0&0\end{pmatrix},\varepsilon_3=\begin{pmatrix}0&0\\1&0\end{pmatrix},\varepsilon_4=\begin{pmatrix}0&0\\0&1\end{pmatrix}$$

和

$$\varepsilon'_1=\begin{pmatrix}-1&0\\0&2\end{pmatrix},\varepsilon'_2=\begin{pmatrix}0&3\\-1&4\end{pmatrix},\varepsilon'_3=\begin{pmatrix}2&0\\1&0\end{pmatrix},\varepsilon'_4=\begin{pmatrix}1&-3\\0&2\end{pmatrix}$$

是两组基,求由基 $\varepsilon_1,\varepsilon_2,\varepsilon_3,\varepsilon_4$ 到基 $\varepsilon'_1,\varepsilon'_2,\varepsilon'_3,\varepsilon'_4$ 的过渡矩阵,并求矩阵 $\boldsymbol{A}=$

$\begin{bmatrix}-1 & 3\\ 0 & 2\end{bmatrix}$在这两组基下的坐标.

解 因为

$$\begin{cases}\varepsilon'_1=-\varepsilon_1+0\varepsilon_2+0\varepsilon_3+2\varepsilon_4\\ \varepsilon'_2=\ \ 0\varepsilon_1+3\varepsilon_2-\varepsilon_3+4\varepsilon_4\\ \varepsilon'_3=\ \ 2\varepsilon_1+0\varepsilon_2+\varepsilon_3+0\varepsilon_4\\ \varepsilon'_4=\ \ \varepsilon_1-3\varepsilon_2+0\varepsilon_3+2\varepsilon_4\end{cases}$$

即

$$(\varepsilon'_1,\varepsilon'_2,\varepsilon'_3,\varepsilon'_4)=(\varepsilon_1,\varepsilon_2,\varepsilon_3,\varepsilon_4)\begin{bmatrix}-1 & 0 & 2 & 1\\ 0 & 3 & 0 & -3\\ 0 & -1 & 1 & 0\\ 2 & 4 & 0 & 2\end{bmatrix}$$

则由基 $\varepsilon_1,\varepsilon_2,\varepsilon_3,\varepsilon_4$ 到基 $\varepsilon'_1,\varepsilon'_2,\varepsilon'_3,\varepsilon'_4$ 的过渡矩阵为 $\boldsymbol{T}=\begin{bmatrix}-1 & 0 & 2 & 1\\ 0 & 3 & 0 & -3\\ 0 & -1 & 1 & 0\\ 2 & 4 & 0 & 2\end{bmatrix}$.

矩阵 $\mathbf{A}$ 在基 $\varepsilon_1,\varepsilon_2,\varepsilon_3,\varepsilon_4$ 下的坐标为 $(-1,3,0,2)^{\mathrm{T}}$，而 $\mathbf{A}$ 在基 $\varepsilon'_1,\varepsilon'_2,\varepsilon'_3,\varepsilon'_4$ 下的坐标则为 $\boldsymbol{T}^{-1}\begin{bmatrix}-1\\ 3\\ 0\\ 2\end{bmatrix}=\begin{bmatrix}1\\ \frac{1}{3}\\ \frac{1}{3}\\ -\frac{2}{3}\end{bmatrix}$.

§1.4 线性子空间

1.4.1 线性子空间的概念

我们知道 $\mathbf{P}[x]_n$ 是线性空间 $\mathbf{P}[x]$ 的一部分，同时对于 $\mathbf{P}[x]$ 的运算构成线性空间，我们称 $\mathbf{P}[x]_n$ 为 $\mathbf{P}[x]$ 的线性子空间. 一般地，我们不仅要研究整个线性空间的结构，而且要研究它的线性子空间. 一方面线性子空间本身有它的应用，另一方面通过研究线性子空间可以更深刻地揭示整个线性空间的结构.

定义 1.4.1　设 W 是数域 $\mathbf{P}$ 上线性空间 V 的非空子集，如果 W 对于 V 的两种运算也构成数域 $\mathbf{P}$ 上的线性空间，则称 W 为 V 的一个**线性子空间**(简称**子空间**).

如何判断线性空间 V 的一个非空子集 W 是否构成 V 的子空间？我们有如下定理.

定理 1.4.1　数域 $\mathbf{P}$ 上线性空间 V 的非空子集 W 是 V 的一个线性子空间当且仅当 W 对于 V 的两种运算封闭，即

(1) 如果 $\alpha,\beta\in W$，则 $\alpha+\beta\in W$；

(2) 如果 $k\in\mathbf{P},\alpha\in W$，则 $k\alpha\in W$.

证明　必要性由定义 1.4.1 直接得出. 下面证明充分性.

由已知条件，V 的两种运算都是 W 的运算. 因为 V 是线性空间，而 W 是 V 的子集，所以 W 的两种运算满足线性空间定义(见定义 1.2.1)中的规则(1)，(2)，(5)，(6)，(7)，(8). 因为 $0\in\mathbf{P},\alpha\in W$，所以 $0\alpha\in W$. 由于 V 是线性空间，由定理 1.2.1 知 $0\alpha=0$，从而 $0\in W$. 于是 V 的零元素就是 W 的零元素. 因为 $-1\in\mathbf{P},\alpha\in W$，所以 $(-1)\alpha\in W$. 由于 V 是线性空间，由定理 1.2.1 有 $(-1)\alpha=-\alpha$，从而 $-\alpha\in W$. 由于 $\alpha+(-1)\alpha=0$，于是 W 中每个元素 α 在 V 中的负元素 $-\alpha$ 也是 α 在 W 中的负元素. 因此 W 是 V 的一个线性子空间.　□

线性空间 V 的每个子空间都是凸集.

因为线性子空间也是一个线性空间，所以线性空间的维数、基、坐标等概念也可以应用到线性子空间上.

例 1.4.1　在线性空间 V 中，由 V 的零向量所组成的子集 $\{0\}$ 是 V 的一个子空间，称为零子空间；线性空间 V 本身也是 V 的一个子空间. 零子空间和线性空间 V 都称为 V 的**平凡子空间**，V 的其他子空间称为**非平凡子空间**.

例 1.4.2　设 $\mathbf{A}\in\mathbf{R}^{m\times n}$，齐次线性方程组

$$\mathbf{A}x=0$$

的全部解向量构成 n 维线性空间 $\mathbf{R}^n$ 的一个子空间. 这个子空间称为齐次线性方程组的解空间或矩阵 $\mathbf{A}$ 的**零空间(核)**，记为 $N(A)$ 或 $\mathrm{Ker}(\mathbf{A})$. 因为解空间的基就是齐次线性方程组的基础解系，所以 $\dim(N(\mathbf{A}))=n-\mathrm{rank}(\mathbf{A})$.

由于在线性子空间中不可能比在整个线性空间中有更多数目的线性无关向量，于是我们得到如下结论.

定理 1.4.2　如果 W 是线性空间 V 的一个子空间，则 $\dim(W)\leqslant\dim(V)$.

由定理 1.4.2 和定理 1.3.1 直接可得以下结论.

定理 1.4.3 若 W 是有限维线性空间 V 的子空间，则 W 的一组基可扩充成 V 的一组基.

现在我们给出由线性空间 V 的一组向量构造 V 的子空间的方法.

设 $\alpha_1,\alpha_2,\cdots,\alpha_s$ 是数域 $\mathbf{P}$ 上线性空间 V 的一组向量，这个向量组的所有线性组合作成的集合记为 W，即

$$W=\{k_1\alpha_1+k_2\alpha_2+\cdots+k_s\alpha_s \mid k_i\in\mathbf{P}, i=1,\cdots,s\}$$

显然，W 是 V 的非空子集，并且由定理 1.4.1 知 W 是 V 的子空间. 我们称 W 是由向量 $\alpha_1,\alpha_2,\cdots,\alpha_s$ **生成(或张成)的子空间**，记为 $L(\alpha_1,\alpha_2,\cdots,\alpha_s)$ 或 $\mathrm{span}(\alpha_1,\alpha_2,\cdots,\alpha_s)$.

在有限维线性空间 V 中，任何一个子空间 W 都可以用上述方法得到. 事实上，设 W 是 V 的任一子空间，W 也是有限维的. 在 W 中取一组基 $\alpha_1,\alpha_2,\cdots,\alpha_r$，则 $W=\mathrm{span}(\alpha_1,\alpha_2,\cdots,\alpha_r)$.

关于由向量组所生成的子空间我们有如下常用的重要结果.

定理 1.4.4 设 $\alpha_1,\cdots,\alpha_s$ 与 $\beta_1,\cdots,\beta_t$ 是线性空间 V 中两个向量组，则

(1) $\mathrm{span}(\alpha_1,\cdots,\alpha_s)=\mathrm{span}(\beta_1,\cdots,\beta_t)$ 的充分必要条件是 $\alpha_1,\cdots,\alpha_s$ 与 $\beta_1,\cdots,\beta_t$ 等价；

(2) $\dim(\mathrm{span}(\alpha_1,\cdots,\alpha_s))=\mathrm{rank}(\alpha_1,\cdots,\alpha_s)$，并且 $\mathrm{span}(\alpha_1,\cdots,\alpha_s)$ 的基是向量组 $\alpha_1,\cdots,\alpha_s$ 的一个极大线性无关组.

证明 (1) 若 $\mathrm{span}(\alpha_1,\cdots,\alpha_s)=\mathrm{span}(\beta_1,\cdots,\beta_t)$，则 $\alpha_i(i=1,\cdots,s)$ 可以由 $\beta_1,\cdots,\beta_t$ 线性表示；$\beta_j(j=1,\cdots,t)$ 可以由 $\alpha_1,\cdots,\alpha_s$ 线性表示. 因此 $\alpha_1,\cdots,\alpha_s$ 与 $\beta_1,\cdots,\beta_t$ 等价.

反过来，如果 $\alpha_1,\cdots,\alpha_s$ 与 $\beta_1,\cdots,\beta_t$ 等价，则可以由 $\alpha_1,\cdots,\alpha_s$ 线性表示的向量都可以由 $\beta_1,\cdots,\beta_t$ 线性表示；反之亦然. 因而 $\mathrm{span}(\alpha_1,\cdots,\alpha_s)=\mathrm{span}(\beta_1,\cdots,\beta_t)$.

(2) 设向量组 $\alpha_1,\cdots,\alpha_s$ 的秩是 r，并且 $\alpha_1,\cdots,\alpha_r(r\leqslant s)$ 是 $\alpha_1,\cdots,\alpha_s$ 的一个极大线性无关组. 因为 $\alpha_1,\cdots,\alpha_r$ 与 $\alpha_1,\cdots,\alpha_s$ 等价，所以 $\mathrm{span}(\alpha_1,\cdots,\alpha_s)=\mathrm{span}(\alpha_1,\cdots,\alpha_r)$. 由定理 1.2.5 知 $\mathrm{span}(\alpha_1,\cdots,\alpha_r)$ 的维数是 r，并且 $\alpha_1,\cdots,\alpha_r$ 是 $\mathrm{span}(\alpha_1,\cdots,\alpha_r)$ 的一组基. □

例 1.4.3 设 $\mathbf{A}\in\mathbf{R}^{m\times n}$，记 $\mathbf{A}=[\alpha_1,\alpha_2,\cdots,\alpha_n]$，其中 $\alpha_i\in\mathbf{R}^m(i=1,\cdots,n)$，则 $\mathrm{span}(\alpha_1,\cdots,\alpha_n)$ 是 m 维线性空间 $\mathbf{R}^m$ 的一个子空间，称为矩阵 $\mathbf{A}$ 的**列空间(值域)**，记为 $R(\mathbf{A})$ 或 $\mathrm{span}(\mathbf{A})$. $R(\mathbf{A})$ 可表成

$$R(\mathbf{A})=\{y \mid y=\mathbf{A}x, x\in\mathbf{R}^n\}$$

由定理 1.4.4 知 $\dim(R(\mathbf{A}))=\mathrm{rank}(\mathbf{A})$，并且 $\dim(N(\mathbf{A}))+\dim(R(\mathbf{A}))=n$.

1.4.2 子空间的交与和

我们知道,集合有交、并运算. 线性空间的子空间作为集合,也可以求交集和并集. 那么两个子空间的交集、并集是否仍是子空间?

定理 1.4.5 设 V_1,V_2 是数域 $\mathbf{P}$ 上线性空间 V 的两个子空间,则它们的交 $V_1\cap V_2$ 也是 V 的子空间.

证明 因为 $0\in V_1\cap V_2$,所以 $V_1\cap V_2$ 是非空的. 设 $\alpha,\beta\in V_1\cap V_2$,则 $\alpha,\beta\in V_1$,且 $\alpha,\beta\in V_2$,因为 V_1,V_2 是 V 的子空间,则对任意的数 $k\in\mathbf{P}$ 有 $\alpha+\beta\in V_1,k\alpha\in V_1$ 且 $\alpha+\beta\in V_2,k\alpha\in V_2$,从而 $\alpha+\beta\in V_1\cap V_2,k\alpha\in V_1\cap V_2$. 因此,$V_1\cap V_2$ 是 V 的子空间. □

线性空间 V 的两个子空间 V_1 与 V_2 的并集一般不是 V 的子空间. 例如,设 V 是以原点 O 为起点的所有向量组成的 3 维实线性空间,V_1,V_2 是通过原点的两个不同的平面,它们都是 V 的子空间. 由于 $V_1\cup V_2$ 对加法不封闭,因此 $V_1\cup V_2$ 不是 V 的子空间. 如果我们要构造一个包含 $V_1\cup V_2$ 的子空间,则这个子空间应当包含 V_1 中的任一向量 α_1 与 V_2 中的任一向量 α_2 的和. 由此受到启发,我们引进如下定义.

定义 1.4.2 设 V_1,V_2 是数域 $\mathbf{P}$ 上线性空间 V 的两个子空间,则集合

$$\{\alpha_1+\alpha_2 \mid \alpha_1\in V_1,\alpha_2\in V_2\}$$

称为 V_1 与 V_2 的和,记为 V_1+V_2.

定理 1.4.6 设 V_1,V_2 是数域 $\mathbf{P}$ 上线性空间 V 的两个子空间,则它们的和 V_1+V_2 也是 V 的子空间.

证明 因为 $0\in V_1+V_2$,所以 V_1+V_2 非空. 对任意两个向量 $\alpha,\beta\in V_1+V_2$ 及任意数 $k\in\mathbf{P}$,则

$$\alpha=\alpha_1+\alpha_2,\quad \beta=\beta_1+\beta_2,\ \alpha_1,\beta_1\in V_1,\alpha_2,\beta_2\in V_2$$

于是

$$\alpha+\beta=(\alpha_1+\beta_1)+(\alpha_2+\beta_2)$$

$$k\alpha=k\alpha_1+k\alpha_2$$

由于 V_1,V_2 是 V 的子空间,所以 $\alpha_1+\beta_1\in V_1,\alpha_2+\beta_2\in V_2,k\alpha_1\in V_1,k\alpha_2\in V_2$,从而 $\alpha+\beta\in V_1+V_2,k\alpha\in V_1+V_2$. 因此 V_1+V_2 是 V 的子空间. □

显然 $V_1\cup V_2\subseteq V_1+V_2$,所以 V_1+V_2 是包含 $V_1\cup V_2$ 的子空间.

由子空间的交与和的定义可知，子空间的交与和适合下列运算规则：

(i) 交换律：$V_1 \cap V_2 = V_2 \cap V_1$；

$V_1 + V_2 = V_2 + V_1$.

(ii) 结合律：$(V_1 \cap V_2) \cap V_3 = V_1 \cap (V_2 \cap V_3)$；

$(V_1 + V_2) + V_3 = V_1 + (V_2 + V_3)$.

由结合律，我们可定义多个子空间的交与和

$$V_1 \cap V_2 \cap \cdots \cap V_s = \bigcap_{i=1}^{s} V_i$$

$$V_1 + V_2 + \cdots + V_s = \sum_{i=1}^{s} V_i$$

用数学归纳法容易证明：$\bigcap\limits_{i=1}^{s} V_i$ 和 $\sum\limits_{i=1}^{s} V_i$ 都是 V 的子空间.

例 1.4.4　设 $\alpha_1, \cdots, \alpha_s$ 与 $\beta_1, \cdots, \beta_t$ 是数域 $\mathbf{P}$ 上线性空间 V 的两个向量组，则

$$\mathrm{span}(\alpha_1, \cdots, \alpha_s) + \mathrm{span}(\beta_1, \cdots, \beta_t) = \mathrm{span}(\alpha_1, \cdots, \alpha_s, \beta_1, \cdots, \beta_t)$$

证明　由子空间和的定义，有

$$\begin{aligned} &\mathrm{span}(\alpha_1, \cdots, \alpha_s) + \mathrm{span}(\beta_1, \cdots, \beta_t) \\ &= \{(k_1\alpha_1 + \cdots + k_s\alpha_s) + (l_1\beta_1 + \cdots + l_t\beta_t) \mid k_i, l_j \in \mathbf{P}\} \\ &= \mathrm{span}(\alpha_1, \cdots, \alpha_s, \beta_1, \cdots, \beta_t). \end{aligned}$$ □

例 1.4.5　设

$$\alpha_1 = \begin{bmatrix} 2 \\ 1 \\ 3 \\ 1 \end{bmatrix}, \alpha_2 = \begin{bmatrix} -1 \\ 1 \\ -3 \\ 1 \end{bmatrix}, \beta_1 = \begin{bmatrix} 4 \\ 5 \\ 3 \\ -1 \end{bmatrix}, \beta_2 = \begin{bmatrix} 1 \\ 5 \\ -3 \\ 1 \end{bmatrix}$$

$$V_1 = \mathrm{span}(\alpha_1, \alpha_2), V_2 = \mathrm{span}(\beta_1, \beta_2).$$

求 $V_1 \cap V_2$、$V_1 + V_2$ 的基与维数.

解　设 $\alpha \in V_1 \cap V_2$，则 $\alpha \in V_1, \alpha \in V_2$，于是

$$\alpha = k_1\alpha_1 + k_2\alpha_2 = k_3\beta_1 + k_4\beta_2$$

从而 $k_1 = 0, k_2 = \frac{5}{3}k_4, k_3 = -\frac{2}{3}k_4, \alpha = k_4\left(-\frac{5}{3}, \frac{5}{3}, -5, \frac{5}{3}\right)^{\mathrm{T}}$. 因此 $V_1 \cap V_2$

的基为$\left(-\frac{5}{3},\frac{5}{3},-5,\frac{5}{3}\right)^{\mathrm{T}}$，$\dim(V_1\cap V_2)=1$.

由例 1.4.4 知$V_1+V_2=\mathrm{span}(\alpha_1,\alpha_2,\beta_1,\beta_2)$. 因为$\alpha_1,\alpha_2,\beta_1$是$\alpha_1,\alpha_2,\beta_1,\beta_2$的极大线性无关组，所以$\alpha_1,\alpha_2,\beta_1$是$V_1+V_2$的基，$\dim(V_1+V_2)=3$，并且$\dim(V_1+V_2)+\dim(V_1\cap V_2)=\dim(V_1)+\dim(V_2)$.

定理 1.4.7(维数公式) 设V_1,V_2是数域$\mathbf{P}$上线性空间V的两个有限维子空间，则$V_1\cap V_2$与V_1+V_2都是有限维的，并且

$$\dim(V_1)+\dim(V_2)=\dim(V_1+V_2)+\dim(V_1\cap V_2)$$

证明 因为V_1是有限维的，而$V_1\cap V_2$是V_1的子空间，所以$V_1\cap V_2$也是有限维的. 设$\dim(V_1)=n_1$，$\dim(V_2)=n_2$，$\dim(V_1\cap V_2)=m$. 取$V_1\cap V_2$的一组基$\alpha_1,\cdots,\alpha_m$，把它扩充成V_1的一组基$\alpha_1,\cdots,\alpha_m,\beta_1,\cdots,\beta_{n_1-m}$，并且把$\alpha_1,\cdots,\alpha_m$也扩充成$V_2$的一组基$\alpha_1,\cdots,\alpha_m,\gamma_1,\cdots,\gamma_{n_2-m}$，则

$$V_1=\mathrm{span}(\alpha_1,\cdots,\alpha_m,\beta_1,\cdots,\beta_{n_1-m}),\quad V_2=\mathrm{span}(\alpha_1,\cdots,\alpha_m,\gamma_1,\cdots,\gamma_{n_2-m})$$

并且$V_1+V_2=\mathrm{span}(\alpha_1,\cdots,\alpha_m,\beta_1,\cdots,\beta_{n_1-m},\gamma_1,\cdots,\gamma_{n_2-m})$.

考虑等式

$$k_1\alpha_1+\cdots+k_m\alpha_m+p_1\beta_1+\cdots+p_{n_1-m}\beta_{n_1-m}+q_1\gamma_1+\cdots+q_{n_2-m}\gamma_{n_2-m}=0$$

令

$$\alpha=k_1\alpha_1+\cdots+k_m\alpha_m+p_1\beta_1+\cdots+p_{n_1-m}\beta_{n_1-m}$$

则
$$\alpha=-q_1\gamma_1-\cdots-q_{n_2-m}\gamma_{n_2-m}$$

由第一个等式知$\alpha\in V_1$；而由第二个等式有$\alpha\in V_2$，于是$\alpha\in V_1\cap V_2$. 因此α可以由$\alpha_1,\cdots,\alpha_m$线性表示，即$\alpha=l_1\alpha_1+\cdots+l_m\alpha_m$，则

$$l_1\alpha_1+\cdots+l_m\alpha_m+q_1\gamma_1+\cdots+q_{n_2-m}\gamma_{n_2-m}=0$$

因为$\alpha_1,\cdots,\alpha_m,\gamma_1,\cdots,\gamma_{n_2-m}$线性无关，则得$l_1=\cdots=l_m=q_1=\cdots=q_{n_2-m}=0$，因而$\alpha=0$. 从而有

$$k_1\alpha_1+\cdots+k_m\alpha_m+p_1\beta_1+\cdots+p_{n_1-m}\beta_{n_1-m}=0$$

由于$\alpha_1,\cdots,\alpha_m,\beta_1,\cdots,\beta_{n_1-m}$线性无关，得$k_1=\cdots=k_m=p_1=\cdots=p_{n_1-m}=0$. 这就证明了$\alpha_1,\cdots,\alpha_m,\beta_1,\cdots,\beta_{n_1-m},\gamma_1,\cdots,\gamma_{n_2-m}$线性无关. 由定理 1.4.4 知$\alpha_1,\cdots,\alpha_m,\beta_1,\cdots,\beta_{n_1-m},\gamma_1,\cdots,\gamma_{n_2-m}$是$V_1+V_2$的一组基，因此$V_1+V_2$是有限维的，且$\dim(V_1+V_2)=n_1+n_2-m$. □

由维数公式可知,线性空间的两个有限维子空间之和的维数往往小于这两个子空间的维数之和. 两个子空间之和的维数等于它们维数之和的情形是特别重要的,这样的两个子空间之和称为直和.

1.4.3　子空间的直和

子空间的直和是子空间之和的一个重要的特殊情形.

定义 1.4.3　设 V_1,V_2 是数域 **P** 上线性空间 V 的两个子空间,如果和 V_1+V_2 中每个向量 α 可惟一地表示成

$$\alpha=\alpha_1+\alpha_2,\quad \alpha_1\in V_1,\alpha_2\in V_2$$

则称和 V_1+V_2 为**直和**,记为 $V_1\dotplus V_2$.

定理 1.4.8　设 V_1,V_2 是数域 **P** 上线性空间 V 的两个子空间,则下面的叙述是等价的.

(1) 和 V_1+V_2 是直和;

(2) 和 V_1+V_2 中零向量的表示法惟一,即若 $\alpha_1+\alpha_2=0(\alpha_1\in V_1,\alpha_2\in V_2)$,则 $\alpha_1=0,\alpha_2=0$;

(3) $V_1\cap V_2=\{0\}$;

(4) $\dim(V_1+V_2)=\dim(V_1)+\dim(V_2)$.

证明　(1) ⇒ (2)是显然的.

现在证(2) ⇒ (3). 任取 $\alpha\in V_1\cap V_2$,因为零向量可表示为

$$0=\alpha+(-\alpha),\alpha\in V_1,-\alpha\in V_2$$

由(2)得 $\alpha=0$. 因此 $V_1\cap V_2=\{0\}$.

利用维数公式,由(3)可直接导出(4).

最后证(4) ⇒(1). 由维数公式和(4)知 $\dim(V_1\cap V_2)=0$,即 $V_1\cap V_2=\{0\}$. 设 $\alpha\in V_1+V_2$ 有两个分解式

$$\alpha=\alpha_1+\alpha_2=\beta_1+\beta_2,\alpha_1,\beta_1\in V_1,\alpha_2,\beta_2\in V_2$$

则

$$\alpha_1-\beta_1=-(\alpha_2-\beta_2)$$

其中 $\alpha_1-\beta_1\in V_1,\alpha_2-\beta_2\in V_2$,从而 $\alpha_1-\beta_1,\alpha_2-\beta_2\in V_1\cap V_2$. 于是 $\alpha_1=\beta_1,\alpha_2=\beta_2$,即向量 α 的分解式是惟一的. 因此和 V_1+V_2 是直和. □

定理 1.4.9　设 U 是数域 **P** 上有限维线性空间 V 的一个子空间,则存在 V 的一个子空间 W 使得 $V=U\dotplus W$.

证明 因为 V 是有限维的,不妨设 $\dim(V)=n$,则 U 也是有限维的. 假定 $\dim(U)=m$,取 U 的一组基 $\alpha_1,\alpha_2,\cdots,\alpha_m$,把它扩充成 V 的一组基 $\alpha_1,\alpha_2,\cdots,\alpha_m,\alpha_{m+1},\cdots,\alpha_n$. 令 $W=\mathrm{span}(\alpha_{m+1},\cdots,\alpha_n)$,则 W 即满足要求. □

子空间的直和概念可以推广到多个子空间的情形.

定义 1.4.4 设 $V_1,V_2,\cdots,V_s$ 是数域 $\mathbf{P}$ 上线性空间 V 的 s 个子空间,如果和 $V_1+V_2+\cdots+V_s$ 中每个向量 α 可惟一地表示成

$$\alpha=\alpha_1+\alpha_2+\cdots+\alpha_s,\quad \alpha_i\in V_i\quad (i=1,\cdots,s)$$

则称和 $V_1+V_2+\cdots+V_s$ 为**直和**,记为 $V_1\dotplus V_2\dotplus\cdots\dotplus V_s$.

类似于定理 1.4.8,我们有

定理 1.4.10 设 $V_1,\cdots,V_s$ 是数域 $\mathbf{P}$ 上线性空间 V 的 s 个子空间,则下面的叙述是等价的.

(1) 和 $V_1+V_2+\cdots+V_s$ 是直和;

(2) 和 $V_2+V_2+\cdots+V_s$ 中零向量的表示法惟一;

(3) $V_i\cap\sum\limits_{j\neq i}V_j=\{0\}$;

(4) $\dim(V_1+V_2+\cdots+V_s)=\dim(V_1)+\dim(V_2)+\cdots+\dim(V_s)$.

这个定理的证明和定理 1.4.8 基本相同,这里不再重复.

§1.5 线性空间的同构

设 V 是数域 $\mathbf{P}$ 上的 n 维线性空间,$\varepsilon_1,\varepsilon_2,\cdots,\varepsilon_n$ 是 V 的一组基. 对 V 中任一向量 α,它可惟一地表示为 $\varepsilon_1,\varepsilon_2,\cdots,\varepsilon_n$ 的线性组合,即

$$\alpha=x_1\varepsilon_1+x_2\varepsilon_2+\cdots+x_n\varepsilon_n$$

令

$$\sigma: V\to\mathbf{P}^n$$

$$\alpha=x_1\varepsilon_1+x_2\varepsilon_2+\cdots+x_n\varepsilon_n\to x=\begin{bmatrix}x_1\\x_2\\\vdots\\x_n\end{bmatrix}$$

则 σ 是 V 到 $\mathbf{P}^n$ 上的一一映射. 这个映射的重要性表现在它保持运算关系不变.

事实上,对 $k\in\mathbf{P}$ 及 V 中向量 β,有

$$\beta = y_1\varepsilon_1 + y_2\varepsilon_2 + \cdots + y_n\varepsilon_n$$

$$\alpha + \beta = (x_1 + y_1)\varepsilon_1 + (x_2 + y_2)\varepsilon_2 + \cdots + (x_n + y_n)\varepsilon_n$$

$$k\alpha = kx_1\varepsilon_1 + kx_2\varepsilon_2 + \cdots + kx_n\varepsilon_n$$

因为

$$\sigma(\alpha) = x = \begin{bmatrix} x_1 \\ x_2 \\ \vdots \\ x_n \end{bmatrix}, \quad \sigma(\beta) = y = \begin{bmatrix} y_1 \\ y_2 \\ \vdots \\ y_n \end{bmatrix}$$

则

$$\sigma(\alpha + \beta) = x + y = \sigma(\alpha) + \sigma(\beta)$$

$$\sigma(k\alpha) = kx = k\sigma(\alpha)$$

这说明在向量用坐标表示之后，向量的运算就可以归结为它们坐标的运算，因而线性空间 V 的讨论也就可以归结为 $\mathbf{P}^n$ 的讨论. 为了确切地说明这个事实，需要介绍同构的概念.

定义 1.5.1 设 V 与 V' 都是数域 $\mathbf{P}$ 上的线性空间，如果存在 V 到 V' 上的一一映射 σ 满足

(1) $\sigma(\alpha+\beta)=\sigma(\alpha)+\sigma(\beta)$；

(2) $\sigma(k\alpha)=k\sigma(\alpha)$，

其中 α,β 是 V 中任意向量，k 是数域 $\mathbf{P}$ 中任意数，则称 σ 为 V 到 V' 的**同构映射**，并且称 V 与 V' 是**同构**的.

前面的讨论说明在数域 $\mathbf{P}$ 上 n 维线性空间 V 中取定一组基以后，向量与它的坐标之间的对应就是 V 到 $\mathbf{P}^n$ 的一个同构映射. 因此数域 $\mathbf{P}$ 上任一 n 维线性空间都与 $\mathbf{P}^n$ 同构.

定理 1.5.1 设 V 与 V' 是数域 $\mathbf{P}$ 上的同构线性空间，σ 为 V 到 V' 的同构映射，则

(1) $\sigma(0)=0'$，$0'$ 是 V' 的零向量；

(2) 对任意 $\alpha\in V$，$\sigma(-\alpha)=-\sigma(\alpha)$；

(3) 如果 $\alpha_1,\cdots,\alpha_m$ 是 V 的一个向量组，$k_1,\cdots,k_m\in\mathbf{P}$，则

$$\sigma(k_1\alpha_1 + \cdots + k_m\alpha_m) = k_1\sigma(\alpha_1) + \cdots + k_m\sigma(\alpha_m)$$

(4) V 中向量组 $\alpha_1,\cdots,\alpha_m$ 线性相关当且仅当它们的像 $\sigma(\alpha_1),\cdots,\sigma(\alpha_m)$ 是 V' 中线性相关的向量组；

(5) 如果 V 是 n 维的，$\varepsilon_1,\cdots,\varepsilon_n$ 是 V 的一组基，则 V' 也是 n 维的，并且 $\sigma(\varepsilon_1),\cdots,\sigma(\varepsilon_n)$ 是 V' 的一组基.

证明　(1) 任取 $\alpha'\in V'$，因为 σ 是满映射，所以存在 $\alpha\in V$ 使得 $\sigma(\alpha)=\alpha'$. 于是

$$\alpha'+\sigma(0)=\sigma(\alpha)+\sigma(0)=\sigma(\alpha+0)=\sigma(\alpha)=\alpha'$$

这表明 $\sigma(0)$ 是 V' 的零向量.

(2) 因为 $\sigma(\alpha)+\sigma(-\alpha)=\sigma(\alpha+(-\alpha))=\sigma(0)=0'$，所以 $\sigma(-\alpha)=-\sigma(\alpha)$.

(3) 由定义 1.5.1 即得.

(4) 如果向量组 $\alpha_1,\cdots,\alpha_m$ 线性相关，则存在不全为零的数 $k_1,\cdots,k_m\in\mathbf{P}$ 使得

$$k_1\alpha_1+\cdots+k_m\alpha_m=0$$

由(1)和(3)得

$$k_1\sigma(\alpha_1)+\cdots+k_m\sigma(\alpha_m)=0'$$

所以 $\sigma(\alpha_1),\cdots,\sigma(\alpha_m)$ 线性相关.

反过来，如果 $\sigma(\alpha_1),\cdots,\sigma(\alpha_m)$ 线性相关，则存在不全为零的数 $k_1,\cdots,k_m\in\mathbf{P}$ 使得

$$k_1\sigma(\alpha_1)+\cdots+k_m\sigma(\alpha_m)=0'$$

即

$$\sigma(k_1\alpha_1+\cdots+k_m\alpha_m)=0'$$

因为 σ 是一一映射，所以 $k_1\alpha_1+\cdots+k_m\alpha_m=0$，从而 $\alpha_1,\alpha_2,\cdots,\alpha_m$ 线性相关.

(5) 由(4)知 $\sigma(\varepsilon_1),\cdots,\sigma(\varepsilon_n)$ 是 V' 的线性无关向量组. 对任意 $\alpha'\in V'$，因为 σ 是满映射，所以存在 $\alpha\in V$ 使得 $\sigma(\alpha)=\alpha'$. 因为 $\alpha=x_1\varepsilon_1+\cdots+x_n\varepsilon_n$，则

$$\alpha'=\sigma(x_1\varepsilon_1+\cdots+x_n\varepsilon_n)=x_1\sigma(\varepsilon_1)+\cdots+x_n\sigma(\varepsilon_n)$$

由定理 1.2.5 知 V' 是 n 维的，并且 $\sigma(\varepsilon_1),\cdots,\sigma(\varepsilon_n)$ 是 V' 的一组基.　□

定理 1.5.2　数域 $\mathbf{P}$ 上的两个有限维线性空间 V 与 V' 同构的充分必要条件是它们的维数相同.

证明　必要性由定理 1.5.1(5) 即得. 下面证充分性. 设 $\dim(V)=\dim(V')$. 在 V 与 V' 中分别取一组基 $\varepsilon_1,\cdots,\varepsilon_n$ 与 $\varepsilon'_1,\cdots,\varepsilon'_n$，令

$$\sigma: V \to V'$$

$$\alpha = x_1\varepsilon_1 + \cdots + x_n\varepsilon_n \to \alpha' = x_1\varepsilon'_1 + \cdots + x_n\varepsilon'_n$$

则 σ 是 V 到 V' 上的一一映射.

设 $\beta = y_1\varepsilon_1 + \cdots + y_n\varepsilon_n \in V$,对 $k \in \mathbf{P}$,直接计算可得

$$\sigma(\alpha+\beta) = \sigma(\alpha) + \sigma(\beta), \sigma(k\alpha) = k\sigma(\alpha)$$

因此 σ 是 V 到 V' 的一个同构映射,从而 V 与 V' 同构. □

在线性空间的讨论中,如果只涉及线性空间在线性运算下的代数性质,那么同构的线性空间具有相同的性质. 特别地,每一个数域 $\mathbf{P}$ 上的 n 维线性空间都与 n 维向量空间 $\mathbf{P}^n$ 同构. 因此,关于 n 维向量空间 $\mathbf{P}^n$ 的一些结论在一般的线性空间中也成立.

§1.6 内积空间

迄今为止,我们对线性空间的讨论主要是围绕着向量之间的加法和数量乘法进行的. 与几何空间相比,向量的度量性质如长度、夹角等,在前几节的讨论中还没有得到反映. 但是向量的度量性质在实际应用中是非常重要的,因此有必要引入度量的概念.

1.6.1 内积空间及其基本性质

在解析几何中引进了向量的内积概念后,向量的长度、两个向量之间的夹角等度量性质都可以用内积来表示. 受此启发,我们首先在一般的线性空间中定义内积运算,导出内积空间的概念,然后引进长度、角度等度量概念.

定义 1.6.1 设 V 是数域 $\mathbf{P}$ 上的线性空间,V 到 $\mathbf{P}$ 的一个代数运算记为 (α,β). 如果 (α,β) 满足下列条件:

(1) $(\alpha,\beta)=\overline{(\beta,\alpha)}$;

(2) $(\alpha+\beta,\gamma)=(\alpha,\gamma)+(\beta,\gamma)$;

(3) $(k\alpha,\beta)=k(\alpha,\beta)$;

(4) $(\alpha,\alpha)\geqslant 0$,当且仅当 $\alpha=0$ 时 $(\alpha,\alpha)=0$,

其中 k 是数域 $\mathbf{P}$ 中的任意数,α,β,γ 是 V 中的任意元素,则称 (α,β) 为 α 与 β 的**内积**. 定义了内积的线性空间 V 称为**内积空间**. 特别地,称实数域 $\mathbf{R}$ 上的内积空间 V 为 **Euclid 空间**(简称为**欧氏空间**);称复数域 $\mathbf{C}$ 上的内积空间 V 为**酉空间**.

由定义 1.6.1 不难导出,在内积空间中有

(1) $(\alpha,\beta+\gamma)=(\alpha,\beta)+(\alpha,\gamma)$;

(2) $(\alpha,k\beta)=\bar{k}(\alpha,\beta)$;

(3) $(\alpha,0)=(0,\alpha)=0$.

例 1.6.1　在实数域 $\mathbf{R}$ 上 n 维线性空间 $\mathbf{R}^n$ 中,对向量

$$x=(x_1,x_2,\cdots,x_n)^{\mathrm{T}},y=(y_1,y_2,\cdots,y_n)^{\mathrm{T}}$$

定义内积

$$(x,y)=y^{\mathrm{T}}x=\sum_{i=1}^{n}x_iy_i \tag{1.6.1}$$

则 $\mathbf{R}^n$ 成为一个欧氏空间,仍用 $\mathbf{R}^n$ 表示这个欧氏空间.

例 1.6.2　在复数域 $\mathbf{C}$ 上 n 维线性空间 $\mathbf{C}^n$ 中,对向量

$$x=(x_1,x_2,\cdots,x_n)^{\mathrm{T}},y=(y_1,y_2,\cdots,y_n)^{\mathrm{T}}$$

定义内积

$$(x,y)=y^{\mathrm{H}}x=\sum_{i=1}^{n}x_i\bar{y}_i \tag{1.6.2}$$

其中 $y^{\mathrm{H}}=(\bar{y}_1,\bar{y}_2,\cdots,\bar{y}_n)$,则 $\mathbf{C}^n$ 成为一个酉空间,仍用 $\mathbf{C}^n$ 表示这个酉空间.

以上两个例子中的内积称为 $\mathbf{R}^n$ 或 $\mathbf{C}^n$ 上的**标准内积**. 以后如不特别声明,$\mathbf{R}^n$ 或 $\mathbf{C}^n$ 上的内积均指标准内积.

例 1.6.3　在线性空间 $\mathbf{R}^{m\times n}$ 中,对矩阵 $\boldsymbol{A},\boldsymbol{B}\in\mathbf{R}^{m\times n}$,定义

$$(\boldsymbol{A},\boldsymbol{B})=\mathrm{tr}(\boldsymbol{B}^{\mathrm{T}}\boldsymbol{A}) \tag{1.6.3}$$

其中 $\mathrm{tr}(\boldsymbol{D})$表示方阵 $\boldsymbol{D}$ 的迹(即方阵 $\boldsymbol{D}$ 的对角元之和). 容易证明$(\boldsymbol{A},\boldsymbol{B})$是 $\mathbf{R}^{m\times n}$ 上的内积,$\mathbf{R}^{m\times n}$ 是欧氏空间.

例 1.6.4　在线性空间 $\mathbf{C}[a,b]$ 中,对 $f(x),g(x)\in\mathbf{C}[a,b]$,定义

$$(f,g)=\int_a^b f(x)g(x)\mathrm{d}x \tag{1.6.4}$$

则(f,g)是 $\mathbf{C}[a,b]$ 上的内积,$\mathbf{C}[a,b]$ 成为欧氏空间.

现在把几何空间中向量的长度、夹角等概念推广到内积空间.

定义 1.6.2　设 V 是内积空间,V 中向量 α 的**长度**定义为 $\|\alpha\|=\sqrt{(\alpha,\alpha)}$.

长度为 1 的向量称为**单位向量**. 如果 $\alpha\neq0$, 则 $\dfrac{\alpha}{\|\alpha\|}$ 是一个单位向量.

这样定义的向量长度与几何空间中向量的长度是一致的.

定理 1.6.1　设 V 是数域 $\mathbf{P}$ 上的内积空间,则向量长度 $\|\alpha\|$ 具有如下性质:

(1) $\|\alpha\| \geqslant 0$，当且仅当 $\alpha=0$ 时 $\|\alpha\|=0$；

(2) 对任意 $k\in \mathbf{P}$，有 $\|k\alpha\|=|k|\,\|\alpha\|$；

(3) 对任意 $\alpha,\beta\in V$，有

$$\|\alpha+\beta\|^2+\|\alpha-\beta\|^2=2(\|\alpha\|^2+\|\beta\|^2) \tag{1.6.5}$$

(4) 对任意 $\alpha,\beta\in V$，有 $\|\alpha+\beta\|\leqslant\|\alpha\|+\|\beta\|$；

(5) 对任意 $\alpha,\beta\in V$，有

$$|(\alpha,\beta)|\leqslant\|\alpha\|\,\|\beta\| \tag{1.6.6}$$

并且等号成立的充分必要条件是 α,β 线性相关.

证明 (1)和(2)显然成立. 下面证(3)，(4)和(5).

先证明(3). 将长度用内积表示，即得

$$\begin{aligned}\|\alpha+\beta\|^2+\|\alpha-\beta\|^2&=(\alpha+\beta,\alpha+\beta)+(\alpha-\beta,\alpha-\beta)\\&=2[(\alpha,\alpha)+(\beta,\beta)]=2(\|\alpha\|^2+\|\beta\|^2)\end{aligned}$$

其次证明(5). 当 $\beta=0$ 时，(1.6.6)显然成立. 以下设 $\beta\neq0$，对任意 $t\in\mathbf{P}$，$\alpha+t\beta\in V$，则

$$0\leqslant(\alpha+t\beta,\alpha+t\beta)=(\alpha,\alpha)+t(\beta,\alpha)+\bar{t}(\alpha,\beta)+|t|^2(\beta,\beta)$$

令 $t=-\dfrac{(\alpha,\beta)}{(\beta,\beta)}$，代入上式得

$$(\alpha,\alpha)-\frac{|(\alpha,\beta)|^2}{(\beta,\beta)}\geqslant0$$

于是不等式(1.6.6)成立.

当 α,β 线性相关时，(1.6.6)中等号显然成立. 如果 α,β 线性无关，则对任意 $t\in\mathbf{P}$，$\alpha+t\beta\neq0$，从而

$$(\alpha+t\beta,\alpha+t\beta)>0$$

取 $t=-\dfrac{(\alpha,\beta)}{(\beta,\beta)}$，有 $|(\alpha,\beta)|^2<(\alpha,\alpha)(\beta,\beta)=\|\alpha\|^2\|\beta\|^2$，这与(1.6.6)等号成立矛盾. 因此 α,β 线性相关.

最后证明(4). 对任意 $\alpha,\beta\in V$，有

$$\begin{aligned}\|\alpha+\beta\|^2&=(\alpha+\beta,\alpha+\beta)=(\alpha,\alpha)+(\alpha,\beta)+(\beta,\alpha)+(\beta,\beta) \quad (1.6.7)\\&\leqslant\|\alpha\|^2+2|(\alpha,\beta)|+\|\beta\|^2\\&\leqslant\|\alpha\|^2+2\|\alpha\|\,\|\beta\|+\|\beta\|^2=(\|\alpha\|+\|\beta\|)^2\end{aligned}$$

由此即得(4). □

不等式(1.6.6)有十分重要的应用. 例如它在欧氏空间 $\mathbf{R}^n$ 中的形式为

$$\left|\sum_{i=1}^{n} x_i y_i\right| \leqslant \left(\sum_{i=1}^{n} x_i^2\right)^{\frac{1}{2}} \left(\sum_{j=1}^{n} y_j^2\right)^{\frac{1}{2}} \tag{1.6.8}$$

不等式(1.6.8)称为 **Cauchy 不等式.**

定义 1.6.3　设 V 是内积空间,V 中向量 α 与 β 之间的**距离**定义为

$$d(\alpha,\beta) = \|\alpha-\beta\| \tag{1.6.9}$$

并称 $d(\alpha,\beta)=\|\alpha-\beta\|$ 是由**长度导出的距离**.

由定理 1.6.1 知,这样定义的距离满足如下三个基本条件:

(1) $d(\alpha,\beta)\geqslant 0$,并且 $d(\alpha,\beta)=0$ 的充分必要条件是 $\alpha=\beta$;

(2) $d(\alpha,\beta)=d(\beta,\alpha)$;

(3) $d(\alpha,\gamma)\leqslant d(\alpha,\beta)+d(\beta,\gamma)$,

其中 α,β,γ 是内积空间 V 中的任意向量. 因此,内积空间按此距离成为度量空间,从而可以在其中讨论极限、开集、闭集等.

由不等式(1.6.6),可以定义欧氏空间中两个向量之间的夹角.

定义 1.6.4　设 α,β 是欧氏空间中两个非零向量,它们之间的**夹角** $\langle\alpha,\beta\rangle$ 定义为

$$\langle\alpha,\beta\rangle = \arccos\frac{(\alpha,\beta)}{\|\alpha\|\ \|\beta\|},\quad 0\leqslant\langle\alpha,\beta\rangle\leqslant\pi \tag{1.6.10}$$

定义 1.6.5　设 α,β 是内积空间中两个向量,如果 $(\alpha,\beta)=0$,则称 α 与 β **正交**,记为 $\alpha\perp\beta$.

由定义 1.6.5 及内积的性质知,零向量与任何向量都正交,并且只有零向量与自身正交.

如果 α 与 β 正交,则由(1.6.7)即得"**勾股定理**"

$$\|\alpha+\beta\|^2 = \|\alpha\|^2+\|\beta\|^2 \tag{1.6.11}$$

设 V 是数域 $\mathbf{P}$ 上的 n 维内积空间,$\varepsilon_1,\varepsilon_2,\cdots,\varepsilon_n$ 是 V 的一组基. 对任意 α,$\beta\in V$,有

$$\alpha = x_1\varepsilon_1+x_2\varepsilon_2+\cdots+x_n\varepsilon_n,\ \beta = y_1\varepsilon_1+y_2\varepsilon_2+\cdots+y_n\varepsilon_n$$

则 α 与 β 的内积

$$(\alpha,\beta) = \left(\sum_{i=1}^{n} x_i\varepsilon_i,\sum_{j=1}^{n} y_i\varepsilon_j\right) = \sum_{i=1}^{n}\sum_{j=1}^{n}(\varepsilon_i,\varepsilon_j)x_i\bar{y}_j$$

令

$$a_{ji} = (\varepsilon_i,\varepsilon_j),\qquad i,j=1,\cdots,n$$

$$A=\begin{pmatrix}a_{11} & a_{12} & \cdots & a_{1n}\\ a_{21} & a_{22} & \cdots & a_{2n}\\ \vdots & \vdots & & \vdots\\ a_{n1} & a_{n2} & \cdots & a_{nn}\end{pmatrix},\ x=\begin{bmatrix}x_1\\ x_2\\ \vdots\\ x_n\end{bmatrix},\ y=\begin{bmatrix}y_1\\ y_2\\ \vdots\\ y_n\end{bmatrix}$$

称矩阵 **A** 为基 $\varepsilon_1,\varepsilon_2,\cdots,\varepsilon_n$ 的**度量矩阵**. 显然 $a_{ij}=\bar{a}_{ji}(i,j=1,2,\cdots,n)$，并且

$$(\alpha,\beta)=y^{\mathrm{H}}\boldsymbol{A}x \tag{1.6.12}$$

定理 1.6.2 设 $\varepsilon_1,\varepsilon_2,\cdots,\varepsilon_n$ 是数域 **P** 上 n 维内积空间 V 的一组基，则它的度量矩阵 **A** 非奇异.

证明 假若基 $\varepsilon_1,\varepsilon_2,\cdots,\varepsilon_n$ 的度量矩阵 **A** 奇异，则齐次线性方程组

$$\boldsymbol{A}x=0$$

有非零解 $x=(x_1,x_2,\cdots,x_n)^{\mathrm{T}}\in\mathbf{P}^n$. 令

$$\alpha=x_1\varepsilon_1+x_2\varepsilon_2+\cdots+x_n\varepsilon_n$$

则 $\alpha\neq0$，但 $(\alpha,\alpha)=x^{\mathrm{H}}\boldsymbol{A}x=0$，这与 $(\alpha,\alpha)>0$ 矛盾. 因此 **A** 非奇异. □

定义 1.6.6 设 $\boldsymbol{A}\in\mathbf{C}^{m\times n}$，用 $\bar{\boldsymbol{A}}$ 表示以 **A** 的元素的共轭复数为元素组成的矩阵，$\boldsymbol{A}^{\mathrm{H}}=(\bar{\boldsymbol{A}})^{\mathrm{T}}$ 称为 **A** 的**共轭转置矩阵**.

容易验证矩阵的共轭转置运算具有下列性质：

(1) $\boldsymbol{A}^{\mathrm{H}}=\overline{(\boldsymbol{A}^{\mathrm{T}})}$；

(2) $(\boldsymbol{A}+\boldsymbol{B})^{\mathrm{H}}=\boldsymbol{A}^{\mathrm{H}}+\boldsymbol{B}^{\mathrm{H}}$；

(3) $(k\boldsymbol{A})^{\mathrm{H}}=\bar{k}\boldsymbol{A}^{\mathrm{H}}$；

(4) $(\boldsymbol{AB})^{\mathrm{H}}=\boldsymbol{B}^{\mathrm{H}}\boldsymbol{A}^{\mathrm{H}}$；

(5) $(\boldsymbol{A}^{\mathrm{H}})^{\mathrm{H}}=\boldsymbol{A}$；

(6) 如果 **A** 可逆，则 $(\boldsymbol{A}^{\mathrm{H}})^{-1}=(\boldsymbol{A}^{-1})^{\mathrm{H}}$.

定义 1.6.7 设 $\boldsymbol{A}\in\mathbf{C}^{n\times n}$，如果 $\boldsymbol{A}^{\mathrm{H}}=\boldsymbol{A}$，则称 **A** 为 Hermite 矩阵；如果 $\boldsymbol{A}^{\mathrm{H}}=-\boldsymbol{A}$，则称 **A** 为**反 Hermite 矩阵**.

实对称矩阵是 Hermite 矩阵，有限维内积空间的度量矩阵是 Hermite 矩阵.

对于内积空间不同的基，它们的度量矩阵一般是不同的，下面的定理给出了它们之间的关系.

定理 1.6.3 设 $\varepsilon_1,\varepsilon_2,\cdots,\varepsilon_n$ 与 $\varepsilon'_1,\varepsilon'_2,\cdots,\varepsilon'_n$ 是数域 **P** 上 n 维内积空间 V 的两组基，它们的度量矩阵分别为 **A** 和 **B**，并且基 $\varepsilon_1,\varepsilon_2,\cdots,\varepsilon_n$ 到基 $\varepsilon'_1,\varepsilon'_2,\cdots,\varepsilon'_n$ 的过渡矩阵为 **P**，则 $\boldsymbol{B}=\boldsymbol{P}^{\mathrm{H}}\boldsymbol{A}\boldsymbol{P}$.

证明作为练习留给读者.

定义 1.6.8 设 $\boldsymbol{A},\boldsymbol{B}\in\mathbf{C}^{n\times n}$,如果存在 n 阶非奇异矩阵 $\boldsymbol{P}$,使得

$$\boldsymbol{B}=\boldsymbol{P}^{\mathrm{H}}\boldsymbol{A}\boldsymbol{P}$$

则称 $\boldsymbol{A}$ 与 $\boldsymbol{B}$ 是**相合的**.

方阵之间的相合关系是等价关系. 由定理 1.6.3 可知,不同基的度量矩阵是相合的.

1.6.2 标准正交基与 Gram-Schmidt 正交化方法

定义 1.6.9 设 $\alpha_1,\alpha_2,\cdots,\alpha_m$ 是内积空间 V 中的非零向量组,如果它们两两正交,则称 $\alpha_1,\alpha_2,\cdots,\alpha_m$ 是**正交向量组**. 如果正交向量组 $\alpha_1,\alpha_2,\cdots,\alpha_m$ 中的每一个向量都是单位向量,则称 $\alpha_1,\alpha_2,\cdots,\alpha_m$ 是**标准正交向量组**.

由定义可知,向量组 $\alpha_1,\alpha_2,\cdots,\alpha_m$ 是正交向量组的充分必要条件是

$$(\alpha_i,\alpha_j)=0,\qquad i\neq j$$

定理 1.6.4 设 $\alpha_1,\alpha_2,\cdots,\alpha_m$ 是内积空间 V 中的非零正交向量组,则 $\alpha_1,\alpha_2,\cdots,\alpha_m$ 线性无关.

证明 若

$$k_1\alpha_1+k_2\alpha_2+\cdots+k_m\alpha_m=0$$

上式两边与 α_j 作内积,有

$$(k_1\alpha_1+k_2\alpha_2+\cdots+k_m\alpha_m,\alpha_j)=\sum_{i=1}^{m}k_i(\alpha_i,\alpha_j)=0$$

因为$(\alpha_i,\alpha_j)=0(i\neq j)$,则上式简化为

$$k_j(\alpha_j,\alpha_j)=0$$

由于$(\alpha_j,\alpha_j)\neq0$,故 $k_j=0$. 因此 $\alpha_1,\alpha_2,\cdots,\alpha_m$ 线性无关. □

定理 1.6.5 设 $\alpha_1,\alpha_2,\cdots,\alpha_m$ 是内积空间 V 中的一个向量组,则 $\alpha_1,\alpha_2,\cdots,\alpha_m$ 线性无关的充分必要条件是矩阵

$$\boldsymbol{G}(\alpha_1,\alpha_2,\cdots,\alpha_m)=\begin{pmatrix}(\alpha_1,\alpha_1) & (\alpha_1,\alpha_2) & \cdots & (\alpha_1,\alpha_m)\\(\alpha_2,\alpha_1) & (\alpha_2,\alpha_2) & \cdots & (\alpha_2,\alpha_m)\\\vdots & \vdots & & \vdots\\(\alpha_m,\alpha_1) & (\alpha_m,\alpha_2) & \cdots & (\alpha_m,\alpha_m)\end{pmatrix}$$

非奇异.

证明 若 $\alpha_1,\alpha_2,\cdots,\alpha_m$ 线性无关,则 $\alpha_1,\alpha_2,\cdots,\alpha_m$ 是 $\mathrm{span}(\alpha_1,\alpha_2,\cdots,\alpha_m)$ 的一组基,由定理 1.6.2 知 $\alpha_1,\alpha_2,\cdots,\alpha_m$ 的度量矩阵 $\boldsymbol{G}(\alpha_1,\alpha_2,\cdots,\alpha_m)^{\mathrm{T}}$ 非奇异.

反过来,设 $\boldsymbol{G}(\alpha_1,\alpha_2,\cdots,\alpha_m)$非奇异. 假若 $\alpha_1,\alpha_2,\cdots,\alpha_m$ 线性相关,则 $\alpha_1,\alpha_2,\cdots,\alpha_m$ 中必有一个向量是其余向量的线性组合. 不妨设 α_m 是 $\alpha_1,\alpha_2,\cdots,\alpha_{m-1}$ 的线性组合 $\alpha_m=\sum\limits_{i=1}^{m-1}l_i\alpha_i$, 则

$$|\boldsymbol{G}(\alpha_1,\alpha_2,\cdots,\alpha_m)|=\begin{vmatrix}(\alpha_1,\alpha_1) & (\alpha_1,\alpha_2) & \cdots & (\alpha_1,\alpha_{m-1}) & (\alpha_1,\sum\limits_{i=1}^{m-1}l_i\alpha_i)\\ (\alpha_2,\alpha_1) & (\alpha_2,\alpha_2) & \cdots & (\alpha_2,\alpha_{m-1}) & (\alpha_2,\sum\limits_{i=1}^{m-1}l_i\alpha_i)\\ \vdots & \vdots & & \vdots & \vdots\\ (\alpha_m,\alpha_1) & (\alpha_m,\alpha_2) & \cdots & (\alpha_m,\alpha_{m-1}) & (\alpha_m,\sum\limits_{i=1}^{m-1}l_i\alpha_i)\end{vmatrix}$$

$$=\sum_{i=1}^{m-1}\bar{l}_i\begin{vmatrix}(\alpha_1,\alpha_1) & (\alpha_1,\alpha_2) & \cdots & (\alpha_1,\alpha_{m-1}) & (\alpha_1,\alpha_i)\\ (\alpha_2,\alpha_1) & (\alpha_2,\alpha_2) & \cdots & (\alpha_2,\alpha_{m-1}) & (\alpha_2,\alpha_i)\\ \vdots & \vdots & & \vdots & \vdots\\ (\alpha_m,\alpha_1) & (\alpha_m,\alpha_2) & \cdots & (\alpha_m,\alpha_{m-1}) & (\alpha_m,\alpha_i)\end{vmatrix}=0$$

这与$|\boldsymbol{G}(\alpha_1,\alpha_2,\cdots,\alpha_m)|\neq 0$ 矛盾. 故 $\alpha_1,\alpha_2,\cdots,\alpha_m$ 线性无关. □

矩阵 $\boldsymbol{G}(\alpha_1,\alpha_2,\cdots,\alpha_m)$称为向量组 $\alpha_1,\alpha_2,\cdots,\alpha_m$ 的 **Gram 矩阵**.

由定理 1.6.4 可知,在 n 维内积空间中两两正交的非零向量不超过 n 个.

定义 1.6.10 在 n 维内积空间中,由 n 个正交向量组成的基称为**正交基**. 由 n 个标准正交向量组成的基称为**标准正交基**.

显然,$\varepsilon_1,\varepsilon_2,\cdots,\varepsilon_n$ 是 n 维内积空间的标准正交基当且仅当

$$(\varepsilon_i,\varepsilon_j)=\delta_{ij}=\begin{cases}1, & i=j\\ 0, & i\neq j\end{cases}$$

即标准正交基的度量矩阵是单位矩阵.

从内积空间的一组基出发,可以构造它的标准正交基.

定理 1.6.6 设 $\alpha_1,\alpha_2,\cdots,\alpha_n$ 是 n 维内积空间 V 中的一组基,则可以找到 V 的一组标准正交基 $\varepsilon_1,\varepsilon_2,\cdots,\varepsilon_n$,使得

$$\mathrm{span}(\alpha_1,\alpha_2,\cdots,\alpha_i)=\mathrm{span}(\varepsilon_1,\varepsilon_2,\cdots,\varepsilon_i),\quad i=1,2,\cdots,n$$

证明 我们由 $\alpha_1,\alpha_2,\cdots,\alpha_n$ 逐个地求出标准正交向量组 $\varepsilon_1,\varepsilon_2,\cdots,\varepsilon_n$. 令

$$\varepsilon_1=\frac{\alpha_1}{\|\alpha_1\|}$$

则 ε_1 是单位向量,并且 $\mathrm{span}(\alpha_1)=\mathrm{span}(\varepsilon_1)$.

一般地,假定已经求出标准正交向量 $\varepsilon_1,\varepsilon_2,\cdots,\varepsilon_m$,并且

$$\mathrm{span}(\alpha_1,\alpha_2,\cdots,\alpha_i)=\mathrm{span}(\varepsilon_1,\varepsilon_2,\cdots,\varepsilon_i),\quad i=1,2,\cdots,m$$

下一步求 ε_{m+1}.

作向量

$$\beta_{m+1}=\alpha_{m+1}-k_1\varepsilon_1-k_2\varepsilon_2-\cdots-k_m\varepsilon_m$$

其中 $k_1,k_2,\cdots,k_m$ 是待定常数. 选取

$$k_i=(\alpha_{m+1},\varepsilon_i),\qquad i=1,2,\cdots,m$$

则 $(\beta_{m+1},\varepsilon_i)=0\,(i=1,2,\cdots,m)$. 因为 $\alpha_1,\alpha_2,\cdots,\alpha_{m+1}$ 线性无关,$\mathrm{span}(\alpha_1,\alpha_2,\cdots,\alpha_m)=\mathrm{span}(\varepsilon_1,\varepsilon_2,\cdots,\varepsilon_m)$,于是 $\beta_{m+1}\neq 0$,并且 $\varepsilon_1,\varepsilon_2,\cdots,\varepsilon_m,\beta_{m+1}$ 是正交向量组. 令

$$\varepsilon_{m+1}=\frac{\beta_{m+1}}{\|\beta_{m+1}\|}$$

则 $\varepsilon_1,\varepsilon_2,\cdots,\varepsilon_m,\varepsilon_{m+1}$ 是标准正交向量组,并且

$$\mathrm{span}(\alpha_1,\alpha_2,\cdots,\alpha_m,\alpha_{m+1})=\mathrm{span}(\varepsilon_1,\varepsilon_2,\cdots,\varepsilon_m,\varepsilon_{m+1})$$

由归纳法原理,定理 1.6.6 得证. □

定理 1.6.6 的证明中把一组线性无关向量变成标准正交向量组的方法通常称为 **Gram-Schmidt 正交化方法.**

由定理 1.4.3 和定理 1.6.6,可得如下定理.

定理 1.6.7 设 $\varepsilon_1,\varepsilon_2,\cdots,\varepsilon_m$ 是 n 维内积空间 V 中的一组标准正交向量,则可将它扩充为 V 的一组标准正交基 $\varepsilon_1,\varepsilon_2,\cdots,\varepsilon_m,\varepsilon_{m+1},\cdots,\varepsilon_n$.

例 1.6.5 在欧氏空间 $\mathbf{R}^4$ 中,把向量组

$$\alpha_1=\begin{bmatrix}1\\1\\0\\0\end{bmatrix},\ \alpha_2=\begin{bmatrix}1\\0\\1\\0\end{bmatrix},\ \alpha_3=\begin{bmatrix}-1\\0\\0\\1\end{bmatrix},\ \alpha_4=\begin{bmatrix}1\\-1\\-1\\1\end{bmatrix}$$

化成标准正交向量组.

解 利用 Gram-Schmidt 正交化方法,可依次求出

$$\varepsilon_1 = \frac{\alpha_1}{\|\alpha_1\|} = \left(\frac{1}{\sqrt{2}},\frac{1}{\sqrt{2}},0,0\right)^{\mathrm{T}}$$

$$\beta_2 = \alpha_2 - (\alpha_2,\varepsilon_1)\varepsilon_1 = \left(\frac{1}{2},-\frac{1}{2},1,0\right)^{\mathrm{T}}$$

$$\varepsilon_2 = \frac{\beta_2}{\|\beta_2\|} = \left(\frac{1}{\sqrt{6}},-\frac{1}{\sqrt{6}},\frac{2}{\sqrt{6}},0\right)^{\mathrm{T}}$$

$$\beta_3 = \alpha_3 - (\alpha_3,\varepsilon_1)\varepsilon_1 - (\alpha_3,\varepsilon_2)\varepsilon_2 = \left(-\frac{1}{3},\frac{1}{3},\frac{1}{3},1\right)^{\mathrm{T}}$$

$$\varepsilon_3 = \frac{\beta_3}{\|\beta_3\|} = \left(-\frac{1}{\sqrt{12}},\frac{1}{\sqrt{12}},\frac{1}{\sqrt{12}},\frac{3}{\sqrt{12}}\right)^{\mathrm{T}}$$

$$\beta_4 = \alpha_4 - (\alpha_4,\varepsilon_1)\varepsilon_1 - (\alpha_4,\varepsilon_2)\varepsilon_2 - (\alpha_4,\varepsilon_3)\varepsilon_3 = (1,-1,-1,1)^{\mathrm{T}}$$

$$\varepsilon_4 = \frac{\beta_4}{\|\beta_4\|} = \left(\frac{1}{2},-\frac{1}{2},-\frac{1}{2},\frac{1}{2}\right)^{\mathrm{T}}$$

则 $\varepsilon_1,\varepsilon_2,\varepsilon_3,\varepsilon_4$ 是标准正交向量组.

在标准正交基下,向量的坐标和内积有特别简单的表达式. 设 $\varepsilon_1,\varepsilon_2,\cdots,\varepsilon_n$ 是 n 维内积空间 V 的一组标准正交基,则对任意 $\alpha\in V$ 都有

$$\alpha = (\alpha,\varepsilon_1)\varepsilon_1 + (\alpha,\varepsilon_2)\varepsilon_2 + \cdots + (\alpha,\varepsilon_n)\varepsilon_n \tag{1.6.13}$$

并且对任意 $\alpha,\beta\in V$,如果

$$\alpha = x_1\varepsilon_1 + x_2\varepsilon_2 + \cdots + x_n\varepsilon_n,\beta = y_1\varepsilon_1 + y_2\varepsilon_2 + \cdots + y_n\varepsilon_n \tag{1.6.14}$$

则

$$(\alpha,\beta) = \sum_{i=1}^{n} x_i\bar{y}_i \tag{1.6.15}$$

该表达式是解析几何中向量内积表达式的推广.

1.6.3 正交补与投影定理

定义 1.6.11 设 V_1,V_2 是内积空间 V 中两个子空间. 向量 $\alpha\in V$,如果对任意 $\beta\in V_1$ 都有 $(\alpha,\beta)=0$,则称 **$\boldsymbol{\alpha}$ 与子空间 $\mathbf{V}_1$ 正交**,记为 $\alpha\perp V_1$. 如果对任意 $\alpha\in V_1,\beta\in V_2$ 都有 $(\alpha,\beta)=0$,则称**子空间 $\mathbf{V}_1$ 与 $\mathbf{V}_2$ 正交**,记为 $V_1\perp V_2$.

定理 1.6.8　设 V_1,V_2 是内积空间 V 中两个子空间，若 V_1 与 V_2 正交，则和 V_1+V_2 是直和.

证明　对任意 $\alpha\in V_1\cap V_2$，则 $\alpha\in V_1$. 因为对任意 $\beta\in V_2$ 都有 $(\alpha,\beta)=0$，而 $\alpha\in V_2$，故 $(\alpha,\alpha)=0$. 于是 $\alpha=0$，从而 $V_1\cap V_2=\{0\}$，由定理 1.4.8 知 V_1+V_2 是直和.　□

定义 1.6.12　设 V_1,V_2 是内积空间 V 中两个子空间，如果 V_1 与 V_2 正交，则和 V_1+V_2 称为 V_1 与 V_2 的**正交和**，记为 $V_1\oplus V_2$.

定义 1.6.13　设 V_1 是内积空间 V 的一个子空间，V 中所有与 V_1 正交的向量所作成的集合记为 $V_1^{\perp}$，即 $V_1^{\perp}=\{\alpha\in V\mid\alpha\perp V_1\}$，则称 $V_1^{\perp}$ 为 V_1 的**正交补**.

由定义容易验证 $V_1^{\perp}$ 是 V 的一个子空间.

定理 1.6.9　设 V_1 是内积空间 V 的一个有限维子空间，则存在 V_1 的惟一正交补 $V_1^{\perp}$ 使得 $V=V_1\oplus V_1^{\perp}$.

证明　设 $\dim(V_1)=m$，并且 $\varepsilon_1,\varepsilon_2,\cdots,\varepsilon_m$ 是 V_1 的一组标准正交基. 对任意 $\alpha\in V$，令

$$\alpha_1=(\alpha,\varepsilon_1)\varepsilon_1+(\alpha,\varepsilon_2)\varepsilon_2+\cdots+(\alpha,\varepsilon_m)\varepsilon_m,\alpha_2=\alpha-\alpha_1$$

则 $\alpha_1\in V_1$，且

$$\begin{aligned}(\alpha_2,\varepsilon_i)&=(\alpha,\varepsilon_i)-(\alpha_1,\varepsilon_i)=(\alpha,\varepsilon_i)-\Big(\sum_{j=1}^{m}(\alpha,\varepsilon_j)\varepsilon_j,\varepsilon_i\Big)\\&=(\alpha,\varepsilon_i)-(\alpha,\varepsilon_i)(\varepsilon_i,\varepsilon_i)=0,\qquad i=1,2,\cdots,m\end{aligned}$$

故 α_2 与 V_1 中每个向量都正交，即 $\alpha_2\perp V_1$，从而 $\alpha_2\in V_1^{\perp}$.

因为 $\alpha=\alpha_1+\alpha_2$，所以 $V=V_1+V_1^{\perp}$，并且由定理 1.6.8 知 $V=V_1\oplus V_1^{\perp}$.

再证惟一性. 设 V_2,V_3 都是 V_1 的正交补，则

$$V=V_1\oplus V_2,\quad V=V_1\oplus V_3$$

对任意 $\alpha\in V_2$，有

$$\alpha=\alpha_1+\alpha_3,\quad\alpha_1\in V_1,\alpha_3\in V_3$$

因为 $\alpha\perp\alpha_1$，则

$$(\alpha,\alpha_1)=(\alpha_1,\alpha_1)+(\alpha_3,\alpha_1)=(\alpha_1,\alpha_1)=0$$

于是 $\alpha_1=0,\alpha\in V_3$，从而 $V_2\subseteq V_3$. 同理可证 $V_3\subseteq V_2$. 因此 $V_2=V_3$. □

定义 1.6.14 设 V_1 是内积空间 V 的一个子空间，$\alpha\in V$，如果有 $\alpha_1\in V_1$，$\alpha_2\perp V_1$ 使得

$$\alpha=\alpha_1+\alpha_2$$

则称 α_1 是 α 在 V_1 上的**正交(直交)投影**.

定理 1.6.10(投影定理) 设 V_1 是内积空间 V 的有限维子空间，则对任意 $\alpha\in V$，α 在 V_1 上的正交投影存在并且惟一.

证明 由定理 1.6.9 知，存在 V_1 的惟一正交补 $V_1^{\perp}$ 使得 $V=V_1\oplus V_1^{\perp}$，则 V 中任一向量 α 可惟一地表示为

$$\alpha=\alpha_1+\alpha_2,\alpha_1\in V_1,\alpha_2\in V_1^{\perp} \tag{1.6.16}$$

于是，α_1 是 α 在 V_1 上的正交投影并且是惟一的. □

定义 1.6.15 设 V_1 是内积空间 V 的一个非空子集，$\alpha\in V$ 是给定的向量，如果存在 $\alpha_1\in V_1$ 满足如下等式

$$\|\alpha-\alpha_1\|=\inf_{\beta\in V_1}\|\alpha-\beta\|=d(\alpha,V_1) \tag{1.6.17}$$

则称 α_1 为 α 在 V_1 上的**最佳逼近**.

定理 1.6.11 设 V_1 是内积空间 V 的一个子空间，$\alpha\in V$ 是给定的向量，则 $\alpha_1\in V_1$ 为 α 在 V_1 上的最佳逼近的充分必要条件是 $\alpha-\alpha_1\perp V_1$.

证明 必要性. 采用反证法. 设 $\alpha_1\in V_1$ 为 α 在 V_1 上的最佳逼近，但 $\alpha-\alpha_1$ 不正交于 V_1，则在 V_1 中至少有一向量 $\beta\neq0$ 且 $\|\beta\|=1$，使得 $(\alpha-\alpha_1,\beta)=\delta\neq0$. 令 $\gamma=\alpha_1+\delta\beta$，则 $\gamma\in V_1$，且有

$$\|\alpha-\gamma\|^2=(\alpha-\alpha_1-\delta\beta,\alpha-\alpha_1-\delta\beta)=\|\alpha-\alpha_1\|^2-|\delta|^2$$

因为 $|\delta|^2>0$，所以 $\|\alpha-\gamma\|<\|\alpha-\alpha_1\|$. 这与 $\alpha_1\in V_1$ 是 α 在 V_1 上的最佳逼近相矛盾，故 $\alpha-\alpha_1\perp V_1$.

充分性. 如果 $\alpha_1\in V_1$ 且 $\alpha-\alpha_1\perp V_1$，则对任意 $\beta\in V_1$，有

$$\begin{aligned}\|\alpha-\beta\|^2&=\|(\alpha-\alpha_1)+(\alpha_1-\beta)\|^2\\&=\|\alpha-\alpha_1\|^2+\|\alpha_1-\beta\|^2\geqslant\|\alpha-\alpha_1\|^2\end{aligned} \tag{1.6.18}$$

上式表明 $\alpha_1\in V_1$ 是 α 在 V_1 上的最佳逼近. □

定理 1.6.11 给出了最佳逼近的特征，但没有解决最佳逼近的存在性问题. 下面的两个定理将给出最佳逼近存在的充分条件.

定理 1.6.12 设 V_1 是内积空间 V 的一个 m 维子空间，则 V 中任一向量

α 在 V_1 上都有惟一的最佳逼近，并且 α 在 V_1 上的最佳逼近是 α 在 V_1 上的正交投影.

证明 由定理 1.6.10 知，V 中任一向量 α 可惟一地表示为

$$\alpha = \alpha_1 + \alpha_2, \alpha_1 \in V_1, \alpha_2 \perp V_1$$

其中 α_1 是 α 在 V_1 上的正交投影. 因为 $\alpha_2 = \alpha - \alpha_1 \perp V_1$，则由定理 1.6.11 知 α_1 是 α 在 V_1 上的最佳逼近. 又因为 α 在 V_1 上的正交投影 α_1 是惟一的，因此 α 在 V_1 上的最佳逼近是惟一的. □

下面讨论内积空间 V 中向量 α 在 m 维子空间 V_1 上最佳逼近的构造.

设 $\alpha_1, \alpha_2, \cdots, \alpha_m$ 是 V_1 的一组基，则对 $\beta \in V_1$ 有

$$\beta = x_1\alpha_1 + x_2\alpha_2 + \cdots + x_m\alpha_m \tag{1.6.19}$$

根据定理 1.6.11，β 是向量 α 在 V_1 上的最佳逼近当且仅当 $\alpha - \beta \perp V_1$，即

$$\alpha - \beta \perp \alpha_i, \qquad i = 1, 2, \cdots, m$$

从而得到

$$(\alpha - \beta, \alpha_i) = (\alpha, \alpha_i) - \sum_{j=1}^{m} x_j(\alpha_j, \alpha_i) = 0, \qquad i = 1, 2, \cdots, m$$

于是得到方程组

$$\mathbf{A}x = b \tag{1.6.20}$$

其中 $\mathbf{A} = (\mathbf{G}(\alpha_1, \alpha_2, \cdots, \alpha_m))^{\mathrm{T}}$，$x = (x_1, x_2, \cdots, x_m)^{\mathrm{T}}$，$b = ((\alpha, \alpha_1), (\alpha, \alpha_2), \cdots, (\alpha, \alpha_m))^{\mathrm{T}}$. 由定理 1.6.5 知矩阵 $\mathbf{A}$ 非奇异，所以方程组(1.6.20)有惟一解 x，从而得 α 在 V_1 上的惟一最佳逼近 $\beta = x_1\alpha_1 + x_2\alpha_2 + \cdots + x_m\alpha_m$.

特别地，当 $\alpha_1, \alpha_2, \cdots, \alpha_m$ 是 V_1 的一组标准正交基时，其 Gram 矩阵是单位矩阵，则 α 在 V_1 上的惟一最佳逼近为 $\beta = (\alpha, \alpha_1)\alpha_1 + (\alpha, \alpha_2)\alpha_2 + \cdots + (\alpha, \alpha_m)\alpha_m$.

* **定理 1.6.13(最佳逼近定理)** 设 V_1 是 n 维内积空间 V 的一个闭凸集，则 V 中任一向量 α 在 V_1 上都有惟一的最佳逼近.

证明 由 $\mathrm{d}(\alpha, V_1)$ 的定义知，在 V_1 中存在点列 $\{\beta_k\}$ 使得

$$d(\alpha, V_1) \leqslant \|\alpha - \beta_k\| \leqslant d(\alpha, V_1) + \frac{1}{k}, \qquad k = 1, 2, \cdots \tag{1.6.21}$$

对任意正整数 m 和 n，由(1.6.5)得

$$2\left\|\frac{\beta_m-\beta_n}{2}\right\|^2=\|\beta_m-\alpha\|^2+\|\beta_n-\alpha\|^2-2\left\|\frac{\beta_m+\beta_n}{2}-\alpha\right\|^2$$

因为 V_1 是凸集,则$\frac{\beta_m+\beta_n}{2}\in V_1$, $\left\|\frac{\beta_m+\beta_n}{2}-\alpha\right\|\geqslant d(\alpha,V_1)$. 从而由上式得

$$0\leqslant 2\left\|\frac{\beta_m-\beta_n}{2}\right\|^2\leqslant\|\beta_m-\alpha\|^2+\|\beta_n-\alpha\|^2-2[\mathrm{d}(\alpha,V_1)]^2$$

令 $m,n\to\infty$,则 $\lim\limits_{m,n\to\infty}\|\beta_m-\beta_n\|=0$. 因为 V 是 n 维内积空间,并且 V_1 是闭集,所以存在 $\alpha_1\in V_1$ 使得 $\beta_k\to\alpha_1(k\to\infty)$. 于是 $\|\alpha-\alpha_1\|=\lim\limits_{k\to\infty}\|\alpha-\beta_k\|=d(\alpha,V_1)$.

如果 V_1 中还有 α_0 使 $\|\alpha-\alpha_0\|=\mathrm{d}(\alpha,V_1)$,则由(1.6.5)得

$$2\left\|\frac{\alpha_1-\alpha_0}{2}\right\|^2=\|\alpha_1-\alpha\|^2+\|\alpha_0-\alpha\|^2-2\left\|\frac{\alpha_1+\alpha_0}{2}-\alpha\right\|^2$$
$$\leqslant 2[d(\alpha,V_1)]^2-2[d(\alpha,V_1)]^2=0$$

于是 $\alpha_0=\alpha_1$,即在 V_1 中使 $\|\alpha-\alpha_1\|=d(\alpha,V_1)$的向量 α_1 是惟一的. □

定理 1.6.11 至定理 1.6.13 具有非常重要的应用价值. 下面我们看两个例子.

例 1.6.6(最小二乘问题) 在许多实际观测数据的处理问题中,如果已知量 y 与量 $x_1,x_2,\cdots,x_n$ 之间呈线性关系

$$y=\lambda_1x_1+\lambda_2x_2+\cdots+\lambda_nx_n \tag{1.6.22}$$

但不知道线性系数 $\lambda_1,\lambda_2,\cdots,\lambda_n$. 为了确定这些系数,通常做 $m\geqslant n$ 次试验,得到 m 组观测数据

1	2	$\cdots$	m
$x_1^{(1)}$	$x_1^{(2)}$	$\cdots$	$x_1^{(m)}$
$x_2^{(1)}$	$x_2^{(2)}$	$\cdots$	$x_2^{(m)}$
$\vdots$	$\vdots$		$\vdots$
$x_n^{(1)}$	$x_n^{(2)}$	$\cdots$	$x_n^{(m)}$
$y^{(1)}$	$y^{(2)}$	$\cdots$	$y^{(m)}$

按如下意义确定系数:求 $\lambda_1,\lambda_2,\cdots,\lambda_n$ 使得

$$\min_{c_i\in\mathbf{P}}\sum_{j=1}^{m}\left|y^{(j)}-\sum_{i=1}^{n}c_ix_i^{(j)}\right|^2=\sum_{j=1}^{m}\left|y^{(j)}-\sum_{i=1}^{n}\lambda_ix_i^{(j)}\right|^2 \tag{1.6.23}$$

记

$$a_i = \begin{bmatrix} x_i^{(1)} \\ x_i^{(2)} \\ \vdots \\ x_i^{(m)} \end{bmatrix},\ i=1,2,\cdots,n, b = \begin{bmatrix} y^{(1)} \\ y^{(2)} \\ \vdots \\ y^{(m)} \end{bmatrix}, c = \begin{bmatrix} c_1 \\ c_2 \\ \vdots \\ c_n \end{bmatrix}, \lambda = \begin{bmatrix} \lambda_1 \\ \lambda_2 \\ \vdots \\ \lambda_n \end{bmatrix}$$

则(1.6.23)化为

$$\min_{c\in \mathbf{P}^n} \left\| b - \sum_{i=1}^{n} c_i a_i \right\|^2 = \left\| b - \sum_{i=1}^{n} \lambda_i a_i \right\|^2 \qquad (1.6.24)$$

这个问题可看成是求 $\mathbf{P}^m$ 中向量 b 在 $\mathrm{span}(a_1, a_2, \cdots, a_n)$ 上的最佳逼近. 如果记

$$\mathbf{A} = [a_1, a_2, \cdots, a_n]$$

由定理 1.6.11 知系数 $\lambda_1, \lambda_2, \cdots, \lambda_n$ 满足

$$\mathbf{A}^{\mathrm{H}}\mathbf{A}\lambda = \mathbf{A}^{\mathrm{H}} b \qquad (1.6.25)$$

例 1.6.7(函数的最佳平方逼近问题) 设 $f(x) \in \mathbf{C}[a,b]$, $\varphi_1(x)$, $\varphi_2(x), \cdots, \varphi_n(x)$ 是 $\mathbf{C}[a,b]$ 中线性无关的函数组,求系数 $a_1, a_2, \cdots, a_n$ 使函数 $p(x) = \sum_{i=1}^{n} a_i \varphi_i(x)$ 逼近 $f(x)$ 时 $\int_a^b [f(x) - p(x)]^2 \mathrm{d}x$ 最小.

解 因为 $\mathbf{C}[a,b]$ 按例 1.6.4 定义的内积成为欧氏空间. 令

$$V_1 = \mathrm{span}(\varphi_1(x), \varphi_2(x), \cdots, \varphi_n(x))$$

则 V_1 是 $\mathbf{C}[a,b]$ 的一个 n 维子空间,

$$\| f - p \|^2 = \int_a^b [f(x) - p(x)]^2 \mathrm{d}x$$

于是问题转化为求 $\mathbf{C}[a,b]$ 中向量 $f(x)$ 在 n 维子空间 V_1 上的最佳逼近 $p(x)$. 由定理 1.6.11 和定理 1.6.12 知,这个问题的解存在且惟一,并且 $a_1, a_2, \cdots, a_n$ 是如下线性方程组的解:

$$\begin{bmatrix} (\varphi_1,\varphi_1) & (\varphi_1,\varphi_2) & \cdots & (\varphi_1,\varphi_n) \\ (\varphi_2,\varphi_1) & (\varphi_2,\varphi_2) & \cdots & (\varphi_2,\varphi_n) \\ \vdots & \vdots & & \vdots \\ (\varphi_n,\varphi_1) & (\varphi_n,\varphi_2) & \cdots & (\varphi_n,\varphi_n) \end{bmatrix} \begin{bmatrix} a_1 \\ a_2 \\ \vdots \\ a_n \end{bmatrix} = \begin{bmatrix} (f,\varphi_1) \\ (f,\varphi_2) \\ \vdots \\ (f,\varphi_n) \end{bmatrix} \qquad (1.6.26)$$

这个例子是函数逼近论和数值分析中的基本问题.

习　题

1. 设 $A\subseteq B$,求 $A\cup B, A\cap B$.

2. 设 A,B,C 是三个集合,证明:

(1) $A\cap(B\cap C)=(A\cap B)\cap C$;

(2) $A\cup(B\cap C)=(A\cup B)\cap(A\cup C)$.

3. 设 $\mathbf{Z}$ 是整数集,规定 $\mathbf{Z}$ 的元素之间的关系 $\mathbf{R}$

$$aRb \Leftrightarrow n \mid (a-b), n>0$$

证明 $\mathbf{R}$ 是 $\mathbf{Z}$ 上的一个等价关系.

4. 设 $f:A\to B, g:B\to C$. 证明:若 f 和 g 都是单(满)映射,则 $g\cdot f$ 也是单(满)映射.

5. 设 $f:A\to B, g:B\to C$. 证明:若 f 和 g 都是可逆映射,则 $g\cdot f$ 也是可逆映射,并且有 $(g\cdot f)^{-1}=f^{-1}\cdot g^{-1}$.

6. 检验以下集合对于所指的线性运算是否构成实数域 $\mathbf{R}$ 上的线性空间:

(1) 实数域 $\mathbf{R}$ 上的全体 n 阶对称(反对称)矩阵,对矩阵的加法和数量乘法;

(2) 平面上不平行于某一向量的全体向量所组成的集合,对向量的加法和数量乘法;

(3) 实数域 $\mathbf{R}$ 上次数等于 $n(n\geqslant 1)$ 的多项式全体,对多项式的加法和数量乘法;

(4) 全体实数对 $\{(a,b)\mid a,b\in\mathbf{R}\}$,对于如下定义的加法 $\oplus$ 和数量乘法 $\circ$:

$$(a_1,b_1)\oplus(a_2,b_2)=(a_1+a_2, b_1+b_2+a_1a_2)$$

$$k\circ(a_1,b_1)=(ka_1, kb_1+\frac{k(k-1)}{2}a_1^2)$$

(5) 设 $\mathbf{R}^+$ 表示全体正实数,加法 $\oplus$ 和数量乘法 $\circ$ 定义为

$$a\oplus b=ab$$

$$k\circ a=a^k$$

其中 $a,b\in\mathbf{R}^+, k\in\mathbf{R}$.

7. 设 V 是数域 $\mathbf{P}$ 上的线性空间,证明:

(1) V 中零元素是惟一的;

(2) $0\alpha=0, k0=0, (-1)\alpha=-\alpha$;

(3) 如果 $k\alpha=0$,那么 $k=0$ 或者 $\alpha=0$;

(4) $k(\alpha-\beta)=k\alpha-k\beta$.

8. 试证:在 $\mathbf{R}^{2\times 2}$ 中矩阵

$$\alpha_1=\begin{pmatrix}1&1\\1&1\end{pmatrix},\quad \alpha_2=\begin{pmatrix}1&1\\0&1\end{pmatrix},\quad \alpha_3=\begin{pmatrix}1&1\\1&0\end{pmatrix},\quad \alpha_4=\begin{pmatrix}1&0\\1&1\end{pmatrix}$$

线性无关.

9. 设 V 为数域 $\mathbf{P}$ 上的线性空间,如果 V 中向量组 $\alpha_1,\alpha_2,\cdots,\alpha_r$ 可由向量组 $\beta_1,\beta_2,\cdots,\beta_s$ 线性表示,证明:$\mathrm{rank}(\alpha_1,\alpha_2,\cdots,\alpha_r)\leqslant\mathrm{rank}(\beta_1,\beta_2,\cdots,\beta_s)$.

10. 求下列线性空间的维数与一组基：

(1) $\mathbf{R}^{n\times n}$中全体对称(反对称)矩阵构成的实数域 $\mathbf{R}$ 上的线性空间；

(2) 第 6 题(5)中的线性空间 $\mathbf{R}^+$.

11. 在 $\mathbf{R}^4$ 中,求向量 $\alpha=(1,2,1,1)^T$ 在基

$$\alpha_1=(1,1,1,1)^T,\alpha_2=(1,1,-1,-1)^T,$$

$$\alpha_3=(1,-1,1,-1)^T,\alpha_4=(1,-1,-1,1)^T$$

下的坐标.

12. 在 $\mathbf{R}^{2\times 2}$中,求矩阵 $\boldsymbol{A}=\begin{pmatrix}1 & 2\\ -2 & 0\end{pmatrix}$ 在基

$$\alpha_1=\begin{pmatrix}1 & 1\\ 1 & 1\end{pmatrix},\quad \alpha_2=\begin{pmatrix}1 & 1\\ 0 & 1\end{pmatrix},\quad \alpha_3=\begin{pmatrix}1 & 1\\ 1 & 0\end{pmatrix},\quad \alpha_4=\begin{pmatrix}1 & 0\\ 1 & 1\end{pmatrix}$$

下的坐标.

13. 设 $\mathbf{R}[x]_n$ 是所有次数小于 n 的实系数多项式组成的线性空间,求多项式 $f(x)=3+2x^{n-1}$在基 $1,(x-1),(x-1)^2,\cdots,(x-1)^{n-1}$下的坐标.

14. 在 $\mathbf{R}^4$ 中,求基

$$\alpha_1=(1,0,0,0)^T,\alpha_2=(0,1,0,0)^T,\alpha_3=(0,0,1,0)^T,\alpha_4=(0,0,0,1)^T$$

到基

$$\beta_1=(2,1,-1,1)^T,\beta_2=(0,3,1,0)^T,\beta_3=(5,3,2,1)^T,\beta_4=(6,6,1,3)^T$$

的过渡矩阵,确定向量 $\xi=(x_1,x_2,x_3,x_4)^T$ 在基 $\beta_1,\beta_2,\beta_3,\beta_4$ 下的坐标,并求一非零向量,使它在这两组基下有相同的坐标.

15. 试判定下列各子集哪些为线性空间 $\mathbf{R}^n$ 的子空间：

(1) $W_1=\{x=(x_1,x_2,\cdots,x_n)^T\in\mathbf{R}^n\mid x_1+x_2+\cdots+x_n=0\}$;

(2) $W_2=\{x=(x_1,x_2,\cdots,x_n)^T\in\mathbf{R}^n\mid x_1x_2\cdots x_n=0\}$;

(3) $W_3=\{x=(x_1,x_2,\cdots,x_n)^T\in\mathbf{R}^n\mid x_1+x_2+\cdots+x_n=1\}$;

(4) $W_4=\{x=(x_1,x_2,\cdots,x_n)^T\in\mathbf{R}^n\mid x_1^2+x_2^2+\cdots+x_n^2=0\}$.

16. 设 $\mathbf{R}[x]$表示实数域上一元多项式全体构成的线性空间,问下列子集是否构成$\mathbf{R}[x]$的子空间：

(1) $\{p(x)\mid p(1)=0\}$;

(2) $\{p(x)\mid p(x)$的常数项为零$\}$;

(3) $\{p(x)\mid p(-x)=p(x)\}$;

(4) $\{p(x)\mid p(-x)=-p(x)\}$.

17. 在 $\mathbf{R}^5$ 中,求如下齐次线性方程组

$$\begin{cases}x_1+x_2-3x_4-x_5=0\\ x_1-x_2+2x_3-x_4=0\\ 4x_1-2x_2+6x_3+3x_4-4x_5=0\\ 2x_1+4x_2-2x_3+4x_4-7x_5=0\end{cases}$$

确定的解空间的维数和基.

18. 设 $\mathbf{A}\in\mathbf{P}^{n\times n}$，$\mathbf{P}^{n\times n}$ 中全体与 $\mathbf{A}$ 可交换的矩阵记为 $W=\{\boldsymbol{X}\in\mathbf{P}^{n\times n}\mid\boldsymbol{AX}=\boldsymbol{XA}\}$.

(1) 证明：W 是 $\mathbf{P}^{n\times n}$ 的一个子空间；

(2) 当 $\boldsymbol{A}=\begin{pmatrix}1&0&\cdots&0\\0&2&\cdots&0\\\vdots&\vdots&&\vdots\\0&0&\cdots&n\end{pmatrix}$ 时，求 W 的维数和一组基.

19. 求下列由向量 $\{\alpha_i\}$ 生成的子空间与由向量 $\{\beta_i\}$ 生成的子空间的交与和的维数和一组基：

(1) $\begin{cases}\alpha_1=(1,2,1,0)^{\mathrm{T}},\\\alpha_2=(-1,1,1,1)^{\mathrm{T}},\end{cases}$ $\begin{cases}\beta_1=(2,-1,0,1)^{\mathrm{T}}\\\beta_2=(1,-1,3,7)^{\mathrm{T}}\end{cases}$

(2) $\begin{cases}\alpha_1=(1,0,2,1)^{\mathrm{T}},\\\alpha_2=(2,0,1,-1)^{\mathrm{T}},\\\alpha_3=(3,0,3,0)^{\mathrm{T}},\end{cases}$ $\begin{cases}\beta_1=(1,1,0,1)^{\mathrm{T}}\\\beta_2\quad(4,1,3,1)^{\mathrm{T}}\end{cases}$

20. 证明：如果 W 是有限维线性空间 V 的子空间，且 $\dim(W)=\dim(V)$，则 $W=V$.

21. 设 V_1 与 V_2 分别是齐次线性方程组

$$x_1+x_2+\cdots+x_n=0$$

和

$$x_1=x_2=\cdots=x_n$$

的解空间，证明：$\mathbf{R}^n=V_1\dot{+}V_2$.

22. 设 $\boldsymbol{S},\boldsymbol{K}$ 分别是 n 阶实对称矩阵和反对称矩阵的全体，证明 $\boldsymbol{S},\boldsymbol{K}$ 均为线性空间 $\mathbf{R}^{n\times n}$ 的子空间，并且 $\mathbf{R}^{n\times n}=\boldsymbol{S}\dot{+}\boldsymbol{K}$.

23. 设 $V_1,V_2,\cdots,V_s$ 是数域 $\mathbf{P}$ 上线性空间 V 的 s 个子空间，证明下面的叙述等价：

(1) 和 $V_1+V_2+\cdots+V_s$ 是直和；

(2) 和 $V_1+V_2+\cdots+V_s$ 中零向量的表示法惟一；

(3) $V_i\cap\sum\limits_{j\neq i}V_j=\{0\}$；

(4) $\dim(V_1+V_2+\cdots+V_s)=\dim(V_1)+\dim(V_2)+\cdots+\dim(V_s)$.

24. 设

$$V=\left\{\begin{bmatrix}a&a+b\\c&c\end{bmatrix}\middle|\,a,b,c\in\mathbf{R}\right\}$$

作出线性空间 V 到 $\mathbf{R}^3$ 的同构对应.

25. 在 $\mathbf{R}^4$ 中求一单位向量与 $(1,1,-1,1)^{\mathrm{T}},(1,-1,-1,1)^{\mathrm{T}},(2,1,1,3)^{\mathrm{T}}$ 都正交.

26. 设 $\varepsilon_1,\varepsilon_2,\varepsilon_3,\varepsilon_4,\varepsilon_5$ 是 $\mathbf{R}^5$ 中一组标准正交基，$V=\mathrm{span}\{\alpha_1,\alpha_2,\alpha_3\}$，其中 $\alpha_1=\varepsilon_1+\varepsilon_5$，$\alpha_2=\varepsilon_1-\varepsilon_2+\varepsilon_4$，$\alpha_3=2\varepsilon_1+\varepsilon_2+\varepsilon_3$，求 V 的一组标准正交基.

27. 用 Gram-Schmidt 正交化方法，将内积空间 V 的给定子集 S 正交化，再找出 V 的标准正交基，并求给定向量 α 在标准正交基下的坐标表达式：

(1) $V=\mathbf{R}^4$,$S=\{(1,2,2,-1)^{\mathrm{T}},(1,1,-5,3)^{\mathrm{T}},(3,2,8,-7)^{\mathrm{T}}\}$,$\alpha=(3,1,1,-3)^{\mathrm{T}}$;

(2) $V=\mathbf{R}^4$,$S=\{(2,1,3,-1)^{\mathrm{T}},(1,4,3,-3)^{\mathrm{T}},(1,1,-6,0)^{\mathrm{T}}\}$,$\alpha=(2,1,3,-1)^{\mathrm{T}}$;

(3) $V=\mathbf{R}[x]_3$,定义内积为$(f,g)=\int_{-1}^{1}f(t)g(t)\mathrm{d}t$,$S=\{1,x,x^2\}$,$\alpha=1+x$.

28. 设$\alpha_1=(1,0,2,1)^{\mathrm{T}}$,$\alpha_2=(2,1,2,3)^{\mathrm{T}}$,$\alpha_3=(0,1,-2,1)^{\mathrm{T}}$,$V_1=\mathrm{span}(\alpha_1,\alpha_2,\alpha_3)$,则$V_1$是欧氏空间$\mathbf{R}^4$的子空间,求$V_1$的正交补$V_1^{\perp}$的一组基.

第二章　线性映射与线性变换

第一章研究了一个集合到另一个集合的映射和数域 **P** 上线性空间的结构. 在许多数学问题和实际问题中起着重要作用的是线性空间到线性空间的映射,并且这些映射有一个共同点,即保持加法和数量乘法两种运算,我们称这样的映射为线性映射. 本章我们讨论线性空间到线性空间的线性映射,着重讨论线性空间 V 到自身的线性映射—线性变换,并建立它们和矩阵之间的联系.

§2.1　线性映射及其矩阵表示

2.1.1　线性映射的定义及其性质

定义 2.1.1　设 V_1, V_2 是数域 **P** 的两个性线空间,$\mathscr{A}$ 是 V_1 到 V_2 的一个映射,如果对 V_1 中任意两个向量 α, β 和任意数 $k \in \mathbf{P}$,都有

$$\mathscr{A}(\alpha+\beta)=\mathscr{A}(\alpha)+\mathscr{A}(\beta)$$

$$\mathscr{A}(k\alpha)=k\mathscr{A}(\alpha)$$

则称 $\mathscr{A}$ 是 V_1 到 V_2 的**线性映射**或**线性算子**.

与第一章第 5 节给出的线性空间 V_1 到 V_2 的同构映射相比,线性映射比同构映射少了单映射和满映射这两条要求. 因此线性映射比同构映射更广泛. 线性空间 V_1 到 V_2 的线性映射也称为**同态映射**.

例 2.1.1　将线性空间 V_1 中每一个向量映射成线性空间 V_2 中零向量的映射是一个线性映射,称为**零映射**,记为 $\mathscr{O}$,即

$$\mathscr{O}(\alpha)=0, \forall \alpha \in V_1$$

例 2.1.2　线性空间 V 到自身的恒等映射是一个线性映射,记为 $\mathscr{I}_V$,即

$$\mathscr{I}_V(\alpha)=\alpha, \forall \alpha \in V$$

例 2.1.3　任意给定数 $k \in \mathbf{P}$,数域 **P** 上线性空间 V 到自身的一个映射

$$\boldsymbol{k}(\alpha)=k\alpha, \forall \alpha \in V$$

是一个线性映射,称为 V 上的由数 k 决定的**数乘映射**.

例 2.1.4　设 $\mathscr{A}$ 是线性空间 V_1 到 V_2 的线性映射,定义 V_1 到 V_2 的映射

$-\mathscr{A}$如下：

$$(-\mathscr{A})(\alpha)=-\mathscr{A}(\alpha),\ \forall\,\alpha\in V_1$$

则$-\mathscr{A}$是线性空间V_1到V_2的线性映射，称为$\mathscr{A}$的**负映射**.

类似于定理1.5.1，线性映射具有如下性质.

定理2.1.1 设$\mathscr{A}$是线性空间V_1到V_2的线性映射，则

(1) $\mathscr{A}(0)=0$；

(2) $\mathscr{A}(-\alpha)=-\mathscr{A}(\alpha),\ \forall\,\alpha\in V_1$；

(3) 如果$\alpha_1,\alpha_2,\cdots,\alpha_m$是$V_1$的一组向量，$k_1,k_2,\cdots,k_m\in\mathbf{P}$，有

$$\mathscr{A}(k_1\alpha_1+k_2\alpha_2+\cdots+k_m\alpha_m)=k_1\mathscr{A}(\alpha_1)+k_2\mathscr{A}(\alpha_2)+\cdots+k_m\mathscr{A}(\alpha_m)$$

(4) 如果$\alpha_1,\alpha_2,\cdots,\alpha_m$是$V_1$的一组线性相关向量，则$\mathscr{A}(\alpha_1),\mathscr{A}(\alpha_2),\cdots,\mathscr{A}(\alpha_m)$是$V_2$中的一组线性相关向量；并且当且仅当$\mathscr{A}$是一一映射时，$V_1$中线性无关向量组的像是$V_2$中的线性无关向量组.

证明 (1)至(3)的证明由定义2.1.1即得，这里仅证(4).

如果$\alpha_1,\alpha_2,\cdots,\alpha_m$线性相关，则存在不全为零的数$k_1,k_2,\cdots,k_m\in\mathbf{P}$使得

$$k_1\alpha_1+k_2\alpha_2+\cdots+k_m\alpha_m=0$$

由(1)和(3)有

$$\begin{aligned}&k_1\mathscr{A}(\alpha_1)+k_2\mathscr{A}(\alpha_2)+\cdots+k_m\mathscr{A}(\alpha_m)\\=&\mathscr{A}(k_1\alpha_1+k_2\alpha_2+\cdots+k_m\alpha_m)=\mathscr{A}(0)=0\end{aligned}$$

故$\mathscr{A}(\alpha_1),\mathscr{A}(\alpha_2),\cdots,\mathscr{A}(\alpha_m)$线性相关.

如果线性映射$\mathscr{A}$是一一映射，并且$\alpha_1,\alpha_2,\cdots,\alpha_m$是$V_1$中线性无关向量组，则对任一组不全为零的数$k_1,k_2,\cdots,k_m\in\mathbf{P}$，有$k_1\alpha_1+k_2\alpha_2+\cdots+k_m\alpha_m\neq0$. 从而

$$k_1\mathscr{A}(\alpha_1)+k_2\mathscr{A}(\alpha_2)+\cdots+k_m\mathscr{A}(\alpha_m)=\mathscr{A}(k_1\alpha_1+k_2\alpha_2+\cdots+k_m\alpha_m)\neq0$$

上式说明$\mathscr{A}(\alpha_1),\mathscr{A}(\alpha_2),\cdots,\mathscr{A}(\alpha_m)$线性无关.

反过来，假如线性映射$\mathscr{A}$不是一一映射，则存在$\alpha,\beta\in V_1$且$\alpha\neq\beta$，但$\mathscr{A}(\alpha)=\mathscr{A}(\beta)$，即$\alpha-\beta\neq0$而$\mathscr{A}(\alpha-\beta)=0$. 这说明$V_1$中线性无关向量$\alpha-\beta$的像$\mathscr{A}(\alpha-\beta)$是$V_2$中线性相关的向量，这与条件矛盾，因此$\mathscr{A}$是一一映射. □

如果V_1是n维线性空间，$\varepsilon_1,\varepsilon_2,\cdots,\varepsilon_n$是$V_1$的一组基，则对任意$\alpha\in V_1$有

$$\alpha = x_1\varepsilon_1 + x_2\varepsilon_2 + \cdots + x_n\varepsilon_n$$

α 在线性映射 $\mathscr{A}$ 下的像为

$$\mathscr{A}(\alpha) = x_1\mathscr{A}(\varepsilon_1) + x_2\mathscr{A}(\varepsilon_2) + \cdots + x_n\mathscr{A}(\varepsilon_n)$$

这说明如果知道 V_1 的一组基在线性映射 $\mathscr{A}$ 下的像，则 V_1 中每一个向量在 $\mathscr{A}$ 下的像也就确定了.

定理 2.1.2 设 $\mathscr{A},\mathscr{B}$ 是 n 维线性空间 V_1 到线性空间 V_2 的两个线性映射，如果 $\varepsilon_1,\varepsilon_2,\cdots,\varepsilon_n$ 是 V_1 的一组基，并且 $\mathscr{A}(\varepsilon_i)=\mathscr{B}(\varepsilon_i)(i=1,2,\cdots,n)$，则 $\mathscr{A}=\mathscr{B}$.

证明 对任意 $\alpha\in V_1$，有

$$\alpha = \sum_{i=1}^{n} x_i\varepsilon_i$$

因为

$$\begin{aligned}\mathscr{A}(\alpha) &= \mathscr{A}\left(\sum_{i=1}^{n} x_i\varepsilon_i\right) = \sum_{i=1}^{n} x_i\mathscr{A}(\varepsilon_i)\\ &= \sum_{i=1}^{n} x_i\mathscr{B}(\varepsilon_i) = \mathscr{B}\left(\sum_{i=1}^{n} x_i\varepsilon_i\right) = \mathscr{B}(\alpha)\end{aligned}$$

所以 $\mathscr{A}=\mathscr{B}$. □

定理 2.1.2 说明线性映射由基像组惟一确定.

定理 2.1.3 设 $\varepsilon_1,\varepsilon_2,\cdots,\varepsilon_n$ 是 n 维线性空间 V_1 的一组基，$\alpha_1,\alpha_2,\cdots,\alpha_n$ 是线性空间 V_2 的任意 n 个向量，则存在 V_1 到 V_2 的惟一线性映射 $\mathscr{A}$，使得

$$\mathscr{A}(\varepsilon_i) = \alpha_i, \qquad i = 1,2,\cdots,n$$

证明 对任意 $\alpha\in V_1$，有

$$\alpha = x_1\varepsilon_1 + x_2\varepsilon_2 + \cdots + x_n\varepsilon_n$$

令

$$\mathscr{A}(\alpha) = x_1\alpha_1 + x_2\alpha_2 + \cdots + x_n\alpha_n$$

因为 $\varepsilon_1,\varepsilon_2,\cdots,\varepsilon_n$ 是 V_1 的一组基，所以上式定义了 V_1 到 V_2 的一个映射 $\mathscr{A}$，并且容易证明 $\mathscr{A}$ 是线性映射.

因为

$$\varepsilon_i = 0\cdot\varepsilon_1 + \cdots + 0\cdot\varepsilon_{i-1} + 1\cdot\varepsilon_i + 0\cdot\varepsilon_{i+1} + \cdots + 0\cdot\varepsilon_n$$

所以

$$\mathscr{A}(\varepsilon_i)=0\cdot\alpha_1+\cdots+0\cdot\alpha_{i-1}+1\cdot\alpha_i+0\cdot\alpha_{i+1}$$
$$+\cdots+0\cdot\alpha_n=\alpha_i(i=1,2,\cdots,n)$$

由定理 2.1.2 知,线性映射 $\mathscr{A}$ 是惟一的. □

2.1.2 线性映射的运算

设 V_1,V_2,V_3 都是数域 $\mathbf{P}$ 上的线性空间,我们把 V_1 到 V_2 的所有线性映射组成的集合记为 $\mathscr{L}(V_1,V_2)$. 类似地,$\mathscr{L}(V_2,V_3)$ 和 $\mathscr{L}(V_1,V_3)$ 分别表示 V_2 到 V_3 和 V_1 到 V_3 的所有线性映射组成的集合.

因为映射有乘法运算,所以线性映射也有乘法运算. 由于线性空间有加法运算,因此可以定义线性映射的加法运算.

设 $\mathscr{A},\mathscr{B}\in\mathscr{L}(V_1,V_2)$,定义它们的和 $\mathscr{A}+\mathscr{B}$ 为

$$(\mathscr{A}+\mathscr{B})(\alpha)=\mathscr{A}(\alpha)+\mathscr{B}(\alpha),\forall\alpha\in V_1$$

定理 2.1.4 (1) 设 $\mathscr{A},\mathscr{B}\in\mathscr{L}(V_1,V_2)$,则 $\mathscr{A}+\mathscr{B}\in\mathscr{L}(V_1,V_2)$;

(2) 设 $\mathscr{A}\in\mathscr{L}(V_1,V_2)$,$\mathscr{B}\in\mathscr{L}(V_2,V_3)$,则 $\mathscr{B}\mathscr{A}\in\mathscr{L}(V_1,V_3)$.

证明 (1) 对任意 $\alpha,\beta\in V_1$,$k\in\mathbf{P}$,有

$$\begin{aligned}(\mathscr{A}+\mathscr{B})(\alpha+\beta)&=\mathscr{A}(\alpha+\beta)+\mathscr{B}(\alpha+\beta)\\&=\mathscr{A}(\alpha)+\mathscr{A}(\beta)+\mathscr{B}(\alpha)+\mathscr{B}(\beta)\\&=(\mathscr{A}(\alpha)+\mathscr{B}(\alpha))+(\mathscr{A}(\beta)+\mathscr{B}(\beta))\\&=(\mathscr{A}+\mathscr{B})(\alpha)+(\mathscr{A}+\mathscr{B})(\beta)\end{aligned}$$

$$\begin{aligned}(\mathscr{A}+\mathscr{B})(k\alpha)&=\mathscr{A}(k\alpha)+\mathscr{B}(k\alpha)=k\mathscr{A}(\alpha)+k\mathscr{B}(\alpha)\\&=k(\mathscr{A}(\alpha)+\mathscr{B}(\alpha))=k(\mathscr{A}+\mathscr{B})(\alpha)\end{aligned}$$

因此 $\mathscr{A}+\mathscr{B}$ 是 V_1 到 V_2 的线性映射.

(2) 对任意 $\alpha,\beta\in V_1$,$k\in\mathbf{P}$,有

$$\begin{aligned}(\mathscr{B}\mathscr{A})(\alpha+\beta)&=\mathscr{B}(\mathscr{A}(\alpha+\beta))=\mathscr{B}(\mathscr{A}(\alpha)+\mathscr{A}(\beta))\\&=\mathscr{B}(\mathscr{A}(\alpha))+\mathscr{B}(\mathscr{A}(\beta))=(\mathscr{B}\mathscr{A})(\alpha)+(\mathscr{B}\mathscr{A})(\beta)\end{aligned}$$

$$\begin{aligned}(\mathscr{B}\mathscr{A})(k\alpha)&=\mathscr{B}(\mathscr{A}(k\alpha))=\mathscr{B}(k\mathscr{A}(\alpha))\\&=k(\mathscr{B}(\mathscr{A}(\alpha)))=k(\mathscr{B}\mathscr{A})(\alpha)\end{aligned}$$

则 $\mathscr{B}\mathscr{A}$ 是 V_1 到 V_3 的线性映射. □

容易验证线性映射的加法适合交换律和结合律. 零映射 $\mathscr{O}$ 具有性质

$$\mathscr{A}+\mathscr{O}=\mathscr{A},\quad \forall\, \mathscr{A}\in \mathscr{L}(V_1,V_2)$$

并且对每一个 $\mathscr{A}\in \mathscr{L}(V_1,V_2)$,它的负映射 $-\mathscr{A}\in \mathscr{L}(V_1,V_2)$ 满足

$$\mathscr{A}+(-\mathscr{A})=\mathscr{O}$$

设 $\mathscr{A},\mathscr{B}\in \mathscr{L}(V_1,V_2)$,线性映射的减法定义为

$$\mathscr{A}-\mathscr{B}=\mathscr{A}+(-\mathscr{B})$$

由于映射的乘法适合结合律,因此线性映射的乘法也适合结合律.

利用线性映射的乘法和数乘映射可以定义线性映射的数量乘法. 设 $\mathscr{A}\in \mathscr{L}(V_1,V_2)$,$k\in \mathbf{P}$,定义 k 与 $\mathscr{A}$ 的数量乘积 $k\mathscr{A}$ 为

$$k\mathscr{A}=\mathscr{k}\mathscr{A}$$

即

$$(k\mathscr{A})(\alpha)=\mathscr{k}(\mathscr{A}(\alpha))=k\mathscr{A}(\alpha),\forall\,\alpha\in V_1$$

由定理 2.1.4 知,$k\mathscr{A}\in \mathscr{L}(V_1,V_2)$.

容易验证线性映射的数量乘法满足以下规则

$$1\cdot\mathscr{A}=\mathscr{A}$$

$$k(m\mathscr{A})=(km)\mathscr{A}$$

$$(k+m)\mathscr{A}=k\mathscr{A}+m\mathscr{A}$$

$$k(\mathscr{A}+\mathscr{B})=k\mathscr{A}+k\mathscr{B}$$

对于线性映射,我们已经定义乘法、加法和数量乘法 3 种运算. 由加法和数量乘法的性质知,$\mathscr{L}(V_1,V_2)$ 对上面定义的加法和数量乘法构成数域 $\mathbf{P}$ 上的线性空间.

定理 2.1.5 设 $\mathscr{A}\in \mathscr{L}(V_1,V_2)$,如果 $\mathscr{A}$ 是可逆映射,则 $\mathscr{A}^{-1}\in \mathscr{L}(V_2,V_1)$.

证明 因为 $\mathscr{A}$ 可逆,则

$$\mathscr{A}\mathscr{A}^{-1}=\mathscr{I}_{V_2},\mathscr{A}^{-1}\mathscr{A}=\mathscr{I}_{V_1}$$

于是对任意 $\alpha,\beta\in V_2$,$k\in \mathbf{P}$,有

$$\begin{aligned}\mathscr{A}^{-1}(\alpha+\beta)&=\mathscr{A}^{-1}[(\mathscr{A}\mathscr{A}^{-1})(\alpha)+(\mathscr{A}\mathscr{A}^{-1})(\beta)]\\&=\mathscr{A}^{-1}[\mathscr{A}(\mathscr{A}^{-1}(\alpha))+\mathscr{A}(\mathscr{A}^{-1}(\beta))]\end{aligned}$$

$$
\begin{aligned}
&= \mathscr{A}^{-1}[\mathscr{A}(\mathscr{A}^{-1}(\alpha)+\mathscr{A}^{-1}(\beta))] \\
&= (\mathscr{A}^{-1}\mathscr{A})(\mathscr{A}^{-1}(\alpha)+\mathscr{A}^{-1}(\beta)) \\
&= \mathscr{A}^{-1}(\alpha)+\mathscr{A}^{-1}(\beta)
\end{aligned}
$$

$$
\begin{aligned}
\mathscr{A}^{-1}(k\alpha) &= \mathscr{A}^{-1}[k((\mathscr{A}\mathscr{A}^{-1})(\alpha))] = \mathscr{A}^{-1}[k(\mathscr{A}(\mathscr{A}^{-1}(\alpha)))] \\
&= \mathscr{A}^{-1}[\mathscr{A}(k\mathscr{A}^{-1}(\alpha))] = (\mathscr{A}^{-1}A)(k\mathscr{A}^{-1}(\alpha)) = k\mathscr{A}^{-1}(\alpha)
\end{aligned}
$$

因此 $\mathscr{A}^{-1}\in\mathscr{L}(V_2,V_1)$. □

由定理 1.1.5 知 $\mathscr{A}$ 是线性空间 V_1 到 V_2 的可逆线性映射当且仅当 $\mathscr{A}$ 是 V_1 到 V_2 的同构映射. 因此由定理 1.5.2 知,有限维线性空间 V_1 到 V_2 的可逆线性映射存在的充分必要条件是 $\dim(V_1)=\dim(V_2)$.

2.1.3 线性映射的矩阵表示

为了利用矩阵来研究线性映射,我们来建立线性映射与矩阵的关系.

设 V_1 是数域 $\mathbf{P}$ 上的 n 维线性空间,$\varepsilon_1,\varepsilon_2,\cdots,\varepsilon_n$ 是 V_1 的一组基,V_2 是数域 $\mathbf{P}$ 上的 m 维线性空间,$\eta_1,\eta_2,\cdots,\eta_m$ 为 V_2 的一组基,$\mathscr{A}$ 是 V_1 到 V_2 的一个线性映射.

由定理 2.1.2 知,线性映射 $\mathscr{A}$ 完全被它在 V_1 的基 $\varepsilon_1,\varepsilon_2,\cdots,\varepsilon_n$ 上的作用所决定,即被 V_2 中的向量组 $\mathscr{A}(\varepsilon_1),\mathscr{A}(\varepsilon_2),\cdots,\mathscr{A}(\varepsilon_n)$ 所决定,而 $\mathscr{A}(\varepsilon_1)$, $\mathscr{A}(\varepsilon_2),\cdots,\mathscr{A}(\varepsilon_n)$ 完全被它们在基 $\eta_1,\eta_2,\cdots,\eta_m$ 下的坐标所决定. 设

$$
\begin{cases}
\mathscr{A}(\varepsilon_1) = a_{11}\eta_1 + a_{21}\eta_2 + \cdots + a_{m1}\eta_m \\
\mathscr{A}(\varepsilon_2) = a_{12}\eta_1 + a_{22}\eta_2 + \cdots + a_{m2}\eta_m \\
\cdots\cdots\cdots\cdots \\
\mathscr{A}(\varepsilon_n) = a_{1n}\eta_1 + a_{2n}\eta_2 + \cdots + a_{mn}\eta_m
\end{cases}
\tag{2.1.1}
$$

上式可形式地记为

$$
\mathscr{A}(\varepsilon_1,\varepsilon_2,\cdots,\varepsilon_n) = (\mathscr{A}(\varepsilon_1),\mathscr{A}(\varepsilon_2),\cdots,\mathscr{A}(\varepsilon_n)) = (\eta_1,\eta_2,\cdots,\eta_m)\mathbf{A}
\tag{2.1.2}
$$

其中

$$
\mathbf{A} = \begin{pmatrix}
a_{11} & a_{12} & \cdots & a_{1n} \\
a_{21} & a_{22} & \cdots & a_{2n} \\
\vdots & \vdots & & \vdots \\
a_{m1} & a_{m2} & \cdots & a_{mn}
\end{pmatrix}
$$

矩阵 $\mathbf{A}$ 称为线性映射 $\mathscr{A}$ 在 V_1 的基 $\varepsilon_1,\varepsilon_2,\cdots,\varepsilon_n$ 和 V_2 的基 $\eta_1,\eta_2,\cdots,\eta_m$ 下的**矩阵**

显然矩阵 $\mathbf{A}$ 由线性映射 $\mathscr{A}$ 惟一确定；反过来，若给定 $m\times n$ 矩阵 $\mathbf{A}$，则由(2.1.2)可确定基像组 $\mathscr{A}(\varepsilon_1),\mathscr{A}(\varepsilon_2),\cdots,\mathscr{A}(\varepsilon_n)$，由定理 2.1.3 知线性映射 $\mathscr{A}$ 就完全确定. 这就是说，在给定基的情况下，线性空间 V_1 到 V_2 的线性映射 $\mathscr{A}$ 与 $m\times n$ 矩阵 $\mathbf{A}$ 一一对应，并且这种对应保持加法和数量乘法两种运算.

定理 2.1.6　设 V_1 是数域 $\mathbf{P}$ 上的 n 维线性空间，$\varepsilon_1,\varepsilon_2,\cdots,\varepsilon_n$ 是 V_1 的一组基，V_2 是数域 $\mathbf{P}$ 上的 m 维线性空间，$\eta_1,\eta_2,\cdots,\eta_m$ 是 V_2 的一组基，则 V_1 到 V_2 的每一个线性映射与它在基 $\varepsilon_1,\varepsilon_2,\cdots,\varepsilon_n$ 和基 $\eta_1,\eta_2,\cdots,\eta_m$ 下的矩阵之间的对应 σ 是线性空间 $\mathscr{L}(V_1,V_2)$ 到 $\mathbf{P}^{m\times n}$ 的同构映射，从而 $\mathscr{L}(V_1,V_2)$ 与 $\mathbf{P}^{m\times n}$ 同构.

证明　在 V_1 中取定一组基 $\varepsilon_1,\varepsilon_2,\cdots,\varepsilon_n$ 和 V_2 中取定一组基 $\eta_1,\eta_2,\cdots,\eta_m$ 以后，对 V_1 到 V_2 的每一个线性映射 $\mathscr{A}$ 都有惟一确定的 $m\times n$ 矩阵 $\mathbf{A}$ 与之对应. 因此这个对应给出了 $\mathscr{L}(V_1,V_2)$ 到 $\mathbf{P}^{m\times n}$ 的一个映射 σ. 上面的讨论说明 σ 是 $\mathscr{L}(V_1,V_2)$ 到 $\mathbf{P}^{m\times n}$ 上的一一映射. 下面证明 σ 保持加法和数量乘法运算.

任取 $\mathscr{A},\mathscr{B}\in\mathscr{L}(V_1,V_2)$，设 $\sigma(\mathscr{A})=\mathbf{A},\sigma(\mathscr{B})=\boldsymbol{B}$，即

$$\mathscr{A}(\varepsilon_1,\varepsilon_2,\cdots,\varepsilon_n)=(\mathscr{A}(\varepsilon_1),\mathscr{A}(\varepsilon_2),\cdots,\mathscr{A}(\varepsilon_n))=(\eta_1,\eta_2,\cdots,\eta_m)\mathbf{A}$$

$$\mathscr{B}(\varepsilon_1,\varepsilon_2,\cdots,\varepsilon_n)=(\mathscr{B}(\varepsilon_1),\mathscr{B}(\varepsilon_2),\cdots,\mathscr{B}(\varepsilon_n))=(\eta_1,\eta_2,\cdots,\eta_m)\boldsymbol{B}$$

则

$$\begin{aligned}(\mathscr{A}+\mathscr{B})(\varepsilon_1,\cdots,\varepsilon_n)&=((\mathscr{A}+\mathscr{B})(\varepsilon_1),\cdots,(\mathscr{A}+\mathscr{B})(\varepsilon_n))\\&=(\mathscr{A}(\varepsilon_1)+\mathscr{B}(\varepsilon_1),\cdots,\mathscr{A}(\varepsilon_n)+\mathscr{B}(\varepsilon_n))\\&=(\mathscr{A}(\varepsilon_1),\cdots,\mathscr{A}(\varepsilon_n))+(\mathscr{B}(\varepsilon_1),\cdots,\mathscr{B}(\varepsilon_n))\\&=(\eta_1,\cdots,\eta_m)\mathbf{A}+(\eta_1,\cdots,\eta_m)\boldsymbol{B}\\&=(\eta_1,\cdots,\eta_m)(\mathbf{A}+\boldsymbol{B})\end{aligned}$$

即 $\mathscr{A}+\mathscr{B}$ 在基 $\varepsilon_1,\cdots,\varepsilon_n$ 和基 $\eta_1,\cdots,\eta_m$ 下的矩阵是 $\mathbf{A}+\boldsymbol{B}$，从而

$$\sigma(\mathscr{A}+\mathscr{B})=\mathbf{A}+\boldsymbol{B}=\sigma(\mathscr{A})+\sigma(\mathscr{B})$$

对任意 $k\in\mathbf{P}$，有

$$\begin{aligned}(k\mathscr{A})(\varepsilon_1,\cdots,\varepsilon_n)&=((k\mathscr{A})(\varepsilon_1),\cdots,(k\mathscr{A})(\varepsilon_n))\\&=(k(\mathscr{A}(\varepsilon_1)),\cdots,k(\mathscr{A}(\varepsilon_n)))\end{aligned}$$

$$= \left(\sum_{i=1}^{m}(ka_{i1})\eta_i, \cdots, \sum_{i=1}^{m}(ka_{in})\eta_i\right)$$

$$= (\eta_1, \cdots, \eta_m)(k\mathbf{A})$$

即 $k\mathscr{A}$ 在基 $\varepsilon_1, \cdots, \varepsilon_n$ 和基 $\eta_1, \cdots, \eta_m$ 下的矩阵是 $k\mathbf{A}$，从而

$$\sigma(k\mathscr{A}) = k\mathbf{A} = k\sigma(\mathscr{A})$$

因此 σ 是 $\mathscr{L}(V_1, V_2)$ 到 $\mathbf{P}^{m\times n}$ 的同构映射，从而 $\mathscr{L}(V_1, V_2)$ 与 $\mathbf{P}^{m\times n}$ 同构. □

如果 $\dim(V_1)=n, \dim(V_2)=m$，则由定理 1.5.2 知，线性空间 $\mathscr{L}(V_1, V_2)$ 是有限维的，并且 $\dim(\mathscr{L}(V_1, V_2))=mn$. $\mathscr{L}(V_1, V_2)$ 中的一个线性映射可用一个 $m\times n$ 矩阵代表.

定理 2.1.7 设 $\mathscr{A}$ 是 n 维线性空间 V_1 到 m 维线性空间 V_2 的一个线性映射，并且 $\mathscr{A}$ 在 V_1 的基 $\varepsilon_1, \cdots, \varepsilon_n$ 和 V_2 的基 $\eta_1, \cdots, \eta_m$ 下的矩阵为 $\mathbf{A}$. 对任意 $\alpha\in V_1$，若 $\alpha = \sum_{i=1}^{n} x_i\varepsilon_i$，$\mathscr{A}(\alpha) = \sum_{i=1}^{m} y_i\eta_i$，则

$$\begin{pmatrix} y_1 \\ \vdots \\ y_m \end{pmatrix} = \mathbf{A}\begin{pmatrix} x_1 \\ \vdots \\ x_n \end{pmatrix} \tag{2.1.3}$$

证明 对任意 $\alpha\in V_1$，若

$$\alpha = \sum_{i=1}^{n} x_i\varepsilon_i$$

则

$$\mathscr{A}(\alpha) = \sum_{i=1}^{n} x_i\mathscr{A}(\varepsilon_i) = (\mathscr{A}(\varepsilon_1), \cdots, \mathscr{A}(\varepsilon_n))\begin{pmatrix} x_1 \\ \vdots \\ x_n \end{pmatrix}$$

$$= (\eta_1, \cdots, \eta_m)\mathbf{A}\begin{pmatrix} x_1 \\ \vdots \\ x_n \end{pmatrix}$$

即 $\mathbf{A}\begin{pmatrix} x_1 \\ \vdots \\ x_n \end{pmatrix}$ 是 $\mathscr{A}(\alpha)$ 在基 $\eta_1, \cdots, \eta_m$ 下的坐标，由于向量在同一组基下的坐标是惟一的，于是得(2.1.3). □

例 2.1.5 设 $\mathbf{R}[x]_n$ 表示实数域 $\mathbf{R}$ 上次数小于 n 的一元多项式再添上零多项式构成的线性空间. 求 $\mathbf{R}[x]_n$ 到 $\mathbf{R}[x]_{n-1}$ 的线性映射 $\mathscr{D}$

$$\mathscr{D}(f(x)) = f'(x), \forall f(x) \in \mathbf{R}[x]_n$$

在 $\mathbf{R}[x]_n$ 的基 $1, x, \cdots, x^{n-1}$ 与 $\mathbf{R}[x]_{n-1}$ 的基 $1, x, \cdots, x^{n-2}$ 下的矩阵 $\boldsymbol{D}$.

解 在 $\mathbf{R}[x]_n$ 中取基 $\varepsilon_1 = 1, \varepsilon_2 = x, \cdots, \varepsilon_n = x^{n-1}$, 在 $\mathbf{R}[x]_{n-1}$ 中取基 $\eta_1 = 1, \eta_2 = x, \cdots, \eta_{n-1} = x^{n-2}$, 则

$$\begin{cases} \mathscr{D}(\varepsilon_1) = 0 = 0\eta_1 + 0\eta_2 + \cdots + 0\eta_{n-1} \\ \mathscr{D}(\varepsilon_2) = 1 = \eta_1 + 0\eta_2 + \cdots + 0\eta_{n-1} \\ \mathscr{D}(\varepsilon_3) = 2x = 0\eta_1 + 2\eta_2 + 0\eta_3 + \cdots + 0\eta_{n-1} \\ \qquad \cdots\cdots\cdots\cdots \\ \mathscr{D}(\varepsilon_n) = (n-1)x^{n-2} = 0\eta_1 + \cdots + 0\eta_{n-2} + (n-1)\eta_{n-1} \end{cases}$$

即

$$\mathscr{D}(\varepsilon_1, \cdots, \varepsilon_n) = (\eta_1, \cdots, \eta_{n-1}) \begin{pmatrix} 0 & 1 & 0 & \cdots & 0 & 0 \\ 0 & 0 & 2 & \cdots & 0 & 0 \\ \vdots & \vdots & \vdots & \ddots & \vdots & \vdots \\ 0 & 0 & 0 & \cdots & n-2 & 0 \\ 0 & 0 & 0 & \cdots & 0 & n-1 \end{pmatrix}_{(n-1)\times n}$$

于是 $\mathscr{D}$ 在基 $1, x, \cdots, x^{n-1}$ 与 $1, x, \cdots, x^{n-2}$ 下的矩阵为

$$\boldsymbol{D} = \begin{pmatrix} 0 & 1 & 0 & \cdots & 0 \\ 0 & 0 & 2 & \cdots & 0 \\ \vdots & \vdots & \vdots & \ddots & \vdots \\ 0 & 0 & 0 & \cdots & n-1 \end{pmatrix}_{(n-1)\times n}$$

如果在 $\mathbf{R}[x]_{n-1}$ 中取基 $\eta_1' = 1, \eta_2' = 2x, \cdots, \eta_{n-1}' = (n-1)x^{n-2}$, 则 $\mathscr{D}$ 在基 $1, x, \cdots, x^{n-1}$ 与基 $1, 2x, \cdots, (n-1)x^{n-2}$ 下的矩阵为

$$\begin{pmatrix} 0 & 1 & 0 & \cdots & 0 \\ \vdots & \ddots & \ddots & \ddots & \vdots \\ \vdots & & \ddots & \ddots & 0 \\ 0 & \cdots & \cdots & 0 & 1 \end{pmatrix}_{(n-1)\times n}$$

由此可见,同一个线性映射在不同基下的矩阵一般是不同的. 那么线性映射在不同基下的矩阵之间有什么关系？下面的定理将回答这个问题.

定理 2.1.8 设 $\mathscr{A}$ 是 n 维线性空间 V_1 到 m 维线性空间 V_2 的一个线性映射,$\varepsilon_1,\cdots,\varepsilon_n$ 和 $\varepsilon_1',\cdots,\varepsilon_n'$ 是 V_1 的两组基,由 $\varepsilon_1,\cdots,\varepsilon_n$ 到 $\varepsilon_1',\cdots,\varepsilon_n'$ 的过渡矩阵为 $\boldsymbol{Q}$,$\eta_1,\cdots,\eta_m$ 和 $\eta_1',\cdots,\eta_m'$ 是 V_2 的两组基,由 $\eta_1,\cdots,\eta_m$ 到 $\eta_1',\cdots,\eta_m'$ 的过渡矩阵为 $\boldsymbol{P}$,$\mathscr{A}$ 在基 $\varepsilon_1,\cdots,\varepsilon_n$ 与基 $\eta_1,\cdots,\eta_m$ 下的矩阵为 $\boldsymbol{A}$,而在基 $\varepsilon_1',\cdots,\varepsilon_n'$ 与 $\eta_1',\cdots,\eta_m'$ 下的矩阵为 $\boldsymbol{B}$,则

$$\boldsymbol{B}=\boldsymbol{P}^{-1}\boldsymbol{A}\boldsymbol{Q}$$

证明 因为

$$\mathscr{A}(\varepsilon_1,\cdots,\varepsilon_n)=(\eta_1,\cdots,\eta_m)\boldsymbol{A}$$

$$\mathscr{A}(\varepsilon_1',\cdots,\varepsilon_n')=(\eta_1',\cdots,\eta_m')\boldsymbol{B}$$

$$(\varepsilon_1',\cdots,\varepsilon_n')=(\varepsilon_1,\cdots,\varepsilon_n)\boldsymbol{Q}$$

$$(\eta_1',\cdots,\eta_m')=(\eta_1,\cdots,\eta_m)\boldsymbol{P}$$

并且 $\boldsymbol{P}$ 非奇异,则

$$\begin{aligned}\mathscr{A}(\varepsilon_1',\cdots,\varepsilon_n')&=\mathscr{A}(\varepsilon_1,\cdots,\varepsilon_n)\boldsymbol{Q}\\&=(\eta_1,\cdots,\eta_m)\boldsymbol{A}\boldsymbol{Q}\\&=(\eta_1',\cdots,\eta_m')\boldsymbol{P}^{-1}\boldsymbol{A}\boldsymbol{Q}\end{aligned}$$

因为线性映射 $\mathscr{A}$ 的矩阵由基惟一确定,所以

$$\boldsymbol{B}=\boldsymbol{P}^{-1}\boldsymbol{A}\boldsymbol{Q}$$ □

定义 2.1.2 设 $\boldsymbol{A},\boldsymbol{B}\in\mathbf{P}^{m\times n}$,如果存在数域 $\mathbf{P}$ 上的 m 阶非奇异矩阵 $\boldsymbol{P}$ 和 n 阶非奇异矩阵 $\boldsymbol{Q}$ 使得

$$\boldsymbol{B}=\boldsymbol{P}\boldsymbol{A}\boldsymbol{Q}$$

则称 $\boldsymbol{A}$ 与 $\boldsymbol{B}$ **相抵(等价)**.

容易验证相抵关系是 $\mathbf{P}^{m\times n}$ 上的一个等价关系.

由定理 2.1.8 和定义 2.1.2 可知,线性映射在不同基下的矩阵是相抵的. 反过来,有下面定理.

定理 2.1.9 设 $\boldsymbol{A},\boldsymbol{B}\in\mathbf{P}^{m\times n}$,如果 $\boldsymbol{A}$ 与 $\boldsymbol{B}$ 相抵,则它们可作为 n 维线性空间 V_1 到 m 维线性空间 V_2 的同一线性映射在两对基下所对应的矩阵.

证明 对 $\boldsymbol{A}\in\mathbf{P}^{m\times n}$,则 $\boldsymbol{A}$ 可看作 V_1 到 V_2 的线性映射 $\mathscr{A}$ 在 V_1 的基 $\varepsilon_1,\cdots,\varepsilon_n$ 与 V_2 的基 $\eta_1,\cdots,\eta_m$ 下的矩阵. 因为 $\boldsymbol{A}$ 与 $\boldsymbol{B}$ 相抵,则存在 m 阶可逆矩阵 $\boldsymbol{P}$

和 n 阶可逆矩阵 $\boldsymbol{Q}$ 使得 $\boldsymbol{B}=\boldsymbol{PAQ}$. 令

$$(\varepsilon_1',\cdots,\varepsilon_n') = (\varepsilon_1,\cdots,\varepsilon_n)\boldsymbol{Q}$$

$$(\eta_1',\cdots,\eta_m') = (\eta_1,\cdots,\eta_m)\boldsymbol{P}^{-1}$$

则 $\varepsilon_1',\cdots,\varepsilon_n'$ 和 $\eta_1',\cdots,\eta_m'$ 分别是 V_1 和 V_2 的基,且线性映射 $\mathscr{A}$ 在这对基下的矩阵恰为 $\boldsymbol{B}$. □

对一个线性映射,能否选择一对基,使它在这对基下的矩阵尽可能简单?下面来解决这个问题.

由线性代数知道,矩阵的初等变换与初等矩阵相对应,并且一个矩阵可逆的充分必要条件是它能表示成一些初等矩阵的乘积. 因此 $m\times n$ 矩阵 $\mathbf{A}$ 与 $\boldsymbol{B}$ 相抵的充分必要条件是 $\mathbf{A}$ 可以经有限次初等变换变成 $\boldsymbol{B}$.

设 $\mathbf{A}\in\mathbf{P}^{m\times n}$,并且 $\mathrm{rank}(\mathbf{A})=r\geqslant 1$,则通过一系列初等变换可将 $\mathbf{A}$ 化为

$$\begin{pmatrix} \boldsymbol{I}_r & 0 \\ 0 & 0 \end{pmatrix} \tag{2.1.4}$$

其中 $\boldsymbol{I}_r$ 是 r 阶单位矩阵,(2.1.4)称为矩阵 $\mathbf{A}$ 的**相抵标准形**. 如果 $\mathrm{rank}(\mathbf{A})=0$,则 $\mathbf{A}$ 的相抵标准形是零矩阵. 因此我们有如下结论.

定理 2.1.10 设 $\mathbf{A}\in\mathbf{P}^{m\times n}$ 且 $\mathrm{rank}(\mathbf{A})=r\geqslant 1$,则存在 m 阶可逆矩阵 $\boldsymbol{P}$ 和 n 阶可逆矩阵 $\boldsymbol{Q}$ 使得

$$\mathbf{A} = \boldsymbol{P}\begin{pmatrix} \boldsymbol{I}_r & 0 \\ 0 & 0 \end{pmatrix}\boldsymbol{Q} \tag{2.1.5}$$

由定理 2.1.8,定理 2.1.9 和定理 2.1.10 可知,对一个线性映射 $\mathscr{A}$ 可以选取一对适当的基,使它在这对基下的矩阵具有最简单的形式(2.1.4).

定理 2.1.11 设 $\mathbf{A},\boldsymbol{B}\in\mathbf{P}^{m\times n}$,则 $\mathbf{A}$ 与 $\boldsymbol{B}$ 相抵的充分必要条件是它们有相同的秩.

证明 必要性. 设 $\mathbf{A}$ 与 $\boldsymbol{B}$ 相抵,则 $\mathbf{A}$ 可经有限次初等变换化为 $\boldsymbol{B}$,因为初等变换不改变矩阵的秩,所以 $\mathrm{rank}(\mathbf{A})=\mathrm{rank}(\boldsymbol{B})$.

充分性. 设 $\mathrm{rank}(\mathbf{A})=\mathrm{rank}(\boldsymbol{B})=r$. 如果 $r=0$,则 $\mathbf{A}=\boldsymbol{B}=0$,它们显然相抵. 若 $r\geqslant 1$,则由定理 2.1.10 得,$\mathbf{A}$ 与 $\boldsymbol{B}$ 都相抵于矩阵(2.1.4). 由相抵的对称性和传递性知 $\mathbf{A}$ 与 $\boldsymbol{B}$ 相抵. □

§2.2 线性映射的值域与核

本节讨论伴随线性映射的两类重要子空间:线性映射的值域与核.

定义 2.2.1 设 $\mathscr{A}$ 是数域 $\mathbf{P}$ 上线性空间 V_1 到 V_2 的线性映射，令

$$R(\mathscr{A}) = I_m(\mathscr{A}) = \{\mathscr{A}(\alpha) \mid \alpha \in V_1\}$$

$$\mathrm{Ker}(\mathscr{A}) = N(\mathscr{A}) = \{\alpha \in V_1 \mid \mathscr{A}(\alpha) = 0\}$$

称 $R(\mathscr{A})$ 是线性映射 $\mathscr{A}$ 的**值域**；而称 $\mathrm{Ker}(\mathscr{A})$ 是线性映射 $\mathscr{A}$ 的**核**.

定理 2.2.1 设 $\mathscr{A}$ 是线性空间 V_1 到 V_2 的一个线性映射，则

(1) $R(\mathscr{A})$ 是 V_2 的一个子空间；

(2) $\mathrm{Ker}(\mathscr{A})$ 是 V_1 的一个子空间.

证明 (1) 显然 $R(\mathscr{A})$ 是 V_2 的非空子集. 对任意 $\mathscr{A}(\alpha)$，$\mathscr{A}(\beta) \in R(\mathscr{A})$，$k\in\mathbf{P}$，有

$$\mathscr{A}(\alpha) + \mathscr{A}(\beta) = \mathscr{A}(\alpha+\beta) \in R(\mathscr{A})$$

$$k\mathscr{A}(\alpha) = \mathscr{A}(k\alpha) \in R(\mathscr{A})$$

由定理 1.4.1 知，$R(\mathscr{A})$ 是 V_2 的一个子空间.

(2) 因为 $\mathscr{A}(0)=0$，所以 $\mathrm{Ker}(\mathscr{A})$ 是 V_1 的非空子集. 对任意 $\alpha,\beta\in \mathrm{Ker}(\mathscr{A})$，$k\in\mathbf{P}$，有

$$\mathscr{A}(\alpha+\beta) = \mathscr{A}(\alpha) + \mathscr{A}(\beta) = 0$$

$$\mathscr{A}(k\alpha) = k\mathscr{A}(\alpha) = k0 = 0$$

则 $\alpha+\beta, k\alpha\in \mathrm{Ker}(\mathscr{A})$. 因此 $\mathrm{Ker}(\mathscr{A})$ 是 V_1 的一个子空间. □

$\dim(R(\mathscr{A}))$ 称为 $\mathscr{A}$ 的**秩**，记为 $\mathrm{rank}(\mathscr{A})$；$\dim(\mathrm{Ker}(\mathscr{A}))$ 称为 $\mathscr{A}$ 的**零度**.

定理 2.2.2 设 $\mathscr{A}$ 是 n 维线性空间 V_1 到 m 维线性空间 V_2 的一个线性映射，$\varepsilon_1,\cdots,\varepsilon_n$ 和 $\eta_1,\cdots,\eta_m$ 分别是 V_1 与 V_2 的基，$\mathscr{A}$ 在这对基下的矩阵是 $\mathbf{A}$，则

(1) $R(\mathscr{A})=\mathrm{span}(\mathscr{A}(\varepsilon_1),\cdots,\mathscr{A}(\varepsilon_n))$；

(2) $\mathrm{rank}(\mathscr{A})=\mathrm{rank}(\mathbf{A})$；

(3) $\dim(R(\mathscr{A}))+\dim(\mathrm{Ker}(\mathscr{A}))=n$.

证明 (1) 对任意 $\alpha\in V_1$，有

$$\alpha = \sum_{i=1}^{n} x_i\varepsilon_i$$

则

$$\beta = \mathscr{A}(\alpha) = \sum_{i=1}^{n} x_i \mathscr{A}(\varepsilon_i)$$

故 $R(\mathscr{A})=\mathrm{span}(\mathscr{A}(\varepsilon_1),\mathscr{A}(\varepsilon_2),\cdots,\mathscr{A}(\varepsilon_n))$.

(2) 由(1)和定理 1.4.4,有

$$\operatorname{rank}(\mathscr{A})=\operatorname{rank}(\mathscr{A}(\varepsilon_1),\mathscr{A}(\varepsilon_2),\cdots,\mathscr{A}(\varepsilon_n))$$

另一方面,矩阵 $\mathbf{A}$ 是由 $\mathscr{A}(\varepsilon_1),\mathscr{A}(\varepsilon_2),\cdots,\mathscr{A}(\varepsilon_n)$的坐标按列排成的. 如果在 V_2 中取定基 $\eta_1,\cdots,\eta_m$,把 V_2 的每一个向量与它的坐标对应起来,则 V_2 与 $\mathbf{P}^m$ 同构. 从而由定理 1.5.1 知,基像组 $\mathscr{A}(\varepsilon_1),\cdots,\mathscr{A}(\varepsilon_n)$与它们的坐标组(即矩阵 $\mathbf{A}$ 的列向量组)有相同的秩.

(3) 设 $\dim(\operatorname{Ker}(\mathscr{A}))=r$. 在 $\operatorname{Ker}(\mathscr{A})$中取一组基 $\alpha_1,\cdots,\alpha_r$,把它扩充成 V_1 的基 $\alpha_1,\cdots,\alpha_r,\alpha_{r+1},\cdots,\alpha_n$,则

$$\begin{aligned}R(\mathscr{A})&=\operatorname{span}(\mathscr{A}(\alpha_1),\cdots,\mathscr{A}(\alpha_r),\mathscr{A}(\alpha_{r+1}),\cdots,\mathscr{A}(\alpha_n))\\&=\operatorname{span}(\mathscr{A}(\alpha_{r+1}),\cdots,\mathscr{A}(\alpha_n))\end{aligned}$$

现证明 $\mathscr{A}(\alpha_{r+1}),\cdots,\mathscr{A}(\alpha_n)$线性无关.

事实上,设

$$\sum_{j=r+1}^{n}k_j\mathscr{A}(\alpha_j)=0$$

则 $\mathscr{A}(\sum_{j=r+1}^{n}k_j\alpha_j)=0$,从而 $\sum_{j=r+1}^{n}k_j\alpha_j\in\operatorname{Ker}(\mathscr{A})$. 因此

$$\sum_{j=r+1}^{n}k_j\alpha_j=\sum_{j=1}^{r}k_j\alpha_j$$

因为 $\alpha_1,\cdots,\alpha_n$ 线性无关,所以 $k_i=0(i=1,\cdots,n)$. 因此 $\mathscr{A}(\alpha_{r+1}),\cdots,\mathscr{A}(\alpha_n)$线性无关. 于是

$$\dim(R(\mathscr{A}))=n-r$$

即

$$\dim(R(\mathscr{A}))+\dim(\operatorname{Ker}(\mathscr{A}))=n.$$ □

§2.3 线性变换

定义 2.3.1 设 V 是数域 $\mathbf{P}$ 上的线性空间,V 到自身的线性映射称为 V 上的**线性变换**.

线性空间 V 到自身的数乘映射 k 称为数 k 决定的数乘变换. 当 $k=1$ 时,得恒等变换;当 $k=0$ 时,得零变换.

因为线性变换是一类特殊的线性映射,所以有关线性映射的性质,对线性变换完全适用.

对线性空间 V 上所有线性变换组成的集合 $\mathscr{L}(V,V)$，可在 $\mathscr{L}(V,V)$ 上定义线性变换的加法、乘法和数量乘法，并且加法和乘法满足如下的运算规律：

(1) 加法适合交换律和结合律；

(2) 乘法适合结合律；

(3) 乘法对加法有左、右分配律.

$\mathscr{L}(V,V)$ 关于线性变换的加法和数量乘法构成数域 $\mathbf{P}$ 上的线性空间.

设 $\mathscr{A}$ 是线性空间 V 上的线性变换，如果存在 V 的变换 $\mathscr{B}$ 使得

$$\mathscr{A}\mathscr{B}=\mathscr{B}\mathscr{A}=\mathscr{I}_V$$

其中 $\mathscr{I}_V$(简记为 $\mathscr{I}$)是 V 上的恒等变换，则称 $\mathscr{A}$ 是**可逆**的，并称 $\mathscr{B}$ 为 $\mathscr{A}$ 的**逆变换**，记作 $\mathscr{A}^{-1}$.

类似于定理 2.1.5，可以证明：如果线性变换 $\mathscr{A}$ 是可逆的，则 $\mathscr{A}^{-1}$ 也是线性变换.

因为线性变换的乘法满足结合律，所以可定义线性变换的幂：

$$\mathscr{A}^0=\mathscr{I},\ \mathscr{A}^m\equiv\underbrace{\mathscr{A}\mathscr{A}\cdots\mathscr{A}}_{m}$$

并且容易推出指数法则：

$$\mathscr{A}^m\cdot\mathscr{A}^n=\mathscr{A}^{m+n},\ (\mathscr{A}^m)^n=\mathscr{A}^{mn},\quad m,n\text{ 是非负整数}$$

如果 $\mathscr{A}$ 可逆，可定义 $\mathscr{A}$ 的负整数幂：

$$\mathscr{A}^{-m}\equiv(\mathscr{A}^{-1})^m,\quad m\text{ 是正整数}$$

因为映射的乘法不适合交换律，所以对线性变换 $\mathscr{A}$ 和 $\mathscr{B}$，一般说来

$$(\mathscr{A}\mathscr{B})^n\neq\mathscr{A}^n\mathscr{B}^n,\quad n\text{ 是正整数}$$

设 $f(x)=a_mx^m+a_{m-1}x^{m-1}+\cdots+a_1x+a_0\in\mathbf{P}[x]$，$\mathscr{A}$ 是 V 上的一个线性变换. 令

$$f(\mathscr{A})\equiv a_m\mathscr{A}^m+a_{m-1}\mathscr{A}^{m-1}+\cdots+a_1\mathscr{A}+a_0\mathscr{I}$$

则 $f(\mathscr{A})$ 是 V 上的一个线性变换，称为线性变换 $\mathscr{A}$ 的多项式.

现在我们来讨论 n 维线性空间 V 上的线性变换与矩阵的关系. 设 $\mathscr{A}$ 是线性空间 V 上的一个线性变换，我们把上一节关于线性映射与矩阵的关系应用到 V 上的线性变换 $\mathscr{A}$. 这时，只需在 V 中取一组基 $\varepsilon_1,\varepsilon_2,\cdots,\varepsilon_n$，基向量的像 $\mathscr{A}(\varepsilon_1),\mathscr{A}(\varepsilon_2),\cdots,\mathscr{A}(\varepsilon_n)$ 仍可用基线性表示

$$\begin{cases}\mathscr{A}(\varepsilon_1)=a_{11}\varepsilon_1+a_{21}\varepsilon_2+\cdots+a_{n1}\varepsilon_n\\ \mathscr{A}(\varepsilon_2)=a_{12}\varepsilon_1+a_{22}\varepsilon_2+\cdots+a_{n2}\varepsilon_n\\ \cdots\cdots\cdots\cdots\\ \mathscr{A}(\varepsilon_n)=a_{1n}\varepsilon_1+a_{2n}\varepsilon_2+\cdots+a_{nn}\varepsilon_n\end{cases}$$

或表示成

$$\mathscr{A}(\varepsilon_1,\varepsilon_2,\cdots,\varepsilon_n)=(\mathscr{A}(\varepsilon_1),\mathscr{A}(\varepsilon_2),\cdots,\mathscr{A}(\varepsilon_n))=(\varepsilon_1,\varepsilon_2,\cdots,\varepsilon_n)\boldsymbol{A} \tag{2.3.1}$$

其中

$$\boldsymbol{A}=\begin{pmatrix}a_{11} & a_{12} & \cdots & a_{1n}\\ a_{21} & a_{22} & \cdots & a_{2n}\\ \vdots & \vdots & & \vdots\\ a_{n1} & a_{n2} & \cdots & a_{nn}\end{pmatrix} \tag{2.3.2}$$

矩阵 $\boldsymbol{A}$ 称为线性变换 $\mathscr{A}$ 在基 $\varepsilon_1,\varepsilon_2,\cdots,\varepsilon_n$ 下的**矩阵**.

类似于定理 2.1.6,有如下结论.

定理 2.3.1 设 V 是数域 $\mathbf{P}$ 上的 n 维线性空间,$\varepsilon_1,\varepsilon_2,\cdots,\varepsilon_n$ 是 V 的一组基,则 V 上的每一个线性变换与它在基 $\varepsilon_1,\varepsilon_2,\cdots,\varepsilon_n$ 下的矩阵之间的对应 σ 是线性空间 $\mathscr{L}(V,V)$ 到 $\mathbf{P}^{n\times n}$ 的同构映射,从而 $\mathscr{L}(V,V)$ 与 $\mathbf{P}^{n\times n}$ 同构,并且

(1) 线性变换的乘积对应于矩阵的乘法;

(2) 可逆的线性变换与可逆矩阵对应,且逆变换对应于逆矩阵.

证明 第一部分的证明类似于定理 2.1.6,下面证明(1)与(2).

设 $\mathscr{A},\mathscr{B}$ 是 V 上的两个线性变换,它们在基 $\varepsilon_1,\varepsilon_2,\cdots,\varepsilon_n$ 下的矩阵分别为 $\boldsymbol{A},\boldsymbol{B}$,即

$$\mathscr{A}(\varepsilon_1,\varepsilon_2,\cdots,\varepsilon_n)=(\varepsilon_1,\varepsilon_2,\cdots,\varepsilon_n)\boldsymbol{A}$$

$$\mathscr{B}(\varepsilon_1,\varepsilon_2,\cdots,\varepsilon_n)=(\varepsilon_1,\varepsilon_2,\cdots,\varepsilon_n)\boldsymbol{B}$$

则

$$\begin{aligned}(\mathscr{A}\mathscr{B})(\varepsilon_1,\varepsilon_2,\cdots,\varepsilon_n)&=\mathscr{A}(\mathscr{B}(\varepsilon_1,\varepsilon_2,\cdots,\varepsilon_n))\\ &=\mathscr{A}[(\varepsilon_1,\varepsilon_2,\cdots,\varepsilon_n)\boldsymbol{B}]\\ &=[\mathscr{A}(\varepsilon_1,\varepsilon_2,\cdots,\varepsilon_n)]\boldsymbol{B}\end{aligned}$$

$$=(\varepsilon_1,\varepsilon_2,\cdots,\varepsilon_n)\boldsymbol{AB}$$

于是线性变换 $\mathscr{AB}$ 在基 $\varepsilon_1,\varepsilon_2,\cdots,\varepsilon_n$ 下的矩阵为 $\boldsymbol{AB}$.

因为恒等变换对应于单位矩阵,所以等式

$$\mathscr{AB}=\mathscr{BA}=\mathscr{I}$$

与等式

$$\boldsymbol{AB}=\boldsymbol{BA}=I$$

相对应,从而可逆线性变换与可逆矩阵对应,且逆变换对应逆矩阵. □

类似于定理 2.1.8,可证下面定理.

定理 2.3.2　设 n 维线性空间 V 上线性变换 $\mathscr{A}$ 在基 $\varepsilon_1,\varepsilon_2,\cdots,\varepsilon_n$ 和 $\varepsilon_1',\varepsilon_2',\cdots,\varepsilon_n'$ 下的矩阵分别为 $\boldsymbol{A}$ 和 $\boldsymbol{B}$,由基 $\varepsilon_1,\varepsilon_2,\cdots,\varepsilon_n$ 到基 $\varepsilon_1',\varepsilon_2',\cdots,\varepsilon_n'$ 的过渡矩阵为 $\boldsymbol{P}$,则

$$\boldsymbol{B}=\boldsymbol{P}^{-1}\boldsymbol{AP}$$

定义 2.3.2　设 $\boldsymbol{A},\boldsymbol{B}\in\mathbf{P}^{n\times n}$,如果存在可逆矩阵 $\boldsymbol{P}\in\mathbf{P}^{n\times n}$ 使得

$$\boldsymbol{B}=\boldsymbol{P}^{-1}\boldsymbol{AP}$$

则称 $\boldsymbol{A}$ 与 $\boldsymbol{B}$ **相似**.

容易证明相似关系是 $\mathbf{P}^{n\times n}$ 上的一个等价关系.

定理 2.3.2 说明,线性变换在不同基下所对应的矩阵是相似的. 反过来,类似于定理 2.1.9,可以证明两个相似的矩阵可看作同一线性变换在两组基下所对应的矩阵.

线性变换理论要研究的一个重要问题是选取线性空间的一组基使线性变换在这组基下的矩阵具有较简单的形式. 我们将在本章的第 4 节至第 6 节和下一章讨论这个问题.

§2.4　特征值和特征向量

线性变换的特征值和特征向量是重要的概念,它们不仅对线性变换的研究具有基本的重要性,而且在物理、力学和工程技术中具有实际的意义.

定义 2.4.1　设 $\mathscr{A}$ 是数域 $\mathbf{P}$ 上线性空间 V 的一个线性变换,如果存在 $\lambda\in\mathbf{P}$ 以及非零向量 $\alpha\in V$ 使得

$$\mathscr{A}(\alpha)=\lambda\alpha \tag{2.4.1}$$

则称 λ 为 $\mathscr{A}$ 的**特征值**,并称 α 为 $\mathscr{A}$ 的属于(或对应于)特征值 λ 的**特征向量**.

下面讨论特征值和特征向量的求法.

设 V 是数域 **P** 上的 n 维线性空间，$\varepsilon_1,\varepsilon_2,\cdots,\varepsilon_n$ 是 V 的一组基，线性变换 $\mathscr{A}$ 在这组基下的矩阵为 $\boldsymbol{A}$. 如果 λ 是 $\mathscr{A}$ 的特征值，α 是相应的特征向量，则

$$\alpha = (\varepsilon_1,\varepsilon_2,\cdots,\varepsilon_n)\begin{pmatrix} x_1 \\ x_2 \\ \vdots \\ x_n \end{pmatrix} \tag{2.4.2}$$

把它代入(2.4.1)，并利用定理 2.1.7 得

$$(\varepsilon_1,\varepsilon_2,\cdots,\varepsilon_n)\boldsymbol{A}\begin{pmatrix} x_1 \\ x_2 \\ \vdots \\ x_n \end{pmatrix} = (\varepsilon_1,\varepsilon_2,\cdots,\varepsilon_n)(\lambda\begin{pmatrix} x_1 \\ x_2 \\ \vdots \\ x_n \end{pmatrix})$$

由于 $\varepsilon_1,\varepsilon_2,\cdots,\varepsilon_n$ 线性无关，所以

$$\boldsymbol{A}\begin{pmatrix} x_1 \\ x_2 \\ \vdots \\ x_n \end{pmatrix} = \lambda\begin{pmatrix} x_1 \\ x_2 \\ \vdots \\ x_n \end{pmatrix} \tag{2.4.3}$$

这说明特征向量 α 的坐标 $x=\begin{pmatrix} x_1 \\ x_2 \\ \vdots \\ x_n \end{pmatrix}$ 满足齐次线性方程组

$$(\lambda\boldsymbol{I}-\boldsymbol{A})x = 0 \tag{2.4.4}$$

因为 $\alpha\neq 0$，所以 $x\neq 0$，即齐次线性方程组(2.4.4)有非零解. 方程组(2.4.4)有非零解的充分必要条件是它的系数矩阵行列式为零，即

$$|\lambda\boldsymbol{I}-\boldsymbol{A}| = 0 \tag{2.4.5}$$

定义 2.4.2 设 $\boldsymbol{A}$ 是数域 **P** 上的 n 阶矩阵，λ 是一个文字，矩阵 $\lambda\boldsymbol{I}-\boldsymbol{A}$ 称为 $\boldsymbol{A}$ 的**特征矩阵**，其行列式 $|\lambda\boldsymbol{I}-\boldsymbol{A}|$ 称为 $\boldsymbol{A}$ 的**特征多项式**. 方程 $|\lambda\boldsymbol{I}-\boldsymbol{A}|=0$ 称为 $\boldsymbol{A}$ 的**特征方程**，它的根称为 $\boldsymbol{A}$ 的**特征根(或特征值)**. 以 $\boldsymbol{A}$ 的特

征值 λ 代入齐次线性方程组(2.4.4)所得的非零解 x 称为 $\boldsymbol{A}$ 对应于 λ 的**特征向量**.

如果 λ 是线性变换 $\mathscr{A}$ 的特征值，则 λ 是矩阵 $\boldsymbol{A}$ 的特征值；反过来，如果 λ 是矩阵 $\boldsymbol{A}$ 的特征值，即 $|\lambda\boldsymbol{I}-\boldsymbol{A}|=0$，则齐次线性方程组(2.4.4)有非零解 x，从而非零向量

$$\alpha = x_1\varepsilon_1 + x_2\varepsilon_2 + \cdots + x_n\varepsilon_n$$

满足(2.4.1)，即 λ 是线性变换 $\mathscr{A}$ 的特征值，α 是属于特征值 λ 的一个特征向量. 因此，线性变换的特征值、特征向量的性质可由矩阵的特征值、特征向量的性质得到.

例 2.4.1　设线性变换 $\mathscr{A}$ 在基 $\varepsilon_1,\varepsilon_2,\varepsilon_3$ 下的矩阵是 $\boldsymbol{A}=\begin{pmatrix}1&2&0\\2&1&0\\0&0&-1\end{pmatrix}$，求 $\mathscr{A}$ 的特征值与特征向量.

解　矩阵 $\boldsymbol{A}$ 的特征多项式为

$$|\lambda\boldsymbol{I}-\boldsymbol{A}| = \begin{vmatrix}\lambda-1 & 2 & 0\\ -2 & \lambda-1 & 0\\ 0 & 0 & \lambda+1\end{vmatrix} = (\lambda+1)^2(\lambda-3)$$

所以矩阵 $\boldsymbol{A}$(即线性变换 $\mathscr{A}$)的特征值是 $\lambda_1=-1$(二重)和 $\lambda_2=3$.

对应于特征值 $\lambda_1=-1$，齐次线性方程组 $(\lambda_1\boldsymbol{I}-\boldsymbol{A})x=0$ 的基础解系为

$$\begin{pmatrix}1\\-1\\0\end{pmatrix},\begin{pmatrix}0\\0\\1\end{pmatrix}$$

因此，线性变换 $\mathscr{A}$ 属于特征值 -1 的两个线性无关的特征向量为 $\alpha_1=\varepsilon_1-\varepsilon_2$，$\alpha_2=\varepsilon_3$.

对应于特征值 $\lambda_2=3$，齐次线性方程组 $(\lambda_2\boldsymbol{I}-\boldsymbol{A})x=0$ 的基础解系为 $\begin{pmatrix}1\\1\\0\end{pmatrix}$，因此线性变换 $\mathscr{A}$ 属于特征值 3 的一个线性无关的特征向量是 $\alpha_3=\varepsilon_1+\varepsilon_2$.

例 2.4.2　在 n 维线性空间 $\mathbf{R}[x]_n$ 中，线性变换

$$\mathscr{D}(f(x)) = f'(x)$$

在基 $1,x,\frac{x^2}{2!},\cdots,\frac{x^{n-1}}{(n-1)!}$下的矩阵是

$$\boldsymbol{D}=\begin{pmatrix}0&1&0&\cdots&0\\0&0&1&\cdots&0\\\vdots&\vdots&\ddots&\ddots&\vdots\\0&0&0&\cdots&1\\0&0&0&\cdots&0\end{pmatrix}$$

$\boldsymbol{D}$ 的特征多项式为

$$|\lambda\boldsymbol{I}-\boldsymbol{D}|=\begin{vmatrix}\lambda&-1&0&\cdots&0\\0&\lambda&-1&\cdots&0\\\vdots&\vdots&\ddots&\ddots&0\\0&0&0&\cdots&-1\\0&0&0&\cdots&\lambda\end{vmatrix}=\lambda^n$$

所以矩阵 $\boldsymbol{D}$(即线性变换 $\mathscr{D}$)的特征值是 $\lambda=0$(n 重),相应的齐次线性方程组 $(\lambda\boldsymbol{I}-\boldsymbol{D})x=0$ 的基础解系为$(1,0,0,\cdots,0)^{\mathrm{T}}$. 因此,线性变换 $\mathscr{D}$ 属于特征值 0 的线性无关特征向量是任一非零常数.

对线性空间 V 上线性变换 $\mathscr{A}$ 的任一特征值 λ,所有满足

$$\mathscr{A}(\alpha)=\lambda\alpha$$

的向量 α 所组成的集合,也就是 $\mathscr{A}$ 的属于特征值 λ 的全部特征向量再添上零向量所组成的集合,记为 V_λ,即

$$V_\lambda=\{\alpha \mid \mathscr{A}(\alpha)=\lambda\alpha,\alpha\in V\}$$

对矩阵 $\boldsymbol{A}\in\mathbf{C}^{n\times n}$,$\lambda$ 是 $\boldsymbol{A}$ 的一个特征值,我们也记

$$V_\lambda=\{x \mid \boldsymbol{A}x=\lambda x,x\in\mathbf{C}^n\}$$

则 V_λ 是 V(或 $\mathbf{C}^n$)的一个子空间,称 V_λ 为 $\mathscr{A}$(或 $\boldsymbol{A}$)的属于 λ 的**特征子空间**. 显然 $\dim(V_\lambda)$就是属于 λ 的线性无关特征向量的最大数目,称 $\dim(V_\lambda)$为特征值 λ 的**几何重数**.

对 n 阶矩阵 $\boldsymbol{A}=(a_{ij})$,由行列式的性质可得 $\boldsymbol{A}$ 的特征多项式是 λ 的 n 次多项式. 确切地,有如下结果.

定理 2.4.1 设 $\boldsymbol{A}=(\alpha_{ij})\in\mathbf{P}^{n\times n}$,则

$$|\lambda\boldsymbol{I}-\boldsymbol{A}|=\lambda^n+\sum_{k=1}^{n}(-1)^k b_k\lambda^{n-k} \tag{2.4.6}$$

其中 $b_k(k=1,2,\cdots,n)$是 $\boldsymbol{A}$ 的所有 k 阶主子式之和,特别地

$$b_1=\operatorname{tr}(\boldsymbol{A}),b_n=|\boldsymbol{A}| \tag{2.4.7}$$

证明 记 $\boldsymbol{I}=[e_1,e_2,\cdots,e_n]$,$\boldsymbol{A}=[a_1,a_2,\cdots,a_n]$,其中 e_i 和 a_i 分别是 $\boldsymbol{I}$ 和 $\boldsymbol{A}$ 的第 i 列,则

$$|\lambda\boldsymbol{I}-\boldsymbol{A}|=|[\lambda e_1-a_1,\lambda e_2-a_2,\cdots,\lambda e_n-a_n]|$$

利用行列式的性质,将上式右端拆成每列是 λe_i 或 $-a_i$ 的行列式,例如

$$\begin{aligned}|\lambda\boldsymbol{I}-\boldsymbol{A}|&=|[\lambda e_1,\lambda e_2-a_2,\cdots,\lambda e_n-a_n]|\\&\quad+|[-a_1,\lambda e_2-a_2,\cdots,\lambda e_n-a_n]|\end{aligned}$$

于是有

$$\begin{aligned}|\lambda\boldsymbol{I}-\boldsymbol{A}|=&\lambda^n|[e_1,e_2,\cdots,e_n]|-\lambda^{n-1}\sum_{i=1}^{n}|[e_1,\cdots,e_{i-1},a_i,e_{i+1},\cdots,e_n]|\\&+\cdots+(-1)^k\lambda^{n-k}\sum_{\substack{1\leqslant i_1<\cdots<i_k\leqslant n\\2\leqslant k\leqslant n-1}}|[\cdots,a_{i_1},\cdots,a_{i_k},\cdots]|+\cdots+(-1)^n|\boldsymbol{A}|\end{aligned}$$

行列式$|[\cdots,a_{i_1},\cdots,a_{i_k},\cdots]|$中第 i_1 列,…,第 i_k 列依次是 $a_{i_1},\cdots,a_{i_k}$,其余的列是单位矩阵 $\boldsymbol{I}$ 的相应列. 例如 $n=5,k=3,i_1=1,i_2=2,i_3=4$,则

$$|[a_1,a_2,e_3,a_4,e_5]|=\begin{vmatrix}a_{11}&a_{12}&0&a_{14}&0\\a_{21}&a_{22}&0&a_{24}&0\\a_{31}&a_{32}&1&a_{34}&0\\a_{41}&a_{42}&0&a_{44}&0\\a_{51}&a_{52}&0&a_{54}&1\end{vmatrix}=\begin{vmatrix}a_{11}&a_{12}&a_{14}\\a_{21}&a_{22}&a_{24}\\a_{41}&a_{42}&a_{44}\end{vmatrix}$$

是 $\boldsymbol{A}$ 的一个 3 阶主子式. 因此,b_3 是关于 $1\leqslant i_1<i_2<i_3\leqslant 5$ 求和,即 $\boldsymbol{A}$ 的所有 3 阶主子式之和.

对一般 n 阶矩阵 $\boldsymbol{A}$,同理可得$|[\cdots,a_{i_1},\cdots,a_{i_k},\cdots]|$是 $\boldsymbol{A}$ 的一个 k 阶主子式,因此 b_k 是 $\boldsymbol{A}$ 的所有 k 阶主子式之和. □

由代数基本定理(n 次多项式方程在复数域内有且仅有 n 个根(重根按重数计算))知,n 阶矩阵 $\boldsymbol{A}$ 在复数域内恰有 n 个特征值 $\lambda_1,\lambda_2,\cdots,\lambda_n$,其中 λ_i 作为特征方程的根的重数,称为 λ_i 的**代数重数**,记为 $m_{\lambda_i}(\boldsymbol{A})$. 矩阵 $\boldsymbol{A}$ 的特征值的全体称为 $\boldsymbol{A}$ 的**谱**,记为 $\lambda(\boldsymbol{A})$. 矩阵 $\boldsymbol{A}$ 的特征值的最大模称为 $\boldsymbol{A}$ 的**谱半径**,

记为 $\rho(\mathbf{A})$.

由根与系数的关系以及定理 2.4.1,直接得到下面定理.

定理 2.4.2 设 $\mathbf{A}=(a_{ij})\in\mathbf{C}^{n\times n}$, $\lambda_1,\lambda_2,\cdots,\lambda_n$ 是 $\mathbf{A}$ 的特征值,则

$$\sum_{i=1}^{n}\lambda_i = \mathrm{tr}(\mathbf{A}) \tag{2.4.8}$$

$$\prod_{i=1}^{n}\lambda_i = |\mathbf{A}|. \tag{2.4.9}$$

例 2.4.3 设

$$\mathbf{A}=\begin{pmatrix} 0 & 0 & 0 & \cdots & 0 & -a_n \\ 1 & 0 & 0 & \cdots & 0 & -a_{n-1} \\ 0 & 1 & 0 & \cdots & 0 & -a_{n-2} \\ \vdots & \vdots & \vdots & & \vdots & \vdots \\ 0 & 0 & 0 & \cdots & 1 & -a_1 \end{pmatrix}$$

矩阵 $\mathbf{A}$ 在控制论中称为**友矩阵**或**相伴矩阵**,求 $\mathbf{A}$ 的特征多项式.

解 记

$$d_i = \begin{vmatrix} \lambda & 0 & 0 & \cdots & a_i \\ -1 & \lambda & 0 & \cdots & a_{i-1} \\ 0 & -1 & \lambda & \cdots & a_{i-2} \\ \vdots & \vdots & \vdots & & \vdots \\ 0 & 0 & \cdots & -1 & \lambda+a_1 \end{vmatrix}, \qquad i\geqslant 1,\ d_0=1$$

对 d_i 按第 1 行展开,有

$$d_i = \lambda d_{i-1} + a_i, i\geqslant 1$$

由上式逐次递推得

$$\begin{aligned} d_n = |\lambda\mathbf{I}-\mathbf{A}| &= \lambda d_{n-1}+a_n = \lambda(\lambda d_{n-2}+a_{n-1})+a_n \\ &= \lambda^2(\lambda d_{n-3}+a_{n-2})+a_{n-1}\lambda+a_n \\ &= \lambda^n + a_1\lambda^{n-1}+a_2\lambda^{n-2}+\cdots+a_{n-1}\lambda+a_n \end{aligned}$$

例 2.4.4 设 $x,y\in\mathbf{C}^n$, $\mathbf{A}=xy^{\mathrm{H}}$,求 $\mathbf{A}$ 的特征多项式.

解 因为 $\operatorname{rank}(\boldsymbol{A})\leqslant\operatorname{rank}(x)\leqslant1$,所以 $\boldsymbol{A}$ 的所有 $k(k\geqslant2)$ 阶子式全为零,而 $\boldsymbol{A}$ 的一阶主子式之和为 $\operatorname{tr}(xy^{\mathrm{H}})=y^{\mathrm{H}}x$. 由定理 2.4.1,得

$$|\lambda\boldsymbol{I}-xy^{\mathrm{H}}|=\lambda^n-y^{\mathrm{H}}x\lambda^{n-1}=\lambda^{n-1}(\lambda-y^{\mathrm{H}}x)$$

在 n 维线性空间 V 中取定一组基之后,线性变换的特征值就是它在这组基下矩阵的特征值. 随着基的不同,线性变换的矩阵一般是不同的,但这些矩阵是相似的. 对于相似矩阵有如下定理.

定理 2.4.3 如果 n 阶矩阵 $\boldsymbol{A}$ 与 $\boldsymbol{B}$ 相似,则

(1) $\boldsymbol{A}$ 与 $\boldsymbol{B}$ 有相同的特征多项式;

(2) $\boldsymbol{A}$ 与 $\boldsymbol{B}$ 有相同的特征值;

(3) $\operatorname{tr}(\boldsymbol{A})=\operatorname{tr}(\boldsymbol{B})$.

证明 (1) 因为 $\boldsymbol{A}$ 与 $\boldsymbol{B}$ 相似,所以存在可逆矩阵 $\boldsymbol{P}$ 使 $\boldsymbol{B}=\boldsymbol{P}^{-1}\boldsymbol{AP}$,于是

$$\begin{aligned}|\lambda\boldsymbol{I}-\boldsymbol{B}|&=|\lambda\boldsymbol{I}-\boldsymbol{P}^{-1}\boldsymbol{AP}|=|\boldsymbol{P}^{-1}(\lambda\boldsymbol{I}-\boldsymbol{A})\boldsymbol{P}|\\&=|\boldsymbol{P}^{-1}|\,|\lambda\boldsymbol{I}-\boldsymbol{A}|\,|\boldsymbol{P}|=|\lambda\boldsymbol{I}-\boldsymbol{A}|\end{aligned}$$

由(1)即得(2),而由(2)及定理 2.4.2 可直接得(3). □

例 2.4.5 设 $\boldsymbol{A}\in\mathbf{C}^{m\times n}$,$\boldsymbol{B}\in\mathbf{C}^{n\times m}$,试证:

$$\lambda^n|\lambda\boldsymbol{I}_m-\boldsymbol{AB}|=\lambda^m|\lambda\boldsymbol{I}_n-\boldsymbol{BA}|$$

证明 容易验证

$$\begin{pmatrix}\boldsymbol{I}_m & -\boldsymbol{A}\\0 & \boldsymbol{I}_n\end{pmatrix}\begin{pmatrix}\boldsymbol{AB} & 0\\\boldsymbol{B} & 0\end{pmatrix}=\begin{pmatrix}0 & 0\\\boldsymbol{B} & \boldsymbol{BA}\end{pmatrix}\begin{pmatrix}\boldsymbol{I}_m & -\boldsymbol{A}\\0 & \boldsymbol{I}_n\end{pmatrix}$$

因为 $\begin{pmatrix}\boldsymbol{I}_m & -\boldsymbol{A}\\0 & \boldsymbol{I}_n\end{pmatrix}$ 可逆,则由上式知 $\begin{pmatrix}\boldsymbol{AB} & 0\\\boldsymbol{B} & 0\end{pmatrix}$ 与 $\begin{pmatrix}0 & 0\\\boldsymbol{B} & \boldsymbol{BA}\end{pmatrix}$ 相似,从而由定理 2.4.3有

$$\left|\lambda\boldsymbol{I}_{m+n}-\begin{pmatrix}\boldsymbol{AB} & 0\\\boldsymbol{B} & 0\end{pmatrix}\right|=\left|\lambda\boldsymbol{I}_{m+n}-\begin{pmatrix}0 & 0\\\boldsymbol{B} & \boldsymbol{BA}\end{pmatrix}\right|$$

即

$$\left|\begin{pmatrix}\lambda\boldsymbol{I}_m-\boldsymbol{AB} & 0\\-\boldsymbol{B} & \lambda\boldsymbol{I}_n\end{pmatrix}\right|=\left|\begin{pmatrix}\lambda\boldsymbol{I}_m & 0\\-\boldsymbol{B} & \lambda\boldsymbol{I}_n-\boldsymbol{BA}\end{pmatrix}\right|$$

从而

$$\lambda^n|\lambda\boldsymbol{I}_m-\boldsymbol{AB}|=\lambda^m|\lambda\boldsymbol{I}_n-\boldsymbol{BA}|$$

由例 2.4.5 可知,m 阶方阵 $\boldsymbol{AB}$ 与 n 阶方阵 $\boldsymbol{BA}$ 具有相同的非零特征值,从而由定理 2.4.3 有 $\mathrm{tr}(\boldsymbol{AB})=\mathrm{tr}(\boldsymbol{BA})$. 特别地,若 $\boldsymbol{A},\boldsymbol{B}$ 为同阶方阵,则 $\boldsymbol{AB}$ 与 $\boldsymbol{BA}$ 具有相同的特征值.

关于线性变换或矩阵的特征向量有如下结论.

定理 2.4.4 设 $\lambda_1,\lambda_2,\cdots,\lambda_r$ 是线性变换 $\mathscr{A}$(或矩阵 $\boldsymbol{A}$)的 r 个互不相同的特征值,$\alpha_i(i=1,2,\cdots,r)$是对应于 λ_i 的特征向量,则 $\alpha_1,\alpha_2,\cdots,\alpha_r$ 线性无关.

证明 对特征值的个数 r 作数学归纳法. 当 $r=1$ 时,由于特征向量非零,所以单个特征向量必线性无关.

假设属于 r 个不同特征值的特征向量线性无关,现证明属于 $r+1$ 个不同特征值 $\lambda_1,\lambda_2,\cdots,\lambda_r,\lambda_{r+1}$ 的特征向量 $\alpha_1,\cdots,\alpha_r,\alpha_{r+1}$ 也线性无关.

设有关系式

$$k_1\alpha_1+\cdots+k_r\alpha_r+k_{r+1}\alpha_{r+1}=0 \tag{2.4.10}$$

上式两边同乘 λ_{r+1},有

$$k_1\lambda_{r+1}\alpha_1+\cdots+k_r\lambda_{r+1}\alpha_r+k_{r+1}\lambda_{r+1}\alpha_{r+1}=0$$

(2.4.10)两边同时作用 $\mathscr{A}$,得

$$k_1\lambda_1\alpha_1+\cdots+k_r\lambda_r\alpha_r+k_{r+1}\lambda_{r+1}\alpha_{r+1}=0$$

则得

$$k_1(\lambda_{r+1}-\lambda_1)\alpha_1+\cdots+k_r(\lambda_{r+1}-\lambda_r)\alpha_r=0$$

由归纳假设,$\alpha_1,\cdots,\alpha_r$ 线性无关,则

$$k_i(\lambda_{r+1}-\lambda_i)=0,i=1,2,\cdots,r$$

因为 $\lambda_{r+1}-\lambda_i\neq0(i\leqslant r)$,所以 $k_i=0(i=1,2,\cdots,r)$,从而(2.4.10)变成

$$k_{r+1}\alpha_{r+1}=0$$

又因为 $\alpha_{r+1}\neq0$,所以 $k_{r+1}=0$,因此 $\alpha_1,\cdots,\alpha_r,\alpha_{r+1}$线性无关. □

定理 2.4.4 还可推广为下面的定理.

定理 2.4.5 设 $\lambda_1,\cdots,\lambda_r$ 是线性变换 $\mathscr{A}$(或矩阵 $\boldsymbol{A}$)的 r 个互异特征值,$\alpha_1^{(i)},\cdots,\alpha_{k_i}^{(i)}$ 是属于特征值 λ_i 的 k_i 个线性无关特征向量($i=1,\cdots,r$),则 $\alpha_1^{(1)},\cdots,\alpha_{k_1}^{(1)},\alpha_1^{(2)},\cdots,\alpha_{k_2}^{(2)},\cdots,\alpha_1^{(r)},\cdots,\alpha_{k_r}^{(r)}$ 线性无关.

这个定理的证明与定理 2.4.4 的证明类似,也是对 r 作数学归纳法.

线性变换 $\mathscr{A}$(或矩阵 $\boldsymbol{A}$)的任一特征值 λ_i 的几何重数 $\dim(V_{\lambda_i})$与代数重数 $m_{\lambda_i}(\mathscr{A})$之间有如下关系.

定理 2.4.6 线性变换 $\mathscr{A}$ 的任一特征值的几何重数不超过它的代数重数.

证明 设 $\mathscr{A}$ 是 n 维线性空间 V 上的线性变换, λ_i 是 $\mathscr{A}$ 的任一特征值,且 $\dim(V_{\lambda_i})=k$. 取 V_{λ_i} 的一组基 $\alpha_1,\cdots,\alpha_k$,把它扩充成 V 的一组基 $\alpha_1,\cdots,\alpha_k$, $\alpha_{k+1},\cdots,\alpha_n$,则

$$\begin{cases}\mathscr{A}(\alpha_j)=\lambda_i\alpha_j, \quad j=1,2,\cdots,k \\ \mathscr{A}(\alpha_{k+1})=a_{1,k+1}\alpha_1+\cdots+a_{k,k+1}\alpha_k+a_{k+1,k+1}\alpha_{k+1}+\cdots+a_{n,k+1}\alpha_n \\ \quad\cdots\cdots\cdots\cdots \\ \mathscr{A}(\alpha_n)=a_{1n}\alpha_1+\cdots+a_{kn}\alpha_k+a_{k+1,n}\alpha_{k+1}+\cdots+a_{nn}\alpha_n\end{cases}$$

则 $\mathscr{A}$ 在基 $\alpha_1,\cdots,\alpha_k,\alpha_{k+1},\cdots,\alpha_n$ 下的矩阵为

$$\boldsymbol{A}=\begin{pmatrix}\lambda_i & & & a_{1,k+1} & \cdots & a_{1n} \\ & \ddots & & \vdots & & \vdots \\ & & \lambda_i & a_{k,k+1} & \cdots & a_{kn} \\ & & & a_{k+1,k+1} & \cdots & a_{k+1,n} \\ & 0 & & \vdots & & \vdots \\ & & & a_{n,k+1} & \cdots & a_{nn}\end{pmatrix}$$

从而, $\mathscr{A}$ 的特征多项式为

$$f(\lambda)=|\lambda\boldsymbol{I}-\boldsymbol{A}|=(\lambda-\lambda_i)^k\,|\lambda\boldsymbol{I}-\boldsymbol{A}_{22}|$$

其中

$$\boldsymbol{A}_{22}=\begin{pmatrix}a_{k+1,k+1} & \cdots & a_{k+1,n} \\ \vdots & & \vdots \\ a_{n,k+1} & \cdots & a_{nn}\end{pmatrix}$$

故 λ_i 作为特征方程的根其重数不小于 k,即线性变换 $\mathscr{A}$ 的特征值 λ_i 的几何重数不超过其代数重数. □

§2.5 矩阵的相似对角形

对角矩阵是矩阵中最简单的一种. 本节研究对于数域 **P** 上 n 维线性空

间 V 上一个线性变换 $\mathscr{A}$,是否存在一组基使得 $\mathscr{A}$ 在该组基下的矩阵是对角矩阵.

定义 2.5.1 设 $\mathscr{A}$ 是数域 $\mathbf{P}$ 上 n 维线性空间 V 上的一个线性变换,如果 V 中存在一组基,使得 $\mathscr{A}$ 在这组基下的矩阵是对角矩阵,则称 $\mathscr{A}$ 是**可对角化的**.

由于线性变换 $\mathscr{A}$ 在不同基下的矩阵是相似的,所以 $\mathscr{A}$ 是否可对角化,用矩阵语言可叙述为:对矩阵 $\mathbf{A}\in\mathbf{P}^{n\times n}$,是否存在 n 阶可逆矩阵 $\boldsymbol{P}$,使得

$$\boldsymbol{P}^{-1}\boldsymbol{A}\boldsymbol{P}=\boldsymbol{\Lambda}=\begin{pmatrix}\lambda_1 & & & 0\\ & \lambda_2 & & \\ & & \ddots & \\ 0 & & & \lambda_n\end{pmatrix}\equiv\operatorname{diag}(\lambda_1,\lambda_2,\cdots,\lambda_n)$$

定义 2.5.2 如果 n 阶矩阵 $\mathbf{A}$ 与对角矩阵相似,则称矩阵 $\mathbf{A}$ 是**可对角化的**.

定理 2.5.1 数域 $\mathbf{P}$ 上 n 维线性空间 V 上的一个线性变换 $\mathscr{A}$ 可对角化的充分必要条件是 $\mathscr{A}$ 有 n 个线性无关的特征向量.

证明 设 $\mathscr{A}$ 在基 $\varepsilon_1,\varepsilon_2,\cdots,\varepsilon_n$ 下的矩阵是对角矩阵 $\operatorname{diag}(\lambda_1,\lambda_2,\cdots,\lambda_n)$,则

$$\mathscr{A}(\varepsilon_i)=\lambda_i\varepsilon_i,\quad i=1,2,\cdots,n$$

于是 $\varepsilon_1,\varepsilon_2,\cdots,\varepsilon_n$ 是 $\mathscr{A}$ 的 n 个线性无关特征向量.

反过来,如果 $\mathscr{A}$ 有 n 个线性无关特征向量 $\varepsilon_1,\varepsilon_2,\cdots,\varepsilon_n$,则取 $\varepsilon_1,\varepsilon_2,\cdots,\varepsilon_n$ 为 V 的一组基,并且 $\mathscr{A}$ 在这组基下的矩阵是对角矩阵. □

类似地,有下面的定理.

定理 2.5.2 矩阵 $\mathbf{A}\in\mathbf{P}^{n\times n}$ 可对角化的充分必要条件是 $\mathbf{A}$ 有 n 个线性无关的特征向量.

由定理 2.4.4 和定理 2.5.1 直接得.

定理 2.5.3 如果数域 $\mathbf{P}$ 上 n 维线性空间 V 上的线性变换 $\mathscr{A}$(或 n 阶矩阵 $\mathbf{A}$)有 n 个不同的特征值,则线性变换 $\mathscr{A}$(或矩阵 $\mathbf{A}$)是可对角化的.

定理 2.5.4 设数域 $\mathbf{P}$ 上 n 维线性空间 V 上线性变换 $\mathscr{A}$ 的互异特征值为 $\lambda_1,\lambda_2,\cdots,\lambda_r$,则 $\mathscr{A}$ 可对角化的充分必要条件是

$$V=V_{\lambda_1}\dotplus V_{\lambda_2}\dotplus\cdots\dotplus V_{\lambda_r}$$

证明 必要性. 设 $\mathscr{A}$ 可对角化,在 V_{λ_i} 取一组基 $\alpha_1^{(i)},\cdots,\alpha_{k_i}^{(i)}$ $(i=1,2,\cdots,r)$,则由定理 2.4.5 知,$\alpha_1^{(1)},\cdots,\alpha_{k_1}^{(1)},\cdots,\alpha_1^{(r)},\cdots,\alpha_{k_r}^{(r)}$ 是 $\mathscr{A}$ 的最大线性无关特征

向量组. 因为 $\mathscr{A}$ 可对角化,由定理 2.5.1 知,$k_1+k_2+\cdots+k_r=n$. 从而 $\alpha_1^{(1)},\cdots,\alpha_{k_1}^{(1)},\cdots,\alpha_1^{(r)},\cdots,\alpha_{k_r}^{(r)}$ 是 V 的一组基. 因此 $V=V_{\lambda_1}\dotplus V_{\lambda_2}\dotplus\cdots\dotplus V_{\lambda_r}$.

充分性. 设 $V=V_{\lambda_1}\dotplus V_{\lambda_2}\dotplus\cdots\dotplus V_{\lambda_r}$,在 $V_{\lambda_i}(i=1,2,\cdots,r)$ 中取一组基 $\alpha_1^{(i)},\cdots,\alpha_{k_i}^{(i)}$,则 $\alpha_1^{(1)},\cdots,\alpha_{k_1}^{(1)},\cdots,\alpha_1^{(r)},\cdots,\alpha_{k_r}^{(r)}$ 是 $V_{\lambda_1}\dotplus V_{\lambda_2}\dotplus\cdots\dotplus V_{\lambda_r}$ 的一组基,即 V 的一组基,这说明 V 中存在由 $\mathscr{A}$ 的特征向量组成的一组基,从而 $\mathscr{A}$ 可对角化. □

定理 2.5.5 数域 **P** 上 n 维线性空间 V 上的线性变换 $\mathscr{A}$ 可对角化的充分必要条件是 $\mathscr{A}$ 的每一个特征值的几何重数等于代数重数.

证明 设 $\mathscr{A}$ 的互异特征值为 $\lambda_1,\lambda_2,\cdots,\lambda_r$,$\lambda_i$ 的代数重数为 m_{λ_i},几何重数为 $k_i(i=1,2,\cdots,r)$,则

$$m_{\lambda_1}+m_{\lambda_2}+\cdots+m_{\lambda_r}=n$$

如果 $m_{\lambda_i}=k_i(i=1,2,\cdots,r)$,则由定理 2.4.5 和定理 2.5.1 知,$\mathscr{A}$ 是可对角化的.

反过来,如果 $\mathscr{A}$ 是可对角化的,则由定理 2.5.1 知

$$k_1+k_2+\cdots+k_r=n$$

由定理 2.4.6 有

$$k_i\leqslant m_{\lambda_i},\qquad i=1,2,\cdots,r$$

从而

$$n=k_1+k_2+\cdots+k_r\leqslant m_{\lambda_1}+m_{\lambda_2}+\cdots+m_{\lambda_r}=n$$

故得 $k_i=m_{\lambda_i}(i=1,2,\cdots,r)$. □

对于例 2.4.1 中的 3 维线性空间 V 上的线性变换 $\mathscr{A}$,它有 3 个线性无关的特征向量,因此 $\mathscr{A}$ 可对角化. 对于例 2.4.2 中 n 维线性空间 $\mathbf{R}[x]_n$ 上的线性变换 $\mathscr{D}$,其零特征值的几何重数小于代数重数,因此 $\mathscr{D}$ 是不可对角化的.

§2.6 线性变换的不变子空间

这一节讨论线性变换与子空间的关系,介绍线性变换的不变子空间概念,由此说明线性变换的矩阵化简与线性变换的内在联系.

定义 2.6.1 设 $\mathscr{A}$ 是数域 **P** 上线性空间 V 的线性变换,W 是 V 的子空间,如果对任意 $\alpha\in W$,都有 $\mathscr{A}(\alpha)\in W$,则称 W 是 $\mathscr{A}$ 的**不变子空间**.

例如,线性空间 V 的任何一个子空间都是数乘变换的不变子空间,这是

因为子空间对于数量乘法是封闭的.

例 2.6.1 整个线性空间 V 和零子空间 $\{0\}$，对于每个线性变换 $\mathscr{A}$ 而言都是 $\mathscr{A}$ 的不变子空间. 称 V 和 $\{0\}$ 为 $\mathscr{A}$ 的平凡不变子空间.

类似于线性映射的值域与核，对线性空间 V 上的线性变换 $\mathscr{A}$，可定义 $\mathscr{A}$ 的值域 $R(\mathscr{A})$ 和核 $\mathrm{Ker}(\mathscr{A})$ 如下：

$$R(\mathscr{A}) = \{\mathscr{A}(\alpha) \mid \alpha \in V\}$$

$$\mathrm{Ker}(\mathscr{A}) = \{\alpha \in V \mid \mathscr{A}(\alpha) = 0\}$$

由定理 2.2.1 知，线性变换 $\mathscr{A}$ 的值域 $R(\mathscr{A})$ 和核 $\mathrm{Ker}(\mathscr{A})$ 都是 V 的子空间.

例 2.6.2 试证线性空间 V 上线性变换 $\mathscr{A}$ 的值域 $R(\mathscr{A})$ 与核 $\mathrm{Ker}(\mathscr{A})$ 以及 $\mathscr{A}$ 的特征子空间都是 $\mathscr{A}$ 的不变子空间.

证明 任取 $\alpha \in R(\mathscr{A})$，因为 $\mathscr{A}(\alpha) \in R(\mathscr{A})$，所以 $R(\mathscr{A})$ 是 $\mathscr{A}$ 的不变子空间.

任取 $\alpha \in \mathrm{Ker}(\mathscr{A})$，因为 $\mathscr{A}(\alpha) \in \mathrm{Ker}(\mathscr{A})$，所以 $\mathrm{Ker}(\mathscr{A})$ 是 $\mathscr{A}$ 的不变子空间.

设 V_λ 是 $\mathscr{A}$ 的任一特征子空间，任取 $\alpha \in V_\lambda$，因为 $\mathscr{A}(\alpha) = \lambda\alpha \in V_\lambda$，所以 V_λ 是 $\mathscr{A}$ 的不变子空间.

定理 2.6.1 线性变换 $\mathscr{A}$ 的不变子空间的和与交都是 $\mathscr{A}$ 的不变子空间.

证明 设 $V_1, V_2, \cdots, V_m$ 都是 $\mathscr{A}$ 的不变子空间. 在 $V_1 + V_2 + \cdots + V_m$ 中任取一向量 $\alpha_1 + \alpha_2 + \cdots + \alpha_m$，其中 $\alpha_i \in V_i (i = 1, 2, \cdots, m)$，则

$$\mathscr{A}(\alpha_1 + \alpha_2 + \cdots + \alpha_m) = \mathscr{A}(\alpha_1) + \mathscr{A}(\alpha_2) + \cdots + \mathscr{A}(\alpha_m)$$

因为 $\mathscr{A}(\alpha_i) \in V_i (i = 1, 2, \cdots, m)$，所以 $\mathscr{A}(\alpha_1 + \alpha_2 + \cdots + \alpha_m) \in V_1 + V_2 + \cdots + V_m$. 因此 $\sum_{i=1}^{m} V_i$ 是 $\mathscr{A}$ 的不变子空间.

任取 $\alpha \in \bigcap_{i=1}^{m} V_i$，则 $\alpha \in V_i (i = 1, 2, \cdots, m)$. 因为 $\mathscr{A}(\alpha) \in V_i (i = 1, 2, \cdots, m)$. 所以 $\mathscr{A}(\alpha) \in \bigcap_{i=1}^{m} V_i$. 因此 $\bigcap_{i=1}^{m} V_i$ 是 $\mathscr{A}$ 的不变子空间. □

下面给出线性空间 V 的有限维子空间 W 是 $\mathscr{A}$ 的不变子空间的一个判别法则.

定理 2.6.2 设线性空间 V 的子空间 $W = \mathrm{span}(\alpha_1, \cdots, \alpha_m)$，则 W 是线性变换 $\mathscr{A}$ 的不变子空间的充分必要条件是 $\mathscr{A}(\alpha_i) \in W (i = 1, 2, \cdots, m)$.

证明 必要性是显然的. 现在来证充分性. 对任意 $\alpha \in W$，则

$$\alpha = \sum_{i=1}^{m} k_i \alpha_i$$

从而 $\mathscr{A}(\alpha) = \sum_{i=1}^{m} k_i \mathscr{A}(\alpha_i) \in W$，所以 W 是 $\mathscr{A}$ 的不变子空间. □

线性变换 $\mathscr{A}$ 的一维不变子空间与 $\mathscr{A}$ 的特征向量有密切的关系.

定理 2.6.3 设 $\mathscr{A}$ 是线性空间 V 上的线性变换，如果 W 是 $\mathscr{A}$ 的一维不变子空间，则 W 中任何一个非零向量都是 $\mathscr{A}$ 的特征向量；反之，若 α 是 $\mathscr{A}$ 的一个特征向量，则 $\mathrm{span}(\alpha)$ 是 $\mathscr{A}$ 的一维不变子空间.

证明 设 W 是 $\mathscr{A}$ 的一维不变子空间，对任意 $\alpha\in W$ 且 $\alpha\neq 0$，则 α 是 W 的一个基. 因为 W 是 $\mathscr{A}$ 的不变子空间，所以 $\mathscr{A}(\alpha)\in W$，从而存在 $\lambda\in\mathbf{P}$ 使 $\mathscr{A}(\alpha)=\lambda\alpha$. 因此 α 是 $\mathscr{A}$ 的特征向量.

反过来，设 α 是 $\mathscr{A}$ 的一个特征向量，即 $\mathscr{A}(\alpha)=\lambda\alpha$. 在 $\mathrm{span}(\alpha)$ 中任取一个向量 $k\alpha$，有

$$\mathscr{A}(k\alpha)=k\mathscr{A}(\alpha)=k(\lambda\alpha)=(k\lambda)\alpha\in\mathrm{span}(\alpha)$$

所以 $\mathrm{span}(\alpha)$ 是 $\mathscr{A}$ 的一维不变子空间. □

现在我们利用线性变换 $\mathscr{A}$ 的不变子空间来研究 $\mathscr{A}$ 的矩阵化简.

定理 2.6.4 设 $\mathscr{A}$ 是数域 $\mathbf{P}$ 上 n 维线性空间 V 的线性变换，则 $\mathscr{A}$ 可对角化的充分必要条件是 V 可以分解成 $\mathscr{A}$ 的一维不变子空间的直和.

证明 必要性. 设 $\mathscr{A}$ 可对角化，则由定理 2.5.1 知，$\mathscr{A}$ 有 n 个线性无关特征向量 $\alpha_1,\alpha_2,\cdots,\alpha_n$，它们组成 V 的一组基，因此

$$V=\mathrm{span}(\alpha_1)\dotplus\mathrm{span}(\alpha_2)\dotplus\cdots\dotplus\mathrm{span}(\alpha_n)$$

由定理 2.6.3 知，$\mathrm{span}(\alpha_i)(i=1,2,\cdots,n)$ 是 $\mathscr{A}$ 的一维不变子空间.

充分性. 设 V 可分解成 $\mathscr{A}$ 的一维不变子空间 $W_i(i=1,2,\cdots,n)$ 的直和.

$$V=W_1\dotplus W_2\dotplus\cdots\dotplus W_n$$

在 W_i 中取一个基 α_i，则由定理 2.6.3 知，$\alpha_i(i=1,2,\cdots,n)$ 是 $\mathscr{A}$ 的特征向量，所以 $\alpha_1,\alpha_2,\cdots,\alpha_n$ 是 V 的一组基，由定理 2.5.1 知，$\mathscr{A}$ 可对角化. □

定理 2.6.5 设 $\mathscr{A}$ 是数域 $\mathbf{P}$ 上 n 维线性空间 V 的线性变换，则 $\mathscr{A}$ 在 V 的一组基下的矩阵为形如 $\begin{pmatrix}\mathbf{A}_{11} & \mathbf{A}_{12}\\ 0 & \mathbf{A}_{22}\end{pmatrix}$ 的块上三角矩阵的充分必要条件是 $\mathscr{A}$ 有非平凡的不变子空间.

证明 必要性. 设 $\mathscr{A}$ 在 V 的一组基 $\alpha_1,\alpha_2,\cdots,\alpha_n$ 下的矩阵 $\mathbf{A}=(\alpha_{ij})$ 为如下块上三角矩阵

$$\mathbf{A}=\begin{pmatrix}\mathbf{A}_{11} & \mathbf{A}_{12}\\ 0 & \mathbf{A}_{22}\end{pmatrix}\tag{2.6.1}$$

其中 $\mathbf{A}_{11}\in\mathbf{P}^{m\times m}(0<m<n)$. 由 $\mathscr{A}(\alpha_1,\alpha_2,\cdots,\alpha_n)=(\alpha_1,\alpha_2,\cdots,\alpha_n)\mathbf{A}$，则对 $1\leqslant j\leqslant m$，有

$$\mathscr{A}(\alpha_j) = a_{1j}\alpha_1 + a_{2j}\alpha_2 + \cdots + a_{mj}\alpha_m \tag{2.6.2}$$

令 $W = \mathrm{span}(\alpha_1, \alpha_2, \cdots, \alpha_m)$，则 W 是 V 的一个 m 维子空间，并且由(2.6.2)可见，$\mathscr{A}(\alpha_j) \in W (j=1,2,\cdots,m)$. 因此由定理 2.6.2 知，$W$ 是 $\mathscr{A}$ 的 m 维不变子空间. 因为 $0<m<n$，所以 W 是 $\mathscr{A}$ 的非平凡不变子空间.

充分性. 设 W 是 $\mathscr{A}$ 的非平凡不变子空间，且 $\dim(W)=m$，则 $0<m<n$. 在 W 中取一组基 $\alpha_1, \alpha_2, \cdots, \alpha_m$，把它扩充成 V 的一组基 $\alpha_1, \cdots, \alpha_m, a_{m+1}, \cdots, \alpha_n$. 因为 $\mathscr{A}(\alpha_j) \in W (j=1,2,\cdots,m)$，则

$$\begin{cases} \mathscr{A}(\alpha_1) = a_{11}\alpha_1 + a_{21}\alpha_2 + \cdots + a_{m1}\alpha_m \\ \qquad \cdots\cdots\cdots\cdots \\ \mathscr{A}(\alpha_m) = a_{1m}\alpha_1 + a_{2m}\alpha_2 + \cdots + a_{mm}\alpha_m \\ \mathscr{A}(\alpha_{m+1}) = a_{1,m+1}\alpha_1 + a_{2,m+1}\alpha_2 + \cdots \\ \qquad\qquad + a_{m,m+1}\alpha_m + a_{m+1,m+1}\alpha_{m+1} + \cdots + a_{n,m+1}\alpha_n \\ \qquad \cdots\cdots\cdots\cdots \\ \mathscr{A}(\alpha_n) = a_{1n}\alpha_1 + a_{2n}\alpha_2 + \cdots \\ \qquad\qquad + a_{m,n}\alpha_m + a_{m+1,n}\alpha_{m+1} + \cdots + a_{nn}\alpha_n \end{cases}$$

因此

$$\mathscr{A}(\alpha_1, \alpha_2, \cdots, \alpha_n) = (\alpha_1, \alpha_2, \cdots, \alpha_n)\begin{pmatrix} \boldsymbol{A}_{11} & \boldsymbol{A}_{12} \\ 0 & \boldsymbol{A}_{22} \end{pmatrix}$$

其中

$$\boldsymbol{A}_{11} = \begin{pmatrix} a_{11} & \cdots & a_{1m} \\ \vdots & & \vdots \\ a_{m1} & \cdots & a_{mm} \end{pmatrix}, \boldsymbol{A}_{12} = \begin{pmatrix} a_{1,m+1} & \cdots & a_{1n} \\ \vdots & & \vdots \\ a_{m,m+1} & \cdots & a_{m,n} \end{pmatrix}$$

$$\boldsymbol{A}_{22} = \begin{pmatrix} a_{m+1,m+1} & \cdots & a_{m+1,n} \\ \vdots & & \vdots \\ a_{n,m+1} & \cdots & a_{nn} \end{pmatrix}$$

即 $\mathscr{A}$ 在基 $\alpha_1, \cdots, \alpha_m, \alpha_{m+1}, \cdots, \alpha_n$ 下的矩阵是形如(2.6.1)的块上三角矩阵. □

定理 2.6.6 设 $\mathscr{A}$ 是数域 $\mathbf{P}$ 上 n 维线性空间 V 上的线性变换，则 $\mathscr{A}$ 在 V 的一组基下的矩阵为块对角矩阵的充分必要条件是 V 能分解成 $\mathscr{A}$ 的若干个非平凡不变子空间的直和.

证明 必要性. 设 $\mathscr{A}$ 在是 V 的一组基 $\alpha_1^{(1)},\cdots,\alpha_{k_1}^{(1)},\cdots,\alpha_1^{(r)},\cdots,\alpha_{k_r}^{(r)}$ $(k_1+k_2+\cdots+k_r=n)$ 下的矩阵是块对角矩阵

$$\begin{pmatrix} \boldsymbol{A}_1 & & & \\ & \boldsymbol{A}_2 & & \\ & & \ddots & \\ & & & \boldsymbol{A}_r \end{pmatrix}$$

其中 $\boldsymbol{A}_i(i=1,\cdots,r)$ 是 k_i 阶矩阵. 令

$$W_i=\operatorname{span}(\alpha_1^{(i)},\cdots,\alpha_{k_i}^{(i)}),\qquad i=1,2,\cdots,r$$

则

$$\mathscr{A}(\alpha_1^{(i)},\cdots,\alpha_{k_i}^{(i)})=(\alpha_1^{(i)},\cdots,\alpha_{k_i}^{(i)})\boldsymbol{A}_i,\qquad i=1,2,\cdots,r \qquad (2.6.3)$$

因此 $\mathscr{A}(\alpha_j^{(i)})\in W_i(j=1,\cdots,k_i)$,从而 W_i 是 $\mathscr{A}$ 的不变子空间,并且

$$V=W_1\dotplus W_2\dotplus\cdots\dotplus W_r$$

充分性. 设 V 可表示为 $\mathscr{A}$ 的 r 个非平凡不变子空间 $W_1,W_2,\cdots,W_r$ 的直和,即

$$V=W_1\dotplus W_2\dotplus\cdots\dotplus W_r$$

在 $W_i(i=1,\cdots,r)$ 中取一组基 $\alpha_1^{(i)},\cdots,\alpha_{k_i}^{(i)}$,则 $\alpha_1^{(1)},\cdots,\alpha_{k_1}^{(1)},\cdots,\alpha_1^{(r)},\cdots,\alpha_{k_r}^{(r)}$ 是 V 的一组基. 因为 W_i 是 $\mathscr{A}$ 的不变子空间,所以

$$\mathscr{A}(\alpha_1^{(i)},\cdots,\alpha_{k_i}^{(i)})=(\alpha_1^{(i)},\cdots,\alpha_{k_i}^{(i)})\boldsymbol{A}_i,\qquad i=1,\cdots,r \qquad (2.6.4)$$

其中 $\boldsymbol{A}_i$ 是 k_i 阶矩阵. 于是

$$\begin{aligned}&\mathscr{A}(\alpha_1^{(1)},\cdots,\alpha_{k_1}^{(1)},\cdots,\alpha_1^{(r)},\cdots,\alpha_{k_r}^{(r)})\\ &=(\alpha_1^{(1)},\cdots,\alpha_{k_1}^{(1)},\cdots,\alpha_1^{(r)},\cdots,\alpha_{k_r}^{(r)})\begin{pmatrix} \boldsymbol{A}_1 & & \\ & \ddots & \\ & & \boldsymbol{A}_r \end{pmatrix}\end{aligned}$$ □

由此可见,线性变换在一组基下的矩阵为块对角矩阵与线性空间分解为不变子空间的直和是相当的.

下一章我们将利用矩阵在相似变换下的标准形研究线性变换的结构.

§2.7 酉(正交)变换与酉(正交)矩阵

本节首先介绍酉(正交)矩阵的概念及其基本性质,然后讨论内积空间中保持内积的线性变换,称之为酉(正交)变换.

定义 2.7.1 如果 n 阶实矩阵 $\boldsymbol{A}$ 满足

$$\boldsymbol{A}^{\mathrm{T}}\boldsymbol{A}=\boldsymbol{A}\boldsymbol{A}^{\mathrm{T}}=\boldsymbol{I} \tag{2.7.1}$$

则称 $\boldsymbol{A}$ 为**正交矩阵**. 如果 n 阶复矩阵 $\boldsymbol{A}$ 满足

$$\boldsymbol{A}^{\mathrm{H}}\boldsymbol{A}=\boldsymbol{A}\boldsymbol{A}^{\mathrm{H}}=\boldsymbol{I} \tag{2.7.2}$$

则称 $\boldsymbol{A}$ 为**酉矩阵**.

根据定义容易验证:如果 $\boldsymbol{A},\boldsymbol{B}$ 是正交矩阵,则

(1) $\boldsymbol{A}^{-1}=\boldsymbol{A}^{\mathrm{T}}$,且 $\boldsymbol{A}^{\mathrm{T}}$ 也是正交矩阵;

(2) $\boldsymbol{A}$ 非奇异且 $|\boldsymbol{A}|=\pm 1$;

(3) $\boldsymbol{AB}$ 仍是正交矩阵.

对酉矩阵也有类似的结论.

定理 2.7.1 设 $\boldsymbol{A}$ 是 n 阶矩阵,则 $\boldsymbol{A}$ 是酉(正交)矩阵的充分必要条件是 $\boldsymbol{A}$ 的 n 个列向量是 $\mathbf{C}^n(\mathbf{R}^n)$ 的标准正交向量组.

证明留给读者完成.

在内积空间中经常需要讨论与内积有关的线性变换.

定义 2.7.2 设 $\mathscr{A}$ 是 n 维酉(欧氏)空间 V 的线性变换,如果对任意 α, $\beta\in V$ 都有

$$(\mathscr{A}(\alpha),\mathscr{A}(\beta))=(\alpha,\beta) \tag{2.7.3}$$

则称 $\mathscr{A}$ 是 V 的**酉(正交)变换**.

定理 2.7.2 设 $\mathscr{A}$ 是 n 维酉(欧氏)空间 V 的线性变换,则下列命题等价:

(1) $\mathscr{A}$ 是酉(正交)变换;

(2) $\|\mathscr{A}(\alpha)\|=\|\alpha\|$, $\forall\alpha\in V$;

(3) 如果 $\varepsilon_1,\cdots,\varepsilon_n$ 是 V 的一组标准正交基,则 $\mathscr{A}(\varepsilon_1),\cdots,\mathscr{A}(\varepsilon_n)$ 也是 V 的一组标准正交基;

(4) $\mathscr{A}$ 在 V 的任意一组标准正交基下的矩阵是酉(正交)矩阵.

证明 (1)⇒(2)由定义 2.7.2 即得.

(2)⇒(1)对任意 $\alpha,\beta\in V$,由(2)有

$$(\mathscr{A}(\alpha+\beta),\mathscr{A}(\alpha+\beta))=(\alpha+\beta,\alpha+\beta)$$

$$(\mathscr{A}(\alpha+\mathrm{i}\beta),\mathscr{A}(\alpha+\mathrm{i}\beta))=(\alpha+\mathrm{i}\beta,\alpha+\mathrm{i}\beta),\mathrm{i}=\sqrt{-1}$$

因为 $\mathscr{A}$ 是线性变换，则利用内积性质展开上面两式，得

$$(\mathscr{A}(\alpha),\mathscr{A}(\beta))+(\mathscr{A}(\beta),\mathscr{A}(\alpha))=(\alpha,\beta)+(\beta,\alpha)$$

$$(\mathscr{A}(\alpha),\mathscr{A}(\beta))-(\mathscr{A}(\beta),\mathscr{A}(\alpha))=(\alpha,\beta)-(\beta,\alpha)$$

两式相加，得

$$(\mathscr{A}(\alpha),\mathscr{A}(\beta))=(\alpha,\beta)$$

即 $\mathscr{A}$ 是酉(正交)变换.

(1)⇒(3) 如果 $\varepsilon_1,\cdots,\varepsilon_n$ 是 V 的一组标准正交基，且 $\mathscr{A}$ 是酉(正交)变换，则

$$(\mathscr{A}(\varepsilon_i),\mathscr{A}(\varepsilon_j))=(\varepsilon_i,\varepsilon_j)=\delta_{ij}$$

故 $\mathscr{A}(\varepsilon_1),\cdots,\mathscr{A}(\varepsilon_n)$ 是 V 的一组标准正交基.

(3)⇒(1) 如果 $\varepsilon_1,\cdots,\varepsilon_n$ 与 $\mathscr{A}(\varepsilon_1),\cdots,\mathscr{A}(\varepsilon_n)$ 都是 V 的标准正交基，则对任意 $\alpha,\beta\in V$，有

$$\alpha=\sum_{i=1}^{n}x_i\varepsilon_i,\quad \beta=\sum_{i=1}^{n}y_i\varepsilon_i$$

则

$$(\mathscr{A}(\alpha),\mathscr{A}(\beta))=(\sum_{i=1}^{n}x_i\mathscr{A}(\varepsilon_i),\ \sum_{j=1}^{n}y_j\mathscr{A}(\varepsilon_j))=\sum_{i=1}^{n}x_i\overline{y_i}=(\alpha,\beta)$$

即 $\mathscr{A}$ 是酉(正交)变换.

(3)⇒(4) 设 $\varepsilon_1,\cdots,\varepsilon_n$ 和 $\mathscr{A}(\varepsilon_1),\cdots,\mathscr{A}(\varepsilon_n)$ 是 V 的两组标准正交基，$\mathscr{A}$ 在基 $\varepsilon_1,\cdots,\varepsilon_n$ 下的矩阵为 $\mathbf{A}=(a_{ij})$，则

$$(\mathscr{A}(\varepsilon_1),\cdots,\mathscr{A}(\varepsilon_n))=(\varepsilon_1,\cdots,\varepsilon_n)\mathbf{A} \tag{2.7.4}$$

于是，对 $i,j=1,2,\cdots,n$，有

$$\begin{aligned}\delta_{ij}&=(\mathscr{A}(\varepsilon_i),\mathscr{A}(\varepsilon_j))=(\sum_{k=1}^{n}a_{ki}\varepsilon_k,\sum_{l=1}^{n}a_{lj}\varepsilon_l)\\&=\sum_{k=1}^{n}\sum_{l=1}^{n}a_{ki}\overline{a_{lj}}(\varepsilon_k,\varepsilon_l)=\sum_{k=1}^{n}a_{ki}\overline{a}_{kj}\end{aligned} \tag{2.7.5}$$

即 $\mathbf{A}$ 的列向量是标准正交向量组，由定理 2.7.1 知，$\mathbf{A}$ 为酉(正交)矩阵.

(4)⇒(3) 设 $\varepsilon_1,\cdots,\varepsilon_n$ 是 V 的标准正交基且 $\mathbf{A}$ 是酉(正交)矩阵，则由(2.7.4)和(2.7.5)即得 $\mathscr{A}(\varepsilon_1),\cdots,\mathscr{A}(\varepsilon_n)$ 是 V 的标准正交量. □

因为酉(正交)变换在标准正交基下的矩阵是酉(正交)矩阵，而酉(正交)矩阵是可逆的，所以酉(正交)变换是可逆的，并且酉(正交)变换的逆变换仍是

酉(正交)变换,酉(正交)变换的乘积仍是酉(正交)变换.

例 2.7.1 设 $\theta\in\mathbf{R}$

$$\boldsymbol{R}(i,j)=\begin{pmatrix}1&&&&&&&&&\\&\ddots&&&&&&&&\\&&1&&&&&&&\\&&&\cos\theta&\cdots&\cdots&\cdots&\sin\theta&\cdots&\cdots&\cdots\\&&&\vdots&1&&&\vdots&&&\\&&&\vdots&&\ddots&&\vdots&&&\\&&&\vdots&&&1&&&&\\&&&-\sin\theta&\cdots&\cdots&\cdots&\cos\theta&\cdots&\cdots&\cdots\\&&&&&&&&1&&\\&&&&&&&&&\ddots&\\&&&&&&&&&&1\end{pmatrix}\begin{matrix}\\\\\\\text{第 }i\text{ 行}\\\\\\\\\text{第 }j\text{ 行}\\\\\\\\\end{matrix}$$

则 $\boldsymbol{R}(i,j)$是正交矩阵,并称为 Givens 矩阵.

对 $x=(x_1,\cdots,x_n)^{\mathrm{T}}\in\mathbf{R}^n$,若 $y=\boldsymbol{R}(i,j)x=(y_1,\cdots,y_n)^{\mathrm{T}}$,则

$$\begin{cases}y_k=x_k, & k\neq i,j\\ y_i=\cos\theta x_i+\sin\theta x_j\\ y_j=-\sin\theta x_i+\cos\theta x_j\end{cases}$$

如果 $x_i^2+x_j^2\neq 0$,选取

$$\cos\theta=\frac{x_i}{\sqrt{x_i^2+x_j^2}},\quad \sin\theta=\frac{x_j}{\sqrt{x_i^2+x_j^2}}$$

则 $y_i=(x_i^2+x_j^2)^{\frac{1}{2}}$,$y_j=0$.

Givens 矩阵是矩阵计算的重要工具之一.

习　题

1. 设 $\mathscr{A}$是 $\mathbf{R}^4$ 到 $\mathbf{R}^3$ 的线性映射,$\mathbf{R}^4$ 中基 e_1,e_2,e_3,e_4 的像分别为

$$\begin{pmatrix}3\\3\\3\end{pmatrix},\begin{pmatrix}2\\-1\\5\end{pmatrix},\begin{pmatrix}5\\3\\-13\end{pmatrix},\begin{pmatrix}4\\-3\\11\end{pmatrix}$$

(1) 在 $\mathbf{R}^3$ 中取一组基 $\alpha_1,\alpha_2,\alpha_3$，写出 $\mathscr{A}$ 在基 e_1,e_2,e_3,e_4 和 $\alpha_1,\alpha_2,\alpha_3$ 下的矩阵；

(2) 求 $\mathscr{A}$ 的值域和核，并确定其维数.

2. 设 $\mathscr{A}$ 是 n 维线性空间 V_1 到 m 维线性空间 V_2 的线性映射. 证明：可以适当选取 V_1 和 V_2 的基使 $\mathscr{A}$ 在这对基下的矩阵为

$$\begin{pmatrix} \boldsymbol{I}_r & 0 \\ 0 & 0 \end{pmatrix}$$

3. 判别下面所定义的变换，哪些是线性变换，哪些不是？

(1) 在线性空间 V 中，$\mathscr{T}(\xi)=\xi+\alpha$，其中 $\alpha\in V$ 是一固定向量；

(2) 在 $\mathscr{R}^3$，$\mathscr{T}(x_1,x_2,x_3)=(x_1^2,x_2+x_3,x_3^2)$；

(3) 在 $\mathbf{R}^3$ 中，$\mathscr{T}(x_1,x_2,x_3)=(2x_1-x_2,x_2+x_3,x_1)$；

(4) 在 $\mathbf{R}^{n\times n}$ 中，$\mathscr{T}(\boldsymbol{X})=\boldsymbol{BXC}$，其中 $\boldsymbol{B},\boldsymbol{C}\in\mathbf{R}^{n\times n}$ 是两个固定的矩阵；

(5) 在 $\mathbf{R}[x]$ 中，$\mathscr{T}[f(x)]=f(x+a)$，其中 a 是 $\mathbf{R}$ 中一个固定的数；

(6) 把复数域 $\boldsymbol{C}$ 分别看作实数域 $\mathbf{R}$ 和复数域 $\boldsymbol{C}$ 上的线性空间，$\mathscr{T}(z)=\bar{z}$.

4. 在 $\mathbf{R}^2$ 中，$\mathscr{T}_1(x_1,x_2)=(x_2,-x_1)$，$\mathscr{T}_2(x_1,x_2)=(x_1,-x_2)$，证明 $\mathscr{T}_1$ 和 $\mathscr{T}_2$ 是 $\mathbf{R}^2$ 的两个线性变换，并求 $\mathscr{T}_1+\mathscr{T}_2$，$\mathscr{T}_1\mathscr{T}_2$ 和 $\mathscr{T}_2\mathscr{T}_1$.

5. 设 $\varepsilon_1,\varepsilon_2,\cdots,\varepsilon_n$ 是 n 维线性空间 V 的一组基，$\mathscr{A}$ 是 V 的线性变换. 证明：$\mathscr{A}$ 可逆的充分必要条件是 $\mathscr{A}(\varepsilon_1),\mathscr{A}(\varepsilon_2),\cdots,\mathscr{A}(\varepsilon_n)$ 线性无关.

6. 求下列线性变换在指定基下的矩阵：

(1) 第 3 题(3)中线性变换 $\mathscr{T}$ 在基 $e_1=(1,0,0),e_2=(0,1,0),e_3=(0,0,1)$ 下的矩阵；

(2) 已知 $\mathbf{R}^3$ 中线性变换 $\mathscr{T}$ 在基 $\eta_1=(-1,1,1)^{\mathrm{T}},\eta_2=(1,0,-1)^{\mathrm{T}},\eta_3=(0,1,1)^{\mathrm{T}}$ 下的矩阵为

$$\begin{pmatrix} 1 & 0 & 1 \\ 1 & 1 & 0 \\ -1 & 2 & 1 \end{pmatrix}$$

求 $\mathscr{T}$ 在基 $e_1=(1,0,0)^{\mathrm{T}},e_2=(0,1,0)^{\mathrm{T}},e_3=(0,0,1)^{\mathrm{T}}$ 下的矩阵；

(3) 在 $\mathbf{R}^3$ 中，$\eta_1=(-1,0,2)^{\mathrm{T}},\eta_2=(0,1,1)^{\mathrm{T}},\eta_3=(3,-1,0)^{\mathrm{T}}$，定义线性变换 $\mathscr{T}$ 为

$$\begin{cases} \mathscr{T}(\eta_1)=(-5,0,3)^{\mathrm{T}} \\ \mathscr{T}(\eta_2)=(0,-1,6)^{\mathrm{T}} \\ \mathscr{T}(\eta_3)=(-5,-1,9)^{\mathrm{T}} \end{cases}$$

求 $\mathscr{T}$ 在基 $e_1=(1,0,0)^{\mathrm{T}},e_2=(0,1,0)^{\mathrm{T}},e_3=(0,0,1)^{\mathrm{T}}$ 下的矩阵；

(4) 在 $\mathbf{R}^{2\times 2}$ 中定义线性变换 $\mathscr{T}$ 为

$$\mathscr{T}(\boldsymbol{X})=\begin{pmatrix} 1 & -1 \\ 0 & 2 \end{pmatrix}\boldsymbol{X}\begin{pmatrix} 3 & 0 \\ 1 & 1 \end{pmatrix}$$

求 $\mathscr{T}$ 在基

$$\boldsymbol{E}_{11}=\begin{pmatrix} 1 & 0 \\ 0 & 0 \end{pmatrix},\boldsymbol{E}_{12}=\begin{pmatrix} 0 & 1 \\ 0 & 0 \end{pmatrix},\boldsymbol{E}_{21}=\begin{pmatrix} 0 & 0 \\ 1 & 0 \end{pmatrix},\boldsymbol{E}_{22}=\begin{pmatrix} 0 & 0 \\ 0 & 1 \end{pmatrix}$$

下的矩阵.

7. 设 $\mathscr{A}$ 是 n 维线性空间 V 的线性变换,如果有向量 ξ 使得 $\mathscr{A}^{n-1}(\xi)\neq 0$,但 $\mathscr{A}^{n}(\xi)=0$,证明:

(1) $\xi,\mathscr{A}(\xi),\cdots,\mathscr{A}^{n-1}(\xi)$ 线性无关;

(2) $\mathscr{A}$ 在某组基下的矩阵为

$$\begin{pmatrix} 0 & 0 & \cdots & 0 & 0 \\ 1 & 0 & \cdots & 0 & 0 \\ \vdots & \vdots & & \vdots & \vdots \\ 0 & 0 & \cdots & 1 & 0 \end{pmatrix}$$

8. 给定线性空间 $\mathbf{R}^3$ 的两组基

$$\varepsilon_1=(1,0,1)^{\mathrm{T}},\varepsilon_2=(2,1,0)^{\mathrm{T}},\varepsilon_3=(1,1,1)^{\mathrm{T}}$$

$$\eta_1=(1,2,-1)^{\mathrm{T}},\eta_2=(2,2,-1)^{\mathrm{T}},\eta_3=(2,-1,-1)^{\mathrm{T}}$$

定义 $\mathbf{R}^3$ 的线性变换 $\mathscr{A}$ 为 $\mathscr{A}(\varepsilon_i)=\eta_i\ (i=1,2,3)$. 试求:

(1) 从基 $\varepsilon_1,\varepsilon_2,\varepsilon_3$ 到基 η_1,η_2,η_3 的过渡矩阵;

(2) $\mathscr{A}$ 在基 $\varepsilon_1,\varepsilon_2,\varepsilon_3$ 下的矩阵;

(3) $\mathscr{A}$ 在基 η_1,η_2,η_3 下的矩阵.

9. 设 $\varepsilon_1,\varepsilon_2,\varepsilon_3,\varepsilon_4$ 是 4 维线性空间 V 的一组基,线性变换 $\mathscr{A}$ 在这组基下的矩阵为

$$\begin{pmatrix} 1 & 0 & 2 & 1 \\ -1 & 2 & 1 & 3 \\ 1 & 2 & 5 & 5 \\ 2 & -2 & 1 & -2 \end{pmatrix}$$

(1) 求 $\mathscr{A}$ 在基 $\eta_1=\varepsilon_1-2\varepsilon_2+\varepsilon_4,\eta_2=3\varepsilon_2-\varepsilon_3-\varepsilon_4,\eta_3=\varepsilon_3+\varepsilon_4,\eta_4=2\varepsilon_4$ 下的矩阵;

(2) 求 $\mathscr{A}$ 的值域与核.

10. 在 n 维线性空间 $\mathbf{R}[x]_n$ 中,定义线性变换 $\mathscr{D}(f(x))=f'(x)$,其中 $f(x)\in\mathbf{R}[x]_n$. 求 $\mathscr{D}$ 的值域与核.

11. 设 $\mathscr{A},\mathscr{B}$ 是 n 维线性空间 V 的线性变换,证明:

$$\operatorname{rank}(\mathscr{A}\mathscr{B})\geqslant\operatorname{rank}(\mathscr{A})+\operatorname{rank}(\mathscr{B})-n$$

12. 设 $\mathscr{A},\mathscr{B}$ 是 n 维线性空间 V 的线性变换,并且 $\mathscr{A}^2=\mathscr{A},\mathscr{B}^2=\mathscr{B}$. 证明:

(1) $\mathscr{A}$ 和 $\mathscr{B}$ 有相同值域的充分必要条件是 $\mathscr{A}\mathscr{B}=\mathscr{B},\mathscr{B}\mathscr{A}=\mathscr{A}$;

(2) $\mathscr{A}$ 和 $\mathscr{B}$ 有相同核的充分必要条件是 $\mathscr{A}\mathscr{B}=\mathscr{A},\mathscr{B}\mathscr{A}=\mathscr{B}$.

13. 设 $\mathscr{A}$ 是线性空间 $\mathbf{R}^3$ 的线性变换,它在 $\mathbf{R}^3$ 中基 $\alpha_1,\alpha_2,\alpha_3$ 下的矩阵表示是

$$\mathbf{A}=\begin{pmatrix} 1 & 2 & 0 \\ 0 & 2 & 0 \\ -2 & -2 & -1 \end{pmatrix}$$

(1) 求 $\mathscr{A}$ 在基 $\beta_1=\alpha_1, \beta_2=\alpha_1+\alpha_2, \beta_3=\alpha_1+\alpha_2+\alpha_3$ 下的矩阵表示；

(2) 求 $\mathscr{A}$ 的特征值与特征向量.

14. 设线性空间 $\mathbf{R}^3$ 的线性变换 $\mathscr{A}$ 定义为

$$\mathscr{A}\begin{pmatrix} x_1 \\ x_2 \\ x_3 \end{pmatrix} = \begin{pmatrix} 2x_1+x_3 \\ 2x_2 \\ 3x_3 \end{pmatrix}$$

求线性变换 $\mathscr{A}$ 的特征值与特征向量.

15. 求如下矩阵的特征值和特征向量：

$$(1)\begin{pmatrix} 0 & 1 & 0 \\ -4 & 4 & 0 \\ -2 & 1 & 2 \end{pmatrix};\quad (2)\begin{pmatrix} 0 & 1 & 1 \\ 1 & 0 & 1 \\ 1 & 1 & 0 \end{pmatrix};\quad (3)\begin{pmatrix} 0 & 2 & 1 \\ -2 & 0 & 3 \\ -1 & -3 & 0 \end{pmatrix}$$

16. 设 $\boldsymbol{A}$ 是 n 阶矩阵，证明：

(1) 如果 $\boldsymbol{A}$ 是 Hermite 矩阵，则 $\boldsymbol{A}$ 的特征值均为实数；

(2) 如果 $\boldsymbol{A}$ 是反 Hermite 矩阵，则 $\boldsymbol{A}$ 的特征值为零或纯虚数.

17. 设 $\boldsymbol{A},\boldsymbol{B}$ 是 n 阶矩阵，如果 $\boldsymbol{A}$ 与 $\boldsymbol{B}$ 相似，证明：

(1) 对任意正整数 k，$\boldsymbol{A}^k$ 与 $\boldsymbol{B}^k$ 相似；

(2) 对任意多项式 $p(\lambda)$，$p(\boldsymbol{A})$ 与 $p(\boldsymbol{B})$ 相似；

(3) $\boldsymbol{A}^{\mathrm{T}}$ 与 $\boldsymbol{B}^{\mathrm{T}}$ 相似.

18. 设 $\boldsymbol{A},\boldsymbol{B}$ 是 n 阶矩阵，如果 $\boldsymbol{A},\boldsymbol{B}$ 中有一个可逆，证明 $\boldsymbol{AB}$ 与 $\boldsymbol{BA}$ 相似.

19. 设 $\boldsymbol{A},\boldsymbol{B}$ 是 n 阶矩阵，$\boldsymbol{C},\boldsymbol{D}$ 是 m 阶矩阵. 如果 $\boldsymbol{A}$ 与 $\boldsymbol{B}$ 相似，$\boldsymbol{C}$ 与 $\boldsymbol{D}$ 相似，证明 $\begin{pmatrix} \boldsymbol{A} & 0 \\ 0 & \boldsymbol{C} \end{pmatrix}$ 与 $\begin{pmatrix} \boldsymbol{B} & 0 \\ 0 & \boldsymbol{D} \end{pmatrix}$ 相似.

20. 在第 15 题中，哪些矩阵是可对角化的？对可对角化的矩阵，求可逆矩阵 $\boldsymbol{P}$ 使得 $\boldsymbol{P}^{-1}\boldsymbol{AP}$ 是对角矩阵.

21. 设 $\boldsymbol{A}$ 是 n 阶非零矩阵，如果存在某一正整数 k 使 $\boldsymbol{A}^k=0$，证明 $\boldsymbol{A}$ 不可能相似于对角矩阵.

22. 设 $\boldsymbol{A},\boldsymbol{B}$ 是 n 阶矩阵，证明：

(1) $\mathrm{tr}(\boldsymbol{A}^k)=\sum_{i=1}^{n}\lambda_i^k$，$\lambda_i$ 是 $\boldsymbol{A}$ 的特征值；

(2) $\mathrm{tr}[(\boldsymbol{AB})^k]=\mathrm{tr}[(\boldsymbol{BA})^k]$，$k=1,2,\cdots$.

23. 设 $\mathscr{A}$ 是 n 维线性空间 V 的线性变换，证明：

(1) $\mathscr{A}$ 可逆的充分必要条件是 $\mathscr{A}$ 的特征值均非零；

(2) 如果 λ 是可逆线性变换 $\mathscr{A}$ 的特征值，则 λ^{-1} 是 $\mathscr{A}^{-1}$ 的特征值.

24. 设 $\mathscr{A},\mathscr{B}$ 是复数域上 n 维线性空间 V 的线性变换，并且 $\mathscr{A}\mathscr{B}=\mathscr{B}\mathscr{A}$. 证明：

(1) 如果 λ 是 $\mathscr{A}$ 的一个特征值，则 V_λ 是 $\mathscr{B}$ 的不变子空间；

(2) $\mathscr{A}$ 与 $\mathscr{B}$ 至少有一个公共的特征向量.

25. 设 $\boldsymbol{A},\boldsymbol{B}$ 是 n 阶矩阵，并且 $\boldsymbol{AB}=\boldsymbol{BA}$. 证明

(1) 如果 $\boldsymbol{A}$ 有 n 个互异的特征值,则 $\boldsymbol{B}$ 相似于对角矩阵;

(2) 如果 $\boldsymbol{A}$ 与 $\boldsymbol{B}$ 均为可对角化矩阵,则存在可逆矩阵 $\boldsymbol{P}$ 使得 $\boldsymbol{P}^{-1}\boldsymbol{AP}$ 与 $\boldsymbol{P}^{-1}\boldsymbol{BP}$ 同时为对角矩阵.

26. 设 $\alpha_1,\alpha_2,\alpha_3$ 是 3 维欧氏空间 V 的一组标准正交基,求 V 的一个正交变换 $\mathscr{T}$ 使得

$$\begin{cases} \mathscr{T}(\alpha_1)=\dfrac{2}{3}\alpha_1+\dfrac{2}{3}\alpha_2-\dfrac{1}{3}\alpha_3 \\ \mathscr{T}(\alpha_2)=\dfrac{2}{3}\alpha_1-\dfrac{1}{3}\alpha_2+\dfrac{2}{3}\alpha_3 \end{cases}$$

27. 设 $\mathscr{A}$ 是欧氏空间 V 的一个正交变换,V_1 是 $\mathscr{A}$ 的不变子空间. 证明:V_1 的正交补 $V_1^{\perp}$ 也是 $\mathscr{A}$ 的不变子空间.

28. 证明:正交(酉)矩阵的特征值的模为 1.

第三章　λ 矩阵与矩阵的 Jordan 标准形

本章讨论矩阵在相似变换下的标准形问题. 首先介绍一元多项式与 λ 矩阵的基本理论,然后利用 λ 矩阵的理论导出矩阵的 Jordan 标准形,并利用矩阵的 Jordan 标准形研究线性变换的结构.

λ 矩阵的理论和矩阵的 Jordan 标准形不仅在矩阵理论和矩阵计算中起着十分重要的作用,而且在力学、控制理论等学科具有广泛的应用.

§3.1　一元多项式

在初等代数中已学过一元多项式,这里简要介绍一元多项式的基本理论.

定义 3.1.1　设 **P** 是数域,n 是一非负整数,λ 是一个文字,形式表达式

$$f(\lambda) = a_n\lambda^n + a_{n-1}\lambda^{n-1} + \cdots + a_1\lambda + a_0 \tag{3.1.1}$$

其中 $a_i \in \mathbf{P}(i=0,1,\cdots,n)$,称为数域 **P** 上的**一元多项式**,数域 **P** 上一元多项式的全体记为$\mathbf{P}[\lambda]$.

如果 $a_n \neq 0$,则称 $a_n\lambda^n$ 为多项式 $f(\lambda)$的**首项**,　n 称为 $f(\lambda)$的**次数**,记为 $\partial(f(\lambda))=n$,　a_n 称为 $f(\lambda)$的**首项系数**.　若 $a_n=1$,则称 $f(\lambda)$为**首项系数为 1 的多项式**. 系数全为零的多项式称为零多项式,记为 0. 零多项式是惟一不定义次数的多项式.

对两个多项式

$$f(\lambda) = \sum_{i=0}^{n} a_{n-i}\lambda^{n-i}, \quad g(\lambda) = \sum_{i=0}^{m} b_{m-i}\lambda^{m-i} \tag{3.1.2}$$

如果 $m=n$,且 $b_j=a_j(j=0,1,\cdots,n)$,则称 $f(\lambda)$与 $g(\lambda)$相等,记为 $f(\lambda)=g(\lambda)$.

在初等代数中,两个多项式可以相加、相减和相乘. 对形式表达式(3.1.1),可类似地引入这些运算. 对(3.1.2)中两个多项式 $f(\lambda)$与 $g(\lambda)$,在表示它们的和时,若 $n \geqslant m$,为了方便起见,在 $g(\lambda)$中令 $b_n=b_{n-1}=\cdots=b_{m+1}=0$,则 $f(\lambda)$与 $g(\lambda)$的加减为

$$f(\lambda) \pm g(\lambda) = \sum_{i=0}^{n} (a_{n-i} \pm b_{n-i})\lambda^{n-i}$$

而 $f(\lambda)$与 $g(\lambda)$的乘积为

$$f(\lambda)g(\lambda)=\sum_{i=0}^{m+n}c_{m+n-i}\lambda^{m+n-i}$$

其中 $c_k=\sum\limits_{i+j=k}a_ib_j$.

数域 **P** 上的两个多项式经过加、减、乘运算后，所得结果仍然是数域 **P** 上的多项式，并且这些运算满足如下规律.

(1) $\partial(f(\lambda)\pm g(\lambda))\leqslant\max\{\partial(f(\lambda)),\partial(g(\lambda))\}$,

$\partial(f(\lambda)g(\lambda))=\partial(f(\lambda))+\partial(g(\lambda))$.

(2) 加法和乘法适合交换律

$$f(\lambda)+g(\lambda)=g(\lambda)+f(\lambda),$$

$$f(\lambda)g(\lambda)=g(\lambda)f(\lambda).$$

(3) 加法和乘法适合结合律

$$(f(\lambda)+g(\lambda))+h(\lambda)=f(\lambda)+(g(\lambda)+h(\lambda)),$$

$$(f(\lambda)g(\lambda))h(\lambda)=f(\lambda)(g(\lambda)h(\lambda)).$$

(4) 乘法对加法适合分配律

$$f(\lambda)(g(\lambda)+h(\lambda))=f(\lambda)g(\lambda)+f(\lambda)h(\lambda).$$

(5) 乘法消去律

如果 $f(\lambda)g(\lambda)=f(\lambda)h(\lambda)$ 且 $f(\lambda)\neq 0$，则有 $g(\lambda)=h(\lambda)$.

一般说来，两个多项式不能随便作除法，但有如下定理.

定理 3.1.1 设 $f(\lambda),g(\lambda)\in\mathbf{P}[\lambda]$ 且 $g(\lambda)\neq 0$，则存在惟一的多项式 $q(\lambda),r(\lambda)\in\mathbf{P}[\lambda]$ 使得

$$f(\lambda)=q(\lambda)g(\lambda)+r(\lambda) \tag{3.1.3}$$

其中 $r(\lambda)=0$ 或 $r(\lambda)\neq 0$ 但 $\partial(r(\lambda))<\partial(g(\lambda))$.

证明 先证存在性. 如果 $f(\lambda)=0$，则取 $q(\lambda)=r(\lambda)=0$ 即可. 现设 $f(\lambda)\neq 0$，记

$$f(\lambda)=a_n\lambda^n+a_{n-1}\lambda^{n-1}+\cdots+a_1\lambda+a_0,$$

$$g(\lambda)=b_m\lambda^m+b_{m-1}\lambda^{m-1}+\cdots+b_1\lambda+b_0$$

其中 $a_nb_m\neq 0$. 对 $f(\lambda)$ 的次数 n 作数学归纳法.

当 $n<m$ 时，则取 $q(\lambda)=0,r(\lambda)=f(\lambda)$ 即可.

当 $n\geqslant m$ 时，令

$$f_1(\lambda)=f(\lambda)-b_m^{-1}a_n\lambda^{n-m}g(\lambda)$$

则$\partial(f_1(\lambda))\leqslant n-1$. 由归纳假设知，存在多项式 $q_1(\lambda), r(\lambda)\in \mathbf{P}[\lambda]$使得

$$f_1(\lambda) = q_1(\lambda)g(\lambda) + r(\lambda)$$

其中 $r(\lambda)=0$ 或 $r(\lambda)\neq 0$ 但$\partial(r(\lambda))<\partial(g(\lambda))$. 取 $q(\lambda)=b_m^{-1}a_n\lambda^{n-m}+q_1(\lambda)$即证明了存在性.

下面证惟一性. 设另有多项式 $q_0(\lambda), r_0(\lambda)\in \mathbf{P}[\lambda]$使得

$$f(\lambda) = q_0(\lambda)g(\lambda) + r_0(\lambda)$$

其中 $r_0(\lambda)=0$ 或 $r_0(\lambda)\neq 0$ 但$\partial(r_0(\lambda))<\partial(g(\lambda))$. 于是

$$(q(\lambda) - q_0(\lambda))g(\lambda) = r_0(\lambda) - r(\lambda)$$

如果 $q(\lambda)\neq q_0(\lambda)$，则由 $g(\lambda)\neq 0$，有 $r_0(\lambda)-r(\lambda)\neq 0$，从而

$$\partial(q(\lambda) - q_0(\lambda)) + \partial(g(\lambda)) = \partial(r_0(\lambda) - r(\lambda))$$

这与$\partial(g(\lambda))>\partial(r_0(\lambda)-r(\lambda))$矛盾. 因此

$$q(\lambda)=q_0(\lambda), r_0(\lambda)=r(\lambda). \qquad \square$$

(3.1.3)中的 $q(\lambda)$称为 $g(\lambda)$除 $f(\lambda)$的**商**，而 $r(\lambda)$称为 $g(\lambda)$除 $f(\lambda)$的**余式**.

定义 3.1.2　设 $f(\lambda), g(\lambda)\in \mathbf{P}[\lambda]$，如果存在 $h(\lambda)\in \mathbf{P}[\lambda]$使得

$$f(\lambda) = h(\lambda)g(\lambda)$$

则称多项式 $g(\lambda)$**整除** $f(\lambda)$，记为 $g(\lambda)\mid f(\lambda)$.

如果 $g(\lambda)\mid f(\lambda)$，则称 $g(\lambda)$是 $f(\lambda)$的**因式**，$f(\lambda)$是 $g(\lambda)$的**倍式**.

由定理 3.1.1 直接得如下结论.

定理 3.1.2　设 $f(\lambda), g(\lambda)\in \mathbf{P}[\lambda]$且 $g(\lambda)\neq 0$，则 $g(\lambda)\mid f(\lambda)$的充分必要条件是 $g(\lambda)$除$f(\lambda)$的余式为零.

多项式的整除具有以下一些常用的性质.

(1) 如果 $g(\lambda)\mid f(\lambda)$且 $f(\lambda)\mid g(\lambda)$，则 $f(\lambda)=cg(\lambda)$，其中 c 是常数.

(2) 如果 $g(\lambda)\mid h(\lambda), h(\lambda)\mid f(\lambda)$，则 $g(\lambda)\mid f(\lambda)$.

(3) 如果 $g(\lambda)\mid f_i(\lambda)\ (i=1,\cdots,m)$，则 $g(\lambda)\mid (u_1(\lambda)f_1(\lambda)+\cdots+u_m(\lambda)f_m(\lambda))$，其中 $u_i(\lambda)\in \mathbf{P}[\lambda]\ (i=1,\cdots,m)$.

这些性质的证明留给读者.

设 $f(\lambda), g(\lambda)\in \mathbf{P}[\lambda]$，如果多项式 $h(\lambda)$既是 $f(\lambda)$的因式，又是 $g(\lambda)$的因式，则称 $h(\lambda)$是$f(\lambda)$与 $g(\lambda)$的**公因式**.

定义 3.1.3　设 $f(\lambda), g(\lambda)\in \mathbf{P}[\lambda]$，如果存在 $d(\lambda)\in \mathbf{P}[\lambda]$满足

(1) $d(\lambda)$是 $f(\lambda)$与 $g(\lambda)$的公因式；

(2) $f(\lambda)$与$g(\lambda)$的任一公因式都是$d(\lambda)$的因式，
则称$d(\lambda)$是$f(\lambda)$与$g(\lambda)$的一个**最大公因式**，并用$(f(\lambda),g(\lambda))$表示$f(\lambda)$与$g(\lambda)$的首项系数为1的最大公因式.

可以证明：$f(\lambda)$与$g(\lambda)$的首项系数为1的最大公因式存在并且惟一.

以后，多项式的最大公因式均指首项系数为1的最大公因式. 如果$(f(\lambda),g(\lambda))=1$，则称多项式$f(\lambda)$与$g(\lambda)$**互素**.

如果多项式$\varphi(\lambda)$既是$f(\lambda)$的倍式，又是$g(\lambda)$的倍式，则称$\varphi(\lambda)$是$f(\lambda)$与$g(\lambda)$的**公倍式**.

定义 3.1.4 设$f(\lambda),g(\lambda)\in\mathbf{P}[\lambda]$，如果存在$\psi(\lambda)\in\mathbf{P}[\lambda]$满足

(1) $\psi(\lambda)$是$f(\lambda)$与$g(\lambda)$的公倍式；

(2) $f(\lambda)$与$g(\lambda)$的任一公倍式都是$\psi(\lambda)$的倍式，
则称$\psi(\lambda)$是$f(\lambda)$与$g(\lambda)$的一个**最小公倍式**，用$[f(\lambda),g(\lambda)]$表示$f(\lambda)$与$g(\lambda)$的首项系数为1的最小公倍式.

上述两个多项式的最大公因式和最小公倍式的概念可以推广到多个多项式的情形.

§3.2 λ矩阵及其在相抵下的标准形

3.2.1 λ矩阵的基本概念

定义 3.2.1 设$a_{ij}(\lambda)(i=1,2,\cdots,m,j=1,2,\cdots,n)$是数域$\mathbf{P}$上的多项式，以$a_{ij}(\lambda)$为元素的$m\times n$矩阵

$$\mathbf{A}(\lambda)=\begin{pmatrix} a_{11}(\lambda) & a_{12}(\lambda) & \cdots & a_{1n}(\lambda) \\ a_{21}(\lambda) & a_{22}(\lambda) & \cdots & a_{2n}(\lambda) \\ \vdots & \vdots & & \vdots \\ a_{m1}(\lambda) & a_{m2}(\lambda) & \cdots & a_{mn}(\lambda) \end{pmatrix}$$

称为**多项式矩阵或λ矩阵**，多项式$a_{ij}(\lambda)(i=1,2,\cdots,m,j=1,2,\cdots,n)$中的最高次数称为$\mathbf{A}(\lambda)$的**次数**，数域$\mathbf{P}$上$m\times n$ λ矩阵的全体记为$\mathbf{P}[\lambda]^{m\times n}$.

显然，数字矩阵是λ矩阵的特例. 数字矩阵$\mathbf{A}$的特征矩阵$\lambda\boldsymbol{I}-\mathbf{A}$就是1次λ矩阵.

如果$m\times n$ λ矩阵$\mathbf{A}(\lambda)$的次数为k，则$\mathbf{A}(\lambda)$可表示为

$$\mathbf{A}(\lambda)=\mathbf{A}_k\lambda^k+\mathbf{A}_{k-1}\lambda^{k-1}+\cdots+\mathbf{A}_1\lambda+\mathbf{A}_0$$

其中$\mathbf{A}_i(i=0,1,\cdots,k)$是$m\times n$数字矩阵，并且$\mathbf{A}_k\neq 0$. 例如

$$A(\lambda)=\begin{pmatrix}-\lambda+1 & \lambda^2 & \lambda\\ \lambda & \lambda & -\lambda\\ \lambda^2+1 & \lambda^2 & -\lambda^2\end{pmatrix}$$

$$=\begin{pmatrix}0 & 1 & 0\\ 0 & 0 & 0\\ 1 & 1 & -1\end{pmatrix}\lambda^2+\begin{pmatrix}-1 & 0 & 1\\ 1 & 1 & -1\\ 0 & 0 & 0\end{pmatrix}\lambda+\begin{pmatrix}1 & 0 & 0\\ 0 & 0 & 0\\ 1 & 0 & 0\end{pmatrix}$$

如果另一个 $m\times n$ λ 矩阵 $\boldsymbol{B}(\lambda)$ 表示为

$$\boldsymbol{B}(\lambda)=\boldsymbol{B}_l\lambda^l+\boldsymbol{B}_{l-1}\lambda^{l-1}+\cdots+\boldsymbol{B}_1\lambda+\boldsymbol{B}_0$$

则当且仅当 $k=l, \boldsymbol{A}_j=\boldsymbol{B}_j\ (j=0,1,\cdots,k)$，$\boldsymbol{A}(\lambda)$ 与 $\boldsymbol{B}(\lambda)$ 相等，记为 $\boldsymbol{A}(\lambda)=\boldsymbol{B}(\lambda)$.

由于 λ 的多项式可作加法、减法、乘法三种运算，并且它们与数的运算有相同的运算规律；而矩阵的加法、减法、乘法和数量乘法的定义仅用到其元素的加法、减法、乘法. 因此，我们可以同样定义 λ 矩阵的加法、减法、乘法和数量乘法，并且 λ 矩阵的这些运算同数字矩阵的加法、减法、乘法和数量乘法具有相同的运算规律.

矩阵行列式的定义也仅用到其元素的加法与乘法，因此，同样可以定义一个 n 阶 λ 矩阵的行列式. 一般说来，λ 矩阵的行列式是 λ 的多项式. λ 矩阵的行列式与数字矩阵的行列式有相同的性质. 例如，对两个 n 阶 λ 矩阵 $\boldsymbol{A}(\lambda)$ 与 $\boldsymbol{B}(\lambda)$，有

$$|\boldsymbol{A}(\lambda)\boldsymbol{B}(\lambda)|=|\boldsymbol{A}(\lambda)||\boldsymbol{B}(\lambda)|$$

有了 λ 矩阵行列式的概念，可以同样定义 λ 矩阵的子式、代数余子式.

定义 3.2.2 设 $\boldsymbol{A}(\lambda)\in\mathbf{P}[\lambda]^{m\times n}$，如果 $\boldsymbol{A}(\lambda)$ 中有一个 $r(1\leqslant r\leqslant\min\{m,n\})$ 阶子式不为零，而所有 $r+1$ 阶子式(如果有的话)全为零，则称 $\boldsymbol{A}(\lambda)$ 的**秩为** r，记为 $\operatorname{rank}(\boldsymbol{A}(\lambda))=r$.

例 3.2.1 设 $\boldsymbol{A}$ 是 n 阶数字矩阵，则 $|\lambda\boldsymbol{I}-\boldsymbol{A}|$ 是 λ 的 n 次多项式. 因此 $\boldsymbol{A}$ 的特征矩阵 $\lambda\boldsymbol{I}-\boldsymbol{A}$ 的秩为 n，即 $\lambda\boldsymbol{I}-\boldsymbol{A}$ 总是满秩的.

定义 3.2.3 设 $\boldsymbol{A}(\lambda)\in\mathbf{P}[\lambda]^{n\times n}$，如果存在一个 n 阶 λ 矩阵 $\boldsymbol{B}(\lambda)$ 使得

$$\boldsymbol{A}(\lambda)\boldsymbol{B}(\lambda)=\boldsymbol{B}(\lambda)\boldsymbol{A}(\lambda)=\boldsymbol{I} \tag{3.2.1}$$

则称 λ 矩阵 $\boldsymbol{A}(\lambda)$ 是**可逆**的，并称 $\boldsymbol{B}(\lambda)$ 为 $\boldsymbol{A}(\lambda)$ 的**逆矩阵**，记作 $\boldsymbol{A}(\lambda)^{-1}$.

容易证明：如果 n 阶 λ 矩阵 $\boldsymbol{A}(\lambda)$ 可逆，则它的逆矩阵是惟一的.

定理 3.2.1 设 $\boldsymbol{A}(\lambda)\in\mathbf{P}[\lambda]^{n\times n}$，则 $\boldsymbol{A}(\lambda)$ 可逆的充分必要条件是 $|\boldsymbol{A}(\lambda)|$ 是非零常数.

证明 必要性. 设$\boldsymbol{A}(\lambda)$可逆,则存在n阶λ矩阵$\boldsymbol{B}(\lambda)$满足(3.2.1),从而

$$|\boldsymbol{A}(\lambda)||\boldsymbol{B}(\lambda)|=1$$

因为$|\boldsymbol{A}(\lambda)|$与$|\boldsymbol{B}(\lambda)|$都是λ的多项式,则由上式可知$|\boldsymbol{A}(\lambda)|$与$|\boldsymbol{B}(\lambda)|$都是零次多项式,故$|\boldsymbol{A}(\lambda)|$是非零常数.

充分性. 设$|\boldsymbol{A}(\lambda)|=d$是非零常数,$\boldsymbol{A}(\lambda)^*$是$\boldsymbol{A}(\lambda)$的伴随矩阵,则$\frac{1}{d}\boldsymbol{A}(\lambda)^*$是一个$n$阶λ矩阵,并且

$$\boldsymbol{A}(\lambda)\frac{1}{d}\boldsymbol{A}(\lambda)^*=\frac{1}{d}\boldsymbol{A}(\lambda)^*\boldsymbol{A}(\lambda)=\boldsymbol{I}$$

因此$\boldsymbol{A}(\lambda)$可逆,并且$\boldsymbol{A}(\lambda)^{-1}=\frac{1}{d}\boldsymbol{A}(\lambda)^*$. □

3.2.2 λ矩阵的初等变换与相抵

与数字矩阵类似,对于λ矩阵,也可进行初等变换.

定义 3.2.4 下列三种变换称为λ矩阵的初等变换:

(1) λ矩阵的两行(列)互换位置;

(2) λ矩阵的某一行(列)乘以非零常数k;

(3) λ矩阵的某一行(列)的$\varphi(\lambda)$倍加到另一行(列),其中$\varphi(\lambda)$是λ的多项式.

对单位矩阵施行上述三种初等变换便得相应的三种λ矩阵的初等矩阵$\boldsymbol{P}(i,j)$,$\boldsymbol{P}(i(k))$,$\boldsymbol{P}(i,j(\varphi))$,即

$$\boldsymbol{P}(i,j)=\begin{pmatrix}1&&&&&&&&\\&\ddots&&&&&&&\\&&1&&&&&&\\&&&0&\cdots&1&\cdots&\cdots&\cdots\\&&&&1&&&&\\&&&\vdots&\ddots&\vdots&&&\\&&&&&1&&&\\&&&1&\cdots&0&\cdots&\cdots&\cdots\\&&&&&&1&&\\&&&&&&&\ddots&\\&&&&&&&&1\end{pmatrix}\begin{matrix}\\\\\\\text{第}\,i\,\text{行}\\\\\\\\\text{第}\,j\,\text{行}\\\\\\\\\end{matrix}$$

$$P(i(k))=\begin{pmatrix}1&&&&&&\\&\ddots&&&&&\\&&1&&&&\\&&&k&\cdots&\cdots&\cdots\\&&&&1&&\\&&&&&\ddots&\\&&&&&&1\end{pmatrix}\text{第 } i \text{ 行}$$

$$P(i,j(\varphi))=\begin{pmatrix}1&&&&&&\\&\ddots&&&&&\\&&1&\cdots&\varphi(\lambda)&\cdots&\cdots\\&&&\ddots&\vdots&&\\&&&&1&\cdots&\cdots\\&&&&&\ddots&\\&&&&&&1\end{pmatrix}\begin{matrix}\\ \\ \text{第 } i \text{ 行}\\ \\ \text{第 } j \text{ 行}\\ \\ \\ \end{matrix}$$

与数字矩阵的情形完全一样,对一个 $m\times n$ λ 矩阵 $A(\lambda)$ 作一次初等行变换相当于在 $A(\lambda)$ 左边乘上相应的 m 阶初等矩阵;对 $A(\lambda)$ 作一次初等列变换相当于在 $A(\lambda)$ 的右边乘上相应的 n 阶初等矩阵,并且初等变换都是可逆的.

容易证明:初等矩阵都是可逆的,并且

$$P(i,j)^{-1}=P(i,j),P(i(k))^{-1}=P(i(k^{-1})),P(i,j(\varphi))^{-1}=P(i,j(-\varphi)).$$

为了方便起见,我们用下列记号表示初等变换:

$[i,j]$表示第 i,j 行(列)互换位置;

$[i(k)]$表示用非零常数 k 乘第 i 行(列);

$[i+j(\varphi)]$表示将第 j 行(列)的 $\varphi(\lambda)$倍加到第 i 行(列).

定义 3.2.5 设 $A(\lambda),B(\lambda)\in P[\lambda]^{m\times n}$,如果 $A(\lambda)$经过有限次的初等变换化为 $B(\lambda)$,则称 λ 矩阵 $A(\lambda)$ 与 $B(\lambda)$ **相抵**,记为 $A(\lambda)\cong B(\lambda)$.

由初等变换的可逆性可知,相抵是 λ 矩阵之间的一种等价关系.

利用初等变换与初等矩阵的对应关系可得.

定理 3.2.2 设 $A(\lambda),B(\lambda)\in P[\lambda]^{m\times n}$,则 $A(\lambda)$ 与 $B(\lambda)$ 相抵的充分必要条件为存在 m 阶初等矩阵 $P_1(\lambda),\cdots,P_l(\lambda)$ 与 n 阶初等矩阵 $Q_1(\lambda),\cdots,Q_t(\lambda)$ 使得

$$A(\lambda)=P_l(\lambda)\cdots P_1(\lambda)B(\lambda)Q_1(\lambda)\cdots Q_t(\lambda) \tag{3.2.2}$$

与数字矩阵不同,具有相同秩的两个 λ 矩阵未必相抵. 例如

$$\boldsymbol{A}(\lambda)=\begin{pmatrix}\lambda & 2\\ 0 & \lambda\end{pmatrix},\boldsymbol{B}(\lambda)=\begin{pmatrix}\lambda & -2\\ \lambda & 2\end{pmatrix}$$

因为$|\boldsymbol{A}(\lambda)|=\lambda^2$,$|\boldsymbol{B}(\lambda)|=4\lambda$,所以$\boldsymbol{A}(\lambda)$与$\boldsymbol{B}(\lambda)$的秩均为2.因为初等变换是可逆的,则由定理3.2.2知,两个相抵的λ-方阵的行列式只能相差一个非零常数,故$\boldsymbol{A}(\lambda)$与$\boldsymbol{B}(\lambda)$不相抵.因此,秩相等不是λ矩阵相抵的充分条件.

3.2.3 λ矩阵在相抵下的标准形

现在我们讨论λ矩阵在初等变换下的标准形.为此,先证明一个引理.

引理3.2.1 设λ矩阵$\boldsymbol{A}(\lambda)=(a_{ij}(\lambda))$的左上角元素$a_{11}(\lambda)\neq 0$,并且$\boldsymbol{A}(\lambda)$中至少有一个元素不能被$a_{11}(\lambda)$整除,则存在一个与$\boldsymbol{A}(\lambda)$相抵的λ矩阵$\boldsymbol{B}(\lambda)=(b_{ij}(\lambda))$使得$b_{11}(\lambda)\neq 0$且$\partial(b_{11}(\lambda))<\partial(a_{11}(\lambda))$.

证明 根据$\boldsymbol{A}(\lambda)$中不能被$a_{11}(\lambda)$整除的元素所在的位置,分三种情形来讨论.

(1) 若在$\boldsymbol{A}(\lambda)$的第一列中有一个元素$a_{i1}(\lambda)$不能被$a_{11}(\lambda)$整除,则由定理3.1.1知,存在多项式$q(\lambda)$和$r(\lambda)$使得

$$a_{i1}(\lambda)=q(\lambda)a_{11}(\lambda)+r(\lambda)$$

其中$r(\lambda)\neq 0$且$\partial(r(\lambda))<\partial(a_{11}(\lambda))$.对$\boldsymbol{A}(\lambda)$作两次初等行变换,首先将$\boldsymbol{A}(\lambda)$第1行的$-q(\lambda)$倍加到第$i$行,这时第$i$行第1列位置的元素是$r(\lambda)$;然后将第1行与第$i$行互换即得所要求的λ矩阵$\boldsymbol{B}(\lambda)$.

(2) 在$\boldsymbol{A}(\lambda)$的第一行中有一个元素$a_{1j}(\lambda)$不能被$a_{11}(\lambda)$整除,这种情形的证明与(1)类似.

(3) $\boldsymbol{A}(\lambda)$的第一行与第一列中的元素都能被$a_{11}(\lambda)$整除,但$\boldsymbol{A}(\lambda)$中有一个元素$a_{ij}(\lambda)(i>1,j>1)$不能被$a_{11}(\lambda)$整除.因为$a_{11}(\lambda)|a_{1j}(\lambda)$,所以存在一个多项式$\varphi(\lambda)$使得$a_{1j}(\lambda)=\varphi(\lambda)a_{11}(\lambda)$.对$\boldsymbol{A}(\lambda)$作两次初等列变换,首先将$\boldsymbol{A}(\lambda)$第1列的$-\varphi(\lambda)$倍加到第$j$列,这时第1行第$j$列位置的元素是0,第$i$行第$j$列位置的元素变为$a_{ij}(\lambda)-\varphi(\lambda)a_{i1}(\lambda)$;然后把第$j$列的1倍加到第1列,此时第1行第1列位置的元素仍是$a_{11}(\lambda)$,而第i行第1列位置的元素变为$a_{ij}(\lambda)+[1-\varphi(\lambda)]a_{i1}(\lambda)$,它不能被$a_{11}(\lambda)$整除.这就化为已经证明的情形(1). □

定理3.2.3 设$\boldsymbol{A}(\lambda)=(a_{ij}(\lambda))\in\mathbf{P}[\lambda]^{m\times n}$,且$\operatorname{rank}(\boldsymbol{A}(\lambda))=r$,则$\boldsymbol{A}(\lambda)$相抵于如下"对角形"矩阵

$$\begin{pmatrix} d_1(\lambda) & & & & & & \\ & d_2(\lambda) & & & & & \\ & & \ddots & & & & \\ & & & d_r(\lambda) & & & \\ & & & & 0 & & \\ & & & & & \ddots & \\ & & & & & & 0 \end{pmatrix}_{m\times n} \tag{3.2.3}$$

其中 $d_i(\lambda)(i=1,\cdots,r)$ 是首项系数为 1 的多项式，并且 $d_i(\lambda)\mid d_{i+1}(\lambda)(i=1,\cdots,r-1)$.

证明 若 $r=0$，则 $\boldsymbol{A}(\lambda)$ 为零矩阵，结论显然成立. 现设 $r>0$，且 $\boldsymbol{A}(\lambda)=(a_{ij}(\lambda))$ 的左上角元素 $a_{11}(\lambda)\neq 0$，否则可通过行、列交换做到这一点. 由引理 3.2.1 知，对 $\boldsymbol{A}(\lambda)$ 进行一系列初等变换可得一个与 $\boldsymbol{A}(\lambda)$ 相抵的 λ 矩阵 $\boldsymbol{B}(\lambda)=(b_{ij}(\lambda))$，并且 $b_{11}(\lambda)$ 是首项系数为 1 的多项式，$b_{11}(\lambda)$ 整除 $\boldsymbol{B}(\lambda)$ 的全部元素，即有

$$b_{ij}(\lambda)=q_{ij}(\lambda)b_{11}(\lambda),i=1,\cdots,m;j=1,\cdots,n$$

则可对 $\boldsymbol{B}(\lambda)$ 作一系列初等变换，使得第 1 行、第 1 列除对角元 $b_{11}(\lambda)$ 外全为零，即

$$\boldsymbol{B}(\lambda)\cong\begin{pmatrix} d_1(\lambda) & 0 & \cdots & 0 \\ 0 & & & \\ \vdots & & & \\ & & & \boldsymbol{A}_1(\lambda) \\ 0 & & & \end{pmatrix}$$

其中 $d_1(\lambda)=b_{11}(\lambda)$，$\boldsymbol{A}_1(\lambda)$ 是 $(m-1)\times(n-1)$ 矩阵. 因为 $\boldsymbol{A}_1(\lambda)$ 的元素是 $\boldsymbol{B}(\lambda)$ 中元素的组合，而 $b_{11}(\lambda)$（即 $d_1(\lambda)$）整除 $\boldsymbol{B}(\lambda)$ 的所有元素，所以 $d_1(\lambda)$ 整除 $\boldsymbol{A}_1(\lambda)$ 的所有元素.

如果 $\boldsymbol{A}_1(\lambda)\neq 0$，则对 $\boldsymbol{A}_1(\lambda)$ 重复上述过程，进而把矩阵化成

$$\begin{pmatrix} d_1(\lambda) & 0 & \cdots & \cdots & 0 \\ 0 & d_2(\lambda) & 0 & \cdots & 0 \\ \vdots & 0 & & & \\ \vdots & \vdots & & \mathbf{A}_2(\lambda) & \\ 0 & 0 & & & \end{pmatrix}$$

其中 $d_1(\lambda)$,$d_2(\lambda)$都是首项系数为 1 的多项式,并且 $d_1(\lambda)\mid d_2(\lambda)$,$d_2(\lambda)$整除 $\mathbf{A}_2(\lambda)$的全部元素.继续上述过程,最后把 $\mathbf{A}(\lambda)$化成所要求的形式. □

定理 3.2.3 中的"对角形"矩阵(3.2.3)称为 λ 矩阵 $\mathbf{A}(\lambda)$**在相抵下的标准形或 Smith 标准形.**

定义 3.2.6 λ 矩阵 $\mathbf{A}(\lambda)\in \mathbf{P}[\lambda]^{m\times n}$的 Smith 标准形"主对角线"上非零元 $d_1(\lambda),d_2(\lambda),\cdots,d_r(\lambda)$称为 $\mathbf{A}(\lambda)$的**不变因子.**

例 3.2.2 用初等变换把 λ 矩阵

$$\mathbf{A}(\lambda)=\begin{pmatrix} -\lambda+1 & \lambda^2 & \lambda \\ \lambda & \lambda & -\lambda \\ \lambda^2+1 & \lambda^2 & -\lambda^2 \end{pmatrix}$$

化为标准形.

解

$$\mathbf{A}(\lambda)\xrightarrow[{[1+3(1)]}]{}\begin{pmatrix} 1 & \lambda^2 & \lambda \\ 0 & \lambda & -\lambda \\ 1 & \lambda^2 & -\lambda^2 \end{pmatrix}\xrightarrow{[3+1(-1)]}\begin{pmatrix} 1 & \lambda^2 & \lambda \\ 0 & \lambda & -\lambda \\ 0 & 0 & -\lambda^2-\lambda \end{pmatrix}$$

$$\xrightarrow[{\substack{[2+1(-\lambda^2)] \\ [3+1(-\lambda)]}}]{}\begin{pmatrix} 1 & 0 & 0 \\ 0 & \lambda & -\lambda \\ 0 & 0 & -\lambda^2-\lambda \end{pmatrix}\xrightarrow[{[3+2(1)]}]{[3(-1)]}\begin{pmatrix} 1 & 0 & 0 \\ 0 & \lambda & 0 \\ 0 & 0 & \lambda^2+\lambda \end{pmatrix}$$

例 3.2.3 用初等变换将 λ 矩阵

$$\mathbf{A}(\lambda)=\begin{pmatrix} \lambda-a & -1 & 0 & 0 \\ 0 & \lambda-a & -1 & 0 \\ 0 & 0 & \lambda-a & -1 \\ 0 & 0 & 0 & \lambda-a \end{pmatrix}$$

化为标准形.

解

$$A(\lambda)\xrightarrow[{[1,2]}]{}\begin{pmatrix}-1 & \lambda-a & 0 & 0\\ \lambda-a & 0 & -1 & 0\\ 0 & 0 & \lambda-a & -1\\ 0 & 0 & 0 & \lambda-a\end{pmatrix}$$

$$\xrightarrow{[2+1(\lambda-a)]}\begin{pmatrix}-1 & \lambda-a & 0 & 0\\ 0 & (\lambda-a)^2 & -1 & 0\\ 0 & 0 & \lambda-a & -1\\ 0 & 0 & 0 & \lambda-a\end{pmatrix}$$

$$\xrightarrow[{\substack{[1(-1)]\\ [2+1(-\lambda+a)]}}]{}\begin{pmatrix}1 & 0 & 0 & 0\\ 0 & (\lambda-a)^2 & -1 & 0\\ 0 & 0 & \lambda-a & -1\\ 0 & 0 & 0 & \lambda-a\end{pmatrix}$$

$$\xrightarrow[{[2,3]}]{}\begin{pmatrix}1 & 0 & 0 & 0\\ 0 & -1 & (\lambda-a)^2 & 0\\ 0 & \lambda-a & 0 & -1\\ 0 & 0 & 0 & \lambda-a\end{pmatrix}$$

$$\xrightarrow{[3+2(\lambda-a)]}\begin{pmatrix}1 & 0 & 0 & 0\\ 0 & -1 & (\lambda-a)^2 & 0\\ 0 & 0 & (\lambda-a)^3 & -1\\ 0 & 0 & 0 & \lambda-a\end{pmatrix}$$

$$\xrightarrow[{\substack{[3+2((\lambda-a)^2)]\\ [2(-1)]}}]{}\begin{pmatrix}1 & 0 & 0 & 0\\ 0 & 1 & 0 & 0\\ 0 & 0 & (\lambda-a)^3 & -1\\ 0 & 0 & 0 & \lambda-a\end{pmatrix}$$

$$\xrightarrow[{[3,4]}]{}\begin{pmatrix}1&0&0&0\\0&1&0&0\\0&0&-1&(\lambda-a)^3\\0&0&\lambda-a&0\end{pmatrix}\xrightarrow{[4+3(\lambda-a)]}\begin{pmatrix}1&0&0&0\\0&1&0&0\\0&0&-1&(\lambda-a)^3\\0&0&0&(\lambda-a)^4\end{pmatrix}$$

$$\xrightarrow[{\substack{[4+3((\lambda-a)^3)]\\ [3(-1)]}}]{}\begin{pmatrix}1&&&\\&1&&\\&&1&\\&&&(\lambda-a)^4\end{pmatrix}$$

一般地

$$\begin{pmatrix}\lambda-a&-1&&\\&\lambda-a&\ddots&\\&&\ddots&-1\\&&&\lambda-a\end{pmatrix}_{m\times m}\cong\begin{pmatrix}1&&&\\&\ddots&&\\&&1&\\&&&(\lambda-a)^m\end{pmatrix}_{m\times m}$$

§ 3.3 λ 矩阵的行列式因子和初等因子

本节讨论 λ 矩阵 Smith 标准形的惟一性，并给出两个 λ 矩阵相抵的条件. 为此，需要引进 λ 矩阵的行列式因子.

定义 3.3.1 设 $\mathbf{A}(\lambda)\in\mathbf{P}[\lambda]^{m\times n}$ 且 $\mathrm{rank}(\mathbf{A}(\lambda))=r$，对于正整数 $k(1\leqslant k\leqslant r)$，$\mathbf{A}(\lambda)$ 的全部 k 阶子式的最大公因式称为 $\mathbf{A}(\lambda)$ 的 k 阶**行列式因子**，记为 $D_k(\lambda)$.

例 3.3.1 求

$$\mathbf{A}(\lambda)=\begin{pmatrix}-\lambda+1&\lambda^2&\lambda\\\lambda&\lambda&-\lambda\\\lambda^2+1&\lambda^2&-\lambda^2\end{pmatrix}$$

的各阶行列式因子.

解 由于 $(1-\lambda,\lambda)=1$，所以 $D_1(\lambda)=1$. 又

$$\begin{vmatrix} -\lambda+1 & \lambda^2 \\ \lambda & \lambda \end{vmatrix} = \lambda(-\lambda^2-\lambda+1) = \varphi_1(\lambda),$$

$$\begin{vmatrix} -\lambda+1 & \lambda^2 \\ \lambda^2+1 & \lambda^2 \end{vmatrix} = \lambda^3(-\lambda-1) = \varphi_2(\lambda)$$

故$(\varphi_1(\lambda),\varphi_2(\lambda))=\lambda$. 其余的二阶子式（还有 7 个）都包含因子 λ，所以 $D_2(\lambda)=\lambda$.

最后，由于 $\det(\boldsymbol{A}(\lambda))=-\lambda^3-\lambda^2$，所以 $D_3(\lambda)=\lambda^3+\lambda^2$.

行列式因子的重要性在于它在初等变换下是不变的.

定理 3.3.1 相抵的 λ 矩阵具有相同的秩和相同的各阶行列式因子.

证明 只要证明 λ 矩阵经过一次初等变换后，其秩与行列式因子不变.

设 λ 矩阵 $\boldsymbol{A}(\lambda)$ 经过一次初等行变换变成 $\boldsymbol{B}(\lambda)$，$f(\lambda)$ 与 $g(\lambda)$ 分别是 $\boldsymbol{A}(\lambda)$ 与 $\boldsymbol{B}(\lambda)$ 的 k 阶行列式因子. 针对 3 种初等变换来证明 $f(\lambda)=g(\lambda)$.

(1) 交换 $\boldsymbol{A}(\lambda)$ 的某两行得到 $\boldsymbol{B}(\lambda)$. 这时 $\boldsymbol{B}(\lambda)$ 的每个 k 阶子式或者等于 $\boldsymbol{A}(\lambda)$ 的某个 k 阶子式，或者是 $\boldsymbol{A}(\lambda)$ 的某个 k 阶子式的 -1 倍. 因此 $f(\lambda)$ 是 $\boldsymbol{B}(\lambda)$ 的 k 阶子式的公因式，从而 $f(\lambda)\mid g(\lambda)$.

(2) 用非零数 α 乘 $\boldsymbol{A}(\lambda)$ 的某一行得到 $\boldsymbol{B}(\lambda)$. 这时 $\boldsymbol{B}(\lambda)$ 的每个 k 阶子式或者等于 $\boldsymbol{A}(\lambda)$ 的某个 k 阶子式，或者等于 $\boldsymbol{A}(\lambda)$ 的某个 k 阶子式的 α 倍. 因此 $f(\lambda)$ 是 $\boldsymbol{B}(\lambda)$ 的 k 阶子式的公因式，从而 $f(\lambda)\mid g(\lambda)$.

(3) 将 $\boldsymbol{A}(\lambda)$ 第 j 行的 $\varphi(\lambda)$ 倍加到第 i 行得到 $\boldsymbol{B}(\lambda)$. 这时，$\boldsymbol{B}(\lambda)$ 中那些包含第 i 行与第 j 行的 k 阶子式和那些不包含第 i 行的 k 阶子式都等于 $\boldsymbol{A}(\lambda)$ 中对应的 k 阶子式；$\boldsymbol{B}(\lambda)$ 中那些包含第 i 行但不包含第 j 行的 k 阶子式等于 $\boldsymbol{A}(\lambda)$ 中对应的一个 k 阶子式与另一个 k 阶子式的 $\pm\varphi(\lambda)$ 倍之和，也就是 $\boldsymbol{A}(\lambda)$ 的两个 k 阶子式的组合. 因此 $f(\lambda)$ 是 $\boldsymbol{B}(\lambda)$ 的 k 阶子式的公因式，从而 $f(\lambda)\mid g(\lambda)$.

由初等变换的可逆性，$\boldsymbol{B}(\lambda)$ 也可以经过一次初等行变换变成 $\boldsymbol{A}(\lambda)$. 由上面的讨论，同样有 $g(\lambda)\mid f(\lambda)$，所以 $f(\lambda)=g(\lambda)$.

对于初等列变换，可以完全一样地讨论. 总之，如果 $\boldsymbol{A}(\lambda)$ 经过一次初等变换变成 $\boldsymbol{B}(\lambda)$，则 $f(\lambda)=g(\lambda)$.

当 $\boldsymbol{A}(\lambda)$ 的全部 k 阶子式为零时，$f(\lambda)=0$，则 $g(\lambda)=0$，$\boldsymbol{B}(\lambda)$ 的全部 k 阶子式也为零；反之亦然. 因此 $\boldsymbol{A}(\lambda)$ 与 $\boldsymbol{B}(\lambda)$ 既有相同的行列式因子，又有相同的秩. □

由定理 3.3.1 知，任意 λ 矩阵的秩和行列式因子与其 Smith 标准形的秩和行列式因子是相同的.

设 λ 矩阵 $\boldsymbol{A}(\lambda)$ 的 Smith 标准形为

$$\begin{pmatrix} d_1(\lambda) & & & & & & \\ & d_2(\lambda) & & & & & \\ & & \ddots & & & & \\ & & & d_r(\lambda) & & & \\ & & & & 0 & & \\ & & & & & \ddots & \\ & & & & & & 0 \end{pmatrix} \tag{3.3.1}$$

其中 $d_i(\lambda)(i=1,\cdots,r)$ 是首项系数为 1 的多项式，并且 $d_i(\lambda)\mid d_{i+1}(\lambda)(i=1,\cdots,r-1)$.

容易求得 $\boldsymbol{A}(\lambda)$ 的各阶行列式因子如下：

$$\begin{cases} D_1(\lambda)=d_1(\lambda) \\ D_2(\lambda)=d_1(\lambda)d_2(\lambda) \\ \quad\cdots\cdots\cdots\cdots \\ D_r(\lambda)=d_1(\lambda)d_2(\lambda)\cdots d_r(\lambda) \end{cases} \tag{3.3.2}$$

于是有

$$\begin{cases} (1)\quad D_1(\lambda)\mid D_2(\lambda),D_2(\lambda)\mid D_3(\lambda),\cdots,D_{r-1}(\lambda)\mid D_r(\lambda) \\ (2)\quad d_1(\lambda)=D_1(\lambda),d_2(\lambda)=D_2(\lambda)/D_1(\lambda),\cdots,d_r(\lambda)=D_r(\lambda)/D_{r-1}(\lambda) \end{cases} \tag{3.3.3}$$

从而得如下结论.

定理 3.3.2 λ 矩阵 $\boldsymbol{A}(\lambda)$ 的 Smith 标准形是惟一的.

证明 因为 $\boldsymbol{A}(\lambda)$ 的各阶行列式因子是惟一的，则由(3.3.3)知 $\boldsymbol{A}(\lambda)$ 的不变因子也是惟一的. 因此 $\boldsymbol{A}(\lambda)$ 的 Smith 标准形是惟一的. □

应用 λ 矩阵的 Smith 标准形，可以证明如下定理.

定理 3.3.3 设 $\boldsymbol{A}(\lambda),\boldsymbol{B}(\lambda)\in\mathbf{P}[\lambda]^{m\times n}$，则 $\boldsymbol{A}(\lambda)$ 与 $\boldsymbol{B}(\lambda)$ 相抵的充分必要条件是它们有相同的行列式因子，或者它们有相同的不变因子.

证明 因为 λ 矩阵的行列式因子与不变因子是互相完全确定的，所以两个 λ 矩阵有相同的行列式因子，则它们有相同的不变因子；反之亦然.

必要性由定理 3.3.1 即得.

充分性. 若 λ 矩阵 $\boldsymbol{A}(\lambda)$ 与 $\boldsymbol{B}(\lambda)$ 有相同的不变因子，则 $\boldsymbol{A}(\lambda)$ 与 $\boldsymbol{B}(\lambda)$ 和同一 Smith 标准形相抵，因而 $\boldsymbol{A}(\lambda)$ 与 $\boldsymbol{B}(\lambda)$ 相抵. □

一般说来,应用行列式因子求不变因子比较复杂,但对一些特殊的λ矩阵,先求行列式因子再求不变因子反而简单.

例 3.3.2 求

$$A(\lambda)=\begin{pmatrix}\lambda-a & -1 & & 0\\ 0 & \lambda-a & \ddots & \\ \vdots & \ddots & \ddots & -1\\ 0 & \cdots & 0 & \lambda-a\end{pmatrix}_{m\times m}$$

的行列式因子和不变因子.

解 由于$A(\lambda)$的一个 $m-1$ 阶子式

$$\begin{vmatrix}-1 & & & \\ \lambda-a & -1 & & \\ & \ddots & \ddots & \\ & & \lambda-a & -1\end{vmatrix}=(-1)^{m-1}$$

故 $D_{m-1}(\lambda)=1$. 由(3.3.3)的第一式,即行列式因子的"依次"整除性,有

$$D_1(\lambda)=D_2(\lambda)=\cdots=D_{m-2}(\lambda)=1$$

而 $D_m(\lambda)=(\lambda-a)^m$. 因此$A(\lambda)$的不变因子为

$$d_1(\lambda)=d_2(\lambda)=\cdots=d_{m-1}(\lambda)=1,\quad d_m(\lambda)=(\lambda-a)^m$$

由此可知$A(\lambda)$的标准形为

$$A(\lambda)\cong\begin{pmatrix}1 & & & \\ & \ddots & & \\ & & 1 & \\ & & & (\lambda-a)^m\end{pmatrix}_{m\times m}$$

定理 3.3.4 设 $A(\lambda)\in P[\lambda]^{n\times n}$,则$A(\lambda)$可逆的充分必要条件是$A(\lambda)$可表示为一系列初等矩阵的乘积.

证明 必要性. 设$A(\lambda)$为一 n 阶可逆矩阵,则由定理 3.2.1 知 $|A(\lambda)|=d\neq0$,从而$A(\lambda)$的行列式因子为

$$D_1(\lambda)=D_2(\lambda)=\cdots=D_n(\lambda)=1$$

于是$A(\lambda)$的不变因子为

$$d_1(\lambda)=d_2(\lambda)=\cdots=d_n(\lambda)=1$$

因此$\boldsymbol{A}(\lambda)$与单位矩阵相抵,即存在一系列初等矩阵$\boldsymbol{P}_1(\lambda),\cdots,\boldsymbol{P}_l(\lambda)$, $\boldsymbol{Q}_1(\lambda),\cdots,\boldsymbol{Q}_t(\lambda)$使得

$$\boldsymbol{A}(\lambda)=\boldsymbol{P}_l(\lambda)\cdots\boldsymbol{P}_1(\lambda)\boldsymbol{I}\boldsymbol{Q}_1(\lambda)\cdots\boldsymbol{Q}_t(\lambda)=\boldsymbol{P}_l(\lambda)\cdots\boldsymbol{P}_1(\lambda)\boldsymbol{Q}_1(\lambda)\cdots\boldsymbol{Q}_t(\lambda)$$

充分性. 设$\boldsymbol{A}(\lambda)$可表示为一系列初等矩阵的乘积,即存在一系列初等矩阵$\boldsymbol{P}_1(\lambda),\cdots,\boldsymbol{P}_l(\lambda),\boldsymbol{Q}_1(\lambda),\cdots,\boldsymbol{Q}_t(\lambda)$使得

$$\boldsymbol{A}(\lambda)=\boldsymbol{P}_l(\lambda)\cdots\boldsymbol{P}_1(\lambda)\boldsymbol{Q}_1(\lambda)\cdots\boldsymbol{Q}_t(\lambda)$$

则$\boldsymbol{A}(\lambda)$的行列式是一个非零常数. 因此由定理 3.2.1 知$\boldsymbol{A}(\lambda)$可逆. □

利用定理 3.2.2 和定理 3.3.4 容易证明下面定理.

定理 3.3.5 设$\boldsymbol{A}(\lambda),\boldsymbol{B}(\lambda)\in\mathbf{P}[\lambda]^{m\times n}$,则$\boldsymbol{A}(\lambda)$与$\boldsymbol{B}(\lambda)$相抵的充分必要条件是存在两个可逆λ矩阵$\boldsymbol{P}(\lambda)\in\mathbf{P}[\lambda]^{m\times m}$与$\boldsymbol{Q}(\lambda)\in\mathbf{P}[\lambda]^{n\times n}$使得$\boldsymbol{B}(\lambda)=\boldsymbol{P}(\lambda)\boldsymbol{A}(\lambda)\boldsymbol{Q}(\lambda)$.

下面再引进λ矩阵的初等因子. 设λ矩阵$\boldsymbol{A}(\lambda)$的不变因子为$d_1(\lambda)$, $d_2(\lambda),\cdots,d_r(\lambda)$,在复数域内将它们分解成一次因式的幂的乘积:

$$\begin{cases}d_1(\lambda)=(\lambda-\lambda_1)^{e_{11}}(\lambda-\lambda_2)^{e_{12}}\cdots(\lambda-\lambda_s)^{e_{1s}}\\ d_2(\lambda)=(\lambda-\lambda_1)^{e_{21}}(\lambda-\lambda_2)^{e_{22}}\cdots(\lambda-\lambda_s)^{e_{2s}}\\ \qquad\cdots\cdots\cdots\cdots\\ d_r(\lambda)=(\lambda-\lambda_1)^{e_{r1}}(\lambda-\lambda_2)^{e_{r2}}\cdots(\lambda-\lambda_s)^{e_{rs}}\end{cases}\tag{3.3.4}$$

其中$\lambda_1,\cdots,\lambda_s$是互异的复数,$e_{ij}$是非负整数. 因为$d_i(\lambda)\mid d_{i+1}(\lambda)(i=1,\cdots,r-1)$,所以$e_{ij}$满足如下关系

$$\begin{cases}0\leqslant e_{11}\leqslant e_{21}\leqslant\cdots\leqslant e_{r1}\\ 0\leqslant e_{12}\leqslant e_{22}\leqslant\cdots\leqslant e_{r2}\\ \qquad\cdots\cdots\cdots\cdots\\ 0\leqslant e_{1s}\leqslant e_{2s}\leqslant\cdots\leqslant e_{rs}\end{cases}$$

定义 3.3.2 在(3.3.4)式中,所有指数大于零的因子

$$(\lambda-\lambda_j)^{e_{ij}},e_{ij}>0,i=1,\cdots,r,\quad j=1,\cdots,s$$

称为λ矩阵$\boldsymbol{A}(\lambda)$的**初等因子**.

例如,若λ矩阵$\boldsymbol{A}(\lambda)$的不变因子为

$$\begin{cases} d_1(\lambda) = 1 \\ d_2(\lambda) = \lambda(\lambda - 1) \\ d_3(\lambda) = \lambda(\lambda - 1)^2(\lambda + 1)^2 \\ d_4(\lambda) = \lambda^2(\lambda - 1)^3(\lambda + 1)^3(\lambda - 2) \end{cases}$$

则 $\boldsymbol{A}(\lambda)$的初等因子为 $\lambda, \lambda, \lambda^2, \lambda-1, (\lambda-1)^2, (\lambda-1)^3, (\lambda+1)^2, (\lambda+1)^3, \lambda-2$.

由定义 3.3.2 知,若给定 λ 矩阵 $\boldsymbol{A}(\lambda)$的不变因子,则可惟一确定其初等因子;反过来,如果知道一个 λ 矩阵的秩和初等因子,则也可惟一确定它的不变因子.事实上,λ 矩阵 $\boldsymbol{A}(\lambda)$的秩 r 确定了不变因子的个数,同一个一次因式的方幂作成的初等因子中,方次最高的必在 $d_r(\lambda)$的分解中,方次次高的必在 $d_{r-1}(\lambda)$的分解中.如此顺推下去,可知属于同一个一次因式的方幂的初等因子在不变因子的分解式中出现的位置是惟一确定的.

例如,若已知 5×6 λ 矩阵 $\boldsymbol{A}(\lambda)$的秩为 4,其初等因子为

$$\lambda, \lambda, \lambda^2, \lambda - 1, (\lambda - 1)^2, (\lambda - 1)^3, (\lambda + \mathrm{i})^3, (\lambda - \mathrm{i})^3$$

则可求得 $\boldsymbol{A}(\lambda)$的不变因子

$$d_4(\lambda) = \lambda^2(\lambda - 1)^3(\lambda + \mathrm{i})^3(\lambda - \mathrm{i})^3$$

$$d_3(\lambda) = \lambda(\lambda - 1)^2$$

$$d_2(\lambda) = \lambda(\lambda - 1)$$

$$d_1(\lambda) = 1$$

从而 $\boldsymbol{A}(\lambda)$的 Smith 标准形为

$$\boldsymbol{A}(\lambda) \cong \begin{pmatrix} 1 & 0 & 0 & 0 & 0 & 0 \\ 0 & \lambda(\lambda-1) & 0 & 0 & 0 & 0 \\ 0 & 0 & \lambda(\lambda-1)^2 & 0 & 0 & 0 \\ 0 & 0 & 0 & \lambda^2(\lambda-1)^3(\lambda^2+1)^3 & 0 & 0 \\ 0 & 0 & 0 & 0 & 0 & 0 \end{pmatrix}$$

由定理 3.3.3 以及不变因子与初等因子之间的关系容易导出如下定理.

定理 3.3.6 设 $\boldsymbol{A}(\lambda), \boldsymbol{B}(\lambda) \in \mathbf{P}[\lambda]^{m\times n}$,则 $\boldsymbol{A}(\lambda)$与 $\boldsymbol{B}(\lambda)$相抵的充分必要条件是它们有相同的秩和相同的初等因子.

对块对角矩阵

$$A(\lambda)=\begin{pmatrix}B(\lambda)&0\\0&C(\lambda)\end{pmatrix}$$

不能从$B(\lambda)$与$C(\lambda)$的不变因子求得$A(\lambda)$的不变因子，但是能从$B(\lambda)$与$C(\lambda)$的初等因子求得$A(\lambda)$的初等因子.

定理 3.3.7 设λ矩阵

$$A(\lambda)=\begin{pmatrix}B(\lambda)&0\\0&C(\lambda)\end{pmatrix}\tag{3.3.5}$$

为块对角矩阵，则$B(\lambda)$与$C(\lambda)$的初等因子的全体是$A(\lambda)$的全部初等因子.

证明 将$B(\lambda)$与$C(\lambda)$分别化为 Smith 标准形

$$B(\lambda)\cong\begin{pmatrix}b_1(\lambda)&&&&&\\&\ddots&&&&\\&&b_{r_B}(\lambda)&&&\\&&&0&&\\&&&&\ddots&\\&&&&&0\end{pmatrix}$$

$$C(\lambda)\cong\begin{pmatrix}c_1(\lambda)&&&&&\\&\ddots&&&&\\&&c_{r_C}(\lambda)&&&\\&&&0&&\\&&&&\ddots&\\&&&&&0\end{pmatrix}$$

其中$r_B=\text{rank}(B(\lambda))$，$r_C=\text{rank}(C(\lambda))$，$b_1(\lambda),\cdots,b_{r_B}(\lambda)$与$c_1(\lambda),\cdots,c_{r_C}(\lambda)$分别为$B(\lambda)$与$C(\lambda)$的不变因子，则$\text{rank}(A(\lambda))=r=r_B+r_C$.

把$b_i(\lambda)$和$c_j(\lambda)$分解为不同的一次因式的方幂的乘积

$$b_i(\lambda)=(\lambda-\lambda_1)^{b_{i1}}(\lambda-\lambda_2)^{b_{i2}}\cdots(\lambda-\lambda_s)^{b_{is}},i=1,\cdots,r_B$$

$$c_j(\lambda)=(\lambda-\lambda_1)^{c_{j1}}(\lambda-\lambda_2)^{c_{j2}}\cdots(\lambda-\lambda_s)^{c_{js}},j=1,\cdots,r_C$$

则$B(\lambda)$与$C(\lambda)$的初等因子分别为

$$(\lambda-\lambda_1)^{b_{i1}},(\lambda-\lambda_2)^{b_{i2}},\cdots,(\lambda-\lambda_s)^{b_{is}},i=1,\cdots,r_B$$

和

$$(\lambda-\lambda_1)^{c_{j1}},(\lambda-\lambda_2)^{c_{j2}},\cdots,(\lambda-\lambda_s)^{c_{js}},j=1,\cdots,r_C$$

中非常数的多项式.

我们先证明 $\boldsymbol{B}(\lambda)$ 与 $\boldsymbol{C}(\lambda)$ 的全部初等因子都是 $\boldsymbol{A}(\lambda)$ 的初等因子. 不失一般性,仅考虑 $\boldsymbol{B}(\lambda)$ 与 $\boldsymbol{C}(\lambda)$ 中只含 $\lambda-\lambda_1$ 的方幂的那些初等因子,将 $\lambda-\lambda_1$ 的指数

$$b_{11},b_{21},\cdots,b_{r_B1},c_{11},c_{21},\cdots,c_{r_C1}$$

按由小到大的顺序排列,记为 $0\leqslant j_1\leqslant j_2\leqslant\cdots\leqslant j_r$. 由(3.3.5)可知,对 $\boldsymbol{B}(\lambda)$ 与 $\boldsymbol{C}(\lambda)$ 进行初等变换实际上是对 $\boldsymbol{A}(\lambda)$ 进行初等变换,于是

$$\boldsymbol{A}(\lambda)\cong\begin{pmatrix} b_1(\lambda) & & & & & & & & \\ & \ddots & & & & & & & \\ & & b_{r_B}(\lambda) & & & & & & \\ & & & c_1(\lambda) & & & & & \\ & & & & \ddots & & & & \\ & & & & & c_{r_C}(\lambda) & & & \\ & & & & & & 0 & & \\ & & & & & & & \ddots & \\ & & & & & & & & 0 \end{pmatrix}$$

$$\cong\begin{pmatrix} (\lambda-\lambda_1)^{j_1}\varphi_1(\lambda) & & & & & & \\ & (\lambda-\lambda_1)^{j_2}\varphi_2(\lambda) & & & & & \\ & & \ddots & & & & \\ & & & (\lambda-\lambda_1)^{j_r}\varphi_r(\lambda) & & & \\ & & & & 0 & & \\ & & & & & \ddots & \\ & & & & & & 0 \end{pmatrix}$$

其中多项式 $\varphi_1(\lambda),\cdots,\varphi_r(\lambda)$ 都不含因式 $\lambda-\lambda_1$.

设$\boldsymbol{A}(\lambda)$的行列式因子和不变因子分别为$D_1(\lambda),D_2(\lambda),\cdots,D_r(\lambda)$和$d_1(\lambda),d_2(\lambda),\cdots,d_r(\lambda)$，则在这些行列式因子中因子$\lambda-\lambda_1$的幂指数分别为$j_1,j_1+j_2,\cdots,\sum_{i=1}^{r-1}j_i,\sum_{i=1}^{r}j_i$，而由行列式因子与不变因子的关系(3.3.3)知，$d_1(\lambda),d_2(\lambda),\cdots,d_r(\lambda)$中因子$\lambda-\lambda_1$的幂指数分别为$j_1,j_2,\cdots,j_{r-1},j_r$. 因此$\boldsymbol{A}(\lambda)$中与$\lambda-\lambda_1$相应的初等因子是

$$(\lambda-\lambda_1)^{j_i},j_i>0,i=1,\cdots,r$$

也就是$\boldsymbol{B}(\lambda)$、$\boldsymbol{C}(\lambda)$中与$\lambda-\lambda_1$相应的全部初等因子.

对$\lambda-\lambda_2,\lambda-\lambda_3,\cdots,\lambda-\lambda_r$进行类似的讨论，可得相同结论. 于是$\boldsymbol{B}(\lambda)$，$\boldsymbol{C}(\lambda)$的全部初等因子都是$\boldsymbol{A}(\lambda)$的初等因子.

下面证明，除$\boldsymbol{B}(\lambda)$，$\boldsymbol{C}(\lambda)$的初等因子外，$\boldsymbol{A}(\lambda)$再没有其他的初等因子.

因为$D_r(\lambda)$为$\boldsymbol{A}(\lambda)$的所有初等因子的乘积，而

$$D_r(\lambda)=b_1(\lambda)\cdots b_{r_B}(\lambda)c_1(\lambda)\cdots c_{r_C}(\lambda)$$

如果$(\lambda-a)^k$是$\boldsymbol{A}(\lambda)$的初等因子，则它必包含在某个$b_i(\lambda)(i=1,\cdots,r_B)$或$c_j(\lambda)(j=1,\cdots,r_C)$中，即$\boldsymbol{A}(\lambda)$的初等因子包含在$\boldsymbol{B}(\lambda)$与$\boldsymbol{C}(\lambda)$的初等因子中. 因此，除$\boldsymbol{B}(\lambda)$与$\boldsymbol{C}(\lambda)$的全部初等因子外，$\boldsymbol{A}(\lambda)$再没有别的初等因子. □

定理3.3.7可推广为

定理3.3.8 若λ矩阵$\boldsymbol{A}(\lambda)$等价于块对角矩阵

$$\boldsymbol{A}(\lambda)\cong\begin{pmatrix}\boldsymbol{A}_1(\lambda) & & & \\ & \boldsymbol{A}_2(\lambda) & & \\ & & \ddots & \\ & & & \boldsymbol{A}_t(\lambda)\end{pmatrix}$$

则$\boldsymbol{A}_1(\lambda),\boldsymbol{A}_2(\lambda),\cdots,\boldsymbol{A}_t(\lambda)$各个初等因子的全体就是$\boldsymbol{A}(\lambda)$的全部初等因子.

对t应用数学归纳法，请读者自行证明.

例3.3.3 求λ矩阵

$$\boldsymbol{A}(\lambda)=\begin{pmatrix}\lambda^2+\lambda & 0 & 0 & 0\\ 0 & \lambda & 0 & 0\\ 0 & 0 & (\lambda+1)^2 & \lambda+1\\ 0 & 0 & -2 & \lambda-2\end{pmatrix}$$

的初等因子，不变因子和标准形.

解 记 $\boldsymbol{A}_1(\lambda)=\lambda^2+\lambda,\boldsymbol{A}_2(\lambda)=\lambda,\boldsymbol{A}_3(\lambda)=\begin{pmatrix}(\lambda+1)^2 & \lambda+1\\ -2 & \lambda-2\end{pmatrix}$，则

$$\boldsymbol{A}(\lambda)=\begin{pmatrix}\boldsymbol{A}_1(\lambda) & 0 & 0\\ 0 & \boldsymbol{A}_2(\lambda) & 0\\ 0 & 0 & \boldsymbol{A}_3(\lambda)\end{pmatrix}$$

对于 $\boldsymbol{A}_3(\lambda)$，其初等因子为 $\lambda,\lambda-1,\lambda+1$. 利用定理 3.3.8，可得 $\boldsymbol{A}(\lambda)$ 的初等因子

$$\lambda,\ \lambda,\ \lambda,\ \lambda-1,\ \lambda+1,\ \lambda+1$$

因为 $\boldsymbol{A}(\lambda)$ 的秩为 4，故 $\boldsymbol{A}(\lambda)$ 的不变因子为

$$d_4(\lambda)=\lambda(\lambda-1)(\lambda+1),d_3(\lambda)=\lambda(\lambda+1),d_2(\lambda)=\lambda,\ d_1(\lambda)=1$$

因此 $\boldsymbol{A}(\lambda)$ 的 Smith 标准形为

$$\boldsymbol{A}(\lambda)\cong\begin{pmatrix}1 & 0 & 0 & 0\\ 0 & \lambda & 0 & 0\\ 0 & 0 & \lambda(\lambda+1) & 0\\ 0 & 0 & 0 & \lambda(\lambda+1)(\lambda-1)\end{pmatrix}$$

§3.4 矩阵相似的条件

设 $\boldsymbol{A}$ 是 n 阶数字矩阵，其特征矩阵 $\lambda\boldsymbol{I}-\boldsymbol{A}$ 是 λ 矩阵，它是研究数字矩阵的重要工具. 应用特征矩阵可以给出两个 n 阶数字矩阵 $\boldsymbol{A}$ 与 $\boldsymbol{B}$ 之间相似性的判断准则. 为此，我们先证明两个引理.

引理 3.4.1 设 $\boldsymbol{A},\boldsymbol{B}$ 是两个 n 阶矩阵，如果存在 n 阶数字矩阵 $\boldsymbol{P},\boldsymbol{Q}$ 使得

$$\lambda\boldsymbol{I}-\boldsymbol{A}=\boldsymbol{P}(\lambda\boldsymbol{I}-\boldsymbol{B})\boldsymbol{Q}\tag{3.4.1}$$

则 $\boldsymbol{A}$ 与 $\boldsymbol{B}$ 相似.

证明 比较(3.4.1)两边 λ 的同次幂的系数矩阵，得

$$\boldsymbol{PQ}=\boldsymbol{I},\boldsymbol{A}=\boldsymbol{PBQ}$$

由此 $\boldsymbol{Q}=\boldsymbol{P}^{-1},\boldsymbol{A}=\boldsymbol{PBP}^{-1}$，故 $\boldsymbol{A}$ 与 $\boldsymbol{B}$ 相似. □

引理 3.4.2 设 $\boldsymbol{A}$ 是 n 阶非零数字矩阵，$\boldsymbol{U}(\lambda)$ 与 $\boldsymbol{V}(\lambda)$ 是 n 阶 λ 矩阵，则

存在 n 阶 λ 矩阵 $\boldsymbol{Q}(\lambda)$ 与 $\boldsymbol{R}(\lambda)$ 以及 n 阶数字矩阵 $\boldsymbol{U}_0$ 及 $\boldsymbol{V}_0$，使得

$$\boldsymbol{U}(\lambda)=(\lambda\boldsymbol{I}-\boldsymbol{A})\boldsymbol{Q}(\lambda)+\boldsymbol{U}_0 \tag{3.4.2}$$

$$\boldsymbol{V}(\lambda)=\boldsymbol{R}(\lambda)(\lambda\boldsymbol{I}-\boldsymbol{A})+\boldsymbol{V}_0 \tag{3.4.3}$$

证明　(3.4.2)与(3.4.3)的证明类似，这里仅证(3.4.2)式. 把 $\boldsymbol{U}(\lambda)$ 改写成

$$\boldsymbol{U}(\lambda)=\boldsymbol{D}_0\lambda^m+\boldsymbol{D}_1\lambda^{m-1}+\cdots+\boldsymbol{D}_{m-1}\lambda+\boldsymbol{D}_m$$

其中 $\boldsymbol{D}_0,\boldsymbol{D}_1,\cdots,\boldsymbol{D}_m$ 都是 n 阶数字矩阵，并且 $\boldsymbol{D}_0\neq 0$.

(1) 若 $m=0$，则取 $\boldsymbol{Q}(\lambda)=0$ 及 $\boldsymbol{U}_0=\boldsymbol{D}_0$，它们满足要求，并且(3.4.2)成立.

(2) 若 $m>0$，令

$$\boldsymbol{Q}(\lambda)=\boldsymbol{Q}_0\lambda^{m-1}+\boldsymbol{Q}_1\lambda^{m-2}+\cdots+\boldsymbol{Q}_{m-2}\lambda+\boldsymbol{Q}_{m-1}$$

其中 $\boldsymbol{Q}_0,\boldsymbol{Q}_1,\cdots,\boldsymbol{Q}_{m-1}$ 是待定的 n 阶数字矩阵. 由

$$\begin{aligned}(\lambda\boldsymbol{I}-\boldsymbol{A})\boldsymbol{Q}(\lambda)&=\boldsymbol{Q}_0\lambda^m+(\boldsymbol{Q}_1-\boldsymbol{A}\boldsymbol{Q}_0)\lambda^{m-1}+\cdots\\&\quad+(\boldsymbol{Q}_k-\boldsymbol{A}\boldsymbol{Q}_{k-1})\lambda^{m-k}+\cdots+(\boldsymbol{Q}_{m-1}-\boldsymbol{A}\boldsymbol{Q}_{m-2})\lambda-\boldsymbol{A}\boldsymbol{Q}_{m-1}\end{aligned}$$

取 $\boldsymbol{Q}_0=\boldsymbol{D}_0,\boldsymbol{Q}_1=\boldsymbol{D}_1+\boldsymbol{A}\boldsymbol{Q}_0,\boldsymbol{Q}_2=\boldsymbol{D}_2+\boldsymbol{A}\boldsymbol{Q}_1,\cdots,\boldsymbol{Q}_{m-1}=\boldsymbol{D}_{m-1}+\boldsymbol{A}\boldsymbol{Q}_{m-2},\boldsymbol{U}_0=\boldsymbol{D}_m+\boldsymbol{A}\boldsymbol{Q}_{m-1}$，则(3.4.2)成立.　□

定理 3.4.1　n 阶矩阵 $\boldsymbol{A}$ 与 $\boldsymbol{B}$ 相似的充分必要条件是它们的特征矩阵 $\lambda\boldsymbol{I}-\boldsymbol{A}$ 和 $\lambda\boldsymbol{I}-\boldsymbol{B}$ 相抵.

证明　必要性. 若 $\boldsymbol{A}$ 与 $\boldsymbol{B}$ 相似，则存在非奇异矩阵 $\boldsymbol{P}$ 使 $\boldsymbol{P}^{-1}\boldsymbol{A}\boldsymbol{P}=\boldsymbol{B}$，从而

$$\boldsymbol{P}^{-1}(\lambda\boldsymbol{I}-\boldsymbol{A})\boldsymbol{P}=\lambda\boldsymbol{I}-\boldsymbol{B}$$

因为 $\boldsymbol{P},\boldsymbol{P}^{-1}$ 是可逆的 λ 矩阵，所以上式表明 $\lambda\boldsymbol{I}-\boldsymbol{A}$ 与 $\lambda\boldsymbol{I}-\boldsymbol{B}$ 相抵.

充分性. 设 $\lambda\boldsymbol{I}-\boldsymbol{A}$ 与 $\lambda\boldsymbol{I}-\boldsymbol{B}$ 相抵，由定理 3.3.5 知存在可逆的 λ 矩阵 $\boldsymbol{U}(\lambda),\boldsymbol{V}(\lambda)$ 使

$$\lambda\boldsymbol{I}-\boldsymbol{A}=\boldsymbol{U}(\lambda)(\lambda\boldsymbol{I}-\boldsymbol{B})\boldsymbol{V}(\lambda) \tag{3.4.4}$$

由引理 3.4.2，存在 λ 矩阵 $\boldsymbol{Q}(\lambda)$ 与 $\boldsymbol{R}(\lambda)$ 以及数字矩阵 $\boldsymbol{U}_0$ 及 $\boldsymbol{V}_0$，使得

$$\boldsymbol{U}(\lambda)=(\lambda\boldsymbol{I}-\boldsymbol{A})\boldsymbol{Q}(\lambda)+\boldsymbol{U}_0 \tag{3.4.5}$$

$$\boldsymbol{V}(\lambda)=\boldsymbol{R}(\lambda)(\lambda\boldsymbol{I}-\boldsymbol{A})+\boldsymbol{V}_0 \tag{3.4.6}$$

则(3.4.4)式改写为

$$\boldsymbol{U}(\lambda)^{-1}(\lambda\boldsymbol{I}-\boldsymbol{A})=(\lambda\boldsymbol{I}-\boldsymbol{B})\boldsymbol{V}(\lambda) \tag{3.4.7}$$

$$(\lambda\boldsymbol{I}-\boldsymbol{A})\boldsymbol{V}(\lambda)^{-1}=\boldsymbol{U}(\lambda)(\lambda\boldsymbol{I}-\boldsymbol{B}) \tag{3.4.8}$$

将 $\boldsymbol{V}(\lambda)$ 的表达式(3.4.6)代入(3.4.7),得

$$[\boldsymbol{U}(\lambda)^{-1}-(\lambda\boldsymbol{I}-\boldsymbol{B})\boldsymbol{R}(\lambda)](\lambda\boldsymbol{I}-\boldsymbol{A})=(\lambda\boldsymbol{I}-\boldsymbol{B})\boldsymbol{V}_0$$

因为上式右边 λ 的次数 $\leqslant 1$,所以 $\boldsymbol{U}(\lambda)^{-1}-(\lambda\boldsymbol{I}-\boldsymbol{B})\boldsymbol{R}(\lambda)$ 是数字矩阵,记为 $\boldsymbol{T}$,即

$$\boldsymbol{T}=\boldsymbol{U}(\lambda)^{-1}-(\lambda\boldsymbol{I}-\boldsymbol{B})\boldsymbol{R}(\lambda) \tag{3.4.9}$$

从而

$$\boldsymbol{T}(\lambda\boldsymbol{I}-\boldsymbol{A})=(\lambda\boldsymbol{I}-\boldsymbol{B})\boldsymbol{V}_0 \tag{3.4.10}$$

由(3.4.9),并利用(3.4.5)和(3.4.8),得

$$\begin{aligned}\boldsymbol{I}&=\boldsymbol{U}(\lambda)\boldsymbol{T}+\boldsymbol{U}(\lambda)(\lambda\boldsymbol{I}-\boldsymbol{B})\boldsymbol{R}(\lambda)\\&=\boldsymbol{U}(\lambda)\boldsymbol{T}+(\lambda\boldsymbol{I}-\boldsymbol{A})\boldsymbol{V}(\lambda)^{-1}\boldsymbol{R}(\lambda)\\&=[(\lambda\boldsymbol{I}-\boldsymbol{A})\boldsymbol{Q}(\lambda)+\boldsymbol{U}_0]\boldsymbol{T}+(\lambda\boldsymbol{I}-\boldsymbol{A})\boldsymbol{V}(\lambda)^{-1}\boldsymbol{R}(\lambda)\\&=\boldsymbol{U}_0\boldsymbol{T}+(\lambda\boldsymbol{I}-\boldsymbol{A})[\boldsymbol{Q}(\lambda)\boldsymbol{T}+\boldsymbol{V}(\lambda)^{-1}\boldsymbol{R}(\lambda)]\end{aligned}$$

上式右边第二项必为零;否则右边 λ 的次数至少是 1,等式不可能成立. 因此 $\boldsymbol{I}=\boldsymbol{U}_0\boldsymbol{T}$. 从而 $\boldsymbol{U}_0,\boldsymbol{T}$ 可逆,并且 $\boldsymbol{T}^{-1}=\boldsymbol{U}_0$. 由(3.4.10),得

$$\lambda\boldsymbol{I}-\boldsymbol{A}=\boldsymbol{U}_0(\lambda\boldsymbol{I}-\boldsymbol{B})\boldsymbol{V}_0$$

由引理 3.4.1 知 $\boldsymbol{A}$ 与 $\boldsymbol{B}$ 相似. □

定义 3.4.1 设 $\boldsymbol{A}$ 是 n 阶数字矩阵,其特征矩阵 $\lambda\boldsymbol{I}-\boldsymbol{A}$ 的行列式因子,不变因子和初等因子分别称为**矩阵 A 的行列式因子,不变因子和初等因子**.

由定理 3.3.3 和定理 3.4.1 立即得

定理 3.4.2 n 阶矩阵 $\boldsymbol{A}$ 与 $\boldsymbol{B}$ 相似的充分必要条件是它们有相同的行列式因子,或者它们有相同的不变因子.

由例 3.2.1,定理 3.3.6 和定理 3.4.1 得

定理 3.4.3 n 阶矩阵 $\boldsymbol{A}$ 与 $\boldsymbol{B}$ 相似的充分必要条件是它们有相同的初等因子.

§3.5 矩阵的 Jordan 标准形

定义 3.5.1 形状为

$$
\boldsymbol{J}_i = \begin{pmatrix} \lambda_i & 1 & & 0 \\ & \lambda_i & \ddots & \\ & & \ddots & 1 \\ 0 & & & \\ & & & \lambda_i \end{pmatrix}_{n_i \times n_i} \tag{3.5.1}
$$

的矩阵称为 **Jordan 块**,其中 λ_i 为复数. 由若干个 Jordan 块为对角块组成的块对角矩阵称为 **Jordan 形矩阵**.

例如,矩阵

$$
\begin{pmatrix} 1 & 1 & 0 & 0 & 0 & 0 \\ 0 & 1 & 0 & 0 & 0 & 0 \\ 0 & 0 & 4 & 0 & 0 & 0 \\ 0 & 0 & 0 & -\mathrm{i} & 1 & 0 \\ 0 & 0 & 0 & 0 & -\mathrm{i} & 1 \\ 0 & 0 & 0 & 0 & 0 & -\mathrm{i} \end{pmatrix}
$$

是一个 Jordan 形矩阵.

容易验证,n_i 阶 Jordan 块 $\boldsymbol{J}_i$ 具有如下性质:

(1) $\boldsymbol{J}_i$ 具有一个 n_i 重特征值 λ_i,对应于特征值 λ_i 仅有一个线性无关的特征向量.

(2) $\boldsymbol{J}_i$ 的乘幂有明显的表示式

$$
\boldsymbol{J}_i^p = \begin{pmatrix} f_p(\lambda_i) & f'_p(\lambda_i) & \frac{1}{2!}f''_p(\lambda_i) & \cdots & \cdots & \frac{1}{(n_i-1)!}f_p^{(n_i-1)}(\lambda_i) \\ & & & \ddots & & \vdots \\ & f_p(\lambda_i) & f'_p(\lambda_i) & & \ddots & \vdots \\ & & \ddots & \ddots & & \frac{1}{2!}f''_p(\lambda_i) \\ & & & & \ddots & \\ & 0 & & & \ddots & f'_p(\lambda_i) \\ & & & & & f_p(\lambda_i) \end{pmatrix}, p = 1,2,\cdots
$$

其中 $f_p(\lambda)=\lambda^p$.

(3) $\boldsymbol{J}_i$ 的不变因子为

$$d_1(\lambda)=\cdots=d_{n_i-1}(\lambda)=1,\quad d_{n_i}(\lambda)=(\lambda-\lambda_i)^{n_i}$$

从而 $\boldsymbol{J}_i$ 的初等因子为 $(\lambda-\lambda_i)^{n_i}$.

设

$$\boldsymbol{J}=\operatorname{diag}(\boldsymbol{J}_1,\boldsymbol{J}_2,\cdots,\boldsymbol{J}_s)$$

是 Jordan 形矩阵,其中 $\boldsymbol{J}_i$ 为形如(3.5.1)的 Jordan 块. $\boldsymbol{J}$ 的特征矩阵为

$$\lambda\boldsymbol{I}-\boldsymbol{J}=\operatorname{diag}(\lambda\boldsymbol{I}_{n_1}-\boldsymbol{J}_1,\cdots,\lambda\boldsymbol{I}_{n_s}-\boldsymbol{J}_s)$$

由定理 3.3.8 知 Jordan 形矩阵 $\boldsymbol{J}$ 的初等因子为

$$(\lambda-\lambda_1)^{n_1},(\lambda-\lambda_2)^{n_2},\cdots,(\lambda-\lambda_s)^{n_s}$$

可见,Jordan 形矩阵的全部初等因子由它的全部 Jordan 块的初等因子组成,而 Jordan 块被它的初等因子惟一决定. 因此,Jordan 形矩阵除去其中 Jordan 块排列的次序外被它的初等因子惟一决定.

定理 3.5.1 设 $\boldsymbol{A}\in\mathbf{C}^{n\times n}$,则 $\boldsymbol{A}$ 与一个 Jordan 形矩阵相似,并且 Jordan 形矩阵除去其中 Jordan 块的排列次序外是被矩阵 $\boldsymbol{A}$ 惟一决定的.

证明 设 $\boldsymbol{A}$ 的初等因子为

$$(\lambda-\lambda_1)^{n_1},(\lambda-\lambda_2)^{n_2},\cdots,(\lambda-\lambda_s)^{n_s} \tag{3.5.2}$$

其中 $\lambda_1,\cdots,\lambda_s$ 可能有相同的,$n_1,\cdots,n_s$ 也可能有相同的. 每个初等因子 $(\lambda-\lambda_i)^{n_i}$ 对应于一个 Jordan 块

$$\boldsymbol{J}_i=\begin{pmatrix}\lambda_i & 1 & & & 0\\ & \lambda_i & 1 & & \\ & & \ddots & \ddots & \\ & & & \ddots & 1\\ 0 & & & & \lambda_i\end{pmatrix}_{n_i\times n_i},\quad i=1,\cdots,s$$

这些 Jordan 块构成一个 Jordan 形矩阵

$$\boldsymbol{J}=\operatorname{diag}(\boldsymbol{J}_1,\boldsymbol{J}_2,\cdots,\boldsymbol{J}_s) \tag{3.5.3}$$

其初等因子也是(3.5.2). 因为 $\boldsymbol{J}$ 与 $\boldsymbol{A}$ 有相同的初等因子,由定理 3.4.3 知 $\boldsymbol{J}$ 与 $\boldsymbol{A}$ 相似. Jordan 形矩阵(3.5.3)称为**矩阵 $\boldsymbol{A}$ 的 Jordan 标准形.**

若有另一个 Jordan 形矩阵 $\boldsymbol{J}'$ 与 $\boldsymbol{A}$ 相似，则 $\boldsymbol{J}'$ 与 $\boldsymbol{A}$ 有相同的初等因子. 因此，$\boldsymbol{J}'$ 与 $\boldsymbol{J}$ 除去其中 Jordan 块排列的次序外是相同的，这就证明了惟一性.

□

利用矩阵在相似变换下的 Jordan 标准形，可得线性变换的结构.

定理 3.5.2 设 $\mathscr{A}$ 是复数域上 n 维线性空间 V 的线性变换，则在 V 中存在一组基使得 $\mathscr{A}$ 在这组基下的矩阵是 Jordan 形矩阵.

证明 在 V 中任取一组基 $\varepsilon_1,\varepsilon_2,\cdots,\varepsilon_n$，设线性变换 $\mathscr{A}$ 在这组基下的矩阵是 $\boldsymbol{A}$. 由定理 3.5.1 知，存在可逆矩阵 $\boldsymbol{P}$ 使得 $\boldsymbol{P}^{-1}\boldsymbol{A}\boldsymbol{P}=\boldsymbol{J}$ 为 Jordan 形矩阵. 令

$$(\varepsilon_1',\varepsilon_2',\cdots,\varepsilon_n') = (\varepsilon_1,\varepsilon_2,\cdots,\varepsilon_n)\boldsymbol{P}$$

则线性变换 $\mathscr{A}$ 在基 $\varepsilon_1',\varepsilon_2',\cdots,\varepsilon_n'$ 下的矩阵是 $\boldsymbol{P}^{-1}\boldsymbol{A}\boldsymbol{P}=\boldsymbol{J}$ 为 Jordan 形矩阵. □

如果 $n_i=1$，则 $\boldsymbol{J}_i=\lambda_i$ 是一阶 Jordan 块. 当矩阵 $\boldsymbol{A}$ 的 Jordan 标准形中的 Jordan 块都是一阶块时，$\boldsymbol{A}$ 的 Jordan 标准形就是对角矩阵. 因为一阶 Jordan 块的初等因子是一次的，所以对角矩阵的初等因子都是一次的. 由此得

定理 3.5.3 设 $\boldsymbol{A}\in\boldsymbol{C}^{n\times n}$，则 $\boldsymbol{A}$ 与一个对角矩阵相似的充分必要条件是 $\boldsymbol{A}$ 的初等因子都是一次的.

例 3.5.1 求矩阵

$$\boldsymbol{A} = \begin{pmatrix} -1 & -2 & 6 \\ -1 & 0 & 3 \\ -1 & -1 & 4 \end{pmatrix}$$

的 Jordan 标准形.

解 因为

$$\lambda\boldsymbol{I}-\boldsymbol{A} = \begin{pmatrix} \lambda+1 & 2 & -6 \\ 1 & \lambda & -3 \\ 1 & 1 & \lambda-4 \end{pmatrix} \cong \begin{pmatrix} 1 & 0 & 0 \\ 0 & \lambda-1 & 0 \\ 0 & 0 & (\lambda-1)^2 \end{pmatrix}$$

则 $\boldsymbol{A}$ 的初等因子为 $\lambda-1,(\lambda-1)^2$，故 $\boldsymbol{A}$ 的 Jordan 标准形为

$$\boldsymbol{J} = \begin{pmatrix} 1 & 0 & 0 \\ 0 & 1 & 1 \\ 0 & 0 & 1 \end{pmatrix}$$

由定理 3.5.1 知，对任意的 n 阶矩阵 $\boldsymbol{A}$，存在 n 阶可逆矩阵 $\boldsymbol{P}$ 使得 $\boldsymbol{P}^{-1}\boldsymbol{A}\boldsymbol{P}=\boldsymbol{J}$ 为Jordan 标准形. 下面介绍求变换矩阵 $\boldsymbol{P}$ 的方法. 先看一下例子.

例 3.5.2 求化矩阵

$$\boldsymbol{A}=\begin{pmatrix}-1 & -2 & 6\\ -1 & 0 & 3\\ -1 & -1 & 4\end{pmatrix}$$

为Jordan标准形的变换矩阵.

解 由例3.5.1知,存在3阶可逆矩阵 $\boldsymbol{P}$ 使得

$$\boldsymbol{P}^{-1}\boldsymbol{A}\boldsymbol{P}=\boldsymbol{J}=\begin{pmatrix}1 & 0 & 0\\ 0 & 1 & 1\\ 0 & 0 & 1\end{pmatrix}$$

记 $\boldsymbol{P}=(p_1,p_2,p_3)$,则得

$$(\boldsymbol{A}p_1,\boldsymbol{A}p_2,\boldsymbol{A}p_3)=(p_1,p_2,p_3)\begin{pmatrix}1 & 0 & 0\\ 0 & 1 & 1\\ 0 & 0 & 1\end{pmatrix}$$

比较上式两边得

$$\begin{cases}\boldsymbol{A}p_1=p_1\\ \boldsymbol{A}p_2=p_2\\ \boldsymbol{A}p_3=p_2+p_3\end{cases}$$

由此可见,p_1,p_2 是 $\boldsymbol{A}$ 的对应于特征值1的两个线性无关的特征向量.

从方程组

$$(\boldsymbol{I}-\boldsymbol{A})x=0$$

可求得两个线性无关的特征向量 $\xi=\begin{pmatrix}-1\\ 1\\ 0\end{pmatrix}$,$\eta=\begin{pmatrix}3\\ 0\\ 1\end{pmatrix}$.

可以取 $p_1=\xi$,但不能简单地取 $p_2=\eta$,因为 p_2 的选取应保证非齐次线性方程组 $(\boldsymbol{I}-\boldsymbol{A})p_3=-p_2$ 有解.由于 ξ,η 的线性组合仍是 $(\boldsymbol{I}-\boldsymbol{A})x=0$ 的解,因此我们选取 $p_2=k_1\xi+k_2\eta$,其中待定常数 k_1,k_2 只要保证 p_1 与 p_2 线性无关,且使得 $(\boldsymbol{I}-\boldsymbol{A})p_3=-p_2$ 有解.因为 $p_2=k_1\xi+k_2\eta=(-k_1+3k_2,k_1,k_2)^{\mathrm{T}}$,所以选取 k_1,k_2 使得方程组

$$\begin{pmatrix} 2 & 2 & -6 \\ 1 & 1 & -3 \\ 1 & 1 & -3 \end{pmatrix}\begin{pmatrix} x_1 \\ x_2 \\ x_3 \end{pmatrix} = \begin{pmatrix} k_1 - 3k_2 \\ -k_1 \\ -k_2 \end{pmatrix}$$

有解. 容易看出,当 $k_1 = k_2$ 时方程组有解,且其解为

$$x_1 = -x_2 + 3x_3 - k_1$$

其中 k_1 是任意非零常数. 取 $k_1 = 1$,可得 $p_2 = \begin{pmatrix} 2 \\ 1 \\ 1 \end{pmatrix}$,$p_3 = \begin{pmatrix} 2 \\ 0 \\ 1 \end{pmatrix}$. 于是 $\boldsymbol{P} = \begin{pmatrix} -1 & 2 & 2 \\ 1 & 1 & 0 \\ 0 & 1 & 1 \end{pmatrix}$使得

$$\boldsymbol{P}^{-1}\boldsymbol{AP} = \begin{pmatrix} 1 & 0 & 0 \\ 0 & 1 & 1 \\ 0 & 0 & 1 \end{pmatrix}.$$

一般地,设 $\boldsymbol{A} \in \mathbf{C}^{n \times n}$,则存在 n 阶可逆矩阵 $\boldsymbol{P}$ 使得

$$\boldsymbol{P}^{-1}\boldsymbol{AP} = \boldsymbol{J} = \begin{pmatrix} \boldsymbol{J}_1 & & & \\ & \boldsymbol{J}_2 & & \\ & & \ddots & \\ & & & \boldsymbol{J}_s \end{pmatrix} \tag{3.5.4}$$

其中 $\boldsymbol{J}_i$ 为形如(3.5.1)的 Jordan 块. 记

$$\boldsymbol{P} = (\boldsymbol{P}_1, \boldsymbol{P}_2, \cdots, \boldsymbol{P}_s) \tag{3.5.5}$$

其中 $\boldsymbol{P}_i \in \mathbf{C}^{n \times n_i}$. 由(3.5.4)和(3.5.5),得

$$(\boldsymbol{AP}_1, \boldsymbol{AP}_2, \cdots, \boldsymbol{AP}_s) = (\boldsymbol{P}_1\boldsymbol{J}_1, \boldsymbol{P}_2\boldsymbol{J}_2, \cdots, \boldsymbol{P}_s\boldsymbol{J}_s)$$

比较上式两边得

$$\boldsymbol{AP}_i = \boldsymbol{P}_i\boldsymbol{J}_i, i = 1, \cdots, s \tag{3.5.6}$$

记 $\boldsymbol{P}_i = (p_1^{(i)}, p_2^{(i)}, \cdots, p_{n_i}^{(i)})$,由(3.5.6)可得

$$\begin{cases} \boldsymbol{A}p_1^{(i)} = \lambda_i p_1^{(i)}, \\ \boldsymbol{A}p_2^{(i)} = \lambda_i p_2^{(i)} + p_1^{(i)}, \\ \cdots\cdots\cdots\cdots \\ \boldsymbol{A}p_{n_i}^{(i)} = \lambda_i p_{n_i}^{(i)} + p_{n_i-1}^{(i)}, \end{cases} \quad i = 1,\cdots,s \tag{3.5.7}$$

由上式可见，$p_1^{(i)}$ 是矩阵 $\boldsymbol{A}$ 对应于特征值 λ_i 的特征向量，且由 $p_1^{(i)}$ 可依次求得 $p_2^{(i)},\cdots,p_{n_i}^{(i)}$. 由例 3.5.2 可知，特征向量 $p_1^{(i)}$ 的选取应保证 $p_2^{(i)}$ 可以求出，类似地 $p_2^{(i)}$ 的选取(因为 $p_2^{(i)}$ 的选取一般不惟一，只要适当选取一个即可)也应保证 $p_3^{(i)}$ 可以求出，依次类推，并且使 $p_1^{(i)},p_2^{(i)},\cdots,p_{n_i}^{(i)}$ 线性无关.

§3.6 Cayley-Hamilton 定理与最小多项式

设 $\boldsymbol{A}$ 为任意 n 阶矩阵，其特征多项式为

$$f(\lambda) = \det(\lambda \boldsymbol{I} - \boldsymbol{A}) = \lambda^n + a_1\lambda^{n-1} + a_2\lambda^{n-2} + \cdots + a_{n-1}\lambda + a_n$$

矩阵 $\boldsymbol{A}$ 与其特征多项式之间有如下重要关系.

定理 3.6.1(Cayley-Hamilton 定理) 设 $\boldsymbol{A}$ 是 n 阶矩阵，$f(\lambda)$是 $\boldsymbol{A}$ 的特征多项式，则 $f(\boldsymbol{A})=0$.

证明 考虑特征矩阵 $\lambda\boldsymbol{I}-\boldsymbol{A}$ 的伴随矩阵$(\lambda\boldsymbol{I}-\boldsymbol{A})^*$，其元素至多是 λ 的 $n-1$ 次多项式，则$(\lambda\boldsymbol{I}-\boldsymbol{A})^*$ 可表示为

$$(\lambda\boldsymbol{I} - \boldsymbol{A})^* = \boldsymbol{C}_1\lambda^{n-1} + \boldsymbol{C}_2\lambda^{n-2} + \cdots + \boldsymbol{C}_{n-1}\lambda + \boldsymbol{C}_n$$

其中 $\boldsymbol{C}_1,\boldsymbol{C}_2,\cdots,\boldsymbol{C}_n$ 都是 n 阶数字矩阵.

因为$(\lambda\boldsymbol{I}-\boldsymbol{A})(\lambda\boldsymbol{I}-\boldsymbol{A})^*=f(\lambda)\boldsymbol{I}$，即

$$\begin{aligned} &(\lambda\boldsymbol{I} - \boldsymbol{A})(\boldsymbol{C}_1\lambda^{n-1} + \boldsymbol{C}_2\lambda^{n-2} + \cdots + \boldsymbol{C}_{n-1}\lambda + \boldsymbol{C}_n) \\ &= \boldsymbol{I}\lambda^n + a_1\boldsymbol{I}\lambda^{n-1} + \cdots + a_{n-1}\boldsymbol{I}\lambda + a_n\boldsymbol{I} \end{aligned}$$

比较两边 λ 的同次幂的系数矩阵，得

$$\begin{aligned} &\boldsymbol{C}_1 = \boldsymbol{I} \\ &\boldsymbol{C}_2 - \boldsymbol{A}\boldsymbol{C}_1 = a_1\boldsymbol{I} \\ &\boldsymbol{C}_3 - \boldsymbol{A}\boldsymbol{C}_2 = \boldsymbol{a}_2\boldsymbol{I} \\ &\cdots\cdots \\ &\boldsymbol{C}_n - \boldsymbol{A}\boldsymbol{C}_{n-1} = a_{n-1}\boldsymbol{I} \end{aligned}$$

$$-\boldsymbol{A}\boldsymbol{C}_n = a_n\boldsymbol{I}$$

用 $\boldsymbol{A}^n, \boldsymbol{A}^{n-1}, \cdots, \boldsymbol{A}, \boldsymbol{I}$ 分别左乘上面各式，再两边相加，得

$$\boldsymbol{A}^n\boldsymbol{C}_1 + \boldsymbol{A}^{n-1}(\boldsymbol{C}_2 - \boldsymbol{A}\boldsymbol{C}_1) + \boldsymbol{A}^{n-2}(\boldsymbol{C}_3 - \boldsymbol{A}\boldsymbol{C}_2) + \cdots + \boldsymbol{A}(\boldsymbol{C}_n - \boldsymbol{A}\boldsymbol{C}_{n-1}) - \boldsymbol{A}\boldsymbol{C}_n$$
$$= \boldsymbol{A}^n + a_1\boldsymbol{A}^{n-1} + \cdots + a_{n-1}\boldsymbol{A} + a_n\boldsymbol{I} = f(\boldsymbol{A})$$

因为上式左边为零矩阵，所以 $f(\boldsymbol{A})=0$. □

定义 3.6.1 设 $\boldsymbol{A}$ 为 n 阶矩阵，如果存在多项式 $\varphi(\lambda)$ 使得 $\varphi(\boldsymbol{A})=0$，则称 $\varphi(\lambda)$ 为 $\boldsymbol{A}$ 的**化零多项式**.

对任意 n 阶矩阵 $\boldsymbol{A}$，$f(\lambda)$ 是 $\boldsymbol{A}$ 的特征多项式，由定理 3.6.1 知 $f(\lambda)$ 为 $\boldsymbol{A}$ 的化零多项式. 如果 $g(\lambda)$ 是任意多项式，则 $g(\lambda)f(\lambda)$ 也是 $\boldsymbol{A}$ 的化零多项式. 因此，任意 n 阶矩阵 $\boldsymbol{A}$ 的化零多项式总存在，并且 $\boldsymbol{A}$ 的化零多项式有无穷多个.

定义 3.6.2 n 阶矩阵 $\boldsymbol{A}$ 的所有化零多项式中，次数最低且首项系数为 1 的多项式称为 $\boldsymbol{A}$ 的**最小多项式**.

由定理 3.6.1 知，任意 n 阶矩阵 $\boldsymbol{A}$ 的最小多项式存在且次数不会超过 n.

定理 3.6.2 设 $\boldsymbol{A}$ 是 n 阶矩阵，则

(1) $\boldsymbol{A}$ 的最小多项式 $m(\lambda)$ 能整除 $\boldsymbol{A}$ 的任一化零多项式 $\varphi(\lambda)$，特别地，$m(\lambda)$ 能整除 $\boldsymbol{A}$ 的特征多项式 $f(\lambda)$；

(2) $\boldsymbol{A}$ 的最小多项式 $m(\lambda)$ 的零点是 $\boldsymbol{A}$ 的特征值；反之，$\boldsymbol{A}$ 的特征值是 $m(\lambda)$ 的零点；

(3) $\boldsymbol{A}$ 的最小多项式是惟一的.

证明 (1) 设 $m(\lambda)$ 是 $\boldsymbol{A}$ 的最小多项式，$\varphi(\lambda)$ 是 $\boldsymbol{A}$ 的任一化零多项式，由定理 3.1.1 有

$$\varphi(\lambda) = q(\lambda)m(\lambda) + r(\lambda)$$

其中 $q(\lambda)$，$r(\lambda)$ 是多项式，并且 $r(\lambda)=0$ 或者 $r(\lambda)\neq 0$ 但 $\partial(r(\lambda))<\partial(m(\lambda))$. 因此 $r(\lambda)=0$；否则与 $m(\lambda)$ 是 $\boldsymbol{A}$ 的最小多项式矛盾. 于是 $m(\lambda)\mid\varphi(\lambda)$.

(2) 设 $f(\lambda)$ 是 $\boldsymbol{A}$ 的特征多项式，由(1)知 $f(\lambda)=q(\lambda)m(\lambda)$，其中 $q(\lambda)$ 是一个多项式. 因此 $m(\lambda)=0$ 的根必为 $f(\lambda)=0$ 的根，即 $\boldsymbol{A}$ 的特征值.

反过来，设 λ_0 是 $\boldsymbol{A}$ 的任一特征值，相应的特征向量为 $\xi\neq 0$，即

$$\boldsymbol{A}\xi = \lambda_0\xi$$

则

$$m(\boldsymbol{A})\xi = m(\lambda_0)\xi$$

因为 $m(\boldsymbol{A})=0,\xi\neq0$,所以 $m(\lambda_0)=0$,即 λ_0 是 $m(\lambda)=0$ 的根.

(3) 设 $\boldsymbol{A}$ 有两个最小多项式 $m_1(\lambda),m_2(\lambda)$,则它们的次数相同. 如果 $m_1(\lambda)\neq m_2(\lambda)$,则 $m(\lambda)=m_1(\lambda)-m_2(\lambda)\neq0$ 且 $\partial(m(\lambda))<\partial(m_1(\lambda))$. 设 $m(\lambda)$ 的首项系数为 a,则 $m_3(\lambda)=\dfrac{m(\lambda)}{a}$ 是首项系数为 1 的多项式且 $\partial(m_3(\lambda))<\partial(m_1(\lambda))$. 由于

$$m_3(\boldsymbol{A})=\frac{1}{a}m(\boldsymbol{A})=\frac{1}{a}(m_1(\boldsymbol{A})-m_2(\boldsymbol{A}))=0$$

于是,$m_3(\lambda)$是 $\boldsymbol{A}$ 的化零多项式. 这与 $m_1(\lambda),m_2(\lambda)$是 $\boldsymbol{A}$ 的最小多项式的假设矛盾. 因此 $\boldsymbol{A}$ 的最小多项式是惟一的. □

定理 3.6.3 相似的矩阵具有相同的最小多项式.

证明 设 n 阶矩阵 $\boldsymbol{A}$ 与 $\boldsymbol{B}$ 相似,则存在非奇异矩阵 $\boldsymbol{P}$ 使得

$$\boldsymbol{B}=P^{-1}AP$$

对任意多项式 $g(\lambda)$恒有

$$g(\boldsymbol{B})=\boldsymbol{P}^{-1}g(\boldsymbol{A})\boldsymbol{P}$$

可见,$\boldsymbol{A}$ 与 $\boldsymbol{B}$ 有相同的化零多项式,从而它们具有相同的最小多项式. □

例 3.6.1 求 Jordan 块

$$\boldsymbol{J}_i=\begin{pmatrix}\lambda_i & 1 & & 0\\ & \lambda_i & \ddots & \\ & & \ddots & 1\\ 0 & & & \\ & & & \lambda_i\end{pmatrix}_{n_i\times n_i}$$

的最小多项式.

解 因为 $\boldsymbol{J}_i$ 的特征多项式 $f(\lambda)=(\lambda-\lambda_i)^{n_i}$,则由定理 3.6.2 知 $\boldsymbol{J}_i$ 的最小多项式 $m(\lambda)$具有如下形式

$$m(\lambda)=(\lambda-\lambda_i)^k$$

其中正整数 $k\leqslant n_i$. 但当 $k<n_i$ 时

$$m(\boldsymbol{J}_i) = (\boldsymbol{J}_i - \lambda_i \boldsymbol{I})^k = \begin{pmatrix} 0 & 1 & & 0 \\ & 0 & \ddots & \\ & & \ddots & 1 \\ 0 & & & \\ & & & 0 \end{pmatrix}^k_{n_i \times n_i} \neq 0$$

因此 $m(\lambda)=(\lambda-\lambda_i)^{n_i}$.

定理 3.6.4 块对角矩阵 $\mathbf{A}=\mathrm{diag}(\mathbf{A}_1,\cdots,\mathbf{A}_s)$ 的最小多项式等于其诸对角块的最小多项式的最小公倍式.

证明 设 $\mathbf{A}_i$ 的最小多项式为 $m_i(\lambda)(i=1,\cdots,s)$. 由于对任意多项式 $\varphi(\lambda)$

$$\varphi(\mathbf{A}) = \mathrm{diag}(\varphi(\mathbf{A}_1),\cdots,\varphi(\mathbf{A}_s))$$

如果 $\varphi(\lambda)$ 为 $\mathbf{A}$ 的化零多项式,则 $\varphi(\lambda)$ 必为 $\mathbf{A}_i(i=1,\cdots,s)$ 的化零多项式,从而 $m_i(\lambda)\mid\varphi(\lambda)(i=1,\cdots,s)$. 因此 $\varphi(\lambda)$ 为 $m_1(\lambda),\cdots,m_s(\lambda)$ 的公倍式.

反过来,如果 $\varphi(\lambda)$ 为 $m_1(\lambda),\cdots,m_s(\lambda)$ 的任一公倍式,则 $\varphi(\mathbf{A}_i)=0(i=1,\cdots,s)$,从而 $\varphi(\mathbf{A})=0$. 因此,$\mathbf{A}$ 的最小多项式为 $m_1(\lambda),\cdots,m_s(\lambda)$ 的公倍式中次数最低者,即它们的最小公倍式. □

定理 3.6.5 设 $\mathbf{A}\in\mathbf{C}^{n\times n}$,则 $\mathbf{A}$ 的最小多项式为 $\mathbf{A}$ 的第 n 个不变因子 $d_n(\lambda)$.

证明 由定理 3.5.1 知 $\mathbf{A}$ 相似于 Jordan 标准形 $\boldsymbol{J}=\mathrm{diag}(\boldsymbol{J}_1,\cdots,\boldsymbol{J}_s)$,其中 $\boldsymbol{J}_i$ 为形如(3.5.1)的 Jordan 块. 由定理 3.4.2 和定理 3.6.3 知 $\mathbf{A}$ 与 $\boldsymbol{J}$ 有相同的不变因子和最小多项式. 而由定理 3.6.4 知 $\boldsymbol{J}$ 的最小多项式为 $\boldsymbol{J}_1,\cdots,\boldsymbol{J}_s$ 的最小多项式的最小公倍式. 因为 $\boldsymbol{J}_i$ 的最小多项式为 $(\lambda-\lambda_i)^{n_i}(i=1,\cdots,s)$,而 $(\lambda-\lambda_1)^{n_1},(\lambda-\lambda_2)^{n_2},\cdots,(\lambda-\lambda_s)^{n_s}$ 的最小公倍式是 $\boldsymbol{J}$ 的第 n 个不变因子 $d_n(\lambda)$. 因此 $\mathbf{A}$ 的最小多项式就是 $\mathbf{A}$ 的第 n 个不变因子 $d_n(\lambda)$. □

由定理 3.5.3 和定理 3.6.5 可得如下定理.

定理 3.6.6 n 阶矩阵 $\mathbf{A}$ 相似于对角矩阵的充分必要条件是 $\mathbf{A}$ 的最小多项式 $m(\lambda)$ 没有重零点.

例 3.6.2 如果 n 阶矩阵 $\mathbf{A}$ 满足 $\mathbf{A}^2=\mathbf{A}$,则称矩阵 $\mathbf{A}$ 为**幂等矩阵**. 证明:幂等矩阵 $\mathbf{A}$ 一定相似于对角矩阵.

证明 记 $\varphi(\lambda)=\lambda^2-\lambda$,则 $\varphi(\lambda)$ 是 $\mathbf{A}$ 的化零多项式. 由定理 3.6.2 知 $\mathbf{A}$ 的最小多项式 $m(\lambda)$ 整除 $\varphi(\lambda)$. 因为 $\varphi(\lambda)=0$ 没有重根,所以 $m(\lambda)=0$ 也没有重根. 据定理 3.6.6 知 $\mathbf{A}$ 相似于对角矩阵. □

习　　题

1. 求 $g(\lambda)$除 $f(\lambda)$的商 $q(\lambda)$与余式 $r(\lambda)$：

(1) $f(\lambda)=\lambda^3-3\lambda^2-\lambda-1$，　$g(\lambda)=3\lambda^2-2\lambda+1$；

(2) $f(\lambda)=2\lambda^5-5\lambda^3-8\lambda$，　$g(\lambda)=\lambda+3$.

2. 化下列 λ 矩阵为 Smith 标准形：

(1) $\begin{pmatrix} \lambda & 1 \\ 0 & \lambda \end{pmatrix}$；　(2) $\begin{pmatrix} \lambda^2-1 & \lambda+1 \\ \lambda+1 & (\lambda+1)^2 \end{pmatrix}$；

(3) $\begin{pmatrix} \lambda+1 & \lambda^2+1 & \lambda^2 \\ 3\lambda-1 & 3\lambda^2-1 & \lambda^2+2\lambda \\ \lambda-1 & \lambda^2-1 & \lambda \end{pmatrix}$；　(4) $\begin{pmatrix} \lambda(\lambda+1) & 0 & 0 \\ 0 & \lambda & 0 \\ 0 & 0 & (\lambda+1)^2 \end{pmatrix}$；

(5) $\begin{pmatrix} 0 & 0 & 0 & \lambda^2 \\ 0 & 0 & \lambda^2-\lambda & 0 \\ 0 & (\lambda-1)^2 & 0 & 0 \\ \lambda^2-\lambda & 0 & 0 & 0 \end{pmatrix}$；　(6) $\begin{pmatrix} 2\lambda & 3 & 0 & 1 & \lambda \\ 4\lambda & 3\lambda+6 & 0 & \lambda+2 & 2\lambda \\ 0 & 6\lambda & \lambda & 2\lambda & 0 \\ \lambda-1 & 0 & \lambda\ 1 & 0 & 0 \\ 3\lambda-3 & 1-\lambda & 2\lambda-2 & 0 & 0 \end{pmatrix}$.

3. 求下列 λ 矩阵的不变因子和初等因子：

(1) $\begin{pmatrix} \lambda-3 & -1 & 0 \\ 0 & \lambda-3 & -1 \\ 0 & 0 & \lambda-3 \end{pmatrix}$；　(2) $\begin{pmatrix} 3\lambda^2+2\lambda-3 & 2\lambda-1 & \lambda^2+2\lambda-3 \\ 4\lambda^2+3\lambda-5 & 3\lambda-2 & \lambda^2+3\lambda-4 \\ \lambda^2+\lambda-4 & \lambda-2 & \lambda-1 \end{pmatrix}$；

(3) $\begin{pmatrix} \lambda & -1 & 0 & 0 \\ 0 & \lambda & -1 & 0 \\ 0 & 0 & \lambda & -1 \\ 5 & 4 & 3 & \lambda+2 \end{pmatrix}$；　(4) $\begin{pmatrix} 0 & 0 & 1 & \lambda+2 \\ 0 & 1 & \lambda+2 & 0 \\ 1 & \lambda+2 & 0 & 0 \\ \lambda+2 & 0 & 0 & 0 \end{pmatrix}$.

4. 求 λ 矩阵

$$\boldsymbol{A}(\lambda)=\begin{pmatrix} \lambda & 0 & \cdots & 0 & a_n \\ -1 & \lambda & \cdots & 0 & a_{n-1} \\ \vdots & \vdots & & \vdots & \vdots \\ 0 & 0 & \cdots & \lambda & a_2 \\ 0 & 0 & \cdots & -1 & \lambda+a_1 \end{pmatrix}$$

的行列式因子和不变因子.

5. 判断 λ 矩阵

$$A(\lambda)=\begin{pmatrix}3\lambda+1 & \lambda & 4\lambda-1\\ 1-\lambda^2 & \lambda-1 & \lambda-\lambda^2\\ \lambda^2+\lambda+2 & \lambda & \lambda^2+2\lambda\end{pmatrix}$$

与

$$B(\lambda)=\begin{pmatrix}\lambda+1 & \lambda-2 & \lambda^2-2\lambda\\ 2\lambda & 2\lambda-3 & \lambda^2-2\lambda\\ -2 & 1 & 1\end{pmatrix}$$

是否相抵.

6. 判断矩阵 A 与 B 是否相似：

(1) $A=\begin{pmatrix}3 & 2 & -5\\ 2 & 6 & -10\\ 1 & 2 & -3\end{pmatrix}$，$B=\begin{pmatrix}6 & 20 & -34\\ 6 & 32 & -51\\ 4 & 20 & -32\end{pmatrix}$；

(2) $A=\begin{pmatrix}6 & 6 & -15\\ 1 & 5 & -5\\ 1 & 2 & -2\end{pmatrix}$，$B=\begin{pmatrix}37 & -20 & -4\\ 34 & -17 & -4\\ 119 & -70 & -11\end{pmatrix}$.

7. 设 A 为 n 阶矩阵，证明 A 与 A^{T} 相似.

8. 设 $\varepsilon\neq 0$，证明：

(1) n 阶矩阵 $A=\begin{pmatrix}a & 1 & & \\ & a & \ddots & \\ & & \ddots & 1\\ & & & a\end{pmatrix}$ 与 $B=\begin{pmatrix}a & \varepsilon & & \\ & a & \ddots & \\ & & \ddots & \varepsilon\\ & & & a\end{pmatrix}$ 相似；

(2) n 阶矩阵 $A=\begin{pmatrix}a & 1 & & \\ & a & \ddots & \\ & & \ddots & 1\\ & & & a\end{pmatrix}$ 与 $B=\begin{pmatrix}a & 1 & & \\ & a & \ddots & \\ & & \ddots & 1\\ \varepsilon & & & a\end{pmatrix}$ 不相似.

9. 求下列矩阵的 Jordan 标准形：

(1) $\begin{pmatrix}2 & 6 & -15\\ 1 & 1 & -5\\ 1 & 2 & -6\end{pmatrix}$；　(2) $\begin{pmatrix}4 & 6 & -15\\ 1 & 3 & -5\\ 1 & 2 & -4\end{pmatrix}$；

(3) $\begin{pmatrix}4 & -5 & 2\\ 5 & -7 & 3\\ 6 & -9 & 4\end{pmatrix}$；　(4) $\begin{pmatrix}3 & -4 & 0 & 2\\ 4 & -5 & -2 & 4\\ 0 & 0 & 3 & -2\\ 0 & 0 & 2 & -1\end{pmatrix}$；

(5) $\begin{pmatrix}0 & 3 & 3\\ -1 & 8 & 6\\ 2 & -14 & -10\end{pmatrix}$；　(6) $\begin{pmatrix}1 & 2 & 3 & 4\\ 0 & 1 & 2 & 3\\ 0 & 0 & 1 & 2\\ 0 & 0 & 0 & 1\end{pmatrix}$.

10. 求下列矩阵 $\boldsymbol{A}$ 的 Jordan 标准形,并求变换矩阵 $\boldsymbol{P}$ 使得 $\boldsymbol{P}^{-1}\boldsymbol{A}\boldsymbol{P}=\boldsymbol{J}$:

(1) $\boldsymbol{A}=\begin{pmatrix}0 & -4 & 0\\ 1 & -4 & 0\\ 1 & -2 & -2\end{pmatrix}$; (2) $\boldsymbol{A}=\begin{pmatrix}1 & -3 & 4\\ 4 & -7 & 8\\ 6 & -7 & 7\end{pmatrix}$.

11. 设矩阵

$$\boldsymbol{A}=\begin{pmatrix}1 & 0 & 2\\ 0 & -1 & 1\\ 0 & 1 & 0\end{pmatrix}$$

试计算 $2\boldsymbol{A}^8-3\boldsymbol{A}^5+\boldsymbol{A}^4+\boldsymbol{A}^2-4\boldsymbol{I}$.

12. 证明:如果 $\lambda_1,\lambda_2,\cdots,\lambda_n$ 是 n 阶矩阵 $\boldsymbol{A}$ 的 n 个特征值,$f(\lambda)$是任一多项式,则 $f(\lambda_1),f(\lambda_2),\cdots,f(\lambda_n)$是 n 阶矩阵 $f(\boldsymbol{A})$的 n 个特征值.

13. 证明:任意可逆矩阵 $\boldsymbol{A}$ 的逆矩阵 $\boldsymbol{A}^{-1}$ 可以表示为 $\boldsymbol{A}$ 的多项式.

14. 求下列矩阵的最小多项式:

(1) $\begin{pmatrix}3 & 1 & -1\\ 0 & 2 & 0\\ 1 & 1 & 1\end{pmatrix}$; (2) $\begin{pmatrix}4 & -2 & 2\\ -5 & 7 & -5\\ -6 & 7 & -4\end{pmatrix}$;

15. 证明:n 阶矩阵 $\boldsymbol{A}$ 的最小多项式的次数为 n 的充分必要条件是 $\boldsymbol{A}$ 的最小多项式就是 $\boldsymbol{A}$ 的特征多项式.

16. 设 $\boldsymbol{A}$ 是 n 阶幂等矩阵.证明 $\boldsymbol{A}$ 相似于矩阵 $\mathrm{diag}(\boldsymbol{I}_r,0)$,其中 $r=\mathrm{rank}(\boldsymbol{A})$.

17. 证明:如果 n 阶矩阵 $\boldsymbol{A}$ 满足 $\boldsymbol{A}^p=\boldsymbol{I}$($p$ 是某个正整数),则 $\boldsymbol{A}$ 相似于对角矩阵.

18. 证明:如果 n 阶矩阵 $\boldsymbol{A}$ 满足 $\boldsymbol{A}^2-5\boldsymbol{A}=-6\boldsymbol{I}$,则 $\boldsymbol{A}$ 相似于对角矩阵.

第四章　矩阵的因子分解

矩阵的因子分解就是将给定的矩阵分解成特殊类型矩阵的乘积. 本章介绍一些在矩阵理论和数值计算中具有广泛应用的矩阵因子分解.

§4.1　初 等 矩 阵

4.1.1　初 等 矩 阵

在线性代数课程中,我们已经看到初等矩阵对矩阵求逆与线性方程组的研究起着重要的作用. 本节介绍更一般形式的初等矩阵,它是矩阵理论和矩阵计算的基本工具.

定义 4.1.1　设 $u,v\in \mathbf{C}^n$,σ 为一复数,如下形式的矩阵

$$\boldsymbol{E}(u,v,\sigma)=\boldsymbol{I}-\sigma uv^{\mathrm{H}} \tag{4.1.1}$$

称为**初等矩阵**.

定理 4.1.1　初等矩阵 $\boldsymbol{E}(u,v,\sigma)$ 具有如下性质:

(1) $\det(\boldsymbol{E}(u,v,\sigma))=1-\sigma v^{\mathrm{H}}u$;

(2) 如果 $\sigma v^{\mathrm{H}}u\neq 1$,则 $\boldsymbol{E}(u,v,\sigma)$ 可逆,并且其逆矩阵也是初等矩阵

$$\boldsymbol{E}(u,v,\sigma)^{-1}=\boldsymbol{E}(u,v,\tau) \tag{4.1.2}$$

其中 $\tau=\dfrac{\sigma}{\sigma v^{\mathrm{H}}u-1}$.

(3) 对任意非零向量 $a,b\in \mathbf{C}^n$,可适当选取 u,v 和 σ 使得

$$\boldsymbol{E}(u,v,\sigma)a=b \tag{4.1.3}$$

证明　(1) 如果 $v=0$,则(1)显然成立;如果 $v\neq 0$,则令 $u_1=\dfrac{v}{\|v\|}$,并在 $\mathrm{span}(v)^{\perp}$ 中取一组标准正交基 $u_2,\cdots,u_n$. 记 $\boldsymbol{U}=[u_1,u_2,\cdots,u_n]$,则 $\boldsymbol{U}$ 是酉矩阵,且

$$\boldsymbol{U}^{\mathrm{H}}\boldsymbol{E}(u,v,\sigma)\boldsymbol{U}=\begin{bmatrix}1-\sigma v^{\mathrm{H}}u & 0 & \cdots & 0\\ -\sigma\|v\|u_2^{\mathrm{H}}u & 1 & \cdots & 0\\ \vdots & \vdots & & \vdots\\ -\sigma\|v\|u_n^{\mathrm{H}}u & 0 & \cdots & 1\end{bmatrix}$$

由上式即得 $\det(\boldsymbol{E}(u,v,\sigma))=1-\sigma v^{\mathrm{H}}u$.

(2) 由关系式

$$\boldsymbol{E}(u,v,\sigma)\boldsymbol{E}(u,v,\tau)=\boldsymbol{E}(u,v,\sigma+\tau-\sigma\tau v^{\mathrm{H}}u)$$

及(1)可知，当且仅当 $\sigma v^{\mathrm{H}}u\neq 1$ 时，$\boldsymbol{E}(u,v,\sigma)$ 可逆，并且当 $\sigma+\tau-\sigma\tau v^{\mathrm{H}}u=0$ 时，即 $\tau=\dfrac{\sigma}{\sigma v^{\mathrm{H}}u-1}$ 时，$\boldsymbol{E}(u,v,\sigma)^{-1}=\boldsymbol{E}(u,v,\tau)$.

(3) 只需取 u,v 和 σ 满足 $v^{\mathrm{H}}a\neq 0,\sigma u=\dfrac{a-b}{v^{\mathrm{H}}a}$ 即可. □

线性代数中所用的初等矩阵都可以用初等矩阵 $\boldsymbol{E}(u,v,\sigma)$ 表示.

例 4.1.1 初等(交换)矩阵 $\boldsymbol{P}(i,j)$，即交换单位矩阵 $\boldsymbol{I}$ 的第 i,j 两行(或列)所得的矩阵. 令 $u=v=e_i-e_j$，其中 $e_i=(\underbrace{0,\cdots,0,1}_{i},0\cdots,0)^{\mathrm{T}},\sigma=1$，则

$$\boldsymbol{P}(i,j)=\boldsymbol{E}(e_i-e_j,e_i-e_j,1)=\boldsymbol{I}-(e_i-e_j)(e_i-e_j)^{\mathrm{T}}$$

由定理 4.1.1 知 $\det(\boldsymbol{P}(i,j))=-1(i\neq j)$，并且 $\boldsymbol{P}(i,j)^{-1}=\boldsymbol{P}(i,j)$.

例 4.1.2 初等矩阵 $\boldsymbol{P}(i(k))$，即由单位矩阵 $\boldsymbol{I}$ 的第 i 行(列)乘以非零数 k 所得的矩阵. 令 $u=v=e_i,\sigma=1-k$，则

$$\boldsymbol{P}(i(k))=\boldsymbol{E}(e_i,e_i,1-k)=\boldsymbol{I}-(1-k)e_ie_i^{\mathrm{T}}$$

由定理 4.1.1 知 $\det(\boldsymbol{P}(i(k)))=k$，并且 $\boldsymbol{P}(i(k))^{-1}=\boldsymbol{P}(i(\frac{1}{k}))$.

例 4.1.3 初等矩阵 $\boldsymbol{P}(i,j(k))$，即把单位矩阵第 j 行的 k 倍加到第 i 行所得的矩阵. 令 $u=e_i,v=e_j,\sigma=-k$，则

$$\boldsymbol{P}(i,j(k))=\boldsymbol{E}(e_i,e_j,-k)=\boldsymbol{I}+ke_ie_j^{\mathrm{T}}$$

并且 $\det(\boldsymbol{P}(i,j(k)))=1,\boldsymbol{P}(i,j(k))^{-1}=\boldsymbol{P}(i,j(-k))$.

下面介绍两种不同的初等矩阵.

4.1.2 初等下三角矩阵

令 $u=l_i=(0,\cdots,0,l_{i+1,i},\cdots,l_{ni})^{\mathrm{T}},v=e_i,\sigma=1$，则

$$\boldsymbol{L}_i=\boldsymbol{L}_i(l_i)=\boldsymbol{E}(l_i,e_i,1)$$

称为**初等下三角矩阵**. 即

$$\boldsymbol{L}_i=\boldsymbol{L}_i(l_i)=\boldsymbol{I}-l_ie_i^{\mathrm{T}}=\begin{pmatrix}1 & & & & & 0\\ & \ddots & & & & \\ & & 1 & & & \\ & & -l_{i+1,i} & 1 & & \\ & & \vdots & & \ddots & \\ 0 & & \vdots & 0 & & \ddots & \\ & & -l_{ni} & & & & 1\end{pmatrix} \tag{4.1.4}$$

由定理 4.1.1 知 $\det(\boldsymbol{L}_i)=1$,并且 $\boldsymbol{L}_i^{-1}=\boldsymbol{E}(l_i,e_i,-1)=\boldsymbol{L}_i(-l_i)$.

对初等下三角矩阵(4.1.4),当 $i<j$ 时,有

$$\boldsymbol{L}_i(l_i)\boldsymbol{L}_j(l_j)=\boldsymbol{I}-l_ie_i^{\mathrm{T}}-l_je_j^{\mathrm{T}}=\begin{pmatrix}1 & & & & & & \\ & \ddots & & & & 0 & \\ & & 1 & & & & \\ & & -l_{i+1,i} & \ddots & & & \\ & & \vdots & & 1 & & \\ & 0 & \vdots & 0 & -l_{j+1,j} & \ddots & \\ & & & & \vdots & & \\ & & -l_{ni} & & -l_{nj} & 0 & 1\end{pmatrix} \tag{4.1.5}$$

用初等下三角矩阵 $\boldsymbol{L}_i$ 左乘一个矩阵 $\boldsymbol{A}$,等于从 $\boldsymbol{A}$ 的第 k 行减去第 i 行乘以 $l_{ki}(k=i+1,\cdots,n)$. 对于 $\boldsymbol{A}=(a_{ij})$,如果 $a_{ij}\neq 0$,取

$$l_{ki}=\frac{a_{kj}}{a_{ij}},\qquad k=i+1,\cdots,n \tag{4.1.6}$$

则 $\boldsymbol{L}_i\boldsymbol{A}$ 的第$(i+1,j),\cdots,(n,j)$元素全为零. 这就是消去法的一步.

初等下三角矩阵在矩阵的满秩分解、三角分解以及用消去法求解线性方程组中起着重要的作用.

4.1.3 Householder 矩阵

在(4.1.1)中取 $u=v=w,\sigma=2$,并且 w 是单位向量,即 $\|w\|=1$,初等矩阵

$$\boldsymbol{H}(w) = \boldsymbol{E}(w,w,2) = \boldsymbol{I} - 2ww^{\mathrm{H}} \tag{4.1.7}$$

称为 Householder **矩阵或初等** Hermite **矩阵**.

定理 4.1.2 Householder 矩阵 $\boldsymbol{H}(w)$具有如下性质：

(1) $\det(\boldsymbol{H}(w)) = -1$；

(2) $\boldsymbol{H}(w)^{\mathrm{H}} = \boldsymbol{H}(w) = \boldsymbol{H}(w)^{-1}$；

(3) 设 $a,b\in\mathbf{C}^n$ 且 $a\neq b$,则存在单位向量 w 使得 $\boldsymbol{H}(w)a=b$ 的充分必要条件是

$$a^{\mathrm{H}}a = b^{\mathrm{H}}b,\quad a^{\mathrm{H}}b = b^{\mathrm{H}}a \tag{4.1.8}$$

并且若上述条件成立,则使 $\boldsymbol{H}(w)a=b$ 成立的单位向量 w 可取为

$$w = \mathrm{e}^{\mathrm{i}\theta}(a-b)/\|a-b\| \tag{4.1.9}$$

其中 θ 为任一实数.

证明 (1),(2)可直接从初等矩阵的性质得出. 性质(3)的必要性是显然的,以下证明其充分性.

因为 $a\neq b$,则取 $w=\mathrm{e}^{\mathrm{i}\theta}(a-b)/\|a-b\|$,有

$$\boldsymbol{H}(w)a = \left(\boldsymbol{I} - 2\frac{(a-b)(a-b)^{\mathrm{H}}}{\|a-b\|^2}\right)a = a - \frac{2(a^{\mathrm{H}}a - b^{\mathrm{H}}a)(a-b)}{a^{\mathrm{H}}a + b^{\mathrm{H}}b - a^{\mathrm{H}}b - b^{\mathrm{H}}a}$$

由条件(4.1.8)即得 $\boldsymbol{H}(w)a=b$. □

对于 $a=(a_1,\cdots,a_n)^{\mathrm{T}}\neq 0$,若令

$$\sigma = \begin{cases} \|a\|, & a_1 = 0 \\ -e^{\mathrm{i}\arg a_1}\|a\|, & a_1 \neq 0 \end{cases} \tag{4.1.10}$$

并取

$$w = (a - \sigma e_1)/\|a - \sigma e_1\| \tag{4.1.11}$$

则有

$$\boldsymbol{H}(w)a = \sigma e_1 \tag{4.1.12}$$

Householder 矩阵在矩阵的 QR 分解和矩阵计算中具有重要的应用.

§4.2 满秩分解

设 $\boldsymbol{A}$ 为 $m\times n$ 矩阵,且 $\mathrm{rank}(\boldsymbol{A})=r$. 由定理 2.1.10 知,存在 m 阶可逆矩阵 $\boldsymbol{P}$ 和 n 阶可逆矩阵 $\boldsymbol{Q}$ 使得

$$\boldsymbol{A}=\boldsymbol{P}\begin{bmatrix}\boldsymbol{I}_r & 0\\ 0 & 0\end{bmatrix}\boldsymbol{Q} \tag{4.2.1}$$

定理 4.2.1(满秩分解定理) 设 $m\times n$ 矩阵 $\boldsymbol{A}$ 的秩为 $r>0$,则存在 $m\times r$ 矩阵 $\boldsymbol{B}$ 和 $r\times n$ 矩阵 $\boldsymbol{C}$ 使得

$$\boldsymbol{A}=\boldsymbol{BC} \tag{4.2.2}$$

并且 $\mathrm{rank}(\boldsymbol{B})=\mathrm{rank}(\boldsymbol{C})=r$.

证明 方法 1. 因为

$$\begin{bmatrix}\boldsymbol{I}_r & 0\\ 0 & 0\end{bmatrix}=\begin{bmatrix}\boldsymbol{I}_r\\ 0\end{bmatrix}[\boldsymbol{I}_r \quad 0]$$

故(4.2.1)可以改写成

$$\boldsymbol{A}=P\begin{bmatrix}\boldsymbol{I}_r\\ 0\end{bmatrix}[\boldsymbol{I}_r \quad 0]\boldsymbol{Q}$$

令 $\boldsymbol{P}\begin{bmatrix}\boldsymbol{I}_r\\ 0\end{bmatrix}=\boldsymbol{B}$,$[\boldsymbol{I}_r \quad 0]\boldsymbol{Q}=\boldsymbol{C}$,便得

$$\boldsymbol{A}=BC$$

其中 $\boldsymbol{B}$ 是 $m\times r$ 矩阵,它的 r 个列是非奇异矩阵 $\boldsymbol{P}$ 的前 r 列,因而线性无关,$\mathrm{rank}(\boldsymbol{B})=r$. $\boldsymbol{C}$ 是 $r\times n$ 矩阵,它的 r 个行也是线性无关的,故 $\mathrm{rank}(\boldsymbol{C})=r$.

方法 2. 利用初等下三角矩阵,可以构造性地证明满秩分解(4.2.2)的存在性,证明的过程同时给出了进行满秩分解的方法.

设 $\boldsymbol{A}^{(0)}=\boldsymbol{A}$ 的第 1 个非零列为第 j_1 列,第 j_1 列的第 1 个非零元素在第 i_1 行,则矩阵 $\boldsymbol{P}(1,i_1)\boldsymbol{A}^{(0)}$ 中 $(1,j_1)$ 位置上元素非零. 于是左乘以适当的初等下三角矩阵 $\boldsymbol{L}_1$,可使

$$\boldsymbol{A}^{(1)}=\boldsymbol{L}_1\boldsymbol{P}(1,i_1)\boldsymbol{A}^{(0)}$$

的第 j_1 列第 1 个元素以下全部为零,同时 $\boldsymbol{A}^{(1)}$ 的前 j_1-1 列全部为零. 然后在 $\boldsymbol{A}^{(1)}$ 中找出第 1 个在第 1 行以下有非零元素的列,假设它是第 j_2 列,并且在 (i_2,j_2) 位置上元素是第 j_2 列中第 1 行以下第 1 个非零元素,则 $\boldsymbol{P}(2,i_2)\boldsymbol{A}^{(1)}$ 中 $(2,j_2)$ 位置上元素非零. 于是左乘以适当的初等下三角矩阵 $\boldsymbol{L}_2$,可使

$$\boldsymbol{A}^{(2)}=\boldsymbol{L}_2\boldsymbol{P}(2,i_2)\boldsymbol{A}^{(1)}$$

的第 j_2 列第 2 个元素以下全部为零,并且 $\boldsymbol{A}^{(2)}$ 的前 j_2-1 列保持与 $\boldsymbol{A}^{(1)}$ 相同.

依此类推，直到某一个 $\boldsymbol{A}^{(r)}$，它的第 r 行以下各行全部为零为止. 这时

$$\boldsymbol{A}^{(r)} = \boldsymbol{L}_r\boldsymbol{P}(r,i_r)\boldsymbol{L}_{r-1}\boldsymbol{P}(r-1,i_{r-1})\cdots\boldsymbol{L}_1\boldsymbol{P}(1,i_1)\boldsymbol{A}^{(0)}$$

记

$$\boldsymbol{A}^{(r)} = \begin{bmatrix}\boldsymbol{C}\\0\end{bmatrix},\ (\boldsymbol{L}_r\boldsymbol{P}(r,i_r)\cdots\boldsymbol{L}_1\boldsymbol{P}(1,i_1))^{-1} = (\boldsymbol{B},\boldsymbol{B}')$$

其中 $\boldsymbol{B}$ 是 $m\times r$ 矩阵，$\boldsymbol{C}$ 是 $r\times n$ 矩阵，并且 $\mathrm{rank}(\boldsymbol{B})=r$，$\mathrm{rank}(\boldsymbol{C})=r$，$\boldsymbol{A}=\boldsymbol{BC}$. □

矩阵 $\boldsymbol{A}$ 的分解式(4.2.2)中，$\boldsymbol{B}$ 称为**列满秩矩阵**，$\boldsymbol{C}$ 称为**行满秩矩阵**，(4.2.2)称为 $\boldsymbol{A}$ 的满秩分解.

注意 矩阵 $\boldsymbol{A}$ 的满秩分解(4.2.2)一般是不惟一的. 事实上，对任一 r 阶非奇异矩阵 $\boldsymbol{D}$，若令 $\boldsymbol{B}_1=\boldsymbol{BD}$，$\boldsymbol{C}_1=\boldsymbol{D}^{-1}\boldsymbol{C}$，则显然有 $\boldsymbol{A}=\boldsymbol{B}_1\boldsymbol{C}_1$.

例 4.2.1 求矩阵

$$\boldsymbol{A} = \begin{bmatrix}-1 & 0 & 1 & 2\\ 1 & 2 & -1 & 1\\ 2 & 2 & -2 & -1\\ -2 & -4 & 2 & -2\end{bmatrix}$$

的一个满秩分解.

解 由(4.1.6)可取

$$\boldsymbol{L}_1 = \begin{bmatrix}1 & 0 & 0 & 0\\ -\frac{a_{21}}{a_{11}} & 1 & 0 & 0\\ -\frac{a_{31}}{a_{11}} & 0 & 1 & 0\\ -\frac{a_{41}}{a_{11}} & 0 & 0 & 1\end{bmatrix} = \begin{bmatrix}1 & 0 & 0 & 0\\ 1 & 1 & 0 & 0\\ 2 & 0 & 1 & 0\\ -2 & 0 & 0 & 1\end{bmatrix}$$

则

$$\boldsymbol{L}_1\boldsymbol{A} = \begin{bmatrix}-1 & 0 & 1 & 2\\ 0 & 2 & 0 & 3\\ 0 & 2 & 0 & 3\\ 0 & -4 & 0 & -6\end{bmatrix}$$

取

$$L_2 = \begin{pmatrix} 1 & 0 & 0 & 0 \\ 0 & 1 & 0 & 0 \\ 0 & -1 & 1 & 0 \\ 0 & 2 & 0 & 1 \end{pmatrix}$$

则

$$L_2(L_1A) = \begin{pmatrix} -1 & 0 & 1 & 2 \\ 0 & 2 & 0 & 3 \\ 0 & 0 & 0 & 0 \\ 0 & 0 & 0 & 0 \end{pmatrix}$$

于是

$$A = L_1^{-1}L_2^{-1}\begin{pmatrix} -1 & 0 & 1 & 2 \\ 0 & 2 & 0 & 3 \\ 0 & 0 & 0 & 0 \\ 0 & 0 & 0 & 0 \end{pmatrix} = \begin{pmatrix} 1 & 0 & 0 & 0 \\ -1 & 1 & 0 & 0 \\ -2 & 0 & 1 & 0 \\ 2 & 0 & 0 & 1 \end{pmatrix}\begin{pmatrix} 1 & 0 & 0 & 0 \\ 0 & 1 & 0 & 0 \\ 0 & 1 & 1 & 0 \\ 0 & -2 & 0 & 1 \end{pmatrix}\begin{pmatrix} -1 & 0 & 1 & 2 \\ 0 & 2 & 0 & 3 \\ 0 & 0 & 0 & 0 \\ 0 & 0 & 0 & 0 \end{pmatrix}$$

$$= \begin{pmatrix} 1 & 0 & 0 & 0 \\ -1 & 1 & 0 & 0 \\ -2 & 1 & 1 & 0 \\ 2 & -2 & 0 & 1 \end{pmatrix}\begin{pmatrix} -1 & 0 & 1 & 2 \\ 0 & 2 & 0 & 3 \\ 0 & 0 & 0 & 0 \\ 0 & 0 & 0 & 0 \end{pmatrix}$$

令 $B = \begin{pmatrix} 1 & 0 \\ -1 & 1 \\ -2 & 1 \\ 2 & -2 \end{pmatrix}$, $C = \begin{pmatrix} -1 & 0 & 1 & 2 \\ 0 & 2 & 0 & 3 \end{pmatrix}$, 则 $A = BC$.

例 4.2.2 求矩阵

$$A = \begin{pmatrix} 0 & 2 & 1 & -1 \\ 1 & 2 & 3 & 0 \\ -2 & -2 & -5 & -1 \end{pmatrix}$$

的一个满秩分解.

解 取

$$P(1,2)=\begin{pmatrix}0&1&0\\1&0&0\\0&0&1\end{pmatrix}$$

则

$$P(1,2)A=\begin{pmatrix}1&2&3&0\\0&2&1&-1\\-2&-2&-5&-1\end{pmatrix}$$

令

$$L_1=\begin{pmatrix}1&0&0\\0&1&0\\2&0&1\end{pmatrix}$$

则

$$L_1P(1,2)A=\begin{pmatrix}1&2&3&0\\0&2&1&-1\\0&2&1&-1\end{pmatrix}=A^{(1)}$$

取

$$L_2=\begin{pmatrix}1&0&0\\0&1&0\\0&-1&1\end{pmatrix}$$

则

$$L_2L_1P(1,2)A=\begin{pmatrix}1&2&3&0\\0&2&1&-1\\0&0&0&0\end{pmatrix}=A^{(2)}$$

因此

$$A=P(1,2)L_1^{-1}L_2^{-1}A^{(2)}=P(1,2)\begin{pmatrix}1&0&0\\0&1&0\\-2&0&1\end{pmatrix}\begin{pmatrix}1&0&0\\0&1&0\\0&1&1\end{pmatrix}\begin{pmatrix}1&2&3&0\\0&2&1&-1\\0&0&0&0\end{pmatrix}$$

$$= \boldsymbol{P}(1,2)\begin{pmatrix}1&0&0\\0&1&0\\-2&1&1\end{pmatrix}\begin{pmatrix}1&2&3&0\\0&2&1&-1\\0&0&0&0\end{pmatrix}=\begin{pmatrix}0&1&0\\1&0&0\\-2&1&1\end{pmatrix}\begin{pmatrix}1&2&3&0\\0&2&1&-1\\0&0&0&0\end{pmatrix}$$

令 $\boldsymbol{B}=\begin{pmatrix}0&1\\1&0\\-2&1\end{pmatrix}$，$\boldsymbol{C}=\begin{pmatrix}1&2&3&0\\0&2&1&-1\end{pmatrix}$，则 $\boldsymbol{A}=\boldsymbol{BC}$.

§4.3 三角分解

设 $\boldsymbol{A}=(a_{ij})$ 是 n 阶矩阵，如果 $\boldsymbol{A}$ 的对角线下(上)方的元素全为零，即对 $i>j$，$a_{ij}=0$(对 $i<j$，$a_{ij}=0$)，则称矩阵 $\boldsymbol{A}$ 为**上(下)三角矩阵**. 上三角矩阵和下三角矩阵统称为**三角矩阵**. 对角元全为 1 的上(下)三角矩阵称为**单位上(下)三角矩阵**.

$\boldsymbol{A}$，$\boldsymbol{B}$ 是两个 n 阶上(下)三角矩阵，容易验证：$\boldsymbol{A}+\boldsymbol{B}$，$\boldsymbol{AB}$ 仍是上(下)三角矩阵，并且 $\boldsymbol{A}$ 可逆的充分必要条件是 $\boldsymbol{A}$ 的对角元均非零. 当 $\boldsymbol{A}$ 可逆时，其逆矩阵也是上(下)三角矩阵. 特别地，两个单位上(下)三角矩阵的乘积仍是单位上(下)三角矩阵，并且单位上(下)三角矩阵的逆矩阵也是单位上(下)三角矩阵.

设 $\boldsymbol{A}$ 是 n 阶矩阵，如果有下三角矩阵 $\boldsymbol{L}$ 和上三角矩阵 $\boldsymbol{U}$ 使得 $\boldsymbol{A}=\boldsymbol{LU}$，则称 $\boldsymbol{A}$ 能作三角分解，并且称 $\boldsymbol{A}=\boldsymbol{LU}$ 为 $\boldsymbol{A}$ 的**三角分解**或 **$\boldsymbol{LU}$ 分解**.

定理 4.3.1(**$\boldsymbol{LU}$ 分解定理**) 设 $\boldsymbol{A}$ 是 n 阶非奇异矩阵，则存在惟一的单位下三角矩阵 $\boldsymbol{L}$ 和上三角矩阵 $\boldsymbol{U}$ 使得

$$\boldsymbol{A}=\boldsymbol{LU} \tag{4.3.1}$$

的充分必要条件是 $\boldsymbol{A}$ 的所有顺序主子式均非零，即

$$\Delta_k=\boldsymbol{A}\begin{pmatrix}1\cdots k\\1\cdots k\end{pmatrix}\neq 0, k=1,\cdots,n-1 \tag{4.3.2}$$

证明 必要性. 如果存在单位下三角矩阵 $\boldsymbol{L}$ 和上三角矩阵 $\boldsymbol{U}$ 使得 $\boldsymbol{A}=\boldsymbol{LU}$，记

$$\boldsymbol{U}=\begin{pmatrix}u_{11}&u_{12}&\cdots&u_{1n}\\0&u_{22}&\cdots&u_{2n}\\\vdots&\vdots&\ddots&\vdots\\0&\cdots&0&u_{nn}\end{pmatrix}$$

则$|\boldsymbol{A}|=|\boldsymbol{LU}|=|\boldsymbol{U}|=u_{11}u_{22}\cdots u_{nn}$. 因为$A$非奇异,所以$u_{ii}\neq 0$. 将$\boldsymbol{A}=\boldsymbol{LU}$分块写成

$$\begin{pmatrix}\boldsymbol{A}_{11} & \boldsymbol{A}_{12}\\ \boldsymbol{A}_{21} & \boldsymbol{A}_{22}\end{pmatrix}=\begin{pmatrix}\boldsymbol{L}_{11} & 0\\ \boldsymbol{L}_{21} & \boldsymbol{L}_{22}\end{pmatrix}\begin{pmatrix}\boldsymbol{U}_{11} & \boldsymbol{U}_{12}\\ 0 & \boldsymbol{U}_{22}\end{pmatrix}$$

其中$\boldsymbol{A}_{11},\boldsymbol{L}_{11},\boldsymbol{U}_{11}$分别为$\boldsymbol{A},\boldsymbol{L},\boldsymbol{U}$的$k$阶顺序主子矩阵,于是

$$\boldsymbol{A}_{11}=\boldsymbol{L}_{11}\boldsymbol{U}_{11}$$

从而$|\boldsymbol{A}_{11}|=\Delta_k=|\boldsymbol{U}_{11}|=u_{11}\cdots u_{kk}\neq 0(k=1,2,\cdots,n)$,并且

$$u_{11}=a_{11},\quad u_{kk}=\frac{\Delta_k}{\Delta_{k-1}},k=2,\cdots,n \tag{4.3.3}$$

充分性. 对矩阵的阶数作归纳法证明分解式(4.3.1)存在. 当矩阵的阶为1时结论显然成立. 设对$n-1$阶矩阵有分解式(4.3.1). 对n阶矩阵$\boldsymbol{A}$,记

$$\boldsymbol{A}=\begin{pmatrix}\boldsymbol{A}_{n-1} & \beta\\ \alpha & a_{nn}\end{pmatrix}$$

其中$\boldsymbol{A}_{n-1}$为$\boldsymbol{A}$的$n-1$阶顺序主子矩阵. 根据定理的条件,$\boldsymbol{A}_{n-1}$是非奇异矩阵,则有

$$\begin{pmatrix}\boldsymbol{I}_{n-1} & 0\\ -\alpha\boldsymbol{A}_{n-1}^{-1} & 1\end{pmatrix}\boldsymbol{A}=\begin{pmatrix}\boldsymbol{I}_{n-1} & 0\\ -\alpha\boldsymbol{A}_{n-1}^{-1} & 1\end{pmatrix}\begin{pmatrix}\boldsymbol{A}_{n-1} & \beta\\ \alpha & a_{nn}\end{pmatrix}=\begin{pmatrix}\boldsymbol{A}_{n-1} & \beta\\ 0 & a_{nn}-\alpha\boldsymbol{A}_{n-1}^{-1}\beta\end{pmatrix}$$

从而

$$\boldsymbol{A}=\begin{pmatrix}\boldsymbol{I}_{n-1} & 0\\ \alpha\boldsymbol{A}_{n-1}^{-1} & 1\end{pmatrix}\begin{pmatrix}\boldsymbol{A}_{n-1} & \beta\\ 0 & a_{nn}-\alpha\boldsymbol{A}_{n-1}^{-1}\beta\end{pmatrix} \tag{4.3.4}$$

由归纳假设,存在$n-1$阶单位下三角矩阵$\boldsymbol{L}_{n-1}$和上三角矩阵$\boldsymbol{U}_{n-1}$使得$\boldsymbol{A}_{n-1}=\boldsymbol{L}_{n-1}\boldsymbol{U}_{n-1}$. 于是可得

$$\begin{aligned}\boldsymbol{A}&=\begin{pmatrix}\boldsymbol{I}_{n-1} & 0\\ \alpha\boldsymbol{A}_{n-1}^{-1} & 1\end{pmatrix}\begin{pmatrix}\boldsymbol{L}_{n-1}\boldsymbol{U}_{n-1} & \beta\\ 0 & a_{nn}-\alpha\boldsymbol{A}_{n-1}^{-1}\beta\end{pmatrix}\\ &=\begin{pmatrix}\boldsymbol{I}_{n-1} & 0\\ \alpha\boldsymbol{A}_{n-1}^{-1} & 1\end{pmatrix}\begin{pmatrix}\boldsymbol{L}_{n-1} & 0\\ 0 & 1\end{pmatrix}\begin{pmatrix}\boldsymbol{U}_{n-1} & \boldsymbol{L}_{n-1}^{-1}\beta\\ 0 & a_{nn}-\alpha\boldsymbol{A}_{n-1}^{-1}\beta\end{pmatrix}\end{aligned}$$

令

$$\boldsymbol{L}=\begin{pmatrix}\boldsymbol{I}_{n-1} & 0\\ \alpha\boldsymbol{A}_{n-1}^{-1} & 1\end{pmatrix}\begin{pmatrix}\boldsymbol{L}_{n-1} & 0\\ 0 & 1\end{pmatrix},\boldsymbol{U}=\begin{pmatrix}\boldsymbol{U}_{n-1} & \boldsymbol{L}_{n-1}^{-1}\beta\\ 0 & a_{nn}-\alpha\boldsymbol{A}_{n-1}^{-1}\beta\end{pmatrix}$$

即得 $\boldsymbol{A}=\boldsymbol{L}\boldsymbol{U}$,其中 $\boldsymbol{L}$ 是单位下三角矩阵,$\boldsymbol{U}$ 是上三角矩阵. 因此矩阵的阶为 n 时分解式(4.3.1)也存在.

下面证明惟一性. 如果

$$\boldsymbol{A}=\boldsymbol{L}\boldsymbol{U}=\widetilde{\boldsymbol{L}}\widetilde{\boldsymbol{U}}$$

其中 $\boldsymbol{L},\widetilde{\boldsymbol{L}}$ 为 n 阶单位下三角矩阵,$\boldsymbol{U},\widetilde{\boldsymbol{U}}$ 为 n 阶可逆上三角矩阵,则

$$\widetilde{\boldsymbol{L}}^{-1}\boldsymbol{L}=\widetilde{\boldsymbol{U}}\boldsymbol{U}^{-1}$$

上式左边的矩阵是单位下三角矩阵,而右边的矩阵是上三角矩阵. 因此 $\widetilde{\boldsymbol{L}}^{-1}\boldsymbol{L}=\widetilde{\boldsymbol{U}}\boldsymbol{U}^{-1}=\boldsymbol{I}$. 于是 $\boldsymbol{L}=\widetilde{\boldsymbol{L}},\boldsymbol{U}=\widetilde{\boldsymbol{U}}$. 这就证明了惟一性. □

因为非奇异上三角矩阵

$$\begin{pmatrix}u_{11} & u_{12} & u_{13} & \cdots & u_{1n}\\ 0 & u_{22} & u_{23} & \cdots & u_{2n}\\ & & \ddots & \ddots & \vdots\\ & & & u_{n-1,n-1} & u_{n-1,n}\\ 0 & \cdots & & 0 & u_{nn}\end{pmatrix}$$

$$=\begin{pmatrix}u_{11} & & & & \\ & u_{22} & & 0 & \\ & & \ddots & & \\ & 0 & & u_{n-1,n-1} & \\ & & & & u_{nn}\end{pmatrix}\begin{pmatrix}1 & \dfrac{u_{12}}{u_{11}} & \dfrac{u_{13}}{u_{11}} & \cdots & \dfrac{u_{1n}}{u_{11}}\\ & 1 & \dfrac{u_{23}}{u_{22}} & \cdots & \dfrac{u_{2n}}{u_{22}}\\ & & \ddots & \ddots & \vdots\\ & 0 & & 1 & \dfrac{u_{n-1,n}}{u_{n-1,n-1}}\\ & & & & 1\end{pmatrix}\tag{4.3.5}$$

由定理 4.3.1 和(4.3.3),(4.3.5)容易得到如下定理.

定理 4.3.2(LDU 分解定理) 设 $\boldsymbol{A}$ 是 n 阶非奇异矩阵,则存在惟一的单位下三角矩阵 $\boldsymbol{L}$,对角矩阵 $\boldsymbol{D}=\mathrm{diag}(d_1,d_2,\cdots,d_n)$ 和单位上三角矩阵 $\boldsymbol{U}$

使得

$$A = LDU \tag{4.3.6}$$

的充分必要条件是 A 的所有顺序主子式均非零，即 $\Delta_k \neq 0(k=1,\cdots,n-1)$，并且

$$d_1 = a_{11}, d_k = \frac{\Delta_k}{\Delta_{k-1}}, k = 2,\cdots,n \tag{4.3.7}$$

分解式(4.3.6)称为矩阵 A 的 ***LDU* 分解**.

关于矩阵的 LU 分解或 LDU 分解的实际计算，仿照例 4.2.1 即可实现.

由以上两个定理知，即使矩阵 A 非奇异，A 未必能作 LU 分解和 LDU 分解. 例如，矩阵 $A=\begin{pmatrix} 0 & 4 & 6 \\ 0 & -3 & -5 \\ 1 & -3 & -6 \end{pmatrix}$ 非奇异，但 A 不能作 LU 分解和 LDU 分解.

由定理 4.2.1 的证明方法 2 可见，适当改变非奇异矩阵 A 的行的次序，使改变后的矩阵可以作 LU 分解. 为此，我们先介绍排列矩阵的概念.

定义 4.3.1 设 e_i 是 n 阶单位矩阵的第 i 列($i=1,2,\cdots,n$)，以 $e_1,e_2,\cdots,e_n$ 为列作成的矩阵$[e_{i_1},e_{i_2},\cdots,e_{i_n}]$称为 n 阶**排列矩阵**，其中 $i_1,i_2,\cdots,i_n$ 是 $1,2,\cdots,n$ 的一个排列.

显然，初等交换矩阵 $P(i,j)$是特殊的排列矩阵，并且初等交换矩阵的乘积是排列矩阵.

容易证明：排列矩阵的转置仍为排列矩阵，并且排列矩阵是正交矩阵，排列矩阵的逆是排列矩阵.

以排列矩阵$[e_{i_1},e_{i_2},\cdots,e_{i_n}]^{\mathrm{T}}$ 左乘 n 阶矩阵 A，就是将 A 的行按照 $i_1,\cdots,i_n$ 的次序重排；以排列矩阵$[e_{i_1},e_{i_2},\cdots,e_{i_n}]$右乘矩阵 A，就是将 A 的列按照 $i_1,\cdots,i_n$ 的次序重排.

定理 4.3.3 设 A 是 n 阶非奇异矩阵，则存在排列矩阵 P 使得

$$PA = L\widetilde{U} = LDU \tag{4.3.8}$$

其中 L 是单位下三角矩阵，$\widetilde{U}$ 是上三角矩阵，U 是单位上三角矩阵，D 是对角矩阵.

证明 因为 A 非奇异，所以 $\mathrm{rank}(A)=r=n$. 由定理 4.2.1 的证法 2，$A^{(n-1)}=\widetilde{U}$ 是上三角矩阵，则

$$A^{(n-1)} = \widetilde{U} = L_{n-1}P(n-1,i_{n-1})\cdots L_1P(1,i_1)A$$

其中 $\boldsymbol{L}_i(i=1,\cdots,n-1)$ 是初等下三角矩阵，$\boldsymbol{P}(j,i_j)(j=1,\cdots,n-1)$ 是初等交换矩阵. 因为 $\boldsymbol{P}(i,j)^{-1}=\boldsymbol{P}(i,j)$，所以

$$\boldsymbol{A}=\boldsymbol{P}(1,i_1)\boldsymbol{L}_1^{-1}\cdots\boldsymbol{P}(n-1,i_{n-1})\boldsymbol{L}_{n-1}^{-1}\widetilde{\boldsymbol{U}}$$

令 $\widetilde{\boldsymbol{L}}=\boldsymbol{P}(1,i_1)\boldsymbol{L}_1^{-1}\cdots\boldsymbol{P}(n-1,i_{n-1})\boldsymbol{L}_{n-1}^{-1}$，注意到

$$\begin{aligned}\boldsymbol{P}(n-1,i_{n-1})\cdots\boldsymbol{P}(2,i_2)\boldsymbol{P}(1,i_1)\widetilde{\boldsymbol{L}}&=(\boldsymbol{P}(n-1,i_{n-1})\\&\cdots\boldsymbol{P}(2,i_2)\boldsymbol{L}_1^{-1}\boldsymbol{P}(2,i_2)\cdots\boldsymbol{P}(n-1,i_{n-1}))\cdot\\&(\boldsymbol{P}(n-1,i_{n-1})\cdots\boldsymbol{P}(3,i_3)\boldsymbol{L}_2^{-1}\boldsymbol{P}(3,i_3)\cdots\boldsymbol{P}(n-1,i_{n-1}))\\&\cdots(\boldsymbol{P}(n-1,i_{n-1})\boldsymbol{L}_{n-2}^{-1}\boldsymbol{P}(n-1,i_{n-1}))\boldsymbol{L}_{n-1}^{-1}\\&=\widetilde{\boldsymbol{L}}_1\widetilde{\boldsymbol{L}}_2\cdots\widetilde{\boldsymbol{L}}_{n-2}\widetilde{\boldsymbol{L}}_{n-1}\end{aligned}$$

其中 $\widetilde{\boldsymbol{L}}_{n-1}=\boldsymbol{L}_{n-1}^{-1}$，

$$\widetilde{\boldsymbol{L}}_j=\boldsymbol{P}(n-1,i_{n-1})\cdots\boldsymbol{P}(j+1,i_{j+1})\boldsymbol{L}_j^{-1}\boldsymbol{P}(j+1,i_{j+1})\cdots\boldsymbol{P}(n-1,i_{n-1}),$$
$$j=1,\cdots,n-2$$

因为初等下三角矩阵的逆仍为初等下三角矩阵，则 $\widetilde{\boldsymbol{L}}_1,\widetilde{\boldsymbol{L}}_2,\cdots,\widetilde{\boldsymbol{L}}_{n-1}$ 都是单位下三角矩阵. 令

$$\boldsymbol{P}=\boldsymbol{P}(n-1,i_{n-1})\cdots\boldsymbol{P}(1,i_1),\quad \boldsymbol{L}=\widetilde{\boldsymbol{L}}_1\widetilde{\boldsymbol{L}}_2\cdots\widetilde{\boldsymbol{L}}_{n-1},\quad \widetilde{\boldsymbol{U}}=\boldsymbol{A}^{(n-1)}$$

则 $\boldsymbol{P}$ 是排列矩阵，$\boldsymbol{L}$ 是单位下三角矩阵，$\widetilde{\boldsymbol{U}}$ 是非奇异上三角矩阵，并且

$$\boldsymbol{PA}=\boldsymbol{L}\widetilde{\boldsymbol{U}}$$

由上式及(4.3.5)即得(4.3.8)的第二个等式. □

下面介绍矩阵的 $\boldsymbol{LU}$ 分解在求解线性方程组中的应用.

设 $\boldsymbol{A}$ 是 n 阶非奇异矩阵，b 是 n 维向量，对线性方程组

$$\boldsymbol{A}x=b \tag{4.3.9}$$

如果 $\boldsymbol{A}$ 的顺序主子式都不等于零，由定理 4.3.1 知 $\boldsymbol{A}$ 有三角分解 $\boldsymbol{A}=\boldsymbol{LU}$，其中 $\boldsymbol{L}$ 是单位下三角矩阵，$\boldsymbol{U}$ 是上三角矩阵. 则方程组(4.3.9)等价于如下方程组

$$\begin{cases}\boldsymbol{L}y=b\\ \boldsymbol{U}x=y\end{cases} \tag{4.3.10}$$

于是先从(4.3.10)的第一组方程解出 y,然后将 y 代入第二组方程再求 x. 这就是求解线性方程组的直接三角分解法.

如果 $\boldsymbol{A}$ 的顺序主子式中有等于零,由定理 4.3.3,可考虑如下方程组

$$\boldsymbol{PA}x = \boldsymbol{P}b \tag{4.3.11}$$

其中 $\boldsymbol{P}$ 是适当的排列矩阵. 对此方程组应用直接三角分解法.

§4.4 QR 分解

本节讨论矩阵 A 的另一类分解——正交三角分解,简称 QR 分解,即将矩阵 A 分解为正交(酉)矩阵 Q 与上三角矩阵 R 的乘积 $A=QR$. 先讨论非奇异矩阵的 QR 分解,然后推广到一般矩阵的情形.

定理 4.4.1 设 $\boldsymbol{A}$ 是 n 阶非奇异实(复)矩阵,则存在正交(酉)矩阵 $\boldsymbol{Q}$ 和非奇异实(复)上三角矩阵 $\boldsymbol{R}$ 使得

$$\boldsymbol{A} = \boldsymbol{QR} \tag{4.4.1}$$

且除去相差一个对角元绝对值(模)全等于 1 的对角矩阵因子外分解式(4.4.1)是惟一的.

证明 记 $\boldsymbol{A}=[\alpha_1,\alpha_2,\cdots,\alpha_n]$,$\alpha_i$ 是矩阵 $\boldsymbol{A}$ 的第 i 列向量. 因为矩阵 $\boldsymbol{A}$ 非奇异,所以向量组 $\alpha_1,\alpha_2,\cdots,\alpha_n$ 线性无关. 由定理 1.6.6,应用 Gram-Schmidt 正交化方法将线性无关向量组 $\alpha_1,\alpha_2,\cdots,\alpha_n$ 化为标准正交向量组 $q_1,q_2,\cdots,q_n$,则可得

$$\begin{cases} \alpha_1 = r_{11}q_1 \\ \alpha_2 = r_{12}q_1 + r_{22}q_2 \\ \alpha_3 = r_{13}q_1 + r_{23}q_2 + r_{33}q_3 \\ \quad \cdots\cdots\cdots\cdots \\ \alpha_n = r_{1n}q_1 + r_{2n}q_2 + \cdots\cdots + r_{nn}q_n \end{cases} \tag{4.4.2}$$

令

$$\boldsymbol{Q} = (q_1,q_2,\cdots,q_n),\boldsymbol{R} = \begin{bmatrix} r_{11} & r_{12} & r_{13} & \cdots & r_{1n} \\ 0 & r_{22} & r_{23} & \cdots & r_{2n} \\ 0 & 0 & r_{33} & \cdots & r_{3n} \\ \vdots & \vdots & \ddots & \ddots & \vdots \\ 0 & 0 & \cdots & 0 & r_{nn} \end{bmatrix}$$

则 $\boldsymbol{Q}$ 为正交(酉)矩阵,$\boldsymbol{R}$ 为非奇异实(复)上三角矩阵. 由(4.4.2)式,有 $\boldsymbol{A}=\boldsymbol{QR}$. 这就证明了 $\boldsymbol{QR}$ 分解的存在性.

设矩阵 $\boldsymbol{A}$ 有两个 $\boldsymbol{QR}$ 分解

$$\boldsymbol{A}=\boldsymbol{QR}=\boldsymbol{Q}_1\boldsymbol{R}_1$$

其中 $\boldsymbol{Q},\boldsymbol{Q}_1$ 为正交(酉)矩阵,$\boldsymbol{R},\boldsymbol{R}_1$ 为非奇异上三角矩阵,则

$$\boldsymbol{Q}=\boldsymbol{Q}_1\boldsymbol{R}_1\boldsymbol{R}^{-1}=\boldsymbol{Q}_1\boldsymbol{D}$$

其中 $\boldsymbol{D}=\boldsymbol{R}_1\boldsymbol{R}^{-1}$ 为非奇异上三角矩阵. 于是

$$\boldsymbol{I}=\boldsymbol{Q}^{\mathrm{H}}\boldsymbol{Q}=(\boldsymbol{Q}_1\boldsymbol{D})^{\mathrm{H}}(\boldsymbol{Q}_1\boldsymbol{D})=\boldsymbol{D}^{\mathrm{H}}\boldsymbol{D}$$

这说明 $\boldsymbol{D}$ 为酉矩阵. 比较等式 $\boldsymbol{D}^{\mathrm{H}}\boldsymbol{D}=\boldsymbol{D}\boldsymbol{D}^{\mathrm{H}}=\boldsymbol{I}$ 的对角元,可导出 $\boldsymbol{D}$ 为对角矩阵,并且对角元的模全等于 1,于是 $\boldsymbol{R}_1=\boldsymbol{DR},\boldsymbol{Q}_1=\boldsymbol{QD}^{-1}$. □

注意 如果在非奇异矩阵 $\boldsymbol{A}$ 的 $\boldsymbol{QR}$ 分解中规定上三角矩阵 $\boldsymbol{R}$ 的各个对角元的符号(例如全为正数),则 $\boldsymbol{A}$ 的 $\boldsymbol{QR}$ 分解是惟一的.

定理 4.4.1 的结论可以推广如下:

定理 4.4.2 设 $\boldsymbol{A}$ 是 $m\times n$ 实(复)矩阵,且其 n 个列向量线性无关,则存在 m 阶正交(酉)矩阵 $\boldsymbol{Q}$ 和 n 阶非奇异实(复)上三角矩阵 $\boldsymbol{R}$ 使得

$$\boldsymbol{QA}=\begin{pmatrix}\boldsymbol{R}\\ 0\end{pmatrix} \tag{4.4.3}$$

证明 利用 Householder 矩阵给出定理的一个构造性证明.

令 $\boldsymbol{A}=\boldsymbol{A}^{(0)}=[\alpha_1,\alpha_2,\cdots,\alpha_n]$,$\alpha_i$ 是矩阵 $\boldsymbol{A}$ 的第 i 列. 对 α_1,由定理 4.1.2 知存在 Householder 矩阵 $\boldsymbol{H}_1$ 使得 $\boldsymbol{H}_1\alpha_1=k_1e_1$,这里 $|k_1|^2=\|\alpha_1\|^2>0$,e_1 是 m 阶单位矩阵的第 1 列. 令

$$\boldsymbol{A}^{(1)}\equiv\boldsymbol{H}_1\boldsymbol{A}^{(0)}=[\boldsymbol{H}_1\alpha_1,\boldsymbol{H}_1\alpha_2,\cdots,\boldsymbol{H}_1\alpha_n]=[k_1e_1,\alpha_2^{(1)},\cdots,\alpha_n^{(1)}]$$

$\alpha_i^{(1)}$ 是矩阵 $\boldsymbol{A}^{(1)}$ 的第 i 列 $(i=2,\cdots,n)$. 设 $\widetilde{\alpha}_2^{(1)}$ 是将 $\alpha_2^{(1)}$ 的第一个分量换为 0 所得的向量,对 $\widetilde{\alpha}_2^{(1)}$ 同样有 Householder 矩阵 $\boldsymbol{H}_2$ 使得 $\boldsymbol{H}_2\widetilde{\alpha}_2^{(1)}=k_2e_2$,其中 $k_2\neq 0$. 如此继续,最终可得 $\boldsymbol{A}^{(n)}$,并且 $\boldsymbol{A}^{(n)}$ 的第 n 行以下的元素全为零,即

$$\boldsymbol{H}_n\cdots\boldsymbol{H}_2\boldsymbol{H}_1\boldsymbol{A}^{(0)}=\boldsymbol{A}^{(n)}=\begin{pmatrix}\boldsymbol{R}\\ 0\end{pmatrix}$$

其中 $\boldsymbol{R}$ 为 n 阶非奇异实(复)上三角矩阵. 令 $\boldsymbol{Q}=\boldsymbol{H}_n\cdots\boldsymbol{H}_2\boldsymbol{H}_1$,则 $\boldsymbol{Q}$ 为 m 阶正交(酉)矩阵,并且 $\boldsymbol{QA}=\begin{pmatrix}\boldsymbol{R}\\ 0\end{pmatrix}$. □

记 $Q^{\mathrm{H}}=[Q_1, Q_2]$，其中 Q_1 是 $m\times n$ 矩阵. 因为 Q^{H} 是酉矩阵，由 $QQ^{\mathrm{H}}=I$ 可得

$$Q_1^{\mathrm{H}}Q_1 = I_n \tag{4.4.4}$$

我们将满足等式(4.4.4)的 $m\times n$ 矩阵 Q_1 称为**列正交规范矩阵.** 于是由(4.4.3)得

$$A = Q_1R \tag{4.4.5}$$

其中 Q_1 是 $m\times n$ 列正交规范矩阵，R 是 n 阶非奇异实(复)上三角矩阵.

对一般的 $m\times n$ 矩阵，有如下定理.

定理 4.4.3 设 A 是 $m\times n$ 矩阵，且 $\operatorname{rank}(A)=r>0$，则存在 m 阶正交(酉)矩阵 Q 和 $r\times n$ 行满秩矩阵 R 使得

$$QA = \begin{pmatrix} R \\ 0 \end{pmatrix} \tag{4.4.6}$$

或 A 有分解

$$A = Q_1R \tag{4.4.7}$$

其中 Q_1 是 $m\times r$ 列正交规范矩阵，R 是 $r\times n$ 行满秩矩阵.

证明 作 A 的满秩分解

$$A = BC$$

其中 B,C 分别为 $m\times r, r\times n$ 矩阵，$\operatorname{rank}(B)=\operatorname{rank}(C)=r$. 由定理 4.4.2，存在 m 阶正交(酉)矩阵 Q 和 r 阶非奇异实(复)上三角矩阵 R_1 使得

$$QB = \begin{pmatrix} R_1 \\ 0 \end{pmatrix}$$

令 $R=R_1C$，则 R 是 $r\times n$ 行满秩矩阵，并且

$$QA = (QB)C = \begin{pmatrix} R_1 \\ 0 \end{pmatrix} C = \begin{pmatrix} R \\ 0 \end{pmatrix}$$

记 $Q^{\mathrm{H}}=[Q_1, Q_2]$，其中 Q_1 是 $m\times r$ 列正交规范矩阵，则由上式即得(4.4.7). □

类似于定理 4.4.2 的证明，利用 Householder 矩阵也可以给出定理 4.4.3 的另一种构造性证明.

§4.5 Schur 定理与正规矩阵

本节先介绍在矩阵理论中十分重要的 Schur 定理，然后讨论它的一些应用.

定义 4.5.1 设 $\boldsymbol{A},\boldsymbol{B}\in\mathbf{R}^{n\times n}(\mathbf{C}^{n\times n})$，如果存在 n 阶正交(酉)矩阵 $\boldsymbol{U}$ 使得

$$\boldsymbol{U}^{\mathrm{T}}\boldsymbol{AU}=\boldsymbol{U}^{-1}\boldsymbol{AU}=\boldsymbol{B}\quad(\boldsymbol{U}^{\mathrm{H}}\boldsymbol{AU}=\boldsymbol{U}^{-1}\boldsymbol{AU}=\boldsymbol{B})$$

则称 $\boldsymbol{A}$ 正交(酉)相似于 $\boldsymbol{B}$.

定理 4.5.1(Schur 定理) 任何一个 n 阶复矩阵 $\boldsymbol{A}$ 都酉相似于一个上三角矩阵，即存在一个 n 阶酉矩阵 $\boldsymbol{U}$ 和一个 n 阶上三角矩阵 $\boldsymbol{R}$ 使得

$$\boldsymbol{U}^{\mathrm{H}}\boldsymbol{AU}=\boldsymbol{R}\tag{4.5.1}$$

其中 $\boldsymbol{R}$ 的对角元是 $\boldsymbol{A}$ 的特征值，它们可以按要求的次序排列.

证明 对矩阵的阶数作归纳法. 对 1 阶矩阵结论显然成立. 假设对 $n-1$ 阶矩阵结论成立. 对 n 阶矩阵 $\boldsymbol{A}$，按要求的次序取 $\boldsymbol{A}$ 的第 1 个特征值 λ_1，相应的特征向量为 ξ_1，则

$$\boldsymbol{A}\xi_1=\lambda_1\xi_1\tag{4.5.2}$$

对非零向量 ξ_1，由定理 4.1.2 知，有 Householder 矩阵 $\boldsymbol{H}_1$ 使得

$$\boldsymbol{H}_1\xi_1=\sigma e_1\tag{4.5.3}$$

其中 $|\sigma|^2=\|\xi_1\|^2>0$. 由(4.5.2)可得

$$(\boldsymbol{H}_1\boldsymbol{AH}_1^{\mathrm{H}})(\boldsymbol{H}_1\xi_1)=\lambda_1\boldsymbol{H}_1\xi_1$$

由(4.5.3)，上式化为

$$(\boldsymbol{H}_1\boldsymbol{AH}_1^{\mathrm{H}})e_1=\lambda_1 e_1$$

因此矩阵 $\boldsymbol{H}_1\boldsymbol{AH}_1^{\mathrm{H}}=\boldsymbol{A}^{(1)}$ 具有如下形式

$$\boldsymbol{A}^{(1)}=\begin{bmatrix}\lambda_1 & \beta\\ 0 & \boldsymbol{A}_1\end{bmatrix}\tag{4.5.4}$$

其中 $\boldsymbol{A}_1$ 为 $n-1$ 阶矩阵. 根据归纳法假设，存在 $n-1$ 阶酉矩阵 $\boldsymbol{U}_1$ 和上三角矩阵 $\boldsymbol{R}_1$ 使得

$$\boldsymbol{U}_1^{\mathrm{H}}\boldsymbol{A}_1\boldsymbol{U}_1=\boldsymbol{R}_1$$

并且 $n-1$ 阶上三角矩阵 $\boldsymbol{R}_1$ 的 $n-1$ 个对角元按要求的次序排列. 令

$$\boldsymbol{U}=\boldsymbol{H}_1^{\mathrm{H}}\begin{pmatrix}1 & 0\\ 0 & \boldsymbol{U}_1\end{pmatrix}$$

则 $\boldsymbol{U}$ 是 n 阶酉矩阵,并且

$$\begin{aligned}\boldsymbol{U}^{\mathrm{H}}\boldsymbol{A}\boldsymbol{U}&=\begin{pmatrix}1 & 0\\ 0 & \boldsymbol{U}_1^{\mathrm{H}}\end{pmatrix}\boldsymbol{H}_1\boldsymbol{A}\boldsymbol{H}_1^{\mathrm{H}}\begin{pmatrix}1 & 0\\ 0 & \boldsymbol{U}_1\end{pmatrix}=\begin{pmatrix}1 & 0\\ 0 & \boldsymbol{U}_1^{\mathrm{H}}\end{pmatrix}\begin{pmatrix}\lambda_1 & \beta\\ 0 & \boldsymbol{A}_1\end{pmatrix}\begin{pmatrix}1 & 0\\ 0 & \boldsymbol{U}_1\end{pmatrix}\\&=\begin{pmatrix}\lambda_1 & \beta\boldsymbol{U}_1\\ 0 & \boldsymbol{U}_1^{\mathrm{H}}\boldsymbol{A}_1\boldsymbol{U}_1\end{pmatrix}=\begin{pmatrix}\lambda_1 & \beta\boldsymbol{U}_1\\ 0 & \boldsymbol{R}_1\end{pmatrix}=\boldsymbol{R}\end{aligned}$$

可见对 n 阶矩阵结论也成立,这就证明了定理. □

定义 4.5.2 设 $\boldsymbol{A}\in\mathbf{C}^{n\times n}$,如果

$$\boldsymbol{A}\boldsymbol{A}^{\mathrm{H}}=\boldsymbol{A}^{\mathrm{H}}\boldsymbol{A} \tag{4.5.5}$$

则称 $\boldsymbol{A}$ 为**正规矩阵**.

显然,对角矩阵、Hermite 矩阵、反 Hermite 矩阵、正交(酉)矩阵都是正规矩阵.

应用定理 4.5.1 可证明如下两个定理.

定理 4.5.2 n 阶矩阵 $\boldsymbol{A}$ 酉相似于一个对角矩阵的充分必要条件为 $\boldsymbol{A}$ 是正规矩阵.

证明 必要性. 若矩阵 $\boldsymbol{A}$ 酉相似于对角矩阵 $\boldsymbol{\Lambda}$,即存在酉矩阵 $\boldsymbol{U}$ 使 $\boldsymbol{A}=\boldsymbol{U}\boldsymbol{\Lambda}\boldsymbol{U}^{\mathrm{H}}$,则

$$\boldsymbol{A}^{\mathrm{H}}\boldsymbol{A}=\boldsymbol{U}\boldsymbol{\Lambda}^{\mathrm{H}}\boldsymbol{U}^{\mathrm{H}}\boldsymbol{U}\boldsymbol{\Lambda}\boldsymbol{U}^{\mathrm{H}}=\boldsymbol{U}\boldsymbol{\Lambda}^{\mathrm{H}}\boldsymbol{\Lambda}\boldsymbol{U}^{\mathrm{H}}=\boldsymbol{U}\boldsymbol{\Lambda}\boldsymbol{\Lambda}^{\mathrm{H}}\boldsymbol{U}^{\mathrm{H}}=\boldsymbol{U}\boldsymbol{\Lambda}\boldsymbol{U}^{\mathrm{H}}\boldsymbol{U}\boldsymbol{\Lambda}^{\mathrm{H}}\boldsymbol{U}^{\mathrm{H}}=\boldsymbol{A}\boldsymbol{A}^{\mathrm{H}}$$

这说明 $\boldsymbol{A}$ 是正规矩阵.

充分性. 由 Schur 定理知存在酉矩阵 $\boldsymbol{U}$ 使得 $\boldsymbol{A}=\boldsymbol{U}\boldsymbol{R}\boldsymbol{U}^{\mathrm{H}}$,其中 $\boldsymbol{R}$ 是上三角矩阵. 记

$$\boldsymbol{R}=\begin{pmatrix}r_{11} & r_{12} & r_{13} & \cdots & r_{1n}\\ 0 & r_{22} & r_{23} & \cdots & r_{2n}\\ 0 & 0 & r_{33} & \cdots & r_{3n}\\ \vdots & \vdots & \ddots & \ddots & \vdots\\ 0 & 0 & \cdots & 0 & r_{nn}\end{pmatrix}$$

因为 $\boldsymbol{A}^{\mathrm{H}}\boldsymbol{A}=\boldsymbol{A}\boldsymbol{A}^{\mathrm{H}}$,所以 $\boldsymbol{R}^{\mathrm{H}}\boldsymbol{R}=\boldsymbol{R}\boldsymbol{R}^{\mathrm{H}}$. 比较

$$\begin{pmatrix} \bar{r}_{11} & 0 & \cdots & 0 \\ \bar{r}_{12} & \bar{r}_{22} & \cdots & \vdots \\ \vdots & \vdots & \ddots & 0 \\ \bar{r}_{1n} & \bar{r}_{2n} & \cdots & \bar{r}_{nn} \end{pmatrix} \begin{pmatrix} r_{11} & r_{12} & \cdots & r_{1n} \\ 0 & r_{22} & \cdots & r_{2n} \\ \vdots & \vdots & \ddots & \vdots \\ 0 & \cdots & 0 & r_{nn} \end{pmatrix}$$

$$= \begin{pmatrix} r_{11} & r_{12} & \cdots & r_{1n} \\ 0 & r_{22} & \cdots & r_{2n} \\ \vdots & \vdots & \ddots & \vdots \\ 0 & \cdots & 0 & r_{nn} \end{pmatrix} \begin{pmatrix} \bar{r}_{11} & 0 & \cdots & 0 \\ \bar{r}_{12} & \bar{r}_{22} & \cdots & \vdots \\ \vdots & \vdots & \ddots & 0 \\ \bar{r}_{1n} & \bar{r}_{2n} & \cdots & \bar{r}_{nn} \end{pmatrix}$$

两边的对角元素，即得 $\boldsymbol{R}=\boldsymbol{\Lambda}=\mathrm{diag}(r_{11},r_{22},\cdots,r_{nn})$，则 $\boldsymbol{A}=\boldsymbol{U\Lambda U}^{\mathrm{H}}$. □

推论 4.5.1 若 $\boldsymbol{A}$ 是 n 阶 Hermite 矩阵，则 $\boldsymbol{A}$ 必酉相似于实对角矩阵，即存在 n 阶酉矩阵 U 使得

$$\boldsymbol{U}^{\mathrm{H}}\boldsymbol{AU} = \boldsymbol{\Lambda} \tag{4.5.6}$$

其中 $\boldsymbol{\Lambda}=\mathrm{diag}(\lambda_1,\cdots,\lambda_n)$，$\lambda_i(i=1,\cdots,n)$是 $\boldsymbol{A}$ 的实特征值.

证明 由定理 4.5.2 知，存在 n 阶酉矩阵 $\boldsymbol{U}$ 使得

$$\boldsymbol{U}^{\mathrm{H}}\boldsymbol{AU} = \boldsymbol{\Lambda} = \mathrm{diag}(\lambda_1,\lambda_2,\cdots,\lambda_n)$$

因为 $\boldsymbol{A}^{\mathrm{H}}=\boldsymbol{A}$，则 $\boldsymbol{\Lambda}^{\mathrm{H}}=\boldsymbol{\Lambda}$. 因此，$\boldsymbol{\Lambda}=\mathrm{diag}(\lambda_1,\lambda_2,\cdots,\lambda_n)$是实对角矩阵. □

(4.5.6)式称为 Hermite **矩阵 A 的谱分解式**.

定理 4.5.3 设 $\boldsymbol{A},\boldsymbol{B}$ 均为 n 阶正规矩阵，并且 $\boldsymbol{AB}=\boldsymbol{BA}$，则存在 n 阶酉矩阵 $\boldsymbol{U}$ 使得 $\boldsymbol{U}^{\mathrm{H}}\boldsymbol{AU}$ 与 $\boldsymbol{U}^{\mathrm{H}}\boldsymbol{BU}$ 同时为对角矩阵.

证明 因为 $\boldsymbol{A}$ 是正规矩阵，由定理 4.5.2 知存在酉矩阵 $\boldsymbol{U}_1$ 使得

$$\boldsymbol{A} = \boldsymbol{U}_1\boldsymbol{D}\boldsymbol{U}_1^{\mathrm{H}}$$

其中 $D = \mathrm{diag}(\boldsymbol{D}_1,\cdots,\boldsymbol{D}_r)$，$\boldsymbol{D}_i = d_i\boldsymbol{I}_{n_i}(i=1,\cdots,r)$，$d_1,\cdots,d_r$ 互不相同，且 $\sum_{i=1}^{r} n_i = n$.

记

$$\boldsymbol{C} = \boldsymbol{U}_1^{\mathrm{H}}\boldsymbol{B}\boldsymbol{U}_1 = \begin{pmatrix} \boldsymbol{C}_{11} & \boldsymbol{C}_{12} & \cdots & \boldsymbol{C}_{1r} \\ \boldsymbol{C}_{21} & \boldsymbol{C}_{22} & \cdots & \boldsymbol{C}_{2r} \\ \vdots & \vdots & & \vdots \\ \boldsymbol{C}_{r1} & \boldsymbol{C}_{r2} & \cdots & \boldsymbol{C}_{rr} \end{pmatrix}$$

其中 $\boldsymbol{C}_{ii}\in\mathbf{C}^{n_i\times n_i}(i=1,\cdots,r)$. 因为 $\boldsymbol{B}$ 是正规矩阵,则 $\boldsymbol{C}$ 也是正规矩阵,且 $\boldsymbol{B}=\boldsymbol{U}_1\boldsymbol{C}\boldsymbol{U}_1^{\mathrm{H}}$. 因为 $\boldsymbol{AB}=\boldsymbol{BA}$,所以 $\boldsymbol{DC}=\boldsymbol{CD}$. 直接比较

$$\begin{pmatrix} d_1\boldsymbol{I}_{n_1} & & 0 \\ & \ddots & \\ 0 & & d_r\boldsymbol{I}_{n_r} \end{pmatrix}\begin{pmatrix} \boldsymbol{C}_{11} & \boldsymbol{C}_{12} & \cdots & \boldsymbol{C}_{1r} \\ \boldsymbol{C}_{21} & \boldsymbol{C}_{22} & \cdots & \boldsymbol{C}_{2r} \\ \vdots & \vdots & & \vdots \\ \boldsymbol{C}_{r1} & \boldsymbol{C}_{r2} & \cdots & \boldsymbol{C}_{rr} \end{pmatrix}=$$

$$\begin{pmatrix} \boldsymbol{C}_{11} & \boldsymbol{C}_{12} & \cdots & \boldsymbol{C}_{1r} \\ \boldsymbol{C}_{21} & \boldsymbol{C}_{22} & \cdots & \boldsymbol{C}_{2r} \\ \vdots & \vdots & & \vdots \\ \boldsymbol{C}_{r1} & \boldsymbol{C}_{r2} & \cdots & \boldsymbol{C}_{rr} \end{pmatrix}\begin{pmatrix} d_1\boldsymbol{I}_{n_1} & & 0 \\ & \ddots & \\ 0 & & d_r\boldsymbol{I}_{n_r} \end{pmatrix}$$

两边对应的块即得 $\boldsymbol{C}=\mathrm{diag}(\boldsymbol{C}_{11},\cdots,\boldsymbol{C}_{rr})$,其中 $\boldsymbol{C}_{ii}$ 是 n_i 阶正规矩阵. 由定理 4.5.2 知存在 n_i 阶酉矩阵 $\boldsymbol{P}_i$ 使得 $\boldsymbol{C}_{ii}=\boldsymbol{P}_i\boldsymbol{\Lambda}_i\boldsymbol{P}_i^{\mathrm{H}}(i=1,\cdots,r)$,其中 $\boldsymbol{\Lambda}_i$ 为 n_i 阶对角矩阵,于是

$$\boldsymbol{C}=\begin{pmatrix} \boldsymbol{P}_1 & & & 0 \\ & \boldsymbol{P}_2 & & \\ & & \ddots & \\ 0 & & & \boldsymbol{P}_r \end{pmatrix}\begin{pmatrix} \boldsymbol{\Lambda}_1 & & & 0 \\ & \boldsymbol{\Lambda}_2 & & \\ & & \ddots & \\ 0 & & & \boldsymbol{\Lambda}_r \end{pmatrix}\begin{pmatrix} \boldsymbol{P}_1^{\mathrm{H}} & & & 0 \\ & \boldsymbol{P}_2^{\mathrm{H}} & & \\ & & \ddots & \\ 0 & & & \boldsymbol{P}_r^{\mathrm{H}} \end{pmatrix}$$

令

$$\boldsymbol{U}=\boldsymbol{U}_1\begin{pmatrix} \boldsymbol{P}_1 & & 0 \\ & \ddots & \\ 0 & & \boldsymbol{P}_r \end{pmatrix}$$

则 $\boldsymbol{U}$ 是 n 阶酉矩阵,并且

$$\boldsymbol{U}^{\mathrm{H}}\boldsymbol{A}\boldsymbol{U}=\begin{pmatrix} \boldsymbol{P}_1^{\mathrm{H}} & & \\ & \ddots & \\ & & \boldsymbol{P}_r^{\mathrm{H}} \end{pmatrix}\boldsymbol{U}_1^{\mathrm{H}}\boldsymbol{A}\boldsymbol{U}_1\begin{pmatrix} \boldsymbol{P}_1 & & \\ & \ddots & \\ & & \boldsymbol{P}_r \end{pmatrix}$$

$$=\begin{pmatrix}P_1^H & & \\ & \ddots & \\ & & P_r^H\end{pmatrix}\begin{pmatrix}d_1 I_{n_1} & & \\ & \ddots & \\ & & d_r I_{n_r}\end{pmatrix}\begin{pmatrix}P_1 & & \\ & \ddots & \\ & & P_r\end{pmatrix}=\begin{pmatrix}d_1 I_{n_1} & & \\ & \ddots & \\ & & d_r I_{n_r}\end{pmatrix}$$

$$U^H BU=\begin{pmatrix}P_1^H & & \\ & \ddots & \\ & & P_r^H\end{pmatrix}U_1^H BU_1\begin{bmatrix}P_1 & & \\ & \ddots & \\ & & P_r\end{bmatrix}$$

$$=\begin{pmatrix}P_1^H & & \\ & \ddots & \\ & & P_r^H\end{pmatrix}\begin{pmatrix}C_{11} & & \\ & \ddots & \\ & & C_{rr}\end{pmatrix}\begin{pmatrix}P_1 & & \\ & \ddots & \\ & & P_r\end{pmatrix}=\begin{pmatrix}\Lambda_1 & & \\ & \ddots & \\ & & \Lambda_r\end{pmatrix} \quad \square$$

当 A 是 n 阶实矩阵时,可以修改定理 4.5.1 而得到只用实运算的因子分解,这在实际应用中是很重要的.

定理 4.5.4 任何 n 阶实矩阵 A 都正交相似于一个拟上三角矩阵,即存在一个 n 阶正交矩阵 Q 和一个 n 阶拟上三角矩阵 R 使得

$$Q^T AQ = R \tag{4.5.7}$$

其中 R 是块上三角矩阵(或称拟上三角矩阵),其对角块为 1 阶块或 2 阶块,每个 1 阶块是 A 的实特征值,而每个 2 阶块的两个特征值是 A 的一对共轭复特征值,且 R 的对角块可以按要求的次序排列.

证明 与定理 4.5.1 的证明类似,对矩阵的阶数作归纳法. 若 A 的特征值全为实数,则证法与定理 4.5.1 完全一样. 因此不妨假设开始的两个特征值是一对共轭复数 $\lambda\pm i\mu(\mu\neq 0)$. 显然,只要证明存在正交矩阵 Q_1 使得

$$Q_1^T AQ_1 = \begin{pmatrix}D_1 & B_1 \\ 0 & A_1\end{pmatrix} \tag{4.5.8}$$

其中 D_1 是 2 阶实矩阵,它的两个特征值是 $\lambda\pm i\mu$,而 B_1 是 $2\times(n-2)$ 实矩阵,A_1 是 $n-2$ 阶实矩阵.

设 A 对应于特征值 $\lambda\pm i\mu$ 的特征向量为 $x\pm iy$,即

$$A(x\pm iy) = (\lambda\pm i\mu)(x\pm iy) \tag{4.5.9}$$

则实向量 x 和 y 必线性无关(否则 $x+iy$ 与 $x-iy$ 线性相关,这与定理 2.4.4 矛盾). 上式可以改写为

$$\boldsymbol{A}[x,y]=[x,y]\begin{pmatrix}\lambda & \mu\\ -\mu & \lambda\end{pmatrix}=[x,y]\boldsymbol{\Lambda}_1 \tag{4.5.10}$$

其中 $\boldsymbol{\Lambda}_1=\begin{pmatrix}\lambda & \mu\\ -\mu & \lambda\end{pmatrix}$. 由定理 4.4.2 知存在 n 阶正交矩阵 $\boldsymbol{Q}_1$ 和一个 2 阶可逆上三角矩阵 $\boldsymbol{R}_1$ 使得

$$\boldsymbol{Q}_1^{\mathrm{T}}[x,y]=\begin{pmatrix}\boldsymbol{R}_1\\ 0\end{pmatrix} \tag{4.5.11}$$

由(4.5.10),可得

$$(\boldsymbol{Q}_1^{\mathrm{T}}\boldsymbol{A}\boldsymbol{Q}_1)(\boldsymbol{Q}_1^{\mathrm{T}}[x,y])=\boldsymbol{Q}_1^{\mathrm{T}}[x,y]\boldsymbol{\Lambda}_1 \tag{4.5.12}$$

令

$$\boldsymbol{Q}_1^{\mathrm{T}}\boldsymbol{A}\boldsymbol{Q}_1=\begin{pmatrix}\boldsymbol{D}_1 & \boldsymbol{B}_1\\ \boldsymbol{C}_1 & \boldsymbol{A}_1\end{pmatrix}$$

其中 $\boldsymbol{D}_1$ 是 2 阶实矩阵. 则由(4.5.12)可得

$$\begin{pmatrix}\boldsymbol{D}_1 & \boldsymbol{B}_1\\ \boldsymbol{C}_1 & \boldsymbol{A}_1\end{pmatrix}\begin{pmatrix}\boldsymbol{R}_1\\ 0\end{pmatrix}=\begin{pmatrix}\boldsymbol{R}_1\\ 0\end{pmatrix}\boldsymbol{\Lambda}_1$$

从而

$$\boldsymbol{D}_1\boldsymbol{R}_1=\boldsymbol{R}_1\boldsymbol{\Lambda}_1,\quad \boldsymbol{C}_1\boldsymbol{R}_1=0$$

因为 $\boldsymbol{R}_1$ 可逆,则

$$\boldsymbol{D}_1=\boldsymbol{R}_1\boldsymbol{\Lambda}_1\boldsymbol{R}_1^{-1},\quad \boldsymbol{C}_1=0$$

而 $\boldsymbol{\Lambda}_1$ 的两个特征值恰为 $\boldsymbol{A}$ 的一对共轭复特征值 $\lambda\pm\mathrm{i}\mu$,故 2 阶实矩阵 $\boldsymbol{D}_1$ 的两个特征值也是 $\lambda\pm\mathrm{i}\mu$. 这就证明了(4.5.8). □

推论 4.5.2 若 $\boldsymbol{A}$ 是 n 阶实对称矩阵,则 $\boldsymbol{A}$ 正交相似于实对角矩阵,即存在 n 阶正交矩阵 $\boldsymbol{Q}$ 使得

$$\boldsymbol{Q}^{\mathrm{T}}\boldsymbol{A}\boldsymbol{Q}=\boldsymbol{\Lambda} \tag{4.5.13}$$

其中 $\boldsymbol{\Lambda}=\mathrm{diag}(\lambda_1,\cdots,\lambda_n)$,$\lambda_i(i=1,\cdots,n)$是 $\boldsymbol{A}$ 的实特征值.

证明 因为实对称矩阵是 Hermite 矩阵,则由推论 4.5.1 知 $\boldsymbol{A}$ 的特征值全是实数. 因此由定理 4.5.4 即得结论. □

§4.6 奇异值分解

本节介绍矩阵的奇异值分解,它不仅是矩阵理论和矩阵计算的最基本和最重要的工具之一,而且在控制理论,系统辨识和信号处理等许多领域都有直接的应用.

为了引入矩阵的奇异值概念,我们先证明两个引理.

引理 4.6.1 设 $\boldsymbol{A}\in\boldsymbol{C}^{m\times n}$,则

$$\operatorname{rank}(\boldsymbol{A}^{\mathrm{H}}\boldsymbol{A})=\operatorname{rank}(\boldsymbol{A}\boldsymbol{A}^{\mathrm{H}})=\operatorname{rank}(\boldsymbol{A}) \tag{4.6.1}$$

证明 如果 $x\in\boldsymbol{C}^n$ 是齐次线性方程组 $\boldsymbol{A}x=0$ 的解,则 x 显然是齐次线性方程组 $\boldsymbol{A}^H\boldsymbol{A}x=0$ 的解;反过来,如果 x 是 $\boldsymbol{A}^{\mathrm{H}}\boldsymbol{A}x=0$ 的解,则 $x^{\mathrm{H}}\boldsymbol{A}^{\mathrm{H}}\boldsymbol{A}x=0$,即 $(\boldsymbol{A}x)^{\mathrm{H}}(\boldsymbol{A}x)=0$,于是 $\boldsymbol{A}x=0$,这表明 x 也是 $\boldsymbol{A}x=0$ 的解.因此齐次线性方程组 $\boldsymbol{A}x=0$ 与 $\boldsymbol{A}^{\mathrm{H}}\boldsymbol{A}x=0$ 同解,从而 $\operatorname{rank}(\boldsymbol{A}^{\mathrm{H}}\boldsymbol{A})=\operatorname{rank}(\boldsymbol{A})$.

同样可证 $\operatorname{rank}(\boldsymbol{A}\boldsymbol{A}^{\mathrm{H}})=\operatorname{rank}(\boldsymbol{A})$. □

引理 4.6.2 设 $\boldsymbol{A}\in\boldsymbol{C}^{m\times n}$,则

(1) $\boldsymbol{A}^{\mathrm{H}}\boldsymbol{A}$ 与 $\boldsymbol{A}\boldsymbol{A}^{\mathrm{H}}$ 的特征值均为非负实数;

(2) $\boldsymbol{A}^{\mathrm{H}}\boldsymbol{A}$ 与 $\boldsymbol{A}\boldsymbol{A}^{\mathrm{H}}$ 的非零特征值相同,并且非零特征值的个数(重特征值按重数计算)等于 $\operatorname{rank}(\boldsymbol{A})$.

证明 (1) 设 λ 是 $\boldsymbol{A}^{\mathrm{H}}\boldsymbol{A}$ 的任一特征值,$x\neq 0$ 为相应的特征向量,则

$$\boldsymbol{A}^{\mathrm{H}}\boldsymbol{A}x=\lambda x$$

因为 $\boldsymbol{A}^{\mathrm{H}}\boldsymbol{A}$ 是 Hermite 矩阵,所以 λ 是实数,并且

$$\lambda x^{\mathrm{H}}x=x^{\mathrm{H}}\boldsymbol{A}^{\mathrm{H}}\boldsymbol{A}x=(\boldsymbol{A}x)^{\mathrm{H}}(\boldsymbol{A}x)\geqslant 0$$

由于 $x^{\mathrm{H}}x>0$,因此 $\lambda\geqslant 0$.

类似可证 $\boldsymbol{A}\boldsymbol{A}^{\mathrm{H}}$ 的特征值均为非负实数.

(2) 由例 2.4.5 知,$\boldsymbol{A}^{\mathrm{H}}\boldsymbol{A}$ 与 $\boldsymbol{A}\boldsymbol{A}^{\mathrm{H}}$ 的非零特征值相同,并且它们非零特征值的个数等于 $\operatorname{rank}(\boldsymbol{A}^{\mathrm{H}}\boldsymbol{A})$.由引理 4.6.1 即得结论. □

定义 4.6.1 设 $\boldsymbol{A}\in\boldsymbol{C}^{m\times n}$,如果存在非负实数 σ 和非零向量 $u\in\boldsymbol{C}^n$,$v\in\boldsymbol{C}^m$ 使得

$$\boldsymbol{A}u=\sigma v,\quad \boldsymbol{A}^{\mathrm{H}}v=\sigma u \tag{4.6.2}$$

则称 σ 为 $\boldsymbol{A}$ 的**奇异值**,u 和 v 分别称为 $\boldsymbol{A}$ 对应于奇异值 σ 的**右奇异向量**和**左奇异向量**.

由(4.6.2)可得

$$\boldsymbol{A}^{\mathrm{H}}\boldsymbol{A}u=\sigma\boldsymbol{A}^{\mathrm{H}}v=\sigma^2u \tag{4.6.3}$$

$$AA^{\mathrm{H}}v=\sigma Au=\sigma^2 v \tag{4.6.4}$$

因此 σ^2 是 $A^{\mathrm{H}}A$ 的特征值，也是 AA^{H} 的特征值，而 u 和 v 分别是 $A^{\mathrm{H}}A$ 和 AA^{H} 对应于特征值 σ^2 的特征向量.

设 $A\in \mathbf{C}^{m\times n}$，$\mathrm{rank}(A)=r$，且 $A^{\mathrm{H}}A$ 的特征值为 $\lambda_1\geqslant\lambda_2\geqslant\cdots\geqslant\lambda_n$. 由引理 4.6.2 知，$\lambda_1\geqslant\cdots\geqslant\lambda_r>\lambda_{r+1}=\cdots=\lambda_n=0$. 记 $k=\min\{m,n\}$，也称 $\sigma_i=\sqrt{\lambda_i}\,(i=1,\cdots,k)$ 为 A 的奇异值，特别地，称 $\sigma_1,\cdots,\sigma_r$ 为 A 的**正奇异值**.

定理 4.6.1 若 A 是正规矩阵，则 A 的奇异值是 A 的特征值的模.

证明 设 A 是 n 阶正规矩阵，由定理 4.5.2 知存在 n 阶酉矩阵 U 使得

$$A=U\mathrm{diag}(\lambda_1,\lambda_2,\cdots,\lambda_n)U^{\mathrm{H}}$$

其中 $\lambda_1,\lambda_2,\cdots,\lambda_n$ 是 A 的特征值，则

$$A^{\mathrm{H}}A=U\mathrm{diag}(|\lambda_1|^2,|\lambda_2|^2,\cdots,|\lambda_n|^2)U^{\mathrm{H}}$$

于是 $A^{\mathrm{H}}A$ 的特征值为 $|\lambda_1|^2,|\lambda_2|^2,\cdots,|\lambda_n|^2$. 因此 A 的奇异值是 $|\lambda_1|$，$|\lambda_2|,\cdots,|\lambda_n|$. □

定理 4.6.2 设 A 是 $m\times n$ 矩阵，且 $\mathrm{rank}(A)=r$，则存在 m 阶酉矩阵 V 和 n 阶酉矩阵 U 使得

$$V^{\mathrm{H}}AU=\begin{pmatrix}\boldsymbol{\Sigma} & 0\\ 0 & 0\end{pmatrix} \tag{4.6.5}$$

其中 $\boldsymbol{\Sigma}=\mathrm{diag}(\sigma_1,\cdots,\sigma_r)$，且 $\sigma_1\geqslant\cdots\geqslant\sigma_r>0$.

证明 因为 $\mathrm{rank}(A)=r$，由引理 4.6.2，可设 $A^{\mathrm{H}}A$ 的特征值是

$$\sigma_1^2\geqslant\cdots\geqslant\sigma_r^2>0,\ \sigma_{r+1}^2=\cdots=\sigma_n^2=0$$

因为 $A^{\mathrm{H}}A$ 是 Hermite 矩阵，由推论 4.5.1 知存在 n 阶酉矩阵 U 使得

$$U^{\mathrm{H}}A^{\mathrm{H}}AU=\begin{pmatrix}\boldsymbol{\Sigma}^2 & 0\\ 0 & 0\end{pmatrix}$$

或

$$A^{\mathrm{H}}AU=U\begin{pmatrix}\boldsymbol{\Sigma}^2 & 0\\ 0 & 0\end{pmatrix} \tag{4.6.6}$$

记 $U=[U_1,U_2]$，其中 U_1 是 $n\times r$ 矩阵. 上式可改写为

$$A^{\mathrm{H}}A[U_1,U_2]=[U_1,U_2]\begin{pmatrix}\boldsymbol{\Sigma}^2 & 0\\ 0 & 0\end{pmatrix} \tag{4.6.7}$$

则有

$$A^HAU_1 = U_1\Sigma^2,\ A^HAU_2 = 0 \tag{4.6.8}$$

记 $V=[V_1, V_2]$，其中 V_1 是 $m\times r$ 矩阵，V_2 是 $m\times(m-r)$ 矩阵. 令

$$V_1 = AU_1\Sigma^{-1} \tag{4.6.9}$$

由(4.6.8)的第一式知，V_1 是列正交规范矩阵，即 $V_1^HV_1=I_r$. 取 V_2 使 $V=[V_1, V_2]$是酉矩阵，则

$$V_2^HAU_1 = V_2^HV_1\Sigma = 0 \tag{4.6.10}$$

由(4.6.8)和(4.6.10)有

$$V^HAU = \begin{pmatrix} V_1^H \\ V_2^H \end{pmatrix} A[U_1 \quad U_2] = \begin{pmatrix} V_1^HAU_1 & V_1^HAU_2 \\ V_2^HAU_1 & V_2^HAU_2 \end{pmatrix} = \begin{pmatrix} \Sigma & 0 \\ 0 & 0 \end{pmatrix}$$

这就得到了(4.6.5). □

(4.6.5)称为**矩阵 A 的奇异值分解**.

从定理 4.6.2 可见，U 的列向量是 A^HA 的标准正交特征向量，U 的前 r 列向量是 A^HA 对应于 r 个非零特征值 $\sigma_1^2,\cdots,\sigma_r^2$ 的标准正交特征向量；而 V 的列向量是 AA^H 的标准正交特征向量，从 $V_1=AU_1\Sigma^{-1}$ 的选取，有

$$AA^HV_1 = AA^HAU_1\Sigma^{-1} = AU_1\Sigma^2\Sigma^{-1} = AU_1\Sigma = V_1\Sigma^2$$

这表明 V 的前 r 列向量恰是 AA^H 对应于特征值 $\sigma_1^2,\cdots,\sigma_r^2$ 的标准正交特征向量.

例 4.6.1　设

$$A = \begin{pmatrix} 0 & 1 \\ -1 & 0 \\ 0 & 2 \\ 1 & 0 \end{pmatrix}$$

作出矩阵 A 的奇异值分解.

解　因为

$$A^HA = \begin{pmatrix} 2 & 0 \\ 0 & 5 \end{pmatrix}$$

则 A 的非零奇异值为$\sqrt{2}$，$\sqrt{5}$. A^HA 对应于特征值 5 和 2 的标准正交特征向量

为 $u_1=\begin{pmatrix}0\\1\end{pmatrix}$，$u_2=\begin{pmatrix}1\\0\end{pmatrix}$，而 AA^H 对应于特征值 5 和 2 的标准正交特征向量为

$v_1=\begin{pmatrix}\frac{1}{\sqrt{5}}\\0\\\frac{2}{\sqrt{5}}\\0\end{pmatrix}$，$v_2=\begin{pmatrix}0\\-\frac{1}{\sqrt{2}}\\0\\\frac{1}{\sqrt{2}}\end{pmatrix}$，$AA^H$ 对应于特征值 0 的标准正交特征向量为

$v_3=\begin{pmatrix}-\frac{2}{\sqrt{5}}\\0\\\frac{1}{\sqrt{5}}\\0\end{pmatrix}$，$v_4=\begin{pmatrix}0\\\frac{1}{\sqrt{2}}\\0\\\frac{1}{\sqrt{2}}\end{pmatrix}$. 因此 A 的奇异值分解为

$$A=\begin{pmatrix}0&1\\-1&0\\0&2\\1&0\end{pmatrix}=\begin{pmatrix}\frac{1}{\sqrt{5}}&0&-\frac{2}{\sqrt{5}}&0\\0&-\frac{1}{\sqrt{2}}&0&\frac{1}{\sqrt{2}}\\\frac{2}{\sqrt{5}}&0&\frac{1}{\sqrt{5}}&0\\0&\frac{1}{\sqrt{2}}&0&\frac{1}{\sqrt{2}}\end{pmatrix}\begin{pmatrix}\sqrt{5}&0\\0&\sqrt{2}\\0&0\\0&0\end{pmatrix}\begin{pmatrix}0&1\\1&0\end{pmatrix}^H.$$

习　　题

1. 设 A 是 n 阶可逆矩阵，$u,v\in C^n$. 证明：如果 $v^HA^{-1}u\neq 1$，则 $A-uv^H$ 非奇异，并且有 Sherman-Morrison 公式

$$(A-uv^H)^{-1}=A^{-1}-\frac{A^{-1}uv^HA^{-1}}{v^HA^{-1}u-1}$$

2. 设 A 是 n 阶可逆矩阵，$U,V\in C^{n\times m}(n\geqslant m)$. 证明：如果 $V^HA^{-1}U-I$ 非奇异，则 $A-UV^H$ 可逆，并且

$$(A-UV^H)^{-1}=A^{-1}-A^{-1}U(V^HA^{-1}U-I)^{-1}V^HA^{-1}$$

3. 求下列矩阵 A 的满秩分解

(1) $A=\begin{pmatrix}1&2&3&0\\0&2&1&-1\\1&0&2&1\end{pmatrix}$；　(2) $A=\begin{pmatrix}1&-1&1&1\\-1&1&-1&-1\\1&1&-1&-1\\-1&-1&1&1\end{pmatrix}$；

(3) $A=\begin{pmatrix} 2 & 1 & -1 & 2 \\ -3 & -1 & 2 & 0 \\ 5 & 1 & 4 & -1 \end{pmatrix}$；　(4) $A=\begin{pmatrix} 1 & 1 & 1 & 1 & 1 \\ 3 & 2 & 1 & 1 & -3 \\ 0 & 1 & 2 & 2 & 6 \\ 5 & 4 & 3 & 3 & -1 \end{pmatrix}$.

4. 设$\boldsymbol{A},\boldsymbol{B}\in \mathbf{C}^{m\times n}$,证明:$\operatorname{rank}(\boldsymbol{A}+\boldsymbol{B})\leqslant \operatorname{rank}(\boldsymbol{A})+\operatorname{rank}(\boldsymbol{B})$.

5. 设$\boldsymbol{A}$和$\boldsymbol{B}$分别为$m\times n$和$n\times m$矩阵,如果$\boldsymbol{AB}=\boldsymbol{I}$,则称$\boldsymbol{B}$为$\boldsymbol{A}$的**右逆矩阵**,$\boldsymbol{A}$为$\boldsymbol{B}$的**左逆矩阵**.证明:$\boldsymbol{A}$有右逆矩阵的充分必要条件是$\boldsymbol{A}$为行满秩矩阵.

6. 设$\boldsymbol{B}$和$\boldsymbol{C}$分别为$m\times r$和$r\times n$矩阵,并且$\operatorname{rank}(\boldsymbol{B})=\operatorname{rank}(\boldsymbol{C})=r$.证明:$\operatorname{rank}(\boldsymbol{BC})=r$.

7. 设$\boldsymbol{G}$是$p\times m$列满秩矩阵,$\boldsymbol{A}$是$m\times n$矩阵,$\boldsymbol{H}$是$n\times k$行满秩矩阵,证明:$\operatorname{rank}(\boldsymbol{GAH})=\operatorname{rank}(\boldsymbol{GA})=\operatorname{rank}(\boldsymbol{AH})=\operatorname{rank}(\boldsymbol{A})$.

8. 设$\boldsymbol{A}$是可逆矩阵,证明:

(1) $\begin{vmatrix} \boldsymbol{A} & \boldsymbol{B} \\ \boldsymbol{C} & \boldsymbol{D} \end{vmatrix}=|\boldsymbol{A}|\,|\boldsymbol{D}-\boldsymbol{CA}^{-1}\boldsymbol{B}|$；

(2) $\operatorname{rank}\begin{pmatrix} \boldsymbol{A} & \boldsymbol{B} \\ \boldsymbol{C} & \boldsymbol{D} \end{pmatrix}=\operatorname{rank}(\boldsymbol{A})+\operatorname{rank}(\boldsymbol{D}-\boldsymbol{CA}^{-1}\boldsymbol{B})$.

9. 求下列矩阵的$\boldsymbol{LU}$分解和$\boldsymbol{LDU}$分解

(1) $A=\begin{pmatrix} 2 & 3 & 4 \\ 1 & 1 & 9 \\ 1 & 2 & -6 \end{pmatrix}$；　(2) $A=\begin{pmatrix} 2 & 3 & 4 \\ 3 & 5 & 2 \\ 4 & 3 & 30 \end{pmatrix}$.

10. 利用系数矩阵的LU分解解下列线性方程组

(1) $\begin{cases} 2x_1+3x_2+4x_3=1, \\ x_1+x_2+9x_3=-7, \\ x_1+2x_2-6x_3=9; \end{cases}$　(2) $\begin{cases} 2x_1+3x_2+4x_3=0, \\ 3x_1+5x_2+2x_3=-5, \\ 4x_1+3x_2+30x_3=28. \end{cases}$

11. 设$\boldsymbol{A}$是n阶非奇异矩阵,证明:存在n阶排列矩阵$\boldsymbol{P}$使得$\boldsymbol{PA}$的顺序主子式都不等于零.

12. 作出下列矩阵的$\boldsymbol{QR}$分解

(1) $A=\begin{pmatrix} 2 & 2 & 1 \\ 0 & 2 & 2 \\ 2 & 1 & 2 \end{pmatrix}$；　(2) $A=\begin{pmatrix} 1 & 1 & -1 \\ -1 & 1 & 1 \\ 1 & 1 & -1 \\ 1 & 1 & 1 \end{pmatrix}$.

13. 设$\boldsymbol{P},\boldsymbol{Q}$分别为$m$阶方阵及$n$阶方阵,证明:若$m+n$阶方阵

$$\boldsymbol{A}=\begin{pmatrix} \boldsymbol{P} & \boldsymbol{B} \\ 0 & \boldsymbol{Q} \end{pmatrix}$$

是酉矩阵,则$\boldsymbol{P},\boldsymbol{Q}$也是酉矩阵,且$\boldsymbol{B}$是零矩阵.

14. 证明:如果$\boldsymbol{A}$是上三角矩阵,并且是酉矩阵,则$\boldsymbol{A}$是对角矩阵,并且其对角元的模均为1.

15. 设 $\boldsymbol{V}_1$ 为 $n\times k(k<n)$ 列正交规范矩阵，证明：存在 $n\times(n-k)$ 列正交规范矩阵 $\boldsymbol{V}_2$ 使得 $\boldsymbol{V}=[\boldsymbol{V}_1,\boldsymbol{V}_2]$ 为酉矩阵.

16. 对下列矩阵

(1) $\boldsymbol{A}=\begin{pmatrix}2&-2&0\\-2&1&-2\\0&-2&0\end{pmatrix}$； (2) $\boldsymbol{A}=\begin{pmatrix}0&-1&\mathrm{i}\\1&0&0\\\mathrm{i}&0&0\end{pmatrix}$；

(3) $\boldsymbol{A}=\begin{pmatrix}3&0&8\\3&-1&0\\-3&-6&1\end{pmatrix}$； (4) $\boldsymbol{A}=\begin{pmatrix}-1&-2&6\\-1&0&3\\-1&-1&4\end{pmatrix}$.

试求酉(正交)矩阵 $\boldsymbol{U}$ 使得 $\boldsymbol{U}^{\mathrm{H}}\boldsymbol{A}\boldsymbol{U}$ 是上三角矩阵.

17. 设 $\boldsymbol{A}$ 是 n 阶矩阵，记 $\boldsymbol{A}_1=\boldsymbol{A}$. 对 $k=1,2,\cdots$，作 $\boldsymbol{A}_k$ 的 $\boldsymbol{QR}$ 分解

$$\boldsymbol{A}_k=\boldsymbol{Q}_k\boldsymbol{R}_k$$

其中 $\boldsymbol{Q}_k$ 是酉矩阵，$\boldsymbol{R}_k$ 是上三角矩阵，并计算

$$\boldsymbol{A}_{k+1}=\boldsymbol{R}_k\boldsymbol{Q}_k$$

上述产生矩阵序列 $\{\boldsymbol{A}_k\}$ 的过程称为 **$\boldsymbol{QR}$ 算法**. 证明：

(1) $\boldsymbol{A}_k(h=1,2,\cdots)$ 酉相似于 $\boldsymbol{A}$；

(2) $\boldsymbol{A}^k=\boldsymbol{Q}^{(k)}\boldsymbol{R}^{(k)}$，其中 $\boldsymbol{Q}^{(k)}=\boldsymbol{Q}_1\boldsymbol{Q}_2\cdots\boldsymbol{Q}_k$，$\boldsymbol{R}^{(k)}=\boldsymbol{R}_k\boldsymbol{R}_{k-1}\cdots\boldsymbol{R}_1$.

18. 设 $\boldsymbol{A},\boldsymbol{B}$ 均为正规矩阵，试证：$\boldsymbol{A}$ 与 $\boldsymbol{B}$ 酉相似的充分必要条件是 $\boldsymbol{A}$ 与 $\boldsymbol{B}$ 的特征值相同.

19. 设 $\boldsymbol{A}$ 是 Hermite 矩阵，且 $\boldsymbol{A}^2=\boldsymbol{A}$，则存在酉矩阵 $\boldsymbol{U}$ 使得

$$\boldsymbol{U}^{\mathrm{H}}\boldsymbol{A}\boldsymbol{U}=\begin{pmatrix}\boldsymbol{I}_r&0\\0&0\end{pmatrix}$$

其中 $r=\mathrm{rank}(\boldsymbol{A})$.

20. 设 $\boldsymbol{A}$ 是 Hermite 矩阵，且 $\boldsymbol{A}^2=\boldsymbol{I}$，则存在酉矩阵 $\boldsymbol{U}$ 使得

$$\boldsymbol{U}^{\mathrm{H}}\boldsymbol{A}\boldsymbol{U}=\begin{pmatrix}\boldsymbol{I}_r&0\\0&-\boldsymbol{I}_{n-r}\end{pmatrix}$$

其中 r 是 $\boldsymbol{A}$ 的正特征值的个数.

21. 设 $\boldsymbol{A}$ 是 n 阶实矩阵，证明：$\boldsymbol{A}$ 为正规矩阵的充分必要条件是存在 n 阶正交矩阵 $\boldsymbol{Q}$

$$\boldsymbol{Q}^{\mathrm{T}}\boldsymbol{A}\boldsymbol{Q}=\boldsymbol{R}=\mathrm{diag}(\boldsymbol{R}_1,\boldsymbol{R}_2,\cdots,\boldsymbol{R}_s)$$

其中 $\boldsymbol{R}_i(i=1,2,\cdots,s)$ 是 1 阶或 2 阶形如 $\begin{pmatrix}\alpha&\beta\\-\beta&\alpha\end{pmatrix}$ 的实矩阵.

22. 设 $\boldsymbol{A}$ 是 n 阶实矩阵，证明：$\boldsymbol{A}$ 为正交矩阵的充分必要条件是存在 n 阶正交矩阵 $\boldsymbol{Q}$ 使得

$$\boldsymbol{Q}^{\mathrm{T}}\boldsymbol{A}\boldsymbol{Q}=\boldsymbol{T}=\mathrm{diag}(\boldsymbol{T}_1,\boldsymbol{T}_2,\cdots,\boldsymbol{T}_s,\lambda_{2s+1},\cdots,\lambda_n)$$

其中 $\boldsymbol{T}_i=\begin{pmatrix}\cos\theta_i & \sin\theta_i\\ -\sin\theta_i & \cos\theta_i\end{pmatrix}(i=1,2,\cdots,s)$，$\lambda_{2s+1},\cdots,\lambda_n$ 等于 1 或 −1.

23. 设 $\boldsymbol{A},\boldsymbol{B}$ 均为 n 阶 Hermite 矩阵，证明：存在 n 阶酉矩阵 $\boldsymbol{U}$ 使得 $\boldsymbol{U}^{\mathrm{H}}\boldsymbol{A}\boldsymbol{U}$ 与 $\boldsymbol{U}^{\mathrm{H}}\boldsymbol{B}\boldsymbol{U}$ 均为对角矩阵的充分必要条件是 $\boldsymbol{AB}=\boldsymbol{BA}$.

24. 作出下列矩阵的奇异值分解

(1) $\boldsymbol{A}=\begin{pmatrix}1 & 0\\ 0 & 1\\ 1 & 1\end{pmatrix}$；(2) $\boldsymbol{A}=\begin{pmatrix}0 & -1 & 1\\ 2 & 0 & 0\end{pmatrix}$；(3) $\boldsymbol{A}=\begin{pmatrix}-1 & 0 & 1\\ 0 & 1 & 0\\ 1 & 0 & -1\end{pmatrix}$.

第五章　Hermite 矩阵与正定矩阵

实对称矩阵是一类十分重要的矩阵，它在力学、物理学、自动控制与工程技术中有着广泛的应用. 复矩阵中的 Hermite 矩阵与实对称矩阵在其性质和证明方法上都十分相似. 实对称矩阵在学习线性代数中已有所了解. 本章介绍 Hermite 矩阵及其性质，讨论一类具有特殊正性的 Hermite 矩阵——正定（非负定）矩阵及其性质，在此基础上介绍矩阵不等式.

§5.1　Hermite 矩阵与 Hermite 二次型

5.1.1　Hermite 矩阵

由 Hermite 矩阵的定义可知，Hermite 矩阵具有如下简单性质：

(1) 如果 $\boldsymbol{A}$ 是 Hermite 矩阵，则对正整数 k，$\boldsymbol{A}^k$ 也是 Hermite 矩阵；

(2) 如果 $\boldsymbol{A}$ 是可逆 Hermite 矩阵，则 $\boldsymbol{A}^{-1}$ 也是 Hermite 矩阵；

(3) 如果 $\boldsymbol{A},\boldsymbol{B}$ 是 Hermite 矩阵，则对实数 k,p，$k\boldsymbol{A}+p\boldsymbol{B}$ 也是 Hermite 矩阵；

(4) 若 $\boldsymbol{A},\boldsymbol{B}$ 是 Hermite 矩阵，则 $\boldsymbol{AB}$ 是 Hermite 矩阵的充分必要条件是 $\boldsymbol{AB}=\boldsymbol{BA}$；

(5) $\boldsymbol{A}$ 是 Hermite 矩阵的充分必要条件是对任意方阵 $\boldsymbol{S}$，$\boldsymbol{S}^{\mathrm{H}}\boldsymbol{AS}$ 是 Hermite 矩阵.

定理 5.1.1　设 $\boldsymbol{A}=(a_{jk})\in\boldsymbol{C}^{n\times n}$，则 $\boldsymbol{A}$ 是 Hermite 矩阵的充分必要条件是对任意 $x\in\boldsymbol{C}^n$，$x^{\mathrm{H}}\boldsymbol{A}x$ 是实数.

证明　必要性. 如果 $\boldsymbol{A}$ 是 Hermite 矩阵，则对任意 $x\in\boldsymbol{C}^n$，因为 $x^{\mathrm{H}}\boldsymbol{A}x$ 是数，所以

$$\overline{(x^{\mathrm{H}}\boldsymbol{A}x)}=(x^{\mathrm{H}}\boldsymbol{A}x)^{\mathrm{H}}=x^{\mathrm{H}}\boldsymbol{A}^{\mathrm{H}}x=x^{\mathrm{H}}\boldsymbol{A}x$$

因此 $x^{\mathrm{H}}\boldsymbol{A}x$ 是实数.

充分性. 因为对任意 $x,y\in\boldsymbol{C}^n$，$x^{\mathrm{H}}\boldsymbol{A}x$，$y^{\mathrm{H}}\boldsymbol{A}y$，$(x+y)^{\mathrm{H}}\boldsymbol{A}(x+y)$ 都是实数，而

$$(x+y)^{\mathrm{H}}\boldsymbol{A}(x+y)=x^{\mathrm{H}}\boldsymbol{A}x+x^{\mathrm{H}}\boldsymbol{A}y+y^{\mathrm{H}}\boldsymbol{A}x+y^{\mathrm{H}}\boldsymbol{A}y$$

于是对任意 $x,y\in\boldsymbol{C}^n$，$x^{\mathrm{H}}\boldsymbol{A}y+y^{\mathrm{H}}\boldsymbol{A}x$ 是实数. 特别地，令

$$x=(\underbrace{0,\cdots,0,1}_{j},0,\cdots,0)^{\mathrm{T}},\ y=(\underbrace{0,\cdots,0,1}_{k},0,\cdots,0)^{\mathrm{T}}$$

则 $x^{\mathrm{H}}\boldsymbol{A}y+y^{\mathrm{H}}\boldsymbol{A}x=a_{jk}+a_{kj}$ 是实数，这表明 a_{jk} 与 a_{kj} 的虚部值相等，但符号相反. 令

$$x=(\underbrace{0,\cdots,0,\mathrm{i}}_{j},0,\cdots,0)^{\mathrm{T}},\quad y=(\underbrace{0,\cdots,0,1}_{k},0,\cdots,0)^{\mathrm{T}}$$

其中 $\mathrm{i}=\sqrt{-1}$，$x^{\mathrm{H}}\boldsymbol{A}y+y^{\mathrm{H}}\boldsymbol{A}x=-\mathrm{i}a_{jk}+\mathrm{i}a_{kj}$ 是实数，则 a_{jk} 与 a_{kj} 的实部相等. 因此

$$a_{jk}=\bar{a}_{kj},j,\quad k=1,2,\cdots,n$$

即 $\boldsymbol{A}$ 是 Hermite 矩阵. □

定理 5.1.2 设 $\boldsymbol{A}$ 为 n 阶 Hermite 矩阵，则

(1) $\boldsymbol{A}$ 的所有特征值全是实数；

(2) $\boldsymbol{A}$ 的不同特征值所对应的特征向量是互相正交的.

证明 由推论 4.5.1 即得(1). 下面证明(2).

设 λ,μ 是 $\boldsymbol{A}$ 的两个不同特征值，相应的特征向量分别为 x,y，则

$$\boldsymbol{A}x=\lambda x,\quad \boldsymbol{A}y=\mu y$$

从而 $y^{\mathrm{H}}\boldsymbol{A}x=\lambda y^{\mathrm{H}}x$，$x^{\mathrm{H}}\boldsymbol{A}y=\mu x^{\mathrm{H}}y$. 因为 $\boldsymbol{A}$ 是 Hermite 矩阵，λ,μ 均为实数，则 $y^{\mathrm{H}}\boldsymbol{A}x=\mu y^{\mathrm{H}}x$. 于是 $(\lambda-\mu)y^{\mathrm{H}}x=0$. 由于 $\lambda\neq\mu$，故 x 与 y 正交. □

由推论 4.5.1，容易证明如下定理.

定理 5.1.3 设 $\boldsymbol{A}\in\boldsymbol{C}^{n\times n}$，则 $\boldsymbol{A}$ 是 Hermite 矩阵的充分必要条件是存在酉矩阵 $\boldsymbol{U}$ 使得

$$\boldsymbol{U}^{\mathrm{H}}\boldsymbol{A}\boldsymbol{U}=\boldsymbol{\Lambda}=\mathrm{diag}(\lambda_1,\lambda_2,\cdots,\lambda_n)\tag{5.1.1}$$

其中 $\lambda_1,\lambda_2,\cdots,\lambda_n$ 均为实数.

实对称矩阵的特征值全为实数，相应的特征向量可取为实向量(这是与 Hermite 矩阵的不同之处). 由推论 4.5.2 可证明如下定理.

定理 5.1.4 设 $\boldsymbol{A}\in\mathbf{R}^{n\times n}$，则 $\boldsymbol{A}$ 是实对称矩阵的充分必要条件是存在正交矩阵 $\boldsymbol{Q}$ 使得

$$\boldsymbol{Q}^{\mathrm{T}}\boldsymbol{A}\boldsymbol{Q}=\mathrm{diag}(\lambda_1,\lambda_2,\cdots,\lambda_n)\tag{5.1.2}$$

其中 $\lambda_1,\lambda_2,\cdots,\lambda_n$ 均为实数.

5.1.2 矩阵的惯性

定理 5.1.5 设 $\boldsymbol{A}$ 是 n 阶 Hermite 矩阵，则 $\boldsymbol{A}$ 相合于矩阵

$$\boldsymbol{D}_0=\begin{bmatrix}\boldsymbol{I}_s & 0 & 0\\ 0 & -\boldsymbol{I}_{r-s} & 0\\ 0 & 0 & O_{n-r}\end{bmatrix}\tag{5.1.3}$$

其中 $r=\mathrm{rank}(\boldsymbol{A})$，$s$ 是 $\boldsymbol{A}$ 的正特征值（重特征值按重数计算）的个数.

证明 由定理 5.1.3 知，存在 n 阶酉矩阵 $\boldsymbol{U}$ 使得

$$\boldsymbol{A}=\boldsymbol{U}\boldsymbol{\Lambda}\boldsymbol{U}^{\mathrm{H}}$$

其中 $\boldsymbol{\Lambda}$ 是以 $\boldsymbol{A}$ 的特征值为对角元的对角矩阵. 排列 $\boldsymbol{\Lambda}$ 的特征值使得

$$\boldsymbol{P}_1^{\mathrm{H}}\boldsymbol{\Lambda}\boldsymbol{P}_1=\mathrm{diag}(\lambda_1,\cdots,\lambda_s,\lambda_{s+1},\cdots,\lambda_r,0,\cdots,0)=\boldsymbol{D}$$

其中 $\boldsymbol{P}_1$ 是排列矩阵，$\lambda_i>0(i=1,\cdots,s)$，$\lambda_j<0(j=s+1,\cdots,r)$，令

$$\boldsymbol{D}_1=\mathrm{diag}(\sqrt{\lambda_1},\cdots,\sqrt{\lambda_s},\sqrt{|\lambda_{s+1}|},\cdots,\sqrt{|\lambda_r|},1,\cdots,1)$$

令 $\boldsymbol{P}=\boldsymbol{U}\boldsymbol{P}_1\boldsymbol{D}_1^{-1}$，则 $\boldsymbol{P}$ 非奇异且 $\boldsymbol{P}^{\mathrm{H}}\boldsymbol{A}\boldsymbol{P}=\boldsymbol{D}_0$，即 $\boldsymbol{A}$ 相合于 $\boldsymbol{D}_0$. □

式(5.1.3)中矩阵 $\boldsymbol{D}_0$ 称为 n 阶 **Hermite 矩阵 $\boldsymbol{A}$ 的相合标准形.**

设 $\boldsymbol{A}\in\boldsymbol{C}^{n\times n}$，$\pi(\boldsymbol{A})$，$v(\boldsymbol{A})$ 和 $\delta(\boldsymbol{A})$ 分别表示 $\boldsymbol{A}$ 的位于右半开平面、左半开平面和虚轴上的特征值（重特征值按重数计算）的个数. 记

$$\mathrm{In}(\boldsymbol{A})=\{\pi(\boldsymbol{A}),v(\boldsymbol{A}),\delta(\boldsymbol{A})\} \tag{5.1.4}$$

则称 $\mathrm{In}(\boldsymbol{A})$ 为**矩阵 $\boldsymbol{A}$ 的惯性.**

如果 $\boldsymbol{A}$ 是 n 阶 Hermite 矩阵，则 $\pi(\boldsymbol{A})$，$v(\boldsymbol{A})$ 和 $\delta(\boldsymbol{A})$ 分别表示 $\boldsymbol{A}$ 的正、负和零特征值的个数（重特征值按重数计算）. 因此 $\boldsymbol{A}$ 非奇异的充分必要条件为 $\delta(\boldsymbol{A})=0$，并且

$$\pi(\boldsymbol{A})+v(\boldsymbol{A})=\mathrm{rank}(\boldsymbol{A}) \tag{5.1.5}$$

定理 5.1.6（Sylvester 惯性定律） 设 $\boldsymbol{A}$，$\boldsymbol{B}$ 均为 n 阶 Hermite 矩阵，则 $\boldsymbol{A}$ 与 $\boldsymbol{B}$ 相合的充分必要条件是

$$\mathrm{In}(\boldsymbol{A})=\mathrm{In}(\boldsymbol{B}) \tag{5.1.6}$$

证明 必要性. 如果 $\boldsymbol{A}$ 与 $\boldsymbol{B}$ 相合，则 $\mathrm{rank}(\boldsymbol{A})=\mathrm{rank}(\boldsymbol{B})=r$. 由定理5.1.5知存在非奇异矩阵 $\boldsymbol{P}$ 和 $\boldsymbol{Q}$ 使得

$$\boldsymbol{P}^{\mathrm{H}}\boldsymbol{A}\boldsymbol{P}=\mathrm{diag}(\boldsymbol{I}_s,-\boldsymbol{I}_{r-s},0_{n-r})=\boldsymbol{D}_0^{(1)},\boldsymbol{Q}^{\mathrm{H}}\boldsymbol{B}\boldsymbol{Q}=\mathrm{diag}(\boldsymbol{I}_t,-\boldsymbol{I}_{r-t},0_{n-r})=\boldsymbol{D}_0^{(2)}$$

其中 $s=\pi(\boldsymbol{A})$，$t=\pi(\boldsymbol{B})$.

下面证明 $s=t$. 因为 $\boldsymbol{A}$ 与 $\boldsymbol{B}$ 相合，则存在非奇异矩阵 $\boldsymbol{M}$ 使得 $\boldsymbol{B}=\boldsymbol{M}^{\mathrm{H}}\boldsymbol{A}\boldsymbol{M}$，从而

$$\boldsymbol{D}_0^{(1)}=\boldsymbol{P}^{\mathrm{H}}\boldsymbol{A}\boldsymbol{P}=(\boldsymbol{Q}^{-1}\boldsymbol{M}^{-1}\boldsymbol{P})^{\mathrm{H}}\boldsymbol{D}_0^{(2)}\boldsymbol{Q}^{-1}\boldsymbol{M}^{-1}\boldsymbol{P}=\boldsymbol{R}^{\mathrm{H}}\boldsymbol{D}_0^{(2)}\boldsymbol{R} \tag{5.1.7}$$

其中 $\boldsymbol{R}=\boldsymbol{Q}^{-1}\boldsymbol{M}^{-1}\boldsymbol{P}$.

假若 $t<s$. 令 $x=\begin{pmatrix}y\\0\end{pmatrix}\in\boldsymbol{C}^n$，其中 $y=\begin{pmatrix}y_1\\\cdots\\y_s\end{pmatrix}\in\boldsymbol{C}^s$，且 $y\neq0$，则

$$x^{\mathrm{H}}\boldsymbol{D}_0^{(1)}x=\sum_{i=1}^{s}|y_i|^2>0 \tag{5.1.8}$$

记

$$\boldsymbol{R}=\begin{pmatrix}\boldsymbol{R}_{11} & \boldsymbol{R}_{12}\\ \boldsymbol{R}_{21} & \boldsymbol{R}_{22}\end{pmatrix}$$

其中 $\boldsymbol{R}_{11}\in\boldsymbol{C}^{t\times s}$. 因为 $t<s$,则可选取 $y\neq 0$ 使得 $\boldsymbol{R}_{11}y=0$. 从而 $\boldsymbol{R}x=\begin{pmatrix}0\\ z\end{pmatrix}$,其中 $z=\boldsymbol{R}_{21}y=(z_1,\cdots,z_{n-t})^{\mathrm{T}}$. 由(5.1.7),有

$$x^{\mathrm{H}}\boldsymbol{D}_0^{(1)}x=x^{\mathrm{H}}\boldsymbol{R}^{\mathrm{H}}\boldsymbol{D}_0^{(2)}\boldsymbol{R}x=-\sum_{i=1}^{r-t}|z_i|^2\leqslant 0 \tag{5.1.9}$$

式(5.1.8)与式(5.1.9)矛盾. 因此 $t\geqslant s$.

同样可证,$s<t$ 是不可能的. 于是 $s=t$.

充分性. 如果 $\mathrm{In}(\boldsymbol{A})=\mathrm{In}(\boldsymbol{B})$,则由(5.1.5)知,$\mathrm{rank}(\boldsymbol{A})=\mathrm{rank}(\boldsymbol{B})=r$. 由定理 5.1.5 知 $\boldsymbol{A}$ 和 $\boldsymbol{B}$ 相合于同一标准形. 由相合的对称性和传递性知 $\boldsymbol{A}$ 与 $\boldsymbol{B}$ 相合. □

5.1.3 Hermite 二次型

线性代数中已介绍过实二次型,现在把它推广到复数情况. 下面我们讨论具有重要应用的一类复二次型——Hermite 二次型. 与实二次型相仿,我们研究 Hermite 二次型的标准形与分类等问题.

由 n 个复变量 $x_1,\cdots,x_n$,系数为复数的二次齐式

$$f(x_1,\cdots,x_n)=\sum_{i=1}^{n}\sum_{j=1}^{n}a_{ij}\bar{x}_i x_j \tag{5.1.10}$$

其中 $a_{ij}=\bar{a}_{ji}$,称为 **Hermite 二次型**. 记

$$\boldsymbol{A}=\begin{pmatrix}a_{11} & a_{12} & \cdots & a_{1n}\\ a_{21} & a_{22} & \cdots & a_{2n}\\ \vdots & \vdots & & \vdots\\ a_{n1} & a_{n2} & \cdots & a_{nn}\end{pmatrix}$$

则 $\boldsymbol{A}$ 为 Hermite 矩阵. 我们称矩阵 $\boldsymbol{A}$ 为 **Hermite 二次型的矩阵**,并且称 $\boldsymbol{A}$ 的秩为 Hermite **二次型的秩**. 于是,Hermite 二次型(5.1.10)可改写为

$$f(x)=x^{\mathrm{H}}\boldsymbol{A}x \tag{5.1.11}$$

其中 $x=(x_1,\cdots,x_n)^{\mathrm{T}}$. 因此,一个 Hermite 二次型与一个 Hermite 矩阵相对应.

若作可逆线性变换 $x=\boldsymbol{P}y$,其中 $\boldsymbol{P}$ 为 n 阶可逆矩阵,$y=(y_1,\cdots,y_n)^{\mathrm{T}}$,则

$$f(x)=x^{\mathrm{H}}\boldsymbol{A}x=y^{\mathrm{H}}\boldsymbol{B}y$$

其中 $\boldsymbol{B}=\boldsymbol{P}^{\mathrm{H}}\boldsymbol{A}\boldsymbol{P}$. 显然 $\boldsymbol{B}$ 是 Hermite 矩阵,且与矩阵 $\boldsymbol{A}$ 相合.

Hermite 二次型中最简单的一种是只包含平方项的二次型

$$\lambda_1\bar{y}_1y_1+\lambda_2\bar{y}_2y_2+\cdots+\lambda_n\bar{y}_ny_n \tag{5.1.12}$$

我们称形如(5.1.12)的二次型为**Hermite 二次型的标准形**.

用 Hermite 二次型的语言,定理 5.1.3 可以叙述为

定理 5.1.7 对 Hermite 二次型 $f(x)=x^{\mathrm{H}}\boldsymbol{A}x$,存在酉线性变换 $x=\boldsymbol{U}y$(其中 $\boldsymbol{U}$ 是酉矩阵)使得 Hermite 二次型 $f(x)$ 变成标准形

$$\lambda_1\bar{y}_1y_1+\lambda_2\bar{y}_2y_2+\cdots+\lambda_n\bar{y}_ny_n$$

其中 $\lambda_1,\cdots,\lambda_n$ 是 Hermite 矩阵 $\boldsymbol{A}$ 的特征值.

定理 5.1.5 也可用 Hermite 二次型的语言来叙述.

定理 5.1.8 对 Hermite 二次型 $f(x)=x^{\mathrm{H}}\boldsymbol{A}x$,存在可逆线性变换 $x=\boldsymbol{P}y$ 使得 Hermite 二次型 $f(x)$ 化为

$$f(x)=x^{\mathrm{H}}\boldsymbol{A}x=\bar{y}_1y_1+\cdots+\bar{y}_sy_s-\bar{y}_{s+1}y_{s+1}-\cdots-\bar{y}_ry_r \tag{5.1.13}$$

其中 $r=\mathrm{rank}(\boldsymbol{A})$,$s=\pi(\boldsymbol{A})$.

式(5.1.13)称为 Hermite 二次型 $f(x)=x^{\mathrm{H}}\boldsymbol{A}x$ 的**规范形**,其中 s 和 $r-s$ 分别称为 Hermite 二次型的**正惯性指数**和**负惯性指数**.

因为 Hermite 二次型 $f(x)=x^{\mathrm{H}}\boldsymbol{A}x$ 的正惯性指数 s 与秩 r 之间满足 $0\leqslant s\leqslant r\leqslant n$,所以 Hermite 二次型可分为五种情况:

(1) 若 $s=r=n$,则规范形为 $x^{\mathrm{H}}\boldsymbol{A}x=\sum\limits_{i=1}^{n}|y_i|^2$. 若 $x\neq0$,则 $y\neq0$,$x^{\mathrm{H}}\boldsymbol{A}x>0$.

(2) 若 $s=r<n$,则规范形为 $x^{\mathrm{H}}\boldsymbol{A}x=\sum\limits_{i=1}^{r}|y_i|^2$. 对任意 $x\in\boldsymbol{C}^n$ 都有 $x^{\mathrm{H}}\boldsymbol{A}x\geqslant0$.

(3) 若 $s=0,r=n$,则规范形为 $x^{\mathrm{H}}\boldsymbol{A}x=-\sum\limits_{i=1}^{n}|y_i|^2$. 若 $x\neq0$,则 $y\neq0$,$x^{\mathrm{H}}\boldsymbol{A}x<0$.

(4) 若 $s=0,r<n$,则规范形为 $x^{\mathrm{H}}\boldsymbol{A}x=-\sum\limits_{i=1}^{r}|y_i|^2$. 对任意 $x\in\boldsymbol{C}^n$ 都有 $x^{\mathrm{H}}\boldsymbol{A}x\leqslant0$.

(5) 若 $0<s<r\leqslant n$,则规范形为 $x^{\mathrm{H}}\boldsymbol{A}x=\sum_{i=1}^{s}|y_i|^2-\sum_{i=s+1}^{r}|y_i|^2$. 对不同的 x, $x^{\mathrm{H}}\boldsymbol{A}x$ 之值可以大于 0,小于 0 或等于 0.

根据上面的讨论,我们可以对 Hermite 二次型进行分类.

定义 5.1.1 设 $f(x)=x^{\mathrm{H}}\boldsymbol{A}x$ 为 Hermite 二次型.

(1) 如果对任意 $x\in\boldsymbol{C}^n$ 且 $x\neq 0$,都有 $x^{\mathrm{H}}\boldsymbol{A}x>0$,则称 $x^{\mathrm{H}}\boldsymbol{A}x$ 为正定的;

(2) 如果对任意 $x\in\boldsymbol{C}^n$,都有 $x^{\mathrm{H}}\boldsymbol{A}x\geqslant 0$,则称 $x^{\mathrm{H}}\boldsymbol{A}x$ 为半正定(非负定)的;

(3) 如果对任意 $x\in\boldsymbol{C}^n$ 且 $x\neq 0$,都有 $x^{\mathrm{H}}\boldsymbol{A}x<0$,则称 $x^{\mathrm{H}}\boldsymbol{A}x$ 为负定的;

(4) 如果对任意 $x\in\boldsymbol{C}^n$,都有 $x^{\mathrm{H}}\boldsymbol{A}x\leqslant 0$,则称 $x^{\mathrm{H}}\boldsymbol{A}x$ 为半负定的;

(5) 对不同的 $x\in\boldsymbol{C}^n$, $x^{\mathrm{H}}\boldsymbol{A}x$ 有时为正,有时为负,则称 $x^{\mathrm{H}}\boldsymbol{A}x$ 为不定的.

根据上面的讨论,直接得如下定理.

定理 5.1.9 对 Hermite 二次型 $f(x)=x^{\mathrm{H}}\boldsymbol{A}x$,有

(1) $x^{\mathrm{H}}\boldsymbol{A}x$ 正定的充分必要条件为 $s=r=n$;

(2) $x^{\mathrm{H}}\boldsymbol{A}x$ 半正定的充分必要条件为 $s=r<n$;

(3) $x^{\mathrm{H}}\boldsymbol{A}x$ 负定的充分必要条件为 $s=0, r=n$;

(4) $x^{\mathrm{H}}\boldsymbol{A}x$ 半负定的充分必要条件为 $s=0, r<n$;

(5) $x^{\mathrm{H}}\boldsymbol{A}x$ 不定的充分必要条件为 $0<s<r\leqslant n$.

§ 5.2 Hermite 正定(非负定)矩阵

利用 Hermite 二次型的正定(非负定)可以定义 Hermite 矩阵的正定(非负定).

定义 5.2.1 设 $\boldsymbol{A}$ 是 n 阶 Hermite 矩阵,如果对任意 $x\in\boldsymbol{C}^n$ 且 $x\neq 0$,都有 $x^{\mathrm{H}}\boldsymbol{A}x>0$,则称 $\boldsymbol{A}$ 为**正定矩阵**,记作 $\boldsymbol{A}>0$;如果对任意 $x\in\boldsymbol{C}^n$,都有 $x^{\mathrm{H}}\boldsymbol{A}x\geqslant 0$,则称 $\boldsymbol{A}$ 为**非负定(半正定)矩阵**,记作 $\boldsymbol{A}\geqslant 0$.

在定义 5.2.1 中,矩阵 $\boldsymbol{A}$ 是 Hermite 矩阵的假定是必要的. 在以下的讨论中,矩阵 $\boldsymbol{A}$ 均指 Hermite 矩阵. 由定义 5.2.1 可知,如果 $\boldsymbol{A}$ 是正定矩阵,则它也是半正定矩阵.

正定(非负定)矩阵具有如下基本性质:

(1) 单位矩阵 $\boldsymbol{I}>0$;

(2) 若 $\boldsymbol{A}>0$,数 $k>0$,则 $k\boldsymbol{A}>0$;

(3) 若 $\boldsymbol{A}>0, \boldsymbol{B}>0$,则 $\boldsymbol{A}+\boldsymbol{B}>0$;

(4) 若 $\boldsymbol{A}\geqslant 0, \boldsymbol{B}\geqslant 0$,则 $\boldsymbol{A}+\boldsymbol{B}\geqslant 0$.

下面我们给出 Hermite 矩阵 $\boldsymbol{A}$ 正定(非负定)的条件.

定理 5.2.1 设 $\boldsymbol{A}$ 是 n 阶 Hermite 矩阵，则下列命题等价：

(1) $\boldsymbol{A}$ 是正定矩阵；

(2) 对任意 n 阶可逆矩阵 $\boldsymbol{P}$，$\boldsymbol{P}^{\mathrm{H}}\boldsymbol{AP}$ 都是 Hermite 正定矩阵；

(3) $\boldsymbol{A}$ 的 n 个特征值均为正数；

(4) 存在 n 阶可逆矩阵 $\boldsymbol{P}$ 使得 $\boldsymbol{P}^{\mathrm{H}}\boldsymbol{AP}=\boldsymbol{I}$；

(5) 存在 n 阶可逆矩阵 $\boldsymbol{Q}$ 使得 $\boldsymbol{A}=\boldsymbol{Q}^{\mathrm{H}}\boldsymbol{Q}$；

(6) 存在 n 阶可逆 Hermite 矩阵 $\boldsymbol{S}$ 使得 $\boldsymbol{A}=\boldsymbol{S}^2$.

证明 首先按(1)⇒(2)⇒(3)⇒(4)⇒(5)⇒(1)进行证明.

(1)⇒(2) 对任意 n 阶可逆矩阵 $\boldsymbol{P}$ 及任意 $y\in\boldsymbol{C}^n$ 且 $y\neq0$，令 $x=\boldsymbol{P}y$，则 $x\in\boldsymbol{C}^n$ 且 $x\neq0$

$$y^{\mathrm{H}}(\boldsymbol{P}^{\mathrm{H}}\boldsymbol{AP})y = x^{\mathrm{H}}\boldsymbol{A}x > 0$$

故 $\boldsymbol{P}^{\mathrm{H}}\boldsymbol{AP}$ 是 Hermite 正定矩阵.

(2)⇒(3) 对 Hermite 矩阵 $\boldsymbol{A}$，由定理 5.1.3 知存在酉矩阵 $\boldsymbol{U}$ 使得

$$\boldsymbol{U}^{\mathrm{H}}\boldsymbol{AU} = \mathrm{diag}(\lambda_1,\lambda_2,\cdots,\lambda_n) \tag{5.2.1}$$

其中 $\lambda_1,\lambda_2,\cdots,\lambda_n$ 为 $\boldsymbol{A}$ 的特征值，由(2)知 $\mathrm{diag}(\lambda_1,\lambda_2,\cdots,\lambda_n)$ 是正定矩阵，则 $\lambda_1,\lambda_2,\cdots,\lambda_n$ 均为正数.

(3)⇒(4) 因为 $\boldsymbol{A}$ 的特征值 $\lambda_1,\lambda_2,\cdots,\lambda_n$ 均为正数，令

$$\boldsymbol{P}_1 = \mathrm{diag}\left(\frac{1}{\sqrt{\lambda_1}},\frac{1}{\sqrt{\lambda_2}},\cdots,\frac{1}{\sqrt{\lambda_n}}\right),\quad \boldsymbol{P}=\boldsymbol{UP}_1$$

则 $\boldsymbol{P}$ 是可逆矩阵，并且由(5.2.1)有 $\boldsymbol{P}^{\mathrm{H}}\boldsymbol{AP}=\boldsymbol{I}$.

(4)⇒(5) 因为存在 n 阶可逆矩阵 $\boldsymbol{P}$ 使得 $\boldsymbol{P}^{H}\boldsymbol{AP}=\boldsymbol{I}$，则令 $\boldsymbol{Q}=\boldsymbol{P}^{-1}$，有 $\boldsymbol{A}=\boldsymbol{Q}^{\mathrm{H}}\boldsymbol{Q}$.

(5)⇒(1) 因为存在 n 阶可逆矩阵 $\boldsymbol{Q}$ 使得 $\boldsymbol{A}=\boldsymbol{Q}^{\mathrm{H}}\boldsymbol{Q}$，则对任意 $x\in\boldsymbol{C}^n$ 且 $x\neq0$ 都有 $\boldsymbol{Q}x\neq0$，从而 $x^{\mathrm{H}}\boldsymbol{A}x=(\boldsymbol{Q}x)^{\mathrm{H}}(\boldsymbol{Q}x)>0$. 故 $\boldsymbol{A}$ 是正定矩阵.

下面证明(1)⇔(6).

(1)⇒(6) 设 λ 为 $\boldsymbol{A}$ 的任一特征值，x 为相应的特征向量，则

$$\boldsymbol{A}x = \lambda x$$

因为 $\boldsymbol{A}$ 是正定矩阵，所以 $\lambda x^{\mathrm{H}}x=x^{\mathrm{H}}\boldsymbol{A}x>0$，从而 $\lambda>0$. 因此 $\boldsymbol{A}$ 的特征值均为正数. 由(5.2.1)得

$$\boldsymbol{A} = \boldsymbol{U}\mathrm{diag}(\lambda_1,\lambda_2,\cdots,\lambda_n)\boldsymbol{U}^{\mathrm{H}}$$

其中 $\lambda_1,\lambda_2,\cdots,\lambda_n$ 为 $\boldsymbol{A}$ 的正特征值. 令

$$\boldsymbol{S} = \boldsymbol{U}\mathrm{diag}(\sqrt{\lambda_1},\sqrt{\lambda_2},\cdots,\sqrt{\lambda_n})\boldsymbol{U}^{\mathrm{H}}$$

则 $\boldsymbol{S}$ 是 n 阶可逆 Hermite 矩阵,并且 $\boldsymbol{A}=\boldsymbol{S}^2$.

(6)⇒(1) 因为存在 n 阶可逆 Hermite 矩阵 $\boldsymbol{S}$ 使得 $\boldsymbol{A}=\boldsymbol{S}^2=\boldsymbol{S}^{\mathrm{H}}\boldsymbol{S}$,类似于(5)⇒(1)即知 $\boldsymbol{A}$ 是正定矩阵. □

由定理 5.2.1 和定理 2.4.2 直接可得如下推论.

推论 5.2.1 设 $\boldsymbol{A}$ 是 n 阶 Hermite 正定矩阵,其特征值为 $\lambda_1,\lambda_2,\cdots,\lambda_n$,则

(1) $\boldsymbol{A}^{-1}$ 是正定矩阵;

(2) 如果 $\boldsymbol{Q}$ 是任一 $n\times m$ 列满秩矩阵,则 $\boldsymbol{Q}^{\mathrm{H}}\boldsymbol{A}\boldsymbol{Q}>0$;

(3) $|\boldsymbol{A}|>0$;

(4) $\mathrm{tr}(\boldsymbol{A})>\lambda_i(i=1,2,\cdots,n)$.

例 5.2.1 设 n 阶 Hermite 矩阵 $\boldsymbol{A}$ 有如下分块

$$\boldsymbol{A}=\begin{pmatrix}\boldsymbol{A}_{11} & \boldsymbol{A}_{12}\\ \boldsymbol{A}_{12}^{\mathrm{H}} & \boldsymbol{A}_{22}\end{pmatrix},\quad \boldsymbol{A}_{11}\in\boldsymbol{C}^{k\times k}$$

则 $\boldsymbol{A}>0$ 的充分必要条件是 $\boldsymbol{A}_{11}>0$ 和 $\boldsymbol{A}_{22}-\boldsymbol{A}_{12}^{\mathrm{H}}\boldsymbol{A}_{11}^{-1}\boldsymbol{A}_{12}>0$.

证明 如果 $\boldsymbol{A}_{11}$ 非奇异,则

$$\begin{pmatrix}\boldsymbol{I}_k & 0\\ -\boldsymbol{A}_{12}^{\mathrm{H}}\boldsymbol{A}_{11}^{-1} & \boldsymbol{I}_{n-k}\end{pmatrix}\begin{pmatrix}\boldsymbol{A}_{11} & \boldsymbol{A}_{12}\\ \boldsymbol{A}_{12}^{\mathrm{H}} & \boldsymbol{A}_{22}\end{pmatrix}\begin{pmatrix}\boldsymbol{I}_k & -\boldsymbol{A}_{11}^{-1}\boldsymbol{A}_{12}\\ 0 & \boldsymbol{I}_{n-k}\end{pmatrix}=\begin{pmatrix}\boldsymbol{A}_{11} & 0\\ 0 & \boldsymbol{A}_{22}-\boldsymbol{A}_{12}^{\mathrm{H}}\boldsymbol{A}_{11}^{-1}\boldsymbol{A}_{12}\end{pmatrix}$$

即 $\begin{pmatrix}\boldsymbol{A}_{11} & \boldsymbol{A}_{12}\\ \boldsymbol{A}_{12}^{\mathrm{H}} & \boldsymbol{A}_{22}\end{pmatrix}$ 相合于 $\begin{pmatrix}\boldsymbol{A}_{11} & 0\\ 0 & \boldsymbol{A}_{22}-\boldsymbol{A}_{12}^{\mathrm{H}}\boldsymbol{A}_{11}^{-1}\boldsymbol{A}_{12}\end{pmatrix}$. 因此 $\boldsymbol{A}>0$ 的充分必要条件是 $\boldsymbol{A}_{11}>0$ 和 $\boldsymbol{A}_{22}-\boldsymbol{A}_{12}^{\mathrm{H}}\boldsymbol{A}_{11}^{-1}\boldsymbol{A}_{12}>0$. □

类似于定理 5.2.1,有如下结论.

定理 5.2.2 设 $\boldsymbol{A}$ 是 n 阶 Hermite 矩阵,则下列命题等价:

(1) $\boldsymbol{A}$ 是非负定矩阵;

(2) 对任意 n 阶可逆矩阵 $\boldsymbol{P}$,$\boldsymbol{P}^{\mathrm{H}}\boldsymbol{A}\boldsymbol{P}$ 是 Hermite 非负定矩阵;

(3) $\boldsymbol{A}$ 的 n 个特征值均为非负数;

(4) 存在 n 阶可逆矩阵 $\boldsymbol{P}$ 使得 $\boldsymbol{P}^{\mathrm{H}}\boldsymbol{A}\boldsymbol{P}=\begin{pmatrix}\boldsymbol{I}_r & 0\\ 0 & 0\end{pmatrix}$,其中 $r=\mathrm{rank}(\boldsymbol{A})$;

(5) 存在秩为 r 的矩阵 $\boldsymbol{Q}$ 使得 $\boldsymbol{A}=\boldsymbol{Q}^{\mathrm{H}}\boldsymbol{Q}$;

(6) 存在 n 阶 Hermite 矩阵 $\boldsymbol{S}$ 使得 $\boldsymbol{A}=\boldsymbol{S}^2$.

读者不难自行证明这个定理.

由定理 5.2.2 和定理 2.4.2 可得如下推论.

推论 5.2.2 设 $\boldsymbol{A}$ 是 n 阶 Hermite 非负定矩阵,其特征值为 $\lambda_1,\lambda_2,\cdots,\lambda_n$,则

(1) 如果 $\boldsymbol{Q}$ 是任一 $n\times m$ 矩阵，则 $\boldsymbol{Q}^{\mathrm{H}}\boldsymbol{AQ}\geqslant 0$；

(2) $|\boldsymbol{A}|\geqslant 0$；

(3) $\mathrm{tr}(\boldsymbol{A})\geqslant\lambda_i(i=1,2,\cdots,n)$.

定理 5.2.3　n 阶 Hermite 矩阵 $\boldsymbol{A}$ 正定的充分必要条件是 $\boldsymbol{A}$ 的顺序主子式均为正数，即

$$\Delta_k=\boldsymbol{A}\begin{pmatrix}1 & \cdots & k\\ 1 & \cdots & k\end{pmatrix}>0,\quad k=1,\cdots,n$$

证明　必要性. 首先证明 Hermite 正定矩阵 $\boldsymbol{A}$ 的顺序主子矩阵也是正定矩阵. 记

$$\boldsymbol{A}=\begin{pmatrix}\boldsymbol{A}_{11} & \boldsymbol{A}_{12}\\ \boldsymbol{A}_{12}^{\mathrm{H}} & \boldsymbol{A}_{22}\end{pmatrix}$$

其中 $\boldsymbol{A}_{11}$ 是 $\boldsymbol{A}$ 的 k 阶顺序主子矩阵. 对任意 $x=\begin{pmatrix}y\\0\end{pmatrix}\in\boldsymbol{C}^n$，$y\in\boldsymbol{C}^k$ 且 $y\neq 0$，则

$$0<x^{\mathrm{H}}\boldsymbol{A}x=y^{\mathrm{H}}\boldsymbol{A}_{11}y$$

故 $\boldsymbol{A}_{11}$ 是 k 阶 Hermite 正定矩阵.

因为 $\boldsymbol{A}$ 的顺序主子矩阵都是正定矩阵，由推论 5.2.1 知 $\boldsymbol{A}$ 的顺序主子式均为正数.

充分性. 对矩阵的阶数作归纳法. 阶数为 1 时结论显然成立. 今设阶数为 $n-1$ 时结论成立. 对 n 阶 Hermite 矩阵 $\boldsymbol{A}$，记

$$\boldsymbol{A}=\begin{pmatrix}\boldsymbol{A}_{n-1} & a\\ a^{\mathrm{H}} & a_{nn}\end{pmatrix}$$

其中 $\boldsymbol{A}_{n-1}$ 为 $\boldsymbol{A}$ 的 $n-1$ 阶顺序主子矩阵. 因为 $\boldsymbol{A}_{n-1}$ 非奇异，令

$$\boldsymbol{P}=\begin{pmatrix}\boldsymbol{I}_{n-1} & -\boldsymbol{A}_{n-1}^{-1}a\\ 0 & 1\end{pmatrix}$$

则

$$\boldsymbol{P}^{\mathrm{H}}\boldsymbol{AP}=\begin{pmatrix}\boldsymbol{A}_{n-1} & 0\\ 0 & a_{nn}-a^{\mathrm{H}}\boldsymbol{A}_{n-1}^{-1}a\end{pmatrix}\tag{5.2.2}$$

于是 $a_{nn}-a^{\mathrm{H}}\boldsymbol{A}_{n-1}^{-1}a=\dfrac{|\boldsymbol{A}|}{|\boldsymbol{A}_{n-1}|}=\dfrac{\Delta_n}{\Delta_{n-1}}>0$. 由归纳法假设 $\boldsymbol{A}_{n-1}>0$，则

$$\begin{pmatrix} \boldsymbol{A}_{n-1} & 0 \\ 0 & a_{nn} - \alpha^{\mathrm{H}} \boldsymbol{A}_{n-1}^{-1} \alpha \end{pmatrix} > 0$$

由定理 5.2.1 和(5.2.2)可知 $\boldsymbol{A}>0$. 这说明阶数为 n 时结论也成立. □

必须指出，Hermite 矩阵 $\boldsymbol{A}$ 的所有顺序主子式均非负，并不能推出 $\boldsymbol{A}$ 是非负定矩阵. 例如，矩阵 $\boldsymbol{A}=\begin{pmatrix} 1 & -1 & 0 \\ -1 & 1 & 0 \\ 0 & 0 & -1 \end{pmatrix}$ 是 Hermite 矩阵. 容易验证 $\boldsymbol{A}$ 的所有顺序主子式均非负，但 $\boldsymbol{A}$ 不是非负定矩阵.

定理 5.2.4 n 阶 Hermite 矩阵 $\boldsymbol{A}$ 正定的充分必要条件是 $\boldsymbol{A}$ 的所有主子式全大于零.

证明 必要性. 对 $\boldsymbol{A}$ 的任一 k 阶主子式

$$\boldsymbol{A}\begin{pmatrix} i_1 & \cdots & i_k \\ i_1 & \cdots & i_k \end{pmatrix} = \begin{vmatrix} a_{i_1 i_1} & a_{i_1 i_2} & \cdots & a_{i_1 i_k} \\ a_{i_2 i_1} & a_{i_2 i_2} & \cdots & a_{i_2 i_k} \\ \vdots & \vdots & & \vdots \\ a_{i_k i_1} & a_{i_k i_2} & \cdots & a_{i_k i_k} \end{vmatrix}$$

存在某个排列矩阵 $\boldsymbol{P}$，使 $\boldsymbol{P}^{\mathrm{H}}\boldsymbol{A}\boldsymbol{P}$ 的 k 阶顺序主子式为 $\boldsymbol{A}\begin{pmatrix} i_1 \cdots & i_k \\ i_1 \cdots & i_k \end{pmatrix}$. 因为 $\boldsymbol{A}>0$，由定理 5.2.1 知 $\boldsymbol{P}^{\mathrm{H}}\boldsymbol{A}\boldsymbol{P}>0$，从而由定理 5.2.3 有 $\boldsymbol{A}\begin{pmatrix} i_1 \cdots & i_k \\ i_1 \cdots & i_k \end{pmatrix}>0$.

充分性由定理 5.2.3 即得. □

定理 5.2.5 ***n* 阶 Hermite 矩阵 A 非负定的充分必要条件是 A 的所有主子式均非负.**

证明 必要性. 因为 Hermite 非负定矩阵 $\boldsymbol{A}$ 的顺序主子矩阵都是非负定矩阵，并且由推论 5.2.2 知，非负定矩阵 $\boldsymbol{A}$ 的顺序主子式均非负. 类似于定理 5.2.4 的必要性证明可知，$\boldsymbol{A}$ 的所有主子式均非负.

充分性. 对任意 $\varepsilon>0$，由定理 2.4.1，有

$$|\varepsilon \boldsymbol{I} + \boldsymbol{A}| = \varepsilon^n + \sum_{k=1}^{n} b_k \varepsilon^{n-k}$$

其中 $b_k(k=1,2,\cdots,n)$ 是 $\boldsymbol{A}$ 的所有 k 阶主子式之和，则 $|\varepsilon\boldsymbol{I}+\boldsymbol{A}|>0$. 类似可证，$\varepsilon\boldsymbol{I}+\boldsymbol{A}$ 所有顺序主子式均为正数. 因此 $\varepsilon\boldsymbol{I}+\boldsymbol{A}$ 是正定矩阵. 从而对任意 $x\in\boldsymbol{C}^n$ 且 $x\neq 0$都有

$$x^{\mathrm{H}}(\varepsilon \boldsymbol{I}+\boldsymbol{A})x>0$$

在上式令 $\varepsilon \to 0$,则得

$$x^{\mathrm{H}}\boldsymbol{A}x \geqslant 0$$

故 $\boldsymbol{A}$ 是非负定矩阵. □

例 5.2.2 若 $\boldsymbol{A},\boldsymbol{C}$ 均为 n 阶 Hermite 正定矩阵,且 $\boldsymbol{AC}=\boldsymbol{CA}$,则 $\boldsymbol{AC}$ 为正定矩阵.

证明 因为 $(\boldsymbol{AC})^{\mathrm{H}}=\boldsymbol{C}^{\mathrm{H}}\boldsymbol{A}^{\mathrm{H}}=\boldsymbol{CA}=\boldsymbol{AC}$,所以 $\boldsymbol{AC}$ 是 Hermite 矩阵. 又因为 $\boldsymbol{A}>0$,由定理 5.2.1 知,存在 n 阶可逆 Hermite 矩阵 $\boldsymbol{B}$ 使 $\boldsymbol{A}=\boldsymbol{B}^2$. 于是

$$\boldsymbol{B}^{-1}(\boldsymbol{AC})\boldsymbol{B}=\boldsymbol{BCB}=\boldsymbol{B}^{\mathrm{H}}\boldsymbol{CB}$$

则 $\boldsymbol{AC}$ 与 $\boldsymbol{B}^{\mathrm{H}}\boldsymbol{CB}$ 具有相同的特征值. 由 $\boldsymbol{C}>0$ 及定理 5.2.1 知 $\boldsymbol{B}^{\mathrm{H}}\boldsymbol{CB}>0$,故 $\boldsymbol{B}^{\mathrm{H}}\boldsymbol{CB}$ 的特征值均为正数,从而 $\boldsymbol{AC}$ 的特征值均为正数. 由定理 5.2.1 知 $\boldsymbol{AC}>0$. □

同样可以证明:若 $\boldsymbol{A}>0,\boldsymbol{C}\geqslant 0$,且 $\boldsymbol{AC}=\boldsymbol{CA}$,则 $\boldsymbol{AC}\geqslant 0$. 进一步地,若 $\boldsymbol{A}\geqslant 0,\boldsymbol{C}\geqslant 0$,且 $\boldsymbol{AC}=\boldsymbol{CA}$,则 $\boldsymbol{AC}\geqslant 0$.

例 5.2.3 若 $\boldsymbol{A}=(a_{ij})$ 是 n 阶 Hermite 正定矩阵,则

$$|\boldsymbol{A}| \leqslant a_{nn}|\boldsymbol{A}_{n-1}|$$

其中 $\boldsymbol{A}_{n-1}$ 为 $\boldsymbol{A}$ 的 $n-1$ 阶顺序主子矩阵,且等号成立当且仅当 $a_{1n}=a_{2n}=\cdots=a_{n-1,n}=0$.

证明 记

$$\boldsymbol{A}=\begin{pmatrix}\boldsymbol{A}_{n-1} & \alpha \\ \alpha^{\mathrm{H}} & a_{nn}\end{pmatrix}$$

其中 $\boldsymbol{A}_{n-1}$ 为 $\boldsymbol{A}$ 的 $n-1$ 阶顺序主子矩阵,$\alpha=(a_{1n},a_{2n},\cdots,a_{n-1,n})^{\mathrm{T}}$. 因为 $\boldsymbol{A}_{n-1}$ 是正定矩阵,则 $\boldsymbol{A}_{n-1}$ 可逆,并且 $\boldsymbol{A}_{n-1}^{-1}$ 也是正定矩阵. 由于

$$\begin{pmatrix}\boldsymbol{I}_{n-1} & 0 \\ -\alpha^{\mathrm{H}}\boldsymbol{A}_{n-1}^{-1} & 1\end{pmatrix}\begin{pmatrix}\boldsymbol{A}_{n-1} & \alpha \\ \alpha^{\mathrm{H}} & a_{nn}\end{pmatrix}=\begin{pmatrix}\boldsymbol{A}_{n-1} & \alpha \\ 0 & a_{nn}-\alpha^{\mathrm{H}}\boldsymbol{A}_{n-1}^{-1}\alpha\end{pmatrix}$$

故

$$|\boldsymbol{A}|=(a_{nn}-\alpha^{\mathrm{H}}\boldsymbol{A}_{n-1}^{-1}\alpha)|\boldsymbol{A}_{n-1}|$$

而 $\alpha^{\mathrm{H}}\boldsymbol{A}_{n-1}^{-1}\alpha\geqslant 0$,当且仅当 $\alpha=0$ 时等号成立,所以

$$|\boldsymbol{A}| \leqslant a_{nn}|\boldsymbol{A}_{n-1}|$$

当且仅当 $a_{1n}=a_{2n}=\cdots=a_{n-1,n}=0$ 时等号成立. □

对 n 阶 Hermite 正定矩阵 $\boldsymbol{A}=(a_{ij})$,反复应用例 5.2.3 的结果,有

$$|\boldsymbol{A}|\leqslant\prod_{i=1}^{n}a_{ii}$$

这就是著名的 Hadamard **不等式**.

对 n 阶 Hermite 非负定矩阵 $\boldsymbol{A}=(a_{ij})$,上述 Hadamard 不等式仍成立.

事实上,若 $\boldsymbol{A}\geqslant 0$,则对充分小的正数 $\boldsymbol{\varepsilon}$,$\boldsymbol{A}+\varepsilon\boldsymbol{I}>0$. 从而有

$$|\boldsymbol{A}+\varepsilon\boldsymbol{I}|\leqslant\prod_{i=1}^{n}(a_{ii}+\varepsilon)$$

令 $\varepsilon\to 0$,即得 $|\boldsymbol{A}|\leqslant\prod\limits_{i=1}^{n}a_{ii}$.

定理 5.2.6　n 阶 Hermite 矩阵 $\boldsymbol{A}$ 正定的充分必要条件是存在 n 阶非奇异下三角矩阵 $\boldsymbol{L}$ 使得

$$\boldsymbol{A}=\boldsymbol{L}\boldsymbol{L}^{\mathrm{H}} \tag{5.2.3}$$

证明　必要性. 若 $\boldsymbol{A}$ 是 n 阶正定矩阵,由定理 5.2.3 知 $\boldsymbol{A}$ 的顺序主子式全大于零. 由定理 4.3.2 知,$\boldsymbol{A}$ 有惟一的 $\boldsymbol{LDU}$ 分解

$$\boldsymbol{A}=\boldsymbol{L}_1\boldsymbol{D}\boldsymbol{U}_1$$

其中 $\boldsymbol{L}_1$,$\boldsymbol{U}_1$ 分别为单位下三角矩阵和单位上三角矩阵,$\boldsymbol{D}=\mathrm{diag}(d_1,d_2,\cdots,d_n)$且 $d_i>0(i=1,2,\cdots,n)$. 因为 $\boldsymbol{A}^{\mathrm{H}}=\boldsymbol{A}$,则

$$\boldsymbol{A}=\boldsymbol{L}_1\boldsymbol{D}\boldsymbol{U}_1=\boldsymbol{U}_1^{\mathrm{H}}\boldsymbol{D}^{\mathrm{H}}\boldsymbol{L}_1^{\mathrm{H}}=\boldsymbol{A}^{\mathrm{H}}$$

由 $\boldsymbol{LDU}$ 分解的惟一性,有 $\boldsymbol{L}_1=\boldsymbol{U}_1^{\mathrm{H}}$. 从而有

$$\boldsymbol{A}=\boldsymbol{L}_1\boldsymbol{D}\boldsymbol{L}_1^{\mathrm{H}} \tag{5.2.4}$$

令

$$\boldsymbol{L}=\boldsymbol{L}_1\mathrm{diag}(\sqrt{d_1},\cdots,\sqrt{d_n})$$

则 $\boldsymbol{L}$ 是非奇异下三角矩阵,并且 $\boldsymbol{A}=\boldsymbol{L}\boldsymbol{L}^{\mathrm{H}}$.

充分性由定理 5.2.1 即得. □

分解式(5.2.3)称为正定矩阵 $\boldsymbol{A}$ 的 **Cholesky 分解**,它不仅应用于正定矩阵线性方程组 $\boldsymbol{A}x=b$ 的求解,而且可以应用于解决如下的广义特征值问题.

定义 5.2.2　设 $\boldsymbol{A},\boldsymbol{B}\in\boldsymbol{C}^{n\times n}$,如果存在复数 λ 和非零向量 $x\in\boldsymbol{C}^n$ 使得

$$\boldsymbol{A}x=\lambda\boldsymbol{B}x \tag{5.2.5}$$

则称 λ 为**广义特征值问题** $\boldsymbol{A}x=\lambda\boldsymbol{B}x$ 的特征值，非零向量 x 称为对应于特征值 λ 的特征向量.

如果 $\boldsymbol{B}$ 是 n 阶非奇异矩阵，则广义特征值问题(5.2.5)可化为如下标准特征值问题

$$\boldsymbol{B}^{-1}\boldsymbol{A}x=\lambda x \tag{5.2.6}$$

在振动理论等应用问题中，$\boldsymbol{A}$，$\boldsymbol{B}$ 均为 n 阶 Hermite 矩阵，且 $\boldsymbol{B}$ 是正定矩阵. 在这种情况下，广义特征值问题(5.2.5)可化为 Hermite 矩阵的特征值问题.

事实上，因为 $\boldsymbol{B}$ 是正定矩阵，则 $\boldsymbol{B}$ 有 Cholesky 分解

$$\boldsymbol{B}=\boldsymbol{L}\boldsymbol{L}^{\mathrm{H}} \tag{5.2.7}$$

令

$$\hat{\boldsymbol{A}}=\boldsymbol{L}^{-1}\boldsymbol{A}(\boldsymbol{L}^{-1})^{\mathrm{H}},\quad y=\boldsymbol{L}^{\mathrm{H}}x$$

则(5,2.5)化为

$$\hat{\boldsymbol{A}}y=\lambda y \tag{5.2.8}$$

其中 $\hat{\boldsymbol{A}}$ 是 Hermite 矩阵. 这样，广义特征值问题 $\boldsymbol{A}x=\lambda\boldsymbol{B}x$ 就等价于 Hermite 矩阵 $\hat{\boldsymbol{A}}$ 的标准特征值问题，而这两个问题的特征向量之间的关系为 $y=\boldsymbol{L}^{\mathrm{H}}x$.

定理 5.2.7 设 $\boldsymbol{A}$，$\boldsymbol{B}$ 均为 n 阶 Hermite 矩阵，且 $\boldsymbol{B}>0$，则存在非奇异矩阵 $\boldsymbol{P}$ 使得

$$\boldsymbol{P}^{\mathrm{H}}\boldsymbol{A}\boldsymbol{P}=\mathrm{diag}(\lambda_1,\cdots,\lambda_n),\ \boldsymbol{P}^{\mathrm{H}}\boldsymbol{B}\boldsymbol{P}=\boldsymbol{I} \tag{5.2.9}$$

其中 $\lambda_1,\cdots,\lambda_n$ 是广义特征值问题(5.2.5)的特征值.

证明 因为 $\boldsymbol{B}>0$，由定理 5.2.1，存在非奇异矩阵 $\boldsymbol{P}_1$ 使得 $\boldsymbol{P}_1^{\mathrm{H}}\boldsymbol{B}\boldsymbol{P}_1=\boldsymbol{I}$，而 $\boldsymbol{P}_1^{\mathrm{H}}\boldsymbol{A}\boldsymbol{P}_1$ 仍为 Hermite 矩阵，则有酉矩阵 $\boldsymbol{U}$ 使

$$\boldsymbol{U}^{\mathrm{H}}(\boldsymbol{P}_1^{\mathrm{H}}\boldsymbol{A}\boldsymbol{P}_1)\boldsymbol{U}=\mathrm{diag}(\lambda_1,\cdots,\lambda_n)$$

令 $\boldsymbol{P}=\boldsymbol{P}_1\boldsymbol{U}$，则 $\boldsymbol{P}$ 非奇异，并且

$$\boldsymbol{P}^{\mathrm{H}}\boldsymbol{B}\boldsymbol{P}=\boldsymbol{U}^{\mathrm{H}}\boldsymbol{P}_1^{\mathrm{H}}\boldsymbol{B}\boldsymbol{P}_1\boldsymbol{U}=\boldsymbol{U}^{\mathrm{H}}\boldsymbol{U}=\boldsymbol{I},\boldsymbol{P}^{\mathrm{H}}\boldsymbol{A}\boldsymbol{P}=\boldsymbol{U}^{\mathrm{H}}\boldsymbol{P}_1^{\mathrm{H}}\boldsymbol{A}\boldsymbol{P}_1\boldsymbol{U}=\mathrm{diag}(\lambda_1,\cdots,\lambda_n)$$

由上式得

$$\boldsymbol{P}^{-1}\boldsymbol{B}^{-1}\boldsymbol{A}\boldsymbol{P}=\mathrm{diag}(\lambda_1,\cdots,\lambda_n)$$

即 $\boldsymbol{B}^{-1}\boldsymbol{A}$ 相似于 $\mathrm{diag}(\lambda_1,\cdots,\lambda_n)$，则 $\lambda_1,\cdots,\lambda_n$ 是矩阵 $\boldsymbol{B}^{-1}\boldsymbol{A}$ 的特征值，即 $\lambda_1,\cdots,\lambda_n$ 是广义特征值问题(5.2.5)的特征值. □

§5.3 矩阵不等式

利用 Hermite 矩阵的非负定性可以在 Hermite 矩阵类中引进偏序，从而可讨论矩阵不等式. 当矩阵的阶数为 1 时，此偏序与实数的序是一致的，故矩阵不等式是数值不等式的推广，并且矩阵不等式在现代控制理论等学科中具有重要应用.

定义 5.3.1 设 $\boldsymbol{A}$,$\boldsymbol{B}$ 都是 n 阶 Hermite 矩阵，如果 $\boldsymbol{A}-\boldsymbol{B}\geqslant 0$，则称 **$\boldsymbol{A}$ 大于或等于 $\boldsymbol{B}$（或称 $\boldsymbol{B}$ 小于或等于 $\boldsymbol{A}$）**，记作 $\boldsymbol{A}\geqslant\boldsymbol{B}$（或 $\boldsymbol{B}\leqslant\boldsymbol{A}$）；如果 $\boldsymbol{A}-\boldsymbol{B}>0$，则称 **$\boldsymbol{A}$ 大于 $\boldsymbol{B}$（或称 $\boldsymbol{B}$ 小于 $\boldsymbol{A}$）**，记作 $\boldsymbol{A}>\boldsymbol{B}$（或 $\boldsymbol{B}<\boldsymbol{A}$）.

由定义 5.3.1 知，对 n 阶 Hermite 矩阵 $\boldsymbol{A}$ 与 $\boldsymbol{B}$，如果 $\boldsymbol{A}\geqslant\boldsymbol{B}$，则对任意 $x\in\boldsymbol{C}^n$ 都有

$$x^{\mathrm{H}}\boldsymbol{A}x \geqslant x^{\mathrm{H}}\boldsymbol{B}x$$

反之亦然.

必须指出：(1)任意两个实数总可以比较大小. 但任意两个 n 阶 Hermite 矩阵未必能“比较大小”，即并非 $\boldsymbol{A}\geqslant\boldsymbol{B}$ 或 $\boldsymbol{B}\geqslant\boldsymbol{A}$ 两者之中必有一成立. 例如，对

$$\boldsymbol{A}=\begin{pmatrix}4 & 0\\ 0 & 5\end{pmatrix},\quad \boldsymbol{B}=\begin{pmatrix}5 & 0\\ 0 & 4\end{pmatrix}$$

$\boldsymbol{A}\geqslant\boldsymbol{B}$ 和 $\boldsymbol{B}\geqslant\boldsymbol{A}$ 均不成立.

(2) 对任意两个实数 a 和 b，如果 $a\geqslant b$，而 $a\not>b$，则有 $a=b$. 但对两个 $n(n\geqslant 2)$阶 Hermite 矩阵 $\boldsymbol{A}$ 与 $\boldsymbol{B}$，从 $\boldsymbol{A}\geqslant\boldsymbol{B}$ 和 $\boldsymbol{A}\not>\boldsymbol{B}$，不能推出 $\boldsymbol{A}=\boldsymbol{B}$. 例如，对

$$\boldsymbol{A}=\begin{pmatrix}1 & 0\\ 0 & 2\end{pmatrix},\quad \boldsymbol{B}=\begin{pmatrix}1 & 0\\ 0 & 1\end{pmatrix}$$

可见 $\boldsymbol{A}\geqslant\boldsymbol{B}$，且 $\boldsymbol{A}\not>\boldsymbol{B}$，但 $\boldsymbol{A}\neq\boldsymbol{B}$.

因此，定义 5.3.1 给出的“$\geqslant$”是 Hermite 矩阵类中的一种偏序，本节中涉及的矩阵不等式均按此偏序理解.

例 5.3.1 设 $\boldsymbol{A}=\mathrm{diag}(a_1,a_2,\cdots,a_n)$，$\boldsymbol{B}=\mathrm{diag}(b_1,b_2,\cdots,b_n)$均为实对角矩阵，则由定义5.3.1 可得：$\boldsymbol{A}\geqslant\boldsymbol{B}$（$\boldsymbol{A}>\boldsymbol{B}$）的充分必要条件是 $a_i\geqslant b_i$（$a_i>b_i$）（$i=1,2,\cdots,n$）.

下面讨论矩阵不等式的一些性质.

定理 5.3.1 设 $\boldsymbol{A}$,$\boldsymbol{A}_1$,$\boldsymbol{B}$,$\boldsymbol{B}_1$,$\boldsymbol{C}$ 均为 n 阶 Hermite 矩阵，则

(1) $\boldsymbol{A}\geqslant\boldsymbol{B}$（$\boldsymbol{A}>\boldsymbol{B}$）的充分必要条件是 $-\boldsymbol{A}\leqslant-\boldsymbol{B}$（$-\boldsymbol{A}<-\boldsymbol{B}$）；

(2) $\boldsymbol{A}\geqslant\boldsymbol{B}(\boldsymbol{A}>\boldsymbol{B})$的充分必要条件是对任意 n 阶可逆矩阵 $\boldsymbol{P}$ 都有

$$\boldsymbol{P}^{\mathrm{H}}\boldsymbol{AP}\geqslant\boldsymbol{P}^{\mathrm{H}}\boldsymbol{BP}(\boldsymbol{P}^{\mathrm{H}}\boldsymbol{AP}>\boldsymbol{P}^{\mathrm{H}}\boldsymbol{BP})$$

(3) 若 $\boldsymbol{A}\geqslant\boldsymbol{B}(\boldsymbol{A}>\boldsymbol{B})$, k 为正数,则 $k\boldsymbol{A}\geqslant k\boldsymbol{B}(k\boldsymbol{A}>k\boldsymbol{B})$;

(4) 若 $\boldsymbol{A}\geqslant0$, $-\boldsymbol{A}\geqslant0$,则 $\boldsymbol{A}=0$;

(5) 若 $\boldsymbol{A}\geqslant0$, $\boldsymbol{B}\geqslant0$,则 $\boldsymbol{A}+\boldsymbol{B}\geqslant0$;

(6) 若 $\boldsymbol{A}\geqslant\boldsymbol{B}$, $\boldsymbol{B}\geqslant\boldsymbol{C}$,则 $\boldsymbol{A}\geqslant\boldsymbol{C}$;

(7) 若 $\boldsymbol{A}\geqslant\boldsymbol{B}$, $\boldsymbol{A}_1\geqslant\boldsymbol{B}_1$,则 $\boldsymbol{A}+\boldsymbol{A}_1\geqslant\boldsymbol{B}+\boldsymbol{B}_1$;

(8) 若 $\boldsymbol{A}\geqslant0$, $\boldsymbol{B}>0$,则 $\boldsymbol{A}+\boldsymbol{B}>0$;

(9) 若 $\boldsymbol{A}\geqslant\boldsymbol{B}$, $\boldsymbol{B}>\boldsymbol{C}$,则 $\boldsymbol{A}>\boldsymbol{C}$;

(10) 若 $\boldsymbol{A}>\boldsymbol{B}$, $\boldsymbol{P}$ 为 $n\times m$ 列满秩矩阵,则 $\boldsymbol{P}^{\mathrm{H}}\boldsymbol{AP}>\boldsymbol{P}^{\mathrm{H}}\boldsymbol{BP}$;

(11) 若 $\boldsymbol{A}\geqslant\boldsymbol{B}$, $\boldsymbol{P}$ 为 $n\times m$ 矩阵,则 $\boldsymbol{P}^{\mathrm{H}}\boldsymbol{AP}\geqslant\boldsymbol{P}^{\mathrm{H}}\boldsymbol{BP}$;

(12) 若 $\boldsymbol{A}>0(\boldsymbol{A}\geqslant0)$, $\boldsymbol{C}>0(\boldsymbol{C}\geqslant0)$,且 $\boldsymbol{AC}=\boldsymbol{CA}$,则 $\boldsymbol{AC}>0(\boldsymbol{AC}\geqslant0)$.

证明 (1)和(3)显然成立.

(2)由定义 5.3.1,定理 5.2.1 和定理 5.2.2 即知结论成立.

(4)若 $\boldsymbol{A}\geqslant0$,由定理 5.2.2 知,$\boldsymbol{A}$ 的特征值均非负.而$-\boldsymbol{A}$ 的特征值恰为$\boldsymbol{A}$ 的特征值的相反数,则由 $-\boldsymbol{A}\geqslant0$ 可知,$\boldsymbol{A}$ 的特征值又必须全部非正.因此 Hermite 矩阵 $\boldsymbol{A}$ 的特征值全部为零.由定理 5.1.3 知 $\boldsymbol{A}=0$.

(5)和(8)由正定(非负定)矩阵的基本性质即得.

(6)和(7)是(5)的直接推论;而(9)是(8)的直接推论.

(10)和(11)可分别由推论 5.2.1 和推论 5.2.2 导出.

(12)由例 5.2.2 即得. □

定理 5.3.2 设 $\boldsymbol{A}$,$\boldsymbol{B}$ 均为 n 阶 Hermite 矩阵,且 $\boldsymbol{A}\geqslant0$, $\boldsymbol{B}>0$,则

(1) $\boldsymbol{B}\geqslant\boldsymbol{A}$ 的充分必要条件是 $\rho(\boldsymbol{AB}^{-1})\leqslant1$;

(2) $\boldsymbol{B}>\boldsymbol{A}$ 的充分必要条件是 $\rho(\boldsymbol{AB}^{-1})<1$.

证明 (1) 由定理 5.2.7 知,有非奇异矩阵 $\boldsymbol{P}$ 使得

$$\boldsymbol{P}^{\mathrm{H}}\boldsymbol{BP}=\boldsymbol{I},\boldsymbol{P}^{\mathrm{H}}\boldsymbol{AP}=\boldsymbol{\Lambda}=\mathrm{diag}(\lambda_1,\cdots,\lambda_n)$$

由定理 5.3.1 知,$\boldsymbol{B}\geqslant\boldsymbol{A}$ 等价于 $\boldsymbol{I}\geqslant\boldsymbol{\Lambda}$,而后者等价于 $\lambda_i\leqslant1(i=1,\cdots,n)$.因为 $\lambda_1,\cdots,\lambda_n$ 是矩阵 $\boldsymbol{AB}^{-1}$ 的全部特征值,所以 $\lambda_i\leqslant1\ (i=1,\cdots,n)$ 等价于 $\rho(\boldsymbol{AB}^{-1})\leqslant1$.

类似地可证明(2). □

定理 5.3.3 设 $\boldsymbol{A}$ 是 n 阶 Hermite 矩阵,则 $\lambda_{\min}(\boldsymbol{A})\boldsymbol{I}\leqslant\boldsymbol{A}\leqslant\lambda_{\max}(\boldsymbol{A})\boldsymbol{I}$,这时 $\lambda_{\max}(\boldsymbol{A})$和$\lambda_{\min}(\boldsymbol{A})$分别表示 $\boldsymbol{A}$ 的最大和最小特征值.

证明 由定理 5.1.3 知,存在酉矩阵 $\boldsymbol{U}$ 使得

$$\boldsymbol{A}=\boldsymbol{U}\mathrm{diag}(\lambda_1,\cdots,\lambda_n)\boldsymbol{U}^{\mathrm{H}}$$

其中 $\lambda_1 \geqslant \cdots \geqslant \lambda_n$ 是矩阵 $\boldsymbol{A}$ 的特征值. 则 $\lambda_{\max}(\boldsymbol{A}) = \lambda_1$, $\lambda_{\max}(\boldsymbol{A}) - \lambda_i \geqslant 0 (i=1, 2, \cdots, n)$, $\lambda_{\min}(\boldsymbol{A}) = \lambda_n$, $\lambda_i - \lambda_{\min}(\boldsymbol{A}) \geqslant 0 (i=1,2,\cdots,n)$, 并且

$$\lambda_{\max}(\boldsymbol{A})\boldsymbol{I} - \boldsymbol{A} = \boldsymbol{U}[\lambda_{\max}(\boldsymbol{A})\boldsymbol{I} - \mathrm{diag}(\lambda_1, \cdots, \lambda_n)]\boldsymbol{U}^{\mathrm{H}} \geqslant 0$$

$$\boldsymbol{A} - \lambda_{\min}(\boldsymbol{A})\boldsymbol{I} = \boldsymbol{U}[\mathrm{diag}(\lambda_1, \cdots, \lambda_n) - \lambda_{\min}(\boldsymbol{A})\boldsymbol{I}]\boldsymbol{U}^{\mathrm{H}} \geqslant 0$$

即 $\lambda_{\max}(\boldsymbol{A})\boldsymbol{I} \geqslant \boldsymbol{A}, \boldsymbol{A} \geqslant \lambda_{\min}(\boldsymbol{A})\boldsymbol{I}$. □

如果 $\boldsymbol{A}$ 是 Hermite 非负定矩阵, 则由推论 5.2.2, 定理 5.3.1 和定理 5.3.3 可得

推论 5.3.1 设 $\boldsymbol{A}$ 是 Hermite 非负定矩阵, 则 $\boldsymbol{A} \leqslant \mathrm{tr}(\boldsymbol{A})\boldsymbol{I}$.

定理 5.3.4 设 $\boldsymbol{A}, \boldsymbol{B}$ 均为 n 阶 Hermite 正定矩阵, 则

(1) 若 $\boldsymbol{A} \geqslant \boldsymbol{B} > 0$, 则 $\boldsymbol{B}^{-1} \geqslant \boldsymbol{A}^{-1} > 0$;

(2) 若 $\boldsymbol{A} > \boldsymbol{B} > 0$, 则 $\boldsymbol{B}^{-1} > \boldsymbol{A}^{-1} > 0$.

证明 由定理 5.2.7 知, 有非奇异矩阵 $\boldsymbol{P}$ 使得

$$\boldsymbol{P}^{\mathrm{H}}\boldsymbol{B}\boldsymbol{P} = \boldsymbol{I},\ \boldsymbol{P}^{\mathrm{H}}\boldsymbol{A}\boldsymbol{P} = \boldsymbol{\Lambda} = \mathrm{diag}(\lambda_1, \cdots, \lambda_n)$$

由 $\boldsymbol{A} \geqslant \boldsymbol{B}$ 和定理 5.3.1 有 $\boldsymbol{\Lambda} \geqslant \boldsymbol{I}$, 则 $\lambda_i \geqslant 1 (i=1, \cdots, n)$. 从而

$$0 < \boldsymbol{\Lambda}^{-1} = \mathrm{diag}(\lambda_1^{-1}, \cdots, \lambda_n^{-1}) \leqslant \boldsymbol{I}$$

因为 $\boldsymbol{A}^{-1} = \boldsymbol{P}\boldsymbol{\Lambda}^{-1}\boldsymbol{P}^{\mathrm{H}}, \boldsymbol{B}^{-1} = \boldsymbol{P}\boldsymbol{I}\boldsymbol{P}^{\mathrm{H}}$, 再利用定理 5.3.1, 便得 $\boldsymbol{B}^{-1} \geqslant \boldsymbol{A}^{-1} > 0$.

将上面证明中的 $\geqslant$ 号改为 $>$ 号, 可得 $\boldsymbol{B}^{-1} > \boldsymbol{A}^{-1} > 0$. □

一般说来, 不能从 $\boldsymbol{A} \geqslant \boldsymbol{B} > 0$ 推出 $\boldsymbol{A}^2 \geqslant \boldsymbol{B}^2$. 例如

$$\boldsymbol{A} = \begin{pmatrix} 3 & 1 \\ 1 & 4 \end{pmatrix},\ \boldsymbol{B} = \begin{pmatrix} 2 & 0 \\ 0 & 3 \end{pmatrix}$$

容易验证: $\boldsymbol{A} > 0, \boldsymbol{B} > 0$ 且 $\boldsymbol{A} \geqslant \boldsymbol{B}$. 但

$$\boldsymbol{A}^2 - \boldsymbol{B}^2 = \begin{pmatrix} 6 & 7 \\ 7 & 8 \end{pmatrix}$$

不是非负定的, 这说明 $\boldsymbol{A}^2 \geqslant \boldsymbol{B}^2$ 不成立. 然而, 我们有如下结果.

定理 5.3.5 设 $\boldsymbol{A}, \boldsymbol{B}$ 均为 n 阶 Hermite 正定矩阵, 且 $\boldsymbol{AB} = \boldsymbol{BA}$, 则

(1) 若 $\boldsymbol{A} \geqslant \boldsymbol{B}$, 则 $\boldsymbol{A}^2 \geqslant \boldsymbol{B}^2$;

(2) 若 $\boldsymbol{A} > \boldsymbol{B}$, 则 $\boldsymbol{A}^2 > \boldsymbol{B}^2$.

证明 以(1)为例, (2)的证明类似. 由 $\boldsymbol{AB} = \boldsymbol{BA}$, 则

$$\boldsymbol{A}^2 - \boldsymbol{B}^2 = (\boldsymbol{A} - \boldsymbol{B})(\boldsymbol{A} + \boldsymbol{B}) = (\boldsymbol{A} + \boldsymbol{B})(\boldsymbol{A} - \boldsymbol{B})$$

因为 $\boldsymbol{A} - \boldsymbol{B} \geqslant 0, \boldsymbol{A} + \boldsymbol{B} > 0$, 则由定理 5.3.1(12) 知 $\boldsymbol{A}^2 - \boldsymbol{B}^2 \geqslant 0$, 即 $\boldsymbol{A}^2 \geqslant \boldsymbol{B}^2$. □

注意：如果定理 5.3.5 中“A,B 正定”的条件改成“A,B 非负定”，则定理 5.3.5(1)仍成立.

事实上，当 $A\geqslant 0,B\geqslant 0,A\geqslant B,AB=BA$ 时，对任意正数 ε，有

$$A+\varepsilon I>0,B+\varepsilon I>0,A+\varepsilon I\geqslant B+\varepsilon I,(A+\varepsilon I)(B+\varepsilon I)$$
$$=(B+\varepsilon I)(A+\varepsilon I)$$

由定理 5.3.5 有 $(A+\varepsilon I)^2\geqslant(B+\varepsilon I)^2$. 因此，对任意 n 维向量 x 都有

$$x^{\mathrm{H}}(A+\varepsilon I)^2x\geqslant x^{\mathrm{H}}(B+\varepsilon I)^2x$$

令 $\varepsilon\to 0$，有 $x^{\mathrm{H}}A^2x\geqslant x^{\mathrm{H}}B^2x$，即 $A^2\geqslant B^2$.

定理 5.3.6 设 A 是 $m\times n$ 行满秩矩阵，B 是 $n\times k$ 矩阵，则

$$B^{\mathrm{H}}B\geqslant(AB)^{\mathrm{H}}(AA^{\mathrm{H}})^{-1}(AB) \tag{5.3.1}$$

其中等号成立的充分必要条件是存在一个 $m\times k$ 矩阵 C 使得 $B=A^{\mathrm{H}}C$.

证明 因为

$$\begin{aligned}0&\leqslant[B-A^{\mathrm{H}}(AA^{\mathrm{H}})^{-1}AB]^{\mathrm{H}}[B-A^{\mathrm{H}}(AA^{\mathrm{H}})^{-1}AB]\\&=B^{\mathrm{H}}B-2B^{\mathrm{H}}A^{\mathrm{H}}(AA^{\mathrm{H}})^{-1}AB+B^{\mathrm{H}}A^{\mathrm{H}}(AA^{\mathrm{H}})^{-1}AA^{\mathrm{H}}(AA^{\mathrm{H}})^{-1}AB\\&=B^{\mathrm{H}}B-(AB)^{\mathrm{H}}(AA^{\mathrm{H}})^{-1}AB\end{aligned}$$

则得(5.3.1)，并且上式右端为零矩阵的充分必要条件是

$$B=A^{\mathrm{H}}(AA^{\mathrm{H}})^{-1}AB$$

如果这个条件满足，则令 $C=(AA^{\mathrm{H}})^{-1}AB$，有 $B=A^{\mathrm{H}}C$；反过来，如果存在一个 $m\times k$ 矩阵 C 使得 $B=A^{\mathrm{H}}C$，则

$$A^{\mathrm{H}}(AA^{\mathrm{H}})^{-1}AB=A^{\mathrm{H}}(AA^{\mathrm{H}})^{-1}AA^{\mathrm{H}}C=A^{\mathrm{H}}C=B$$

于是定理证毕. □

* §5.4 Hermite矩阵的特征值

我们首先介绍 Rayleigh 商的概念，讨论其性质，然后运用 Rayleigh 商研究 Hermite 矩阵的特征值.

定义 5.4.1 设 A 为 n 阶 Hermite 矩阵，对任意 $x\in C^n$ 且 $x\neq 0$，称

$$R(x)=\frac{x^{\mathrm{H}}Ax}{x^{\mathrm{H}}x},\quad x\neq 0$$

为 Hermite 矩阵 A 的 Rayleigh **商**.

显然，Hermite 矩阵的 Rayleigh 商之值是实数，并且具有如下性质.

定理 5.4.1 设 A 是 n 阶 Hermite 矩阵，其特征值为 $\lambda_1 \geqslant \lambda_2 \geqslant \cdots \geqslant \lambda_n$，则

(1) $R(kx)=R(x), k\in \mathbf{C}, k\neq 0$；

(2) $\lambda_n \leqslant R(x) \leqslant \lambda_1, x\neq 0$；

(3) $\lambda_1 = \max\limits_{x\neq 0} R(x), \lambda_n = \min\limits_{x\neq 0} R(x)$. (5.4.1)

证明 (1)由 Rayleigh 商的定义即得. (2)由定理 5.3.3 即得.

(3) 设 A 对应于特征值 $\lambda_1,\lambda_2,\cdots,\lambda_n$ 的标准正交特征向量为 $x_1,x_2,\cdots,x_n$. 显然，$R(x_1)=\lambda_1, R(x_n)=\lambda_n$. 因此由(2)可知，

$$\max_{x\neq 0} R(x) = \lambda_1, \quad \min_{x\neq 0} R(x) = \lambda_n \qquad \square$$

可以推广定理 5.4.1 而得到如下定理.

定理 5.4.2 设 A 是 n 阶 Hermite 矩阵，其特征值为 $\lambda_1 \geqslant \lambda_2 \geqslant \cdots \geqslant \lambda_n$，相应的标准正交特征向量为 $x_1, x_2, \cdots, x_n$. 记 $V_i^{(j)} = \operatorname{span}\{x_i, x_{i+1}, \cdots, x_j\}$ $(i \leqslant j)$，则

$$\lambda_i = \max_{\substack{x\in V_i^{(j)}\\ x\neq 0}} R(x), \quad \lambda_j = \min_{\substack{x\in V_i^{(j)}\\ x\neq 0}} R(x) \tag{5.4.2}$$

证明 对任意 $x\in V_i^{(j)}$ 且 $x\neq 0$，有 $x=\alpha_i x_i + \alpha_{i+1} x_{i+1} + \cdots + \alpha_j x_j$，从而

$$\lambda_j \leqslant R(x) = \frac{|\alpha_i|^2 \lambda_i + |\alpha_{i+1}|^2 \lambda_{i+1} + \cdots + |\alpha_j|^2 \lambda_j}{|\alpha_i|^2 + |\alpha_{i+1}|^2 + \cdots + |\alpha_j|^2} \leqslant \lambda_i$$

特别地，若 $x=x_i$，则 $R(x)=\lambda_i$；而 $x=x_j$ 时，有 $R(x)=\lambda_j$. 因此

$$\lambda_i = \max_{\substack{x\in V_i^{(j)}\\ x\neq 0}} R(x), \quad \lambda_j = \min_{\substack{x\in V_i^{(j)}\\ x\neq 0}} R(x) \qquad \square$$

一般地，有如下著名的极大极小或极小极大定理.

定理 5.4.3 设 A 是 n 阶 Hermite 矩阵，其特征值为 $\lambda_1 \geqslant \lambda_2 \geqslant \cdots \geqslant \lambda_n$，$V_i$ 是 $\mathbf{C}^n$ 中 i 维子空间，则

$$\lambda_i = \max_{V_i} \min_{\substack{x\in V_i\\ x\neq 0}} R(x) \tag{5.4.3}$$

和

$$\lambda_i = \min_{V_{n-i+1}} \max_{\substack{x\in V_{n-i+1}\\ x\neq 0}} R(x) \tag{5.4.4}$$

其中 $i=1,2,\cdots,n$.

证明 这里仅证明(5.4.3)，(5.4.4)的证明是类似的.

考虑 $\boldsymbol{C}^n$ 的任一 i 维子空间 V_i. 令 $\boldsymbol{G}_i$ 是以子空间 V_i 的一组标准正交基为列向量形成的 $n\times i$ 矩阵,则

$$\boldsymbol{G}_i^{\mathrm{H}}\boldsymbol{G}_i = \boldsymbol{I}_i$$

设 $x_1,\cdots,x_n$ 是 $\boldsymbol{A}$ 对应于特征值 $\lambda_1,\cdots,\lambda_n$ 的标准正交特征向量. 记

$$\boldsymbol{U} = [x_1,\cdots,x_i,x_{i+1},\cdots,x_n] \equiv [\boldsymbol{U}_i,\boldsymbol{U}_{n-i}]$$

其中 $\boldsymbol{U}_i=[x_1,\cdots,x_i]$, $\boldsymbol{U}_{n-i}=[x_{i+1},\cdots,x_n]$. 由定理 1.4.7 知, i 维子空间 V_i 与由 $[x_i,\boldsymbol{U}_{n-i}]$ 的列向量所生成的 $n-i+1$ 维子空间 $\mathrm{span}[x_i,\boldsymbol{U}_{n-i}]$ 必有公共的非零元,设 $\tilde{x}$ 就是这样一个元素. 因为 $\tilde{x}\in\mathrm{span}[x_i,\boldsymbol{U}_{n-i}]$, 则

$$\tilde{x} = \alpha_i x_i + \alpha_{i+1}x_{i+1} + \cdots + \alpha_n x_n$$

从而

$$R(\tilde{x}) = \frac{|\alpha_i|^2\lambda_i + |\alpha_{i+1}|^2\lambda_{i+1} + \cdots + |\alpha_n|^2\lambda_n}{|\alpha_i|^2 + |\alpha_{i+1}|^2 + \cdots + |\alpha_n|^2} \leqslant \lambda_i$$

又因为 $\tilde{x}\in V_i$, 所以对任取的 i 维子空间 V_i 更成立

$$\min_{\substack{x\in V_i \\ x\neq 0}} R(x) \leqslant \lambda_i$$

另一方面,若取 $\boldsymbol{G}_i=\boldsymbol{U}_i$, 则

$$\min_{\substack{x\in V_i \\ x\neq 0}} R(x) \geqslant \lambda_i$$

因此

$$\lambda_i = \max_{V_i} \min_{\substack{x\in V_i \\ x\neq 0}} R(x) \qquad \square$$

应用定理 5.4.3, 可以证明下述分隔定理.

定理 5.4.4 设 $\boldsymbol{A}$ 为 n 阶 Hermite 矩阵, $\boldsymbol{U}_{n-1}\in\boldsymbol{C}^{n\times(n-1)}$ 且 $\boldsymbol{U}_{n-1}^{\mathrm{H}}\boldsymbol{U}_{n-1}=\boldsymbol{I}_{n-1}$. 令

$$\boldsymbol{A}' = \boldsymbol{U}_{n-1}^{\mathrm{H}}\boldsymbol{A}\boldsymbol{U}_{n-1}$$

$\boldsymbol{A}$ 与 $\boldsymbol{A}'$ 的特征值分别为 $\lambda_1(\boldsymbol{A})\geqslant\cdots\geqslant\lambda_n(\boldsymbol{A})$ 与 $\lambda_1(\boldsymbol{A}')\geqslant\cdots\geqslant\lambda_{n-1}(\boldsymbol{A}')$. 则

$$\lambda_n(\boldsymbol{A}) \leqslant \lambda_{n-1}(\boldsymbol{A}') \leqslant \lambda_{n-1}(\boldsymbol{A}) \leqslant \cdots \leqslant \lambda_2(\boldsymbol{A}) \leqslant \lambda_1(\boldsymbol{A}') \leqslant \lambda_1(\boldsymbol{A}) \tag{5.4.5}$$

证明 由定理 5.4.3, 有

$$\lambda_i(\boldsymbol{A}')=\max_{V_i}\min_{\substack{x\in V_i\\x\neq 0}}\frac{x^{\mathrm{H}}\boldsymbol{A}'x}{x^{\mathrm{H}}x} \tag{5.4.6}$$

$$=\min_{V_{(n-1)-i+1}}\max_{\substack{x\in V_{(n-1)-i+1}\\x\neq 0}}\frac{x^{\mathrm{H}}\boldsymbol{A}'x}{x^{\mathrm{H}}x} \tag{5.4.7}$$

其中 V_i 是 $\boldsymbol{C}^{n-1}$ 中 i 维子空间.

设 $\widetilde{V}_i$ 是使等式(5.4.6)成立的一个子空间，于是

$$\lambda_i(\boldsymbol{A}')=\min_{\substack{x\in \widetilde{V}_i\\x\neq 0}}\frac{x^{\mathrm{H}}\boldsymbol{A}'x}{x^{\mathrm{H}}x}=\min_{\substack{x\in \widetilde{V}_i\\x\neq 0}}\frac{(\boldsymbol{U}_{n-1}x)^{\mathrm{H}}\boldsymbol{A}(\boldsymbol{U}_{n-1}x)}{(\boldsymbol{U}_{n-1}x)^{\mathrm{H}}(\boldsymbol{U}_{n-1}x)}=\min_{\substack{y\in \boldsymbol{U}_{n-1}\widetilde{V}_i\\y\neq 0}}\frac{y^{\mathrm{H}}\boldsymbol{A}y}{y^{\mathrm{H}}y}$$

$$\leqslant \max_{V_i^{(n)}}\min_{\substack{y\in V_i^{(n)}\\y\neq 0}}\frac{y^{\mathrm{H}}\boldsymbol{A}y}{y^{\mathrm{H}}y}=\lambda_i(\boldsymbol{A}),\quad i=1,\cdots,n-1 \tag{5.4.8}$$

其中 $V_i^{(n)}$ 是 $\boldsymbol{C}^n$ 中 i 维子空间.

另一方面，设 $\widetilde{V}_{(n-1)-i+1}$ 是使等式(5.4.7)成立的一个子空间，于是

$$\lambda_i(\boldsymbol{A}')=\max_{\substack{x\in \widetilde{V}_{(n-1)-i+1}\\x\neq 0}}\frac{x^{\mathrm{H}}\boldsymbol{A}'x}{x^{\mathrm{H}}x}=\max_{\substack{x\in \widetilde{V}_{(n-1)-i+1}\\x\neq 0}}\frac{(\boldsymbol{U}_{n-1}x)^{\mathrm{H}}\boldsymbol{A}(\boldsymbol{U}_{n-1}x)}{(\boldsymbol{U}_{n-1}x)^{\mathrm{H}}(\boldsymbol{U}_{n-1}x)}$$

$$=\max_{\substack{y\in \boldsymbol{U}_{n-1}\widetilde{V}_{(n-1)-i+1}\\y\neq 0}}\frac{y^{\mathrm{H}}\boldsymbol{A}y}{y^{\mathrm{H}}y}\geqslant\min_{V^{(n)}_{n-(i+1)+1}}\max_{\substack{y\in V^{(n)}_{n-(i+1)+1}\\y\neq 0}}\frac{y^{\mathrm{H}}\boldsymbol{A}y}{y^{\mathrm{H}}y}$$

$$=\lambda_{i+1}(\boldsymbol{A}),\quad i=1,\cdots,n-1 \tag{5.4.9}$$

由(5.4.8)和(5.4.9)即得(5.4.5). □

如果在定理 5.4.4 中 $\boldsymbol{U}_{n-1}=[e_1,e_2,\cdots,e_{n-1}]$，其中 $e_i(i=1,2,\cdots,n-1)$ 是 n 阶单位矩阵的第 i 列，则 $\boldsymbol{U}_{n-1}^{\mathrm{H}}\boldsymbol{A}\boldsymbol{U}_{n-1}=\boldsymbol{A}_{n-1}$ 是 Hermite 矩阵 $\boldsymbol{A}$ 的 $n-1$ 阶顺序主子矩阵. 若 $\boldsymbol{A}_{n-1}$ 的特征值记为 $\mu_1\geqslant\mu_2\geqslant\cdots\geqslant\mu_{n-1}$，则由定理 5.4.4有

$$\lambda_n(\boldsymbol{A})\leqslant\mu_{n-1}\leqslant\lambda_{n-1}(\boldsymbol{A})\leqslant\cdots\leqslant\lambda_2(\boldsymbol{A})\leqslant\mu_1\leqslant\lambda_1(\boldsymbol{A}) \tag{5.4.10}$$

最后，我们应用极大极小定理研究 Hermite 矩阵特征值的扰动问题，即讨论 Hermite 矩阵的元素发生微小变化时相应矩阵特征值的变化范围.

定理 5.4.5 设 $\boldsymbol{A},\boldsymbol{E}$ 均为 n 阶 Hermite 矩阵，$\boldsymbol{B}=\boldsymbol{A}+\boldsymbol{E}$，且 $\boldsymbol{A},\boldsymbol{B}$ 和 $\boldsymbol{E}$ 的特征值分别为 $\lambda_1\geqslant\cdots\geqslant\lambda_n$，$\mu_1\geqslant\cdots\geqslant\mu_n$ 和 $\varepsilon_1\geqslant\cdots\geqslant\varepsilon_n$，则

$$\lambda_i+\varepsilon_n\leqslant\mu_i\leqslant\lambda_i+\varepsilon_1,\quad i=1,2,\cdots,n \tag{5.4.11}$$

证明 设 $x_1,\cdots,x_n$ 是 $\boldsymbol{A}$ 的对应于特征值 $\lambda_1,\cdots,\lambda_n$ 的标准正交特征向量. 令

$$V_{n-i+1} = \operatorname{span}\{x_i, x_{i+1}, \cdots, x_n\}$$

则由(5.4.4)得

$$\mu_i \leqslant \max_{\substack{x\in V_{n-i+1}\\ x\neq 0}} \frac{x^{\mathrm{H}}\boldsymbol{B}x}{x^{\mathrm{H}}x} \leqslant \max_{\substack{x\in V_{n-i+1}\\ x\neq 0}} \frac{x^{\mathrm{H}}\boldsymbol{A}x}{x^{\mathrm{H}}x} + \max_{\substack{x\in V_{n-i+1}\\ x\neq 0}} \frac{x^{\mathrm{H}}\boldsymbol{E}x}{x^{\mathrm{H}}x}$$

由定理 5.4.1 和定理 5.4.2,有

$$\mu_i \leqslant \lambda_i + \max_{\substack{x\in V_{n-i+1}\\ x\neq 0}} \frac{x^{\mathrm{H}}\boldsymbol{E}x}{x^{\mathrm{H}}x} \leqslant \lambda_i + \varepsilon_1, \quad i = 1,2,\cdots,n \tag{5.4.12}$$

另一方面,令 $\boldsymbol{D}=-\boldsymbol{E}$,记 $\boldsymbol{D}$ 的特征值为 $\delta_1\geqslant\cdots\geqslant\delta_n$,则 $\boldsymbol{A}=\boldsymbol{B}+\boldsymbol{D}$. 由(5.4.12)有

$$\lambda_i \leqslant \mu_i + \delta_1, \quad i = 1,2,\cdots,n$$

其中 $\delta_1=-\varepsilon_n$. 因此(5.4.11)成立. □

定理 5.4.6 设 $\boldsymbol{A},\boldsymbol{B}$ 均为 n 阶 Hermite 矩阵,且 $\boldsymbol{A}$ 和 $\boldsymbol{B}$ 的特征值分别为 $\lambda_1\geqslant\cdots\geqslant\lambda_n$ 和 $\mu_1\geqslant\cdots\geqslant\mu_n$. 如果 $A\geqslant\boldsymbol{B}$,则

$$\lambda_i \geqslant \mu_i, \quad i = 1,2,\cdots,n$$

证明 记 $\boldsymbol{E}=\boldsymbol{A}-\boldsymbol{B}$,则 $\boldsymbol{E}\geqslant 0$. 设 $\boldsymbol{E}$ 的特征值为 $\varepsilon_1\geqslant\cdots\geqslant\varepsilon_n$,由定理5.2.2知 $\varepsilon_n\geqslant 0$. 因为 $\boldsymbol{A}=\boldsymbol{B}+\boldsymbol{E}$,则由定理 5.4.5 有

$$\mu_i + \varepsilon_1 \geqslant \lambda_i \geqslant \mu_i + \varepsilon_n \geqslant \mu_i, \quad i = 1,2,\cdots,n$$ □

如果 $\boldsymbol{A},\boldsymbol{B}$ 均为 n 阶 Hermite 非负定矩阵,并且 $\boldsymbol{A}\geqslant\boldsymbol{B}$,则由定理 2.4.2 和定理 5.4.6 得

$$\operatorname{tr}(\boldsymbol{A}) \geqslant \operatorname{tr}(\boldsymbol{B}), \ |\boldsymbol{A}| \geqslant |\boldsymbol{B}|.$$

习 题

1. 设 $\boldsymbol{A}$ 为正规矩阵,证明:$\boldsymbol{A}$ 为 Hermite 矩阵的充分必要条件是 $\boldsymbol{A}$ 的特征值均为实数.

2. 设 $\boldsymbol{A},\boldsymbol{B}$ 均为 n 阶 Hermite 矩阵,证明:$\boldsymbol{AB}$ 为 Hermite 矩阵的充分必要条件是 $\boldsymbol{AB}=\boldsymbol{BA}$.

3. 设 $\boldsymbol{A},\boldsymbol{B}$ 均为 n 阶 Hermite 矩阵,证明:$\boldsymbol{A}$ 与 $\boldsymbol{B}$ 相似的充分必要条件是它们的特征多项式相同.

4. 设 $\boldsymbol{A}$ 为反 Hermite 矩阵,证明:

(1) $\boldsymbol{I}-\boldsymbol{A},\boldsymbol{I}+\boldsymbol{A}$ 都是可逆矩阵；

(2) $(\boldsymbol{I}-\boldsymbol{A})(\boldsymbol{I}+\boldsymbol{A})^{-1}$ 是特征值不等于 -1 的酉矩阵.

5. 设 n 阶酉矩阵 $\boldsymbol{U}$ 的特征值不等于 -1，试证：$\boldsymbol{I}+\boldsymbol{U}$ 是可逆矩阵，并且 $\boldsymbol{H}=\mathrm{i}(\boldsymbol{I}-\boldsymbol{U})\cdot(\boldsymbol{I}+\boldsymbol{U})^{-1}$ 是 Hermite 矩阵. 反之，若 $\boldsymbol{H}$ 是 Hermite 矩阵，则 $\boldsymbol{I}-\mathrm{i}\boldsymbol{H}$ 是可逆矩阵，并且 $\boldsymbol{U}=(\boldsymbol{I}+\mathrm{i}\boldsymbol{H})(\boldsymbol{I}-\mathrm{i}\boldsymbol{H})^{-1}$ 是酉矩阵.

6. 写出如下 Hermite 二次型的矩阵，并用酉线性替换将它们化为标准形：

(1) $f(x_1,x_2,x_3)=\mathrm{i}\bar{x}_1x_2+\bar{x}_1x_3-\mathrm{i}x_1\bar{x}_2+x_1\bar{x}_3$；

(2) $f(x_1,x_2,x_3)=\bar{x}_1x_1+\mathrm{i}\bar{x}_1x_2+(1+\mathrm{i})\bar{x}_1x_3-\mathrm{i}\bar{x}_2x_1+\bar{x}_2x_3+(1-\mathrm{i})\bar{x}_3x_1+\bar{x}_3x_2+2\bar{x}_3x_3$.

7. 设 $\boldsymbol{A}$ 是 $m\times n$ 矩阵，试证：

(1) $\boldsymbol{A}^{\mathrm{H}}\boldsymbol{A}$ 和 $\boldsymbol{A}\boldsymbol{A}^{\mathrm{H}}$ 都是 Hermite 非负定矩阵；

(2) $\boldsymbol{A}^{\mathrm{H}}\boldsymbol{A}$ 和 $\boldsymbol{A}\boldsymbol{A}^{\mathrm{H}}$ 的非零特征值相同；

(3) 如果 $\boldsymbol{A}$ 是列满秩矩阵，$\boldsymbol{A}^{\mathrm{H}}\boldsymbol{A}$ 是 Hermite 正定矩阵.

8. 证明：(1) 两个 Hermite 非负定矩阵之和是非负定的；

(2) Hermite 非负定矩阵与 Hermite 正定矩阵之和是正定的.

9. 设 $\boldsymbol{A}$ 是 Hermite 正定矩阵，且 $\boldsymbol{A}$ 还是酉矩阵，则 $\boldsymbol{A}=\boldsymbol{I}$.

10. 设 $\boldsymbol{A},\boldsymbol{B}$ 分别为 n 阶 Hermite 正定矩阵和非负定矩阵，并且 $\boldsymbol{AB}=\boldsymbol{BA}$. 证明：$\boldsymbol{AB}$ 为 Hermite 非负定矩阵.

11. 设 $\boldsymbol{A},\boldsymbol{B}$ 均为 n 阶 Hermite 矩阵，且 $\boldsymbol{A}$ 正定，试证：$\boldsymbol{AB}$ 相似于实对角矩阵.

12. 设 $\boldsymbol{A},\boldsymbol{B}$ 分别为 n 阶 Hermite 正定矩阵和非负定矩阵，证明：$\mathrm{tr}(\boldsymbol{AB})=0$ 的充分必要条件是 $\boldsymbol{B}=0$.

13. 设 $\boldsymbol{A}$ 为 n 阶 Hermite 非负定矩阵，证明：$|\boldsymbol{I}+\boldsymbol{A}|\geqslant 1$，并且等号成立的充分必要条件是 $\boldsymbol{A}=0$.

14. 设 $\boldsymbol{A},\boldsymbol{B}$ 分别为 n 阶 Hermite 正定矩阵和非负定矩阵，证明：$|\boldsymbol{A}+\boldsymbol{B}|\geqslant|\boldsymbol{A}|$，并且等号成立的充分必要条件是 $\boldsymbol{B}=0$.

15. 设 n 阶 Hermite 正定矩阵 $\boldsymbol{A}$ 有如下分块

$$\boldsymbol{A}=\begin{pmatrix}\boldsymbol{A}_{11} & \boldsymbol{A}_{12}\\ \boldsymbol{A}_{12}^{\mathrm{H}} & \boldsymbol{A}_{22}\end{pmatrix},\ \boldsymbol{A}_{11}\in\boldsymbol{C}^{k\times k}$$

证明：$|\boldsymbol{A}|\leqslant|\boldsymbol{A}_{11}||\boldsymbol{A}_{22}|$.

16. 设 $\boldsymbol{A}$ 为 n 阶 Hermite 矩阵，试证：存在 $t>0$，使得 $t\boldsymbol{I}+\boldsymbol{A}$ 是正定矩阵.

17. 证明：Hermite 正定矩阵的模最大的元素一定位于主对角线上.

18. 设 $\boldsymbol{A}=(a_{ij})$ 是 n 阶实矩阵，证明：

$$|\det(\boldsymbol{A})|\leqslant\left(\sum_{i=1}^{n}a_{i1}^2\right)^{\frac{1}{2}}\left(\sum_{i=1}^{n}a_{i2}^2\right)^{\frac{1}{2}}\cdots\left(\sum_{i=1}^{n}a_{in}^2\right)^{\frac{1}{2}}$$

19. 设 $\boldsymbol{A}=\begin{pmatrix}3 & 2 & 1\\ 2 & 2 & 0\\ 1 & 0 & 3\end{pmatrix}$，求对角元为正数的下三角矩阵 $\boldsymbol{L}$ 使得 $\boldsymbol{A}=\boldsymbol{LL}^{\mathrm{T}}$.

20. 设 $\boldsymbol{A}$ 为 n 阶 Hermite 非负定(正定)矩阵，则存在惟一的 Hermite 非负定(正定)矩

阵 $\boldsymbol{S}$ 使得 $\boldsymbol{A}=\boldsymbol{S}^2$，且任何一个与 $\boldsymbol{A}$ 可交换的矩阵必与 $\boldsymbol{S}$ 可交换.

21. 设 $\boldsymbol{A}$ 为 n 阶矩阵，证明：$\boldsymbol{A}$ 可分解（**极分解**）为 $\boldsymbol{A}=\boldsymbol{HQ}$，其中 $\boldsymbol{Q}$ 是酉矩阵，$\boldsymbol{H}$ 是 Hermite 非负定矩阵. 如果 $\boldsymbol{A}$ 非奇异，则 $\boldsymbol{H}$ 是 Hermite 正定矩阵，且分解式是惟一的.

22. 设 $\boldsymbol{A}$ 为 n 阶 Hermite 正定矩阵，对 $x, y\in \boldsymbol{C}^n$，定义

$$(x, y) = y^{\mathrm{H}}\boldsymbol{A}x$$

证明：

(1) 在上述定义下 $\boldsymbol{C}^n$ 是酉空间；

(2) $|x^{\mathrm{H}}\boldsymbol{A}y|^2 \leqslant (x^{\mathrm{H}}\boldsymbol{A}x)(y^{\mathrm{H}}\boldsymbol{A}y)$.

23. 证明：Hermite 矩阵 $\boldsymbol{A}$ 的全部特征值都在区间 $[a, b]$ 内的充分必要条件是 $a\boldsymbol{I}\leqslant \boldsymbol{A}\leqslant b\boldsymbol{I}$.

24. 设 $\boldsymbol{A}, \boldsymbol{B}$ 均为 n 阶 Hermite 正定矩阵，证明：若 $\boldsymbol{A}\geqslant \boldsymbol{B}$ 且 $\boldsymbol{AB}=\boldsymbol{BA}$，则 $\boldsymbol{A}^3\geqslant \boldsymbol{B}^3$.

25. 设 $\boldsymbol{A}, \boldsymbol{B}$ 分别为 n 阶 Hermite 正定矩阵和非负定矩阵，证明：若 $\boldsymbol{A}^2\geqslant \boldsymbol{B}^2$，则 $\boldsymbol{A}\geqslant \boldsymbol{B}$.

第六章　范数与极限

前面几章主要研究了矩阵的代数运算，完全没有涉及矩阵的分析运算. 为了建立矩阵分析等的基本概念，需要用到向量和矩阵的范数；在数值分析、数据处理等学科中范数理论起着十分重要的作用. 因此，本章首先在线性空间中定义向量的范数，介绍赋范线性空间的概念；其次讨论矩阵的范数及其性质；最后介绍矩阵序列及矩阵幂级数的收敛性概念.

§6.1　向量范数

在许多场合，对同一线性空间中的向量需要引入非负数量作为它们"大小"的一种度量，进而比较两个向量之间的"接近"程度. 对于线性空间 V，我们可以在 V 上定义内积 (α,β)，由内积可导出向量 $\alpha\in V$ 的"长度"或范数 $\|\alpha\|=\sqrt{(\alpha,\alpha)}$，按此范数可以度量一个向量的"大小"以及两个向量之间彼此"接近"的程度. 但在实际应用中，仅使用由内积导出的范数往往会带来不便，而且由本节后面的讨论看出，范数不一定从内积导出，它只要满足一些基本的公理条件即可.

定义 6.1.1　设 V 是数域 $\mathbf{P}$ 上的线性空间，$\|\alpha\|$ 是以 V 中的向量 α 为自变量的非负实值函数，如果它满足以下三个条件：

(1) 非负性：当 $\alpha\neq 0$ 时，$\|\alpha\|>0$；当 $\alpha=0$ 时，$\|\alpha\|=0$；

(2) 齐次性：对任意 $k\in\mathbf{P}$，$\alpha\in V$，有 $\|k\alpha\|=|k|\,\|\alpha\|$；

(3) 三角不等式：对任意 $\alpha,\beta\in V$，有 $\|\alpha+\beta\|\leqslant\|\alpha\|+\|\beta\|$，

则称 $\|\alpha\|$ 为向量 α 的**范数**，并称定义了范数的线性空间为**赋范线性空间**.

由定义 6.1.1 容易导出，对任意 $\alpha,\beta\in V$，有

$$\big|\,\|\alpha\|-\|\beta\|\,\big|\leqslant\|\alpha-\beta\| \tag{6.1.1}$$

在赋范线性空间 V 中，可以由范数定义两点间的距离. 对 $\alpha,\beta\in V$，定义 α 与 β 之间的距离为

$$d(\alpha,\beta)=\|\alpha-\beta\|$$

由上式规定的距离 $d(\alpha,\beta)$ 称为**由范数 $\|\cdot\|$ 决定的距离**. 以后对每个赋范线性空间总是按上式引入距离，使之成为度量空间.

例 6.1.1　在 n 维向量空间 $\boldsymbol{C}^n$ 中，对任意的向量 $x=(x_1,\cdots,x_n)^{\mathrm{T}}\in\boldsymbol{C}^n$，

定义

$$\|x\|_1=\sum_{i=1}^{n}|x_i| \tag{6.1.2}$$

$$\|x\|_2=(\sum_{i=1}^{n}|x_i|^2)^{\frac{1}{2}} \tag{6.1.3}$$

$$\|x\|_\infty=\max_{1\leqslant i\leqslant n}|x_i| \tag{6.1.4}$$

容易证明：$\|x\|_1$，$\|x\|_2$ 和 $\|x\|_\infty$ 都满足定义 6.1.1 中的三个条件. 因此 $\|x\|_1$，
$\|x\|_2$ 和 $\|x\|_\infty$ 都是 $\boldsymbol{C}^n$ 上的范数，分别称为 **1 范数**，**2 范数**（或 **Euclid 范数**）和 **∞范数**.

对 $1\leqslant p<+\infty$，在 $\boldsymbol{C}^n$ 上定义

$$\|x\|_p=(\sum_{i=1}^{n}|x_i|^p)^{\frac{1}{p}},\quad 1\leqslant p<+\infty \tag{6.1.5}$$

则当 $p=1$ 时，$\|x\|_p=\sum_{i=1}^{n}|x_i|=\|x\|_1$；当 $p=2$ 时，$\|x\|_p=(\sum_{i=1}^{n}|x_i|^2)^{\frac{1}{2}}=\|x\|_2$.

下面证明由(6.1.5)定义的 $\|x\|_p$ 是 $\boldsymbol{C}^n$ 上的一种向量范数.

引理 6.1.1　如果实数 $p>1, q>1$ 且 $\frac{1}{p}+\frac{1}{q}=1$，则对任意非负实数 a，b 有

$$ab\leqslant\frac{a^p}{p}+\frac{b^q}{q} \tag{6.1.6}$$

证明　若 $a=0$ 或 $b=0$，则(6.1.6)显然成立. 下面考虑 a,b 均为正数的情况.

对 $x>0, 0<\alpha<1$，记 $f(x)=x^\alpha-\alpha x$. 容易验证 $f(x)$ 在 $x=1$ 处达到最大值 $1-\alpha$，从而 $f(x)\leqslant 1-\alpha$，即

$$x^\alpha\leqslant 1-\alpha+\alpha x$$

对任意正实数 A,B，在上式中令 $x=\frac{A}{B}$，$\alpha=\frac{1}{p}$，$1-\alpha=\frac{1}{q}$，则 $A^{\frac{1}{p}}B^{\frac{1}{q}}\leqslant\frac{A}{p}+\frac{B}{q}$. 由此再令 $a=A^{\frac{1}{p}}$，$b=B^{\frac{1}{q}}$，即得(6.1.6).　□

定理 6.1.1(Hölder 不等式)　设 $x=(x_1,\cdots,x_n)^{\mathrm{T}}$，$y=(y_1,\cdots,y_n)^{\mathrm{T}}\in\boldsymbol{C}^n$，则

$$\sum_{i=1}^{n} |x_i y_i| \leqslant (\sum_{i=1}^{n} |x_i|^p)^{\frac{1}{p}} (\sum_{i=1}^{n} |y_i|^q)^{\frac{1}{q}} \qquad (6.1.7)$$

其中实数 $p>1, q>1$ 且 $\frac{1}{p}+\frac{1}{q}=1$.

证明 如果 $x=0$ 或 $y=0$,则(6.1.7)显然成立. 下面设 $x\neq 0, y\neq 0$. 令

$$a=\frac{|x_i|}{(\sum_{i=1}^{n}|x_i|^p)^{\frac{1}{p}}},\quad b=\frac{|y_i|}{(\sum_{i=1}^{n}|y_i|^q)^{\frac{1}{q}}}$$

则由(6.1.6)得

$$\frac{|x_i y_i|}{(\sum_{i=1}^{n}|x_i|^p)^{\frac{1}{p}}(\sum_{i=1}^{n}|y_i|^q)^{\frac{1}{q}}} \leqslant \frac{|x_i|^p}{p(\sum_{i=1}^{n}|x_i|^p)} + \frac{|y_i|^q}{q(\sum_{i=1}^{n}|y_i|^q)}$$

从而有

$$\frac{\sum_{i=1}^{n}|x_i y_i|}{(\sum_{i=1}^{n}|x_i|^p)^{\frac{1}{p}}(\sum_{i=1}^{n}|y_i|^q)^{\frac{1}{q}}} \leqslant \frac{\sum_{i=1}^{n}|x_i|^p}{p(\sum_{i=1}^{n}|x_i|^p)} + \frac{\sum_{i=1}^{n}|y_i|^q}{q(\sum_{i=1}^{n}|y_i|^q)} = \frac{1}{p}+\frac{1}{q}=1$$

由上式即得(6.1.7). □

定理 6.1.2(Minkowski 不等式) 设 $x=(x_1,\cdots,x_n)^T, y=(y_1,\cdots,y_n)^T \in \boldsymbol{C}^n$,则

$$\{\sum_{i=1}^{n}|x_i+y_i|^p\}^{\frac{1}{p}} \leqslant (\sum_{i=1}^{n}|x_i|^p)^{\frac{1}{p}} + (\sum_{i=1}^{n}|y_i|^p)^{\frac{1}{p}} \qquad (6.1.8)$$

其中实数 $p\geqslant 1$.

证明 当 $p=1$ 时,(6.1.8)显然成立. 下面设 $p>1$,记 $q=\frac{p}{p-1}$,则 $q>1$ 且 $\frac{1}{p}+\frac{1}{q}=1$. 从而由(6.1.7)有

$$\begin{aligned}
\sum_{i=1}^{n}|x_i+y_i|^p &= \sum_{i=1}^{n}|x_i+y_i||x_i+y_i|^{p-1} \leqslant \sum_{i=1}^{n}|x_i||x_i+y_i|^{p-1} + \sum_{i=1}^{n}|y_i||x_i+y_i|^{p-1} \\
&\leqslant \{\sum_{i=1}^{n}|x_i|^p\}^{\frac{1}{p}}\{\sum_{i=1}^{n}|x_i+y_i|^{(p-1)q}\}^{\frac{1}{q}} + \{\sum_{i=1}^{n}|y_i|^p\}^{\frac{1}{p}}\{\sum_{i=1}^{n}|x_i+y_i|^{(p-1)q}\}^{\frac{1}{q}} \\
&= \{(\sum_{i=1}^{n}|x_i|^p)^{\frac{1}{p}} + (\sum_{i=1}^{n}|y_i|^p)^{\frac{1}{p}}\}\{\sum_{i=1}^{n}|x_i+y_i|^{(p-1)q}\}^{\frac{1}{q}} \\
&= \{(\sum_{i=1}^{n}|x_i|^p)^{\frac{1}{p}} + (\sum_{i=1}^{n}|y_i|^p)^{\frac{1}{p}}\}\{\sum_{i=1}^{n}|x_i+y_i|^{p}\}^{\frac{1}{q}}
\end{aligned}$$

因此

$$\left\{\sum_{i=1}^{n} |x_i+y_i|^p\right\}^{\frac{1}{p}} \leqslant \left(\sum_{i=1}^{n} |x_i|^p\right)^{\frac{1}{p}} + \left(\sum_{i=1}^{n} |y_i|^p\right)^{\frac{1}{p}} \qquad \square$$

定理 6.1.3 对任意向量 $x=(x_1,\cdots,x_n)^T\in \boldsymbol{C}^n$，$1\leqslant p<\infty$，由(6.1.5)定义的 $\|x\|_p$ 是 $\boldsymbol{C}^n$ 上的向量范数，并且 $\lim\limits_{p\to\infty}\|x\|_p=\|x\|_\infty$.

证明 $\|x\|_p$ 显然满足定义 6.1.1 中的条件(1)、(2)，由定理 6.1.2 知 $\|x\|_p$ 满足定义 6.1.1 中的条件(3). 因此 $\|x\|_p$ 是 $\boldsymbol{C}^n$ 上的向量范数.

不妨设 $x\neq 0$，$|x_{i_0}|=\max|x_i|>0$，则

$$\|x\|_p=\left(\sum_{i=1}^{n} |x_{i_0}|^p\left|\frac{x_i}{x_{i_0}}\right|^p\right)^{\frac{1}{p}}=|x_{i_0}|\left(\sum_{i=1}^{n}\left|\frac{x_i}{x_{i_0}}\right|^p\right)^{\frac{1}{p}}$$

因为 $|x_{i_0}|^p\leqslant \sum\limits_{i=1}^{n}|x_i|^p\leqslant n|x_{i_0}|^p$，所以 $1\leqslant\left(\sum\limits_{i=1}^{n}\left|\frac{x_i}{x_{i_0}}\right|^p\right)^{\frac{1}{p}}\leqslant n^{\frac{1}{p}}$. 由于 $\lim\limits_{p\to\infty}n^{\frac{1}{p}}=1$，则

$$\lim_{p\to\infty}\|x\|_p=|x_{i_0}|=\max_i|x_i|=\|x\|_\infty \qquad \square$$

下述定理指出，可以利用已知的向量范数去构造新范数.

定理 6.1.4 设 $\|\cdot\|_\beta$ 是 $\boldsymbol{C}^m$ 上的向量范数，$\boldsymbol{A}\in\boldsymbol{C}^{m\times n}$ 且 $\mathrm{rank}(\boldsymbol{A})=n$，则由

$$\|x\|_\alpha=\|\boldsymbol{A}x\|_\beta,\quad x\in\boldsymbol{C}^n \tag{6.1.9}$$

所定义的 $\|\cdot\|_\alpha$ 是 $\boldsymbol{C}^n$ 上的向量范数.

证明 只需验证 $\|\cdot\|_\alpha$ 满足定义 6.1.1 中的三个条件.

(1) 当 $x\neq0$ 时 $\boldsymbol{A}x\neq 0$，从而 $\|x\|_\alpha=\|\boldsymbol{A}x\|_\beta>0$，并且当 $x=0$ 时 $\|x\|_\alpha=\|\boldsymbol{A}0\|_\beta=0$；

(2) 对任意复数 k 有 $\|kx\|_\alpha=\|k\boldsymbol{A}x\|_\beta=|k|\,\|\boldsymbol{A}x\|_\beta=|k|\,\|x\|_\alpha$；

(3) 对 $x,y\in\boldsymbol{C}^n$，有 $\|x+y\|_\alpha=\|\boldsymbol{A}(x+y)\|_\beta\leqslant\|\boldsymbol{A}x\|_\beta+\|\boldsymbol{A}y\|_\beta=\|x\|_\alpha+\|y\|_\alpha$. $\square$

定理 6.1.5 设 V 是数域 $\mathbf{P}$ 上的 n 维线性空间，$\varepsilon_1,\cdots,\varepsilon_n$ 为 V 的一组基，则 V 中任一向量 α 可惟一地表示为 $\alpha=\sum\limits_{i=1}^{n}x_i\varepsilon_i$，$x=(x_1,\cdots,x_n)^{\mathrm{T}}\in\mathbf{P}^n$. 又设 $\|\cdot\|$ 是 $\mathbf{P}^n$ 上的向量范数，令

$$\|\alpha\|_v=\|x\| \tag{6.1.10}$$

则 $\|\alpha\|_v$ 是 V 上的向量范数.

证明 对 V 中任一向量 α，如果 $\alpha\neq0$，则其坐标向量 $x\neq0$，从而 $\|\alpha\|_v=\|x\|>0$；如果 $\alpha=0$，则其坐标向量 $x=0$，于是 $\|\alpha\|_v=\|x\|=0$.

对 $k\in\mathbf{P}, k\alpha=\sum_{i=1}^{n}kx_i\varepsilon_i$，即 $k\alpha$ 的坐标向量为 $kx=(kx_1,\cdots,kx_n)^{\mathrm{T}}$，故

$$\|k\alpha\|_v=\|kx\|=|k|\,\|x\|=|k|\,\|\alpha\|_v$$

对 $\beta\in V$，则 $\beta=\sum_{i=1}^{n}y_i\varepsilon_i, y=(y_1,\cdots,y_n)^{\mathrm{T}}$，$\alpha+\beta$ 的坐标向量为 $x+y$. 于是

$$\|\alpha+\beta\|_v=\|x+y\|\leqslant\|x\|+\|y\|=\|\alpha\|_v+\|\beta\|_v$$

因此 $\|\alpha\|_v$ 是 V 上的向量范数. □

定理 6.1.6 设 $\|\cdot\|$ 是数域 $\mathbf{P}$ 上 n 维线性空间 V 上的任一向量范数，$\varepsilon_1,\cdots,\varepsilon_n$ 为 V 的一组基，V 中任一向量 α 可惟一地表示为 $\alpha=\sum_{i=1}^{n}x_i\varepsilon_i, x=(x_1,\cdots,x_n)^{\mathrm{T}}\in\mathbf{P}^n$，则 $\|\alpha\|$ 是 $x_1,\cdots,x_n$ 的连续函数.

证明 对任意 $\varepsilon>0$ 及任意向量 $\alpha=\sum_{i=1}^{n}x_i\varepsilon_i, \beta=\sum_{i=1}^{n}y_i\varepsilon_i\in V$，令 $\delta=\dfrac{\varepsilon}{\left(\sum_{i=1}^{n}\|\varepsilon_i\|^2\right)^{\frac{1}{2}}}$，则当 $\|x-y\|_2<\delta$ 时，由(6.1.1)和定理 6.1.1 有

$$\big|\,\|\alpha\|-\|\beta\|\,\big|\leqslant\|\alpha-\beta\|=\left\|\sum_{i=1}^{n}(x_i-y_i)\varepsilon_i\right\|\leqslant\sum_{i=1}^{n}|x_i-y_i|\,\|\varepsilon_i\|$$

$$\leqslant\sqrt{\sum_{i=1}^{n}|x_i-y_i|^2}\sqrt{\sum_{i=1}^{n}\|\varepsilon_i\|^2}<\varepsilon$$

于是 $\|\alpha\|$ 是 $x_1,\cdots,x_n$ 的连续函数. □

由定理 6.1.3，定理 6.1.4 和定理 6.1.5 知，在 $\mathbf{P}^n$ 或一般的 n 维线性空间 V 上可以定义无穷多种范数. 那么，这些范数之间有什么关系呢？

定义 6.1.2 设 $\|\alpha\|_a$，$\|\alpha\|_b$ 是 n 维线性空间 V 上定义的两种向量范数，如果存在两个与 α 无关的正常数 d_1, d_2 使得

$$d_1\|\alpha\|_b\leqslant\|\alpha\|_a\leqslant d_2\|\alpha\|_b,\quad\forall\alpha\in V\qquad(6.1.11)$$

则称范数 $\|\alpha\|_a$ 与 $\|\alpha\|_b$ 是**等价**的.

容易证明：向量范数的等价具有自反性、对称性和传递性.

定理 6.1.7 有限维线性空间 V 上的任意两个向量范数都是等价的.

证明 设 V 是数域 $\mathbf{P}$ 上的 n 维线性空间，$\varepsilon_1,\cdots,\varepsilon_n$ 为 V 的一组基，则 V 中任一向量 α 可惟一地表示为 $\alpha=\sum_{i=1}^{n}x_i\varepsilon_i, x=(x_1,\cdots,x_n)^{\mathrm{T}}\in\mathbf{P}^n$. 令

$$\|\alpha\|_2 = \|x\|_2 = \left(\sum_{i=1}^{n} |x_i|^2\right)^{\frac{1}{2}}$$

由定理 6.1.5 知 $\|\alpha\|_2$ 是 V 上的一个向量范数.

设 $\|\alpha\|_a$ 是 V 上的任一向量范数.因为向量范数的等价具有对称性和传递性,所以我们只需证明 $\|\alpha\|_a$ 与 $\|\alpha\|_2$ 等价即可.

如果 $\alpha=0$,则 $\|\alpha\|_a$ 与 $\|\alpha\|_2$ 显然等价.因此我们不妨假定 $\alpha\neq 0$.由定理 6.1.6 知 $\|\alpha\|_a$ 是 $x_1,\cdots,x_n$ 的连续函数,所以 $\|\alpha\|_a$ 在有界闭集

$$\varphi = \{x = (x_1,\cdots,x_n)^{\mathrm{T}} \in \mathbf{P}^n \mid |x_1|^2 + |x_2|^2 + \cdots + |x_n|^2 = 1\} \tag{6.1.12}$$

上可取得最大值 M 和最小值 m.因为如果 $x\in\varphi$,则 $x\neq 0$,所以 $m>0$.记

$$\beta = \sum_{i=1}^{n} \frac{x_i}{\|x\|_2}\varepsilon_i$$

则 β 在基 $\varepsilon_1,\cdots,\varepsilon_n$ 下的坐标向量为 $y=\left(\frac{x_1}{\|x\|_2},\frac{x_2}{\|x\|_2},\cdots,\frac{x_n}{\|x\|_2}\right)^{\mathrm{T}}\in\varphi$,从而有

$$0 < m \leqslant \|\beta\|_a \leqslant M$$

但 $\beta=\frac{\alpha}{\|x\|_2}$,故 $m\|x\|_2 \leqslant \|\alpha\|_a \leqslant M\|x\|_2$,即

$$m\|\alpha\|_2 \leqslant \|\alpha\|_a \leqslant M\|\alpha\|_2$$

因此 $\|\alpha\|_a$ 与 $\|\alpha\|_2$ 等价. □

定义 6.1.3 设 $\{x^{(k)}\}$ 是 $\boldsymbol{C}^n$ 中的向量序列,其中 $x^{(k)}=(x_1^{(k)},x_2^{(k)},\cdots,x_n^{(k)})^{\mathrm{T}}$.如果当 $k\to\infty$ 时 $x^{(k)}$ 的每一个分量 $x_i^{(k)}$ 都有极限 $x_i(i=1,2,\cdots,n)$,则称向量序列 $\{x^{(k)}\}$ 是**收敛**的,并且向量 $x=(x_1,x_2,\cdots,x_n)^{\mathrm{T}}$ 称为 $\{x^{(k)}\}$ 的**极限**,记为

$$\lim_{k\to\infty} x^{(k)} = x$$

不收敛的向量序列称为**发散**的.

类似于数列的收敛性质,读者不难证明向量序列的收敛性具有如下性质.

设 $\{x^{(k)}\}$,$\{y^{(k)}\}$ 是 $\boldsymbol{C}^n$ 中两个向量序列,a,b 是复常数,$\boldsymbol{A}\in\boldsymbol{C}^{m\times n}$.如果 $\lim\limits_{k\to\infty} x^{(k)}=x$,$\lim\limits_{k\to\infty} y^{(k)}=y$,则

(1) $\lim\limits_{k\to\infty}(ax^{(k)}+by^{(k)})=ax+by$;

(2) $\lim\limits_{k\to\infty}\boldsymbol{A}x^{(k)}=\boldsymbol{A}x$.

定理 6.1.8 $\boldsymbol{C}^n$ 中向量序列 $\{x^{(k)}\}$ 收敛于向量 x 的充分必要条件是对任

一向量范数 $\|\cdot\|$ 数列 $\{\|x^{(k)}-x\|\}$ 收敛于 0.

证明 由范数的等价性,只要对某一种范数证明即可. 为此取 $\|\cdot\| = \|\cdot\|_\infty$.

必要性. 如果 $\lim\limits_{k\to\infty} x^{(k)} = x$,则对 $i=1,2,\cdots,n$,有 $x_i^{(k)}-x_i\to 0(k\to\infty)$. 故

$$\max_i |x_i^{(k)} - x_i| \to 0 \quad (k\to\infty)$$

即 $\{\|x^{(k)}-x\|_\infty\}$ 收敛于 0.

充分性. 如果 $\lim\limits_{k\to\infty}\|x^{(k)}-x\|_\infty = 0$,即 $\max\limits_i |x_i^{(k)}-x_i| \to 0(k\to\infty)$,因为 $|x_j^{(k)}-x_j| \leqslant \max\limits_i |x_i^{(k)}-x_i|$ $(j=1,2,\cdots,n)$,所以对 $j=1,2,\cdots,n$,有

$$x_j^{(k)} - x_j \to 0 \quad (k\to\infty)$$

因此 $\lim\limits_{k\to\infty} x^{(k)} = x$. □

§6.2 矩阵范数

6.2.1 基本概念

因为 $m\times n$ 复矩阵的全体 $\boldsymbol{C}^{m\times n}$ 是复数域上线性空间,所以上节中范数的定义也适用于矩阵. 更确切地,我们给出如下定义.

定义 6.2.1 设 $\|\boldsymbol{A}\|$ 是以 $\boldsymbol{C}^{m\times n}$ 中的矩阵 $\boldsymbol{A}$ 为自变量的非负实值函数,如果它满足以下三个条件:

(1) 非负性:当 $\boldsymbol{A}\neq 0$ 时,$\|\boldsymbol{A}\|>0$;当 $\boldsymbol{A}=0$ 时,$\|\boldsymbol{A}\|=0$;

(2) 齐次性:对任意 $k\in\boldsymbol{C},\boldsymbol{A}\in\boldsymbol{C}^{m\times n}$,有 $\|k\boldsymbol{A}\|=|k|\,\|\boldsymbol{A}\|$;

(3) 三角不等式:对任意 $\boldsymbol{A},\boldsymbol{B}\in\boldsymbol{C}^{m\times n}$,有 $\|\boldsymbol{A}+\boldsymbol{B}\|\leqslant\|\boldsymbol{A}\|+\|\boldsymbol{B}\|$,

则称 $\|\boldsymbol{A}\|$ 为 $m\times n$ 矩阵 $\boldsymbol{A}$ 的范数.

从定义 6.2.1 容易导出

$$\big|\,\|\boldsymbol{A}\| - \|\boldsymbol{B}\|\,\big| \leqslant \|\boldsymbol{A}-\boldsymbol{B}\| \tag{6.2.1}$$

例 6.2.1 对于 $\boldsymbol{A}=(a_{ij})\in\boldsymbol{C}^{m\times n}$,令

$$\|\boldsymbol{A}\|_1' \equiv \sum_{i=1}^{m}\sum_{j=1}^{n} |a_{ij}|$$

$$\|\boldsymbol{A}\|_\infty' \equiv \max_{i,j} |a_{ij}|$$

$$\|\boldsymbol{A}\|_F \equiv \Big(\sum_{i=1}^{m}\sum_{j=1}^{n} |a_{ij}|^2\Big)^{\frac{1}{2}} = (\mathrm{tr}(\boldsymbol{A}^{\mathrm{H}}\boldsymbol{A}))^{\frac{1}{2}}$$

容易证明：$\|\cdot\|_1'$，$\|\cdot\|_\infty'$和$\|\cdot\|_F$都是$\boldsymbol{C}^{m\times n}$上的矩阵范数，$\|\boldsymbol{A}\|_F$称为$\boldsymbol{A}$的 **Frobenius 范数**.

由例 1.6.3 可知，矩阵$\boldsymbol{A}$的 Frobenius 范数$\|\boldsymbol{A}\|_F$是$\boldsymbol{C}^{m\times n}$中的内积$(\boldsymbol{A},\boldsymbol{B})=\mathrm{tr}(\boldsymbol{B}^{\mathrm{H}}\boldsymbol{A})$所导出的矩阵范数. 因此，矩阵 Frobenius 范数是向量 Euclid 范数的自然推广.

因为$\boldsymbol{C}^{m\times n}$是复数域上$mn$维线性空间，则由定理 6.1.7 得如下矩阵范数等价性定理.

定理 6.2.1 设$\|\cdot\|_\alpha$与$\|\cdot\|_\beta$是$\boldsymbol{C}^{m\times n}$上的矩阵范数，则存在仅与$\|\cdot\|_\alpha$，$\|\cdot\|_\beta$有关的正数$d_1$与$d_2$使得

$$d_1\|\boldsymbol{A}\|_\beta\leqslant\|\boldsymbol{A}\|_\alpha\leqslant d_2\|\boldsymbol{A}\|_\beta,\quad\forall\boldsymbol{A}\in\boldsymbol{C}^{m\times n}$$

6.2.2 相容矩阵范数

我们经常遇到矩阵之间或矩阵与向量之间的乘法运算，对$\boldsymbol{A}\in\boldsymbol{C}^{m\times n}$，$\boldsymbol{B}\in\boldsymbol{C}^{n\times k}$，自然希望对定义在$\boldsymbol{C}^{m\times n}$与$\boldsymbol{C}^{n\times k}$上的同一矩阵范数$\|\cdot\|$有

$$\|\boldsymbol{AB}\|\leqslant\|\boldsymbol{A}\|\,\|\boldsymbol{B}\|\tag{6.2.2}$$

满足条件(6.2.2)的矩阵范数$\|\cdot\|$称为具备相容性条件.

Frobenius 范数$\|\cdot\|_F$具备相容性条件，即

$$\|\boldsymbol{AB}\|_F\leqslant\|\boldsymbol{A}\|_F\|\boldsymbol{B}\|_F,\quad\forall\boldsymbol{A}\in\boldsymbol{C}^{m\times n},\forall\boldsymbol{B}\in\boldsymbol{C}^{n\times k}\tag{6.2.3}$$

事实上，若令$\lambda_{\max}(\boldsymbol{A}^{\mathrm{H}}\boldsymbol{A})$表示矩阵$\boldsymbol{A}^{\mathrm{H}}\boldsymbol{A}$的最大特征值，则

$$\begin{aligned}\|\boldsymbol{AB}\|_F^2&=\mathrm{tr}(\boldsymbol{B}^{\mathrm{H}}\boldsymbol{A}^{\mathrm{H}}\boldsymbol{AB})\leqslant\lambda_{\max}(\boldsymbol{A}^{\mathrm{H}}\boldsymbol{A})\mathrm{tr}(\boldsymbol{B}^{\mathrm{H}}\boldsymbol{B})\\&\leqslant\mathrm{tr}(\boldsymbol{A}^{\mathrm{H}}\boldsymbol{A})\mathrm{tr}(\boldsymbol{B}^{\mathrm{H}}\boldsymbol{B})=\|\boldsymbol{A}\|_F^2\|\boldsymbol{B}\|_F^2\end{aligned}$$

读者不难证明矩阵范数$\|\cdot\|_1'$也具备相容性条件.

必须指出，并非所有的矩阵范数都具备相容性条件(6.2.2). 例如，矩阵范数$\|\cdot\|_\infty'$就不具备相容性条件. 事实上，对矩阵

$$\boldsymbol{A}=\begin{pmatrix}1&1\\0&1\end{pmatrix},\quad\boldsymbol{B}=\begin{pmatrix}1&0\\1&1\end{pmatrix}$$

则有$\|\boldsymbol{A}\|_\infty'=1$，$\|\boldsymbol{B}\|_\infty'=1$，而$\|\boldsymbol{AB}\|_\infty'=2>\|\boldsymbol{A}\|_\infty'\|\boldsymbol{B}\|_\infty'$.

具备相容性条件的矩阵范数在使用上特别方便. 因此，我们给出相容矩阵范数的定义.

定义 6.2.2 设$\|\cdot\|_\alpha$，$\|\cdot\|_\beta$和$\|\cdot\|_\gamma$分别是$\boldsymbol{C}^{m\times n}$，$\boldsymbol{C}^{n\times k}$和$\boldsymbol{C}^{m\times k}$上的矩阵范数，如果

$$\|AB\|_\gamma \leqslant \|A\|_\alpha \|B\|_\beta, \quad \forall A \in C^{m\times n}, \quad \forall B \in C^{n\times k} \quad (6.2.4)$$

则称 $\|\cdot\|_\alpha$, $\|\cdot\|_\beta$ 和 $\|\cdot\|_\gamma$ 是**相容**的. 特别地,如果 $C^{n\times n}$ 上的矩阵范数 $\|\cdot\|$ 满足

$$\|AB\| \leqslant \|A\| \|B\|, \quad \forall A,B \in C^{n\times n} \quad (6.2.5)$$

则称 $\|\cdot\|$ 是**自相容的矩阵范数**,或简称为**相容范数**.

定义 6.2.2 包括了矩阵范数与向量范数的相容性定义. 例如,矩阵 Frobenius 与向量 Euclid 范数是相容的,由(6.2.3)即得

$$\|Ax\|_2 \leqslant \|A\|_F \|x\|_2, \quad \forall A \in C^{m\times n}, \quad \forall x \in C^n \quad (6.2.6)$$

定理 6.2.2 设 $\|\cdot\|$ 是 $C^{n\times n}$ 上的相容矩阵范数,则在 C^n 上存在与 $\|\cdot\|$ 相容的向量范数.

证明 任取一非零向量 $a\in C^n$,定义

$$\|x\|_\alpha = \|xa^{\mathrm{T}}\|, \quad x \in C^n$$

容易验证 $\|\cdot\|_\alpha$ 是 C^n 上的向量范数,并且

$$\|Ax\|_\alpha = \|Axa^{\mathrm{T}}\| \leqslant \|A\| \|xa^{\mathrm{T}}\| = \|A\| \|x\|_\alpha$$

即矩阵范数 $\|\cdot\|$ 与向量范数 $\|\cdot\|_\alpha$ 相容. □

定理 6.2.3 设 $\|\cdot\|$ 是 $C^{n\times n}$ 上的任一相容矩阵范数,则对任意 $A\in C^{n\times n}$ 有

$$|\lambda_i| \leqslant \|A\|, \forall \lambda_i \in \lambda(A) \quad (6.2.7)$$

证明 由定理 6.2.2 知在 C^n 上存在与矩阵范数 $\|\cdot\|$ 相容的向量范数 $\|\cdot\|_\alpha$. 设 $x_i\in C^n$ 是 A 对应于特征值 λ_i 的特征向量,则

$$Ax_i = \lambda_i x_i, \quad x_i \neq 0$$

从而由

$$|\lambda_i| \|x_i\|_\alpha = \|\lambda_i x_i\|_\alpha = \|Ax_i\|_\alpha \leqslant \|A\| \|x_i\|_\alpha$$

和 $\|x_i\|_\alpha>0$ 即得结论. □

由定理 6.2.3 可知,对 $A\in C^{n\times n}$ 有

$$\rho(A) \leqslant \|A\| \quad (6.2.8)$$

其中 $\|\cdot\|$ 是 $C^{n\times n}$ 上的任一相容矩阵范数.

6.2.3 算子范数

定理 6.2.2 说明对于任一相容矩阵范数,必存在与之相容的向量范数. 反

过来,对给定的向量范数,能否定义与之相容的矩阵范数呢?为了解决这个问题,先介绍两个引理.

引理 6.2.1 设 $\|\cdot\|_v$ 是 $\boldsymbol{C}^n$ 上的向量范数,则点集

$$\varphi_v=\{x\in\boldsymbol{C}^n \mid \|x\|_v=1\}$$

是 $\boldsymbol{C}^n$ 中的有界闭集.

证明 由定理 6.1.7 知存在常数 $d_1>0,d_2>0$ 使得

$$d_1\|x\|_v\leqslant\|x\|_2\leqslant d_2\|x\|_v,\quad \forall x\in\boldsymbol{C}^n \tag{6.2.9}$$

由此可知,对任意 $x\in\varphi_v$ 有 $\|x\|_2\leqslant d_2$. 因此 φ_v 在 $\boldsymbol{C}^n$ 内有界.

因为

$$\|x_k\|_v-\|x_k-x\|_v\leqslant\|x\|_v\leqslant\|x_k\|_v+\|x_k-x\|_v$$

如果 $x_1,x_2,\cdots$ 是 φ_v 中收敛于 x 的点列,则由定理 6.1.8 知 $\|x_k-x\|_v\to 0(k\to\infty)$. 因为 $\|x_k\|_v=1$,则得 $\|x\|_v=1$,即 $x\in\varphi_v$. 因此 φ_v 是 $\boldsymbol{C}^n$ 中的有界闭集. □

类似于定理 6.1.6,可证如下结论.

引理 6.2.2 设 $\|\cdot\|_\mu$ 是 $\boldsymbol{C}^m$ 上的向量范数,$\boldsymbol{A}\in\boldsymbol{C}^{m\times n}$,则 $\|\boldsymbol{A}x\|_\mu$ 是 $x\in\boldsymbol{C}^n$ 的连续函数.

如果 $\|\cdot\|_\mu$ 和 $\|\cdot\|_v$ 分别是 $\boldsymbol{C}^m$ 和 $\boldsymbol{C}^n$ 上的两个向量范数,则由引理 6.2.1 和引理 6.2.2 知,$\|\boldsymbol{A}x\|_\mu$ 在 φ_v 上达到最大值.

定理 6.2.4 设 $\|\cdot\|_\mu$ 和 $\|\cdot\|_v$ 分别是 $\boldsymbol{C}^m$ 和 $\boldsymbol{C}^n$ 上的两个向量范数,对 $\boldsymbol{A}\in\boldsymbol{C}^{m\times n}$,令

$$\|\boldsymbol{A}\|_{\mu,v}=\max_{\|x\|_v=1}\|\boldsymbol{A}x\|_\mu \tag{6.2.10}$$

则 $\|\cdot\|_{\mu,v}$ 是 $\boldsymbol{C}^{m\times n}$ 上的矩阵范数,并且 $\|\cdot\|_\mu$, $\|\cdot\|_v$ 和 $\|\cdot\|_{\mu,v}$ 相容.

证明 对任意 $x\in\boldsymbol{C}^n$ 且 $x\neq0$,则 $\dfrac{x}{\|x\|_v}\in\varphi_v$,从而有

$$\left\|\boldsymbol{A}\left(\frac{x}{\|x\|_v}\right)\right\|_\mu\leqslant\|\boldsymbol{A}\|_{\mu,v}$$

于是

$$\|\boldsymbol{A}x\|_\mu\leqslant\|\boldsymbol{A}\|_{\mu,v}\|x\|_v \tag{6.2.11}$$

显然上式对 $x=0$ 也成立.

下面证明:(6.2.10)定义的 $\|\cdot\|_{\mu,v}$ 满足矩阵范数定义 6.2.1 中的三个条件.

(1) 如果 $A\neq 0$,则必有 e_i 使 $Ae_i\neq 0$,于是由(6.2.11),有

$$0<\|Ae_i\|_\mu\leqslant\|A\|_{\mu,v}\|e_i\|_v$$

因此当 $A\neq 0$ 时,$\|A\|_{\mu,v}>0$;显然当 $A=0$ 时,$\|A\|_{\mu,v}=0$.

(2) 任取 $k\in C$,有

$$\|kA\|_{\mu,v}=\max_{\|x\|_v=1}\|kAx\|_\mu=\max_{\|x\|_v=1}|k|\ \|Ax\|_\mu=|k|\ \|A\|_{\mu,v}$$

(3) 任取 $A,B\in C^{m\times n}$,设 x_0 满足 $\|x_0\|_v=1$ 并且 $\|(A+B)x_0\|_\mu=\|A+B\|_{\mu,v}$,则由(6.2.11),有

$$\begin{aligned}\|A+B\|_{\mu,v}&=\|(A+B)x_0\|_\mu\leqslant\|Ax_0\|_\mu+\|Bx_0\|_\mu\\&\leqslant\|A\|_{\mu,v}\|x_0\|_v+\|B\|_{\mu,v}\|x_0\|_v=\|A\|_{\mu,v}+\|B\|_{\mu,v}\end{aligned}$$

由(6.2.11)可见,$\|\cdot\|_\mu$,$\|\cdot\|_v$ 和 $\|\cdot\|_{\mu,v}$ 相容. □

根据定理 6.2.4,可以引进如下定义.

定义 6.2.3 设 $\|\cdot\|_\mu$ 与 $\|\cdot\|_v$ 分别是 C^m 和 C^n 上的向量范数,由(6.2.10)定义的非负实值函数 $\|\cdot\|_{\mu,v}$ 叫做 $C^{m\times n}$ 上的**算子范数**或称为**由向量范数 $\|\cdot\|_\mu$ 和 $\|\cdot\|_v$ 导出的矩阵范数**.

由(6.2.11)式可知,算子范数与诱导它的向量范数是相容的.

关于算子范数之间的相容性,有下述结果.

定理 6.2.5 设 $\|\cdot\|_\mu$,$\|\cdot\|_v$ 与 $\|\cdot\|_\omega$ 分别是 C^m,C^n 与 C^k 上的向量范数,如果按照(6.2.10)式分别定义 $C^{m\times n}$,$C^{n\times k}$ 和 $C^{m\times k}$ 上的算子范数 $\|\cdot\|_{\mu,v}$,$\|\cdot\|_{v,\omega}$ 和 $\|\cdot\|_{\mu,\omega}$,则

$$\|AB\|_{\mu,\omega}\leqslant\|A\|_{\mu,v}\|B\|_{v,\omega},\ \forall A\in C^{m\times n},\forall B\in C^{n\times k}\quad(6.2.12)$$

证明 设 $x_0\in C^k$ 并且 $\|x_0\|_\omega=1$,$\|ABx_0\|_\mu=\|AB\|_{\mu,\omega}$,则由(6.2.11)得

$$\begin{aligned}\|AB\|_{\mu,\omega}&=\|ABx_0\|_\mu=\|A(Bx_0)\|_\mu\leqslant\|A\|_{\mu,v}\|Bx_0\|_v\\&\leqslant\|A\|_{\mu,v}\|B\|_{v,\omega}\|x_0\|_\omega=\|A\|_{\mu,v}\|B\|_{v,\omega}\end{aligned}$$ □

如果 $m=n=k$,并且 $\|\cdot\|_\mu$,$\|\cdot\|_v$ 与 $\|\cdot\|_\omega$ 为 C^n 上的同一个向量范数 $\|\cdot\|$,则从定理 6.2.5 得到.

定理 6.2.6 设 $\|\cdot\|$ 是 C^n 上的向量范数,则在 $C^{n\times n}$ 上由向量范数 $\|\cdot\|$ 导出的矩阵范数 $\|\cdot\|$ 是相容矩阵范数,即

$$\|AB\|\leqslant\|A\|\ \|B\|,\ \forall A,B\in C^{n\times n}$$

如果把 $\boldsymbol{C}^n$ 上的向量范数 $\|\cdot\|_p(p=1,2,\infty)$ 限制到 $\boldsymbol{C}^m$ 上，恰好是 $\boldsymbol{C}^m$ 上的向量范数 $\|\cdot\|_p$. 由定理 6.2.4，可以得到 $\boldsymbol{C}^{m\times n}$ 上的算子范数 $\|\cdot\|_p$

$$\|\boldsymbol{A}\|_p = \max_{\|x\|_p=1}\|\boldsymbol{A}x\|_p,\quad \boldsymbol{A}\in\boldsymbol{C}^{m\times n}\quad (p=1,2,\infty)\tag{6.2.13}$$

并且由定理 6.2.5 知，这些算子范数都是相容的，即

$$\|\boldsymbol{AB}\|_p\leqslant\|\boldsymbol{A}\|_p\|\boldsymbol{B}\|_p,\quad \boldsymbol{A}\in\boldsymbol{C}^{m\times n},\boldsymbol{B}\in\boldsymbol{C}^{n\times k}\quad (p=1,2,\infty)\tag{6.2.14}$$

关于 $\|\boldsymbol{A}\|_p$，有下面的表示定理.

定理 6.2.7 设 $\boldsymbol{A}=(a_{ij})\in\boldsymbol{C}^{m\times n}$，则有

$$\|\boldsymbol{A}\|_1=\max_{1\leqslant j\leqslant n}\sum_{i=1}^m|a_{ij}|\tag{6.2.15}$$

$$\|\boldsymbol{A}\|_2=(\lambda_{\max}(\boldsymbol{A}^H\boldsymbol{A}))^{\frac{1}{2}}\tag{6.2.16}$$

$$\|\boldsymbol{A}\|_\infty=\max_{1\leqslant i\leqslant m}\sum_{j=1}^n|a_{ij}|\tag{6.2.17}$$

证明 记 $\boldsymbol{A}=[a_1,\cdots,a_n]$，其中 $a_j\in\boldsymbol{C}^m(j=1,\cdots,n)$，对任意 $x=(x_1,\cdots,x_n)^{\mathrm{T}}\neq 0$ 有

$$\|\boldsymbol{A}x\|_1=\left\|\sum_{j=1}^n x_ja_j\right\|_1\leqslant\sum_{j=1}^n|x_j|\,\|a_j\|_1\leqslant\max_{1\leqslant j\leqslant n}\|a_j\|_1\|x\|_1$$

因此

$$\|\boldsymbol{A}\|_1\leqslant\max_{1\leqslant j\leqslant n}\|a_j\|_1$$

另一方面，如果 $\max\limits_{1\leqslant j\leqslant n}\|a_j\|_1=\|a_k\|_1$，则由 $\|e_k\|_1=1$ 和

$$\|\boldsymbol{A}e_k\|_1=\|a_k\|_1=\max_{1\leqslant j\leqslant n}\|a_j\|_1$$

知 $\|\boldsymbol{A}\|_1\geqslant\max\limits_{1\leqslant j\leqslant n}\|a_j\|_1$. 因此(6.2.15)成立.

同理可证(6.2.17).

下面证明(6.2.16). 对 n 阶 Hermite 矩阵 $\boldsymbol{A}^{\mathrm{H}}\boldsymbol{A}$，存在 n 阶酉矩阵 $\boldsymbol{U}$ 使得

$$\boldsymbol{A}^{\mathrm{H}}\boldsymbol{A}=\boldsymbol{U\Lambda U}^{\mathrm{H}}$$

其中 $\boldsymbol{\Lambda}$ 是对角矩阵，其对角元为 $\boldsymbol{A}^{\mathrm{H}}\boldsymbol{A}$ 的特征值，则

$$\|\boldsymbol{A}\|_2^2=\max_{\|x\|_2=1}x^{\mathrm{H}}\boldsymbol{A}^{\mathrm{H}}\boldsymbol{A}x=\max_{\|x\|_2=1}(\boldsymbol{U}^{\mathrm{H}}x)^{\mathrm{H}}\boldsymbol{\Lambda U}^{\mathrm{H}}x$$

$$=\max_{\|y\|_2=1}y^{\mathrm{H}}\boldsymbol{\Lambda}y=\lambda_{\max}(\boldsymbol{A}^{\mathrm{H}}\boldsymbol{A}).$$

□

通常将 $\|\boldsymbol{A}\|_1$ 称为 $\boldsymbol{A}$ 的**列和范数**，$\|\boldsymbol{A}\|_2$ 称为 $\boldsymbol{A}$ 的**谱范数**，$\|\boldsymbol{A}\|_\infty$ 称为 A 的**行和范数**.

例 6.2.2 设

$$\boldsymbol{A}=\begin{pmatrix}2 & -1 & 0\\ 0 & 2 & 3\\ 1 & 2 & 0\end{pmatrix}$$

计算 $\|\boldsymbol{A}\|_1$，$\|\boldsymbol{A}\|_2$，$\|\boldsymbol{A}\|_\infty$ 和 $\|\boldsymbol{A}\|_F$.

解 $\|\boldsymbol{A}\|_1=5$，$\|\boldsymbol{A}\|_\infty=5$，$\|\boldsymbol{A}\|_F=\sqrt{23}$.

因为 $\boldsymbol{A}^{\mathrm{H}}\boldsymbol{A}=\begin{pmatrix}5 & 0 & 0\\ 0 & 9 & 6\\ 0 & 6 & 9\end{pmatrix}$，所以 $\lambda_{\max}(\boldsymbol{A}^{\mathrm{H}}\boldsymbol{A})=15$. 因此 $\|\boldsymbol{A}\|_2=\sqrt{15}$.

值得指出的是，Frobenius 范数 $\|\cdot\|_F$ 是相容范数，但不是算子范数. Frobenius 范数 $\|\cdot\|_F$ 不仅计算简单，而且具有如下性质.

定理 6.2.8 设 $\boldsymbol{A}\in\boldsymbol{C}^{m\times n}$，$\boldsymbol{U}$ 和 $\boldsymbol{V}$ 分别为 m 阶和 n 阶酉矩阵，则

$$\|\boldsymbol{UAV}\|_F=\|\boldsymbol{A}\|_F \tag{6.2.18}$$

证明 因为 $\boldsymbol{U}$ 和 $\boldsymbol{V}$ 均为酉矩阵，所以

$$\begin{aligned}\|\boldsymbol{UAV}\|_F^2&=\operatorname{tr}[(\boldsymbol{UAV})^{\mathrm{H}}(\boldsymbol{UAV})]=\operatorname{tr}(\boldsymbol{V}^{\mathrm{H}}\boldsymbol{A}^{\mathrm{H}}\boldsymbol{AV})\\&=\operatorname{tr}(\boldsymbol{V}^{-1}\boldsymbol{A}^{\mathrm{H}}\boldsymbol{AV})=\operatorname{tr}(\boldsymbol{A}^{\mathrm{H}}\boldsymbol{A})=\|\boldsymbol{A}\|_F^2\end{aligned}$$

因此 $\|\boldsymbol{UAV}\|_F=\|\boldsymbol{A}\|_F$. □

矩阵的谱范数虽不便计算，但有许多很好的性质，所以在理论研究中常常使用谱范数.

定理 6.2.9 设 $\boldsymbol{A}\in\boldsymbol{C}^{m\times n}$，则

$$\|\boldsymbol{A}\|_2=\max_{\substack{\|x\|_2=1\\ \|y\|_2=1}}|y^{\mathrm{H}}\boldsymbol{A}x| \tag{6.2.19}$$

$$\|\boldsymbol{A}^{\mathrm{H}}\|_2=\|\boldsymbol{A}^{\mathrm{T}}\|_2=\|\boldsymbol{A}\|_2 \tag{6.2.20}$$

$$\|\boldsymbol{A}^H\boldsymbol{A}\|_2=\|\boldsymbol{A}\|_2^2 \tag{6.2.21}$$

$$\|\boldsymbol{A}\|_2^2\leqslant\|\boldsymbol{A}\|_1\|\boldsymbol{A}\|_\infty \tag{6.2.22}$$

并且对 m 阶酉矩阵 $\boldsymbol{U}$ 和 n 阶酉矩阵 $\boldsymbol{V}$，有

$$\|\boldsymbol{UAV}\|_2=\|\boldsymbol{A}\|_2 \tag{6.2.23}$$

证明 设 $x\in\boldsymbol{C}^n$，$y\in\boldsymbol{C}^m$ 满足 $\|x\|_2=1$，$\|y\|_2=1$，则由定理 1.6.1 有

$$|y^{\mathrm{H}}\boldsymbol{A}x| \leqslant \|y\|_2\|\boldsymbol{A}x\|_2 \leqslant \|\boldsymbol{A}\|_2\|x\|_2 = \|\boldsymbol{A}\|_2$$

另一方面，设 $\|x\|_2=1$ 并且满足 $\|\boldsymbol{A}x\|_2=\|\boldsymbol{A}\|_2$. 令 $y=\dfrac{\boldsymbol{A}x}{\|\boldsymbol{A}x\|_2}$,

$$|y^{\mathrm{H}}\boldsymbol{A}x| = \frac{x^{\mathrm{H}}\boldsymbol{A}^{\mathrm{H}}\boldsymbol{A}x}{\|\boldsymbol{A}x\|_2} = \|\boldsymbol{A}x\|_2 = \|\boldsymbol{A}\|_2$$

因此(6.2.19)成立.

由(6.2.19)，得

$$\|\boldsymbol{A}^{\mathrm{H}}\|_2 = \max_{\substack{\|x\|_2=1\\ \|y\|_2=1}} |y^{\mathrm{H}}\boldsymbol{A}^{\mathrm{H}}x| = \max_{\substack{\|x\|_2=1\\ \|y\|_2=1}} |x^{\mathrm{H}}\boldsymbol{A}y| = \|\boldsymbol{A}\|_2$$

同理可证 $\|\boldsymbol{A}^{\mathrm{T}}\|_2=\|\boldsymbol{A}\|_2$. 因此(6.2.20)成立.

因为

$$\|\boldsymbol{A}^{\mathrm{H}}\boldsymbol{A}\|_2 \leqslant \|\boldsymbol{A}^{\mathrm{H}}\|_2\|\boldsymbol{A}\|_2$$

由(6.2.20)，有

$$\|\boldsymbol{A}^{\mathrm{H}}\boldsymbol{A}\|_2 \leqslant \|\boldsymbol{A}\|_2^2$$

另一方面，取 $x\in\boldsymbol{C}^n$ 满足 $\|x\|_2=1$ 和 $\|\boldsymbol{A}x\|_2=\|\boldsymbol{A}\|_2$，并在(6.2.19)中令 $y=x$，则

$$\|\boldsymbol{A}^{\mathrm{H}}\boldsymbol{A}\|_2 \geqslant x^{\mathrm{H}}\boldsymbol{A}^{\mathrm{H}}\boldsymbol{A}x = \|\boldsymbol{A}x\|_2^2 = \|\boldsymbol{A}\|_2^2$$

因此(6.2.21)成立.

由(6.2.16)，有 $\|\boldsymbol{A}\|_2^2=\lambda_{\max}(\boldsymbol{A}^{\mathrm{H}}\boldsymbol{A})$. 因为 $\|\cdot\|_1$ 是相容矩阵范数，由(6.2.8)得

$$\lambda_{\max}(\boldsymbol{A}^{\mathrm{H}}\boldsymbol{A}) \leqslant \|\boldsymbol{A}^{\mathrm{H}}\boldsymbol{A}\|_1 \leqslant \|\boldsymbol{A}^{\mathrm{H}}\|_1\|\boldsymbol{A}\|_1 = \|\boldsymbol{A}\|_1\|\boldsymbol{A}\|_\infty$$

所以(6.2.22)成立. □

因为 $\boldsymbol{U}$ 和 $\boldsymbol{V}$ 均为酉矩阵，由(6.2.16)有

$$\begin{aligned}\|\boldsymbol{UAV}\|_2 &= (\lambda_{\max}((\boldsymbol{UAV})^{\mathrm{H}}\boldsymbol{UAV}))^{\frac{1}{2}} = (\lambda_{\max}(\boldsymbol{V}^{\mathrm{H}}\boldsymbol{A}^{\mathrm{H}}\boldsymbol{AV}))^{\frac{1}{2}}\\ &= (\lambda_{\max}(\boldsymbol{A}^{\mathrm{H}}\boldsymbol{A}))^{\frac{1}{2}} = \|\boldsymbol{A}\|_2\end{aligned}$$

所以(6.2.23)成立. □

§6.3 矩阵序列与矩阵级数

本节利用前两节建立的范数理论讨论矩阵序列的极限和矩阵级数等分析概念.

6.3.1 矩阵序列的极限

由于 $C^{m\times n}$ 中矩阵可以看作一个 mn 维向量，其收敛性可以和 C^{mn} 中的向量一样考虑. 因此，我们可以用矩阵各个元素序列的同时收敛来规定矩阵序列的收敛性.

定义 6.3.1 设有矩阵序列 $\{\boldsymbol{A}^{(k)}\}$，其中 $\boldsymbol{A}^{(k)}=(a_{ij}^{(k)})\in \boldsymbol{C}^{m\times n}$. 如果当 $k\to\infty$ 时，矩阵 $\boldsymbol{A}^{(k)}$ 的每一个元素 $a_{ij}^{(k)}$ 都有极限 a_{ij}，即

$$\lim_{k\to\infty} a_{ij}^{(k)} = a_{ij}, \qquad 1\leqslant i\leqslant m;1\leqslant j\leqslant n$$

则称矩阵序列 $\{\boldsymbol{A}^{(k)}\}$ 是**收敛**的，并把矩阵 $\boldsymbol{A}=(a_{ij})\in\boldsymbol{C}^{m\times n}$ 称为 $\{\boldsymbol{A}^{(k)}\}$ 的极限，或称 $\{\boldsymbol{A}^{(k)}\}$ 收敛于 $\boldsymbol{A}$，记为

$$\lim_{k\to\infty}\boldsymbol{A}^{(k)} = \boldsymbol{A} \text{ 或 } \boldsymbol{A}^{(k)}\to\boldsymbol{A} \quad (k\to\infty)$$

类似于定理 6.1.8，有

定理 6.3.1 设 $\|\cdot\|$ 是 $\boldsymbol{C}^{m\times n}$ 上任一矩阵范数，$\boldsymbol{C}^{m\times n}$ 中矩阵序列 $\{\boldsymbol{A}^{(k)}\}$ 收敛于矩阵 $\boldsymbol{A}$ 的充分必要条件是

$$\lim_{k\to\infty}\|\boldsymbol{A}^{(k)}-\boldsymbol{A}\| = 0$$

关于矩阵序列的极限运算有如下性质.

(1)设 $\{\boldsymbol{A}^{(k)}\}$，$\{\boldsymbol{B}^{(k)}\}$ 是 $\boldsymbol{C}^{m\times n}$ 中矩阵序列，且 $\lim\limits_{k\to\infty}\boldsymbol{A}^{(k)}=\boldsymbol{A}$，$\lim\limits_{k\to\infty}\boldsymbol{B}^{(k)}=\boldsymbol{B}$，则

$$\lim_{k\to\infty}(a\boldsymbol{A}^{(k)}+b\boldsymbol{B}^{(k)}) = a\boldsymbol{A}+b\boldsymbol{B}$$

其中 $a,b\in\boldsymbol{C}$ 是常数.

(2)设 $\{\boldsymbol{A}^{(k)}\}$ 与 $\{\boldsymbol{B}^{(k)}\}$ 分别是 $\boldsymbol{C}^{m\times n}$ 与 $\boldsymbol{C}^{n\times k}$ 中矩阵序列，并且 $\lim\limits_{k\to\infty}\boldsymbol{A}^{(k)}=\boldsymbol{A}$，$\lim\limits_{k\to\infty}\boldsymbol{B}^{(k)}=\boldsymbol{B}$，则

$$\lim_{k\to\infty}\boldsymbol{A}^{(k)}\boldsymbol{B}^{(k)} = \boldsymbol{A}\boldsymbol{B}$$

由定义 6.3.1 和定理 6.3.1 容易验证性质(1)和(2).

现在考虑由矩阵 $\boldsymbol{A}\in\boldsymbol{C}^{n\times n}$ 的幂所构成的矩阵序列 $\boldsymbol{A},\boldsymbol{A}^2,\boldsymbol{A}^3,\cdots,\boldsymbol{A}^k,\cdots$ 的收敛性.

定理 6.3.2 设 $\boldsymbol{A}\in\boldsymbol{C}^{n\times n}$，$\lim\limits_{k\to\infty}\boldsymbol{A}^k=0$ 的充分必要条件是 $\rho(\boldsymbol{A})<1$.

证明 对 $\boldsymbol{A}\in\boldsymbol{C}^{n\times n}$，由定理 3.5.1 知，存在 n 阶可逆矩阵 $\boldsymbol{P}$ 使得

$$\boldsymbol{P}^{-1}\boldsymbol{A}\boldsymbol{P} = \boldsymbol{J} = \mathrm{diag}(\boldsymbol{J}_1,\boldsymbol{J}_2,\cdots,\boldsymbol{J}_s) \tag{6.3.1}$$

其中

$$\boldsymbol{J}_i=\begin{pmatrix}\lambda_i & 1 & & & 0\\ & \lambda_i & 1 & & \\ & & \ddots & \ddots & \\ & 0 & & \lambda_i & 1\\ & & & & \lambda_i\end{pmatrix}_{n_i\times n_i} \tag{6.3.2}$$

则

$$\boldsymbol{P}^{-1}\boldsymbol{A}^k\boldsymbol{P}=\boldsymbol{J}^k=\mathrm{diag}(\boldsymbol{J}_1^k,\boldsymbol{J}_2^k,\cdots,\boldsymbol{J}_s^k) \tag{6.3.3}$$

因此 $\lim\limits_{k\to\infty}\boldsymbol{A}^k=0\Leftrightarrow\lim\limits_{k\to\infty}\boldsymbol{J}^k=0\Leftrightarrow\lim\limits_{k\to\infty}\boldsymbol{J}_i^k=0(i=1,2,\cdots,s)$. 而

$$\boldsymbol{J}_i^k=\begin{pmatrix}f_k(\lambda_i) & f'_k(\lambda_i) & \frac{1}{2!}f''_k(\lambda_i) & \cdots & \frac{1}{(n_i-1)!}f_k^{(n_i-1)}(\lambda_i)\\ & f_k(\lambda_i) & f'_k(\lambda_i) & \ddots & \vdots\\ & & & & \vdots\\ & & \ddots & \ddots & \frac{1}{2!}f''_k(\lambda_i)\\ & 0 & & \ddots & f'_k(\lambda_i)\\ & & & & f_k(\lambda_i)\end{pmatrix} \tag{6.3.4}$$

其中 $f_k(\lambda)=\lambda^k$. 因为对任一多项式 $g(\lambda)$，当 $k\to\infty$ 时，$g(k)|\lambda_i|^k\to 0\Leftrightarrow|\lambda_i|<1$. 而 $|\lambda_i|<1(i=1,2,\cdots,s)\Leftrightarrow\rho(A)<1$. □

由(6.2.8)和定理 6.3.2 即得如下结果.

定理 6.3.3 设 $\boldsymbol{A}\in\boldsymbol{C}^{n\times n}$，如果存在 $\boldsymbol{C}^{n\times n}$ 上的一种相容矩阵范数 $\|\cdot\|$ 使 $\|\boldsymbol{A}\|<1$，则 $\lim\limits_{k\to\infty}\boldsymbol{A}^k=0$.

定理 6.3.4 设 $\|\cdot\|$ 是 $\boldsymbol{C}^{n\times n}$ 上的相容矩阵范数，则对任意 $\boldsymbol{A}\in\boldsymbol{C}^{n\times n}$，有

$$\rho(\boldsymbol{A})=\lim_{k\to\infty}\|\boldsymbol{A}^k\|^{\frac{1}{k}}$$

证明 因为 $(\rho(\boldsymbol{A}))^k=\rho(\boldsymbol{A}^k)\leqslant\|A^k\|$，所以对所有 $k=1,2,\cdots$，有 $\rho(\boldsymbol{A})\leqslant\|A^k\|^{\frac{1}{k}}$. 另一方面，对任意 $\varepsilon>0$，矩阵 $\widetilde{\boldsymbol{A}}=[\rho(\boldsymbol{A})+\varepsilon]^{-1}\boldsymbol{A}$ 的谱半径严格小于 1. 由定理 6.3.2 知 $\lim\limits_{k\to\infty}\widetilde{\boldsymbol{A}}^k=0$，于是当 $k\to\infty$ 时 $\|\widetilde{A}^k\|\to 0$. 因此，存在正整数 K 使得当 $k>K$ 时 $\|\widetilde{\boldsymbol{A}}^k\|<1$，即对所有 $k>K$ 有 $\|A^k\|\leqslant[\rho(\boldsymbol{A})+\varepsilon]^k$

或 $\| A^k \|^{\frac{1}{k}} \leqslant \rho(A)+\varepsilon$. 故 $\lim\limits_{k\to\infty} \| A^k \|^{\frac{1}{k}} = \rho(A)$. □

6.3.2 矩阵级数

在建立矩阵函数以及表示线性微分方程组的解时，常常用到矩阵级数，特别是矩阵幂级数. 下面利用矩阵序列的收敛性讨论矩阵级数的收敛性.

定义 6.3.2 设$\{\boldsymbol{A}^{(k)}\}$是$\boldsymbol{C}^{m\times n}$的矩阵序列，其中$\boldsymbol{A}^{(k)}=(a_{ij}^{(k)})\in\boldsymbol{C}^{m\times n}$，无穷和

$$\boldsymbol{A}^{(1)}+\boldsymbol{A}^{(2)}+\cdots+\boldsymbol{A}^{(k)}+\cdots \tag{6.3.5}$$

称为**矩阵级数**，记为 $\sum\limits_{k=1}^{\infty}\boldsymbol{A}^{(k)}$. 对正整数 $k\geqslant 1$，记 $\boldsymbol{S}^{(k)}=\sum\limits_{i=1}^{k}\boldsymbol{A}^{(i)}$，称 $\boldsymbol{S}^{(k)}$ 为矩阵级数 $\sum\limits_{k=1}^{\infty}\boldsymbol{A}^{(k)}$ 的**部分和**. 如果矩阵序列$\{\boldsymbol{S}^{(k)}\}$收敛，且有极限 $\boldsymbol{S}$，即 $\lim\limits_{k\to\infty}\boldsymbol{S}^{(k)}=\boldsymbol{S}$，则称**矩阵级数** $\sum\limits_{k=1}^{\infty}\boldsymbol{A}^{(k)}$ **收敛**，并称 $\boldsymbol{S}$ 为**矩阵级数** $\sum\limits_{k=1}^{\infty}\boldsymbol{A}^{(k)}$ **的和**，记为 $\sum\limits_{k=1}^{\infty}\boldsymbol{A}^{(k)}=\boldsymbol{S}$. 不收敛的矩阵级数称为**发散**的.

由定义 6.3.2 可知，矩阵级数 $\sum\limits_{k=1}^{\infty}\boldsymbol{A}^{(k)}$ 收敛的充分必要条件是 mn 个数项级数 $\sum\limits_{k=1}^{\infty}a_{ij}^{(k)}\,(i=1,2,\cdots,m,j=1,2,\cdots,n)$ 都收敛.

由矩阵级数的收敛性定义易知

(1)若矩阵级数 $\sum\limits_{k=1}^{\infty}\boldsymbol{A}^{(k)}$ 收敛，则$\lim\limits_{k\to\infty}\boldsymbol{A}^{(k)}=0$；

(2)若矩阵级数 $\sum\limits_{k=1}^{\infty}\boldsymbol{A}^{(k)}=\boldsymbol{S}_1$，$\sum\limits_{k=1}^{\infty}\boldsymbol{B}^{(k)}=\boldsymbol{S}_2$，$a,b\in\boldsymbol{C}$是常数，则

$$\sum_{k=1}^{\infty}(a\boldsymbol{A}^{(k)}+b\boldsymbol{B}^{(k)})=a\boldsymbol{S}_1+b\boldsymbol{S}_2$$

(3)设$\boldsymbol{P}\in\boldsymbol{C}^{m\times m}$，$\boldsymbol{Q}\in\boldsymbol{C}^{n\times n}$，若矩阵级数 $\sum\limits_{k=1}^{\infty}\boldsymbol{A}^{(k)}$ 收敛，则$\sum\limits_{k=1}^{\infty}\boldsymbol{P}\boldsymbol{A}^{(k)}\boldsymbol{Q}$收敛，且

$$\sum_{k=1}^{\infty}\boldsymbol{P}\boldsymbol{A}^{(k)}\boldsymbol{Q}=\boldsymbol{P}\Big(\sum_{k=1}^{\infty}\boldsymbol{A}^{(k)}\Big)\boldsymbol{Q} \tag{6.3.6}$$

定义 6.3.3 设 $\sum\limits_{k=1}^{\infty}\boldsymbol{A}^{(k)}$ 是矩阵级数，其中 $\boldsymbol{A}^{(k)}=(a_{ij}^{(k)})\in\boldsymbol{C}^{m\times n}$，如果 mn 个数项级数 $\sum\limits_{k=1}^{\infty}a_{ij}^{(k)}\,(i=1,2,\cdots,m;j=1,2,\cdots,n)$ 都绝对收敛，则称**矩阵级数** $\sum\limits_{k=1}^{\infty}\boldsymbol{A}^{(k)}$ **绝对收敛**.

定理 6.3.5 矩阵级数 $\sum_{k=1}^{\infty}\boldsymbol{A}^{(k)}$（其中 $\boldsymbol{A}=(a_{ij}^{(k)})\in\boldsymbol{C}^{m\times n}$ 绝对收敛的充分必要条件是数项级数 $\sum_{k=1}^{\infty}\|\boldsymbol{A}^{(k)}\|$ 收敛，其中 $\|\cdot\|$ 是 $\boldsymbol{C}^{m\times n}$ 上的任一矩阵范数.

证明 由定理 6.2.1，不妨取例 6.2.1 中的矩阵范数 $\|\cdot\|_1'$. 如果 $\sum_{k=1}^{\infty}\boldsymbol{A}^{(k)}$ 绝对收敛，则存在与 i,j 无关的正数 M 使得

$$\sum_{k=1}^{\infty}|a_{ij}^{(k)}|<M,\qquad i=1,2,\cdots,m;j=1,2,\cdots,n$$

从而有

$$\sum_{k=1}^{\infty}\|\boldsymbol{A}^{(k)}\|_1'=\sum_{k=1}^{\infty}\left(\sum_{i=1}^{m}\sum_{j=1}^{n}|a_{ij}^{(k)}|\right)<mnM$$

因此 $\sum_{k=1}^{\infty}\|\boldsymbol{A}^{(k)}\|_1'$ 收敛.

反过来，如果 $\sum_{k=1}^{\infty}\|\boldsymbol{A}^{(k)}\|_1'$ 收敛，则由 $|a_{ij}^{(k)}|\leqslant\|\boldsymbol{A}^{(k)}\|_1'(i=1,2,\cdots,m;j=1,2,\cdots,n)$ 知，mn 个数项级数 $\sum_{k=1}^{\infty}a_{ij}^{(k)}$ $(i=1,2,\cdots,m;j=1,2,\cdots,n)$ 都绝对收敛. 故矩阵级数 $\sum_{k=1}^{\infty}\boldsymbol{A}^{(k)}$ 绝对收敛. □

与数项级数类似，若矩阵级数 $\sum_{k=1}^{\infty}\boldsymbol{A}^{(k)}$ 绝对收敛，则它一定收敛，并且任意交换各项的求和次序所得的新级数仍收敛，和也不改变.

对矩阵级数也有幂级数的概念.

定义 6.3.4 设 $\boldsymbol{A}\in\boldsymbol{C}^{n\times n}$，形如

$$\sum_{k=0}^{\infty}c_k\boldsymbol{A}^k=c_0\boldsymbol{I}+c_1\boldsymbol{A}+c_2\boldsymbol{A}^2+\cdots+c_k\boldsymbol{A}^k+\cdots \tag{6.3.7}$$

的矩阵级数称为**矩阵幂级数**.

我们对矩阵幂级数作进一步讨论，它是研究矩阵函数的重要工具.

由定理 6.3.5 即得如下定理.

定理 6.3.6 设 $\boldsymbol{A}\in\boldsymbol{C}^{n\times n}$，如果数项级数 $\sum_{k=0}^{\infty}|c_k|\,\|A\|^k$ 收敛，则矩阵幂级数 $\sum_{k=0}^{\infty}c_k\boldsymbol{A}^k$ 绝对收敛，其中 $\|\cdot\|$ 是 $\boldsymbol{C}^{n\times n}$ 上的某种相容矩阵范数.

推论 6.3.1　设 $\boldsymbol{A}\in\boldsymbol{C}^{n\times n}$，如果 $\boldsymbol{C}^{n\times n}$ 上的某种相容矩阵范数 $\|\cdot\|$ 使得 $\|\boldsymbol{A}\|$ 在幂级数

$$\sum_{k=0}^{\infty}c_kz^k=c_0+c_1z+c_2z^2+\cdots+c_kz^k+\cdots$$

的收敛圆内，则矩阵幂级数 $\sum\limits_{k=0}^{\infty}c_k\boldsymbol{A}^k$ 绝对收敛.

定理 6.3.7　设 $\boldsymbol{A}\in\boldsymbol{C}^{n\times n}$，并且幂级数 $\sum\limits_{k=0}^{\infty}c_kz^k$ 的收敛半径为 R. 如果 $\rho(\boldsymbol{A})<R$，则矩阵幂级数 $\sum\limits_{k=0}^{\infty}c_k\boldsymbol{A}^k$ 绝对收敛；如果 $\rho(\boldsymbol{A})>R$，则矩阵幂级数 $\sum\limits_{k=0}^{\infty}c_k\boldsymbol{A}^k$ 发散.

证明　设矩阵 $\boldsymbol{A}$ 的 Jordan 标准形为 $\boldsymbol{J}$，即存在可逆矩阵 $\boldsymbol{P}$ 使得(6.3.1)成立，并且由(6.3.2)-(6.3.4)可得

$$\sum_{k=0}^{\infty}c_k\boldsymbol{A}^k=\boldsymbol{P}\Big(\sum_{k=0}^{\infty}c_k\boldsymbol{J}^k\Big)\boldsymbol{P}^{-1}=\boldsymbol{P}\mathrm{diag}\Big(\sum_{k=0}^{\infty}c_k\boldsymbol{J}_1^k,\cdots,\sum_{k=0}^{\infty}c_k\boldsymbol{J}_s^k\Big)\boldsymbol{P}^{-1}$$

其中

$$\sum_{k=0}^{\infty}c_k\boldsymbol{J}_i^k=\begin{pmatrix}\sum\limits_{k=0}^{\infty}c_k\lambda_i^k & \sum\limits_{k=1}^{\infty}c_kC_k^1\lambda_i^{k-1} & \cdots & \sum\limits_{k=n_i-1}^{\infty}c_kC_k^{n_i-1}\lambda_i^{k-n_i+1}\\ & \ddots & \ddots & \vdots\\ & & \ddots & \sum\limits_{k=1}^{\infty}c_kC_k^1\lambda_i^{k-1}\\ 0 & & & \sum\limits_{k=0}^{\infty}c_k\lambda_i^k\end{pmatrix}_{n_i\times n_i}$$

$$\begin{cases}C_k^i=\dfrac{k(k-1)\cdots(k-i+1)}{i!}, & k\geqslant i\\ C_k^i=0, & k<i\end{cases}$$

则当 $\rho(\boldsymbol{A})<R$ 时，幂级数 $\sum\limits_{k=0}^{\infty}c_k\lambda_i^k,\sum\limits_{k=1}^{\infty}c_kC_k^1\lambda_i^{k-1},\cdots,\sum\limits_{k=n_i-1}^{\infty}c_kC_k^{n_i-1}\lambda_i^{k-n_i+1}$ $(i=1,2,\cdots,s)$ 绝对收敛，因此矩阵幂级数 $\sum\limits_{k=0}^{\infty}c_k\boldsymbol{A}^k$ 绝对收敛；当 $\rho(\boldsymbol{A})>R$ 时，则 $\boldsymbol{A}$ 有

某个特征值 $|\lambda_i|>R$，幂级数 $\sum_{k=0}^{\infty} c_k\lambda_i^k$ 发散，故矩阵幂级数 $\sum_{k=0}^{\infty} c_k\boldsymbol{A}^k$ 发散. □

推论 6.3.2 如果幂级数 $\sum_{k=0}^{\infty} c_k z^k$ 在整个平面上都收敛，则对任意 $\boldsymbol{A}\in\boldsymbol{C}^{n\times n}$，矩阵幂级数 $\sum_{k=0}^{\infty} c_k\boldsymbol{A}^k$ 收敛.

定理 6.3.8 设 $\boldsymbol{A}\in\boldsymbol{C}^{n\times n}$，如果 $\|\boldsymbol{A}\|<1$，则矩阵 $\boldsymbol{I}-\boldsymbol{A}$ 非奇异，并且

$$\|(\boldsymbol{I}-\boldsymbol{A})^{-1}\| \leqslant \frac{1}{1-\|\boldsymbol{A}\|} \tag{6.3.8}$$

其中 $\|\cdot\|$ 是 $\boldsymbol{C}^{n\times n}$ 上的相容矩阵范数且满足 $\|\boldsymbol{I}\|=1$.

证明 因为 $\|\cdot\|$ 是 $\boldsymbol{C}^{n\times n}$ 上的相容矩阵范数，则由定理 6.2.2 知，在 $\boldsymbol{C}^n$ 上存在与 $\|\cdot\|$ 相容的向量范数 $\|\cdot\|_\alpha$. 如果矩阵 $\boldsymbol{I}-\boldsymbol{A}$ 奇异，则存在非零向量 x 使得

$$(\boldsymbol{I}-\boldsymbol{A})x=0$$

即 $x=\boldsymbol{A}x$，从而

$$\|x\|_\alpha=\|\boldsymbol{A}x\|_\alpha\leqslant\|\boldsymbol{A}\|\ \|x\|_\alpha$$

则 $\|\boldsymbol{A}\|\geqslant 1$，这与 $\|\boldsymbol{A}\|<1$ 矛盾. 因此 $\boldsymbol{I}-\boldsymbol{A}$ 非奇异.

因为 $(\boldsymbol{I}-\boldsymbol{A})(\boldsymbol{I}-\boldsymbol{A})^{-1}=\boldsymbol{I}$，则

$$(\boldsymbol{I}-\boldsymbol{A})^{-1}=\boldsymbol{I}+\boldsymbol{A}(\boldsymbol{I}-\boldsymbol{A})^{-1}$$

从而

$$\|(\boldsymbol{I}-\boldsymbol{A})^{-1}\|\leqslant\|\boldsymbol{I}\|+\|\boldsymbol{A}(\boldsymbol{I}-\boldsymbol{A})^{-1}\|\leqslant 1+\|\boldsymbol{A}\|\ \|(\boldsymbol{I}-\boldsymbol{A})^{-1}\|$$

于是由上式即得(6.3.8). □

定理 6.3.9 设 $\boldsymbol{A}\in\boldsymbol{C}^{n\times n}$，则矩阵幂级数 $\sum_{k=0}^{\infty}\boldsymbol{A}^k$ 收敛的充分必要条件是 $\rho(\boldsymbol{A})<1$，并且其和为 $(\boldsymbol{I}-\boldsymbol{A})^{-1}$，即

$$\sum_{k=0}^{\infty}\boldsymbol{A}^k=(\boldsymbol{I}-\boldsymbol{A})^{-1} \tag{6.3.9}$$

此外，如果 $\|\boldsymbol{A}\|<1$，则有

$$\left\|(\boldsymbol{I}-\boldsymbol{A})^{-1}-\sum_{k=0}^{m}\boldsymbol{A}^k\right\|\leqslant\frac{\|\boldsymbol{A}\|^{m+1}}{1-\|\boldsymbol{A}\|} \tag{6.3.10}$$

其中 $\|\cdot\|$ 是 $\boldsymbol{C}^{n\times n}$ 上的相容矩阵范数且满足 $\|\boldsymbol{I}\|=1$.

证明 必要性. 如果 $\sum_{k=0}^{\infty}\boldsymbol{A}^k$ 收敛，则 $\lim\limits_{k\to\infty}\boldsymbol{A}^k=0$. 由定理 6.3.2 知，$\rho(\boldsymbol{A})<1$.

充分性. 因为幂级数 $\sum_{k=0}^{\infty} z^k$ 的收敛半径 $R=1$，则由定理 6.3.7 知，当 $\rho(\boldsymbol{A})<1$ 时，矩阵幂级数 $\sum_{k=0}^{\infty}\boldsymbol{A}^k$ 收敛.

因为 $\rho(\boldsymbol{A})<1$，所以 $\boldsymbol{I}-\boldsymbol{A}$ 非奇异，并且 $\lim\limits_{k\to\infty}\boldsymbol{A}^k=0$. 令 $\boldsymbol{S}_m=\sum_{k=0}^{m}\boldsymbol{A}^k$，则

$$\boldsymbol{S}_m(\boldsymbol{I}-\boldsymbol{A})=\boldsymbol{I}-\boldsymbol{A}^{m+1}$$

从而

$$\boldsymbol{S}_m=(\boldsymbol{I}-\boldsymbol{A})^{-1}-\boldsymbol{A}^{m+1}(\boldsymbol{I}-\boldsymbol{A})^{-1} \tag{6.3.11}$$

在上式两端令 $m\to\infty$ 即得(6.3.9).

下面证明不等式(6.3.10). 由(6.3.11)得

$$(\boldsymbol{I}-\boldsymbol{A})^{-1}-\boldsymbol{S}_m=\boldsymbol{A}^{m+1}(\boldsymbol{I}-\boldsymbol{A})^{-1}$$

从而

$$\left\|(\boldsymbol{I}-\boldsymbol{A})^{-1}-\sum_{k=0}^{m}\boldsymbol{A}^k\right\|\leqslant\|\boldsymbol{A}^{m+1}\|\,\|(\boldsymbol{I}-\boldsymbol{A})^{-1}\|\leqslant\|\boldsymbol{A}\|^{m+1}\|(\boldsymbol{I}-\boldsymbol{A})^{-1}\| \tag{6.3.12}$$

再由(6.3.8)即得(6.3.10). □

§6.4 矩阵扰动分析

为了解决科学与工程技术中的实际问题，人们依据物理、力学等规律建立问题的数学模型，并根据数学模型提出求解数学问题的数值计算方法，然后进行程序设计，在计算机上计算出实际需要的结果. 在数学问题的求解过程中，通常存在两类误差影响计算结果的精度，即数值计算方法引起的截断误差和计算环境引起的舍入误差. 为了分析这些误差对数学问题解的影响，人们将其归结为原始数据的扰动(或摄动)对解的影响. 自然地，我们需要研究该扰动引起了问题解的多大变化，即问题解的稳定性.

下面看一个简单的例子.

考虑一个 2 阶线性方程组

$$\begin{pmatrix}1 & 0.99\\ 0.99 & 0.98\end{pmatrix}\begin{bmatrix}x_1\\ x_2\end{bmatrix}=\begin{bmatrix}1\\ 1\end{bmatrix}$$

可以验证，该方程组的精确解为 $x_1=100, x_2=-100$.

如果系数矩阵有一扰动 $\begin{pmatrix} 0 & 0 \\ 0 & 0.01 \end{pmatrix}$,并且右端项也有一扰动 $\begin{bmatrix} 0 \\ 0.001 \end{bmatrix}$,则扰动后的线性方程组为

$$\begin{pmatrix} 1 & 0.99 \\ 0.99 & 0.99 \end{pmatrix} \begin{pmatrix} x_1 + \delta x_1 \\ x_2 + \delta x_2 \end{pmatrix} = \begin{bmatrix} 1 \\ 1.001 \end{bmatrix}$$

可以验证,这个方程组的精确解为 $x_1 + \delta x_1 = -0.1, x_2 + \delta x_2 = \frac{10}{9}$.

可见,系数矩阵和右端项的微小扰动引起了解的强烈变化.

注意到上面的例子并没有截断误差和舍入误差,因此原始数据的扰动对问题解的影响程度取决于问题本身的固有性质. 如果原始数据的小扰动引起问题解的很大变化,则称该问题是**病态的(敏感的)**或**不稳定的**;否则,称该问题是**良态的(不敏感的)**或**稳定的**.

矩阵扰动分析就是研究矩阵元素的变化对矩阵问题解的影响,它对矩阵论和矩阵计算都具有重要意义. 矩阵扰动分析的理论及其主要结果是在最近三、四十年里得到的. 随着各种科学计算问题的深入与扩大,矩阵扰动理论不仅会有新的进展,而且还存在许多问题有待进一步解决. 这里简要介绍矩阵 $\boldsymbol{A}$ 的逆矩阵、以 $\boldsymbol{A}$ 为系数矩阵的线性方程组的解和矩阵特征值的扰动分析.

以下总是假定 $\|\cdot\|$ 为 $\boldsymbol{C}^{n\times n}$ 上满足 $\|\boldsymbol{I}\|=1$ 的相容矩阵范数.

6.4.1 矩阵逆的扰动分析

设矩阵 $\boldsymbol{A}\in\boldsymbol{C}^{n\times n}$ 并且 $\boldsymbol{A}$ 非奇异,经扰动变为 $\boldsymbol{A}+\boldsymbol{E}$,其中 $\boldsymbol{E}\in\boldsymbol{C}^{n\times n}$ 称为**扰动矩阵**. 我们需要解决在什么条件下 $\boldsymbol{A}+\boldsymbol{E}$ 非奇异? 当 $\boldsymbol{A}+\boldsymbol{E}$ 非奇异时,$(\boldsymbol{A}+\boldsymbol{E})^{-1}$ 与 $\boldsymbol{A}^{-1}$ 的近似程度?

定理 6.4.1 设 $\boldsymbol{A},\boldsymbol{E}\in\boldsymbol{C}^{n\times n}$,$\boldsymbol{B}=\boldsymbol{A}+\boldsymbol{E}$. 如果 $\boldsymbol{A}$ 与 $\boldsymbol{B}$ 均非奇异,则

$$\frac{\|\boldsymbol{B}^{-1}-\boldsymbol{A}^{-1}\|}{\|\boldsymbol{A}^{-1}\|} \leqslant \|\boldsymbol{A}\|\,\|\boldsymbol{B}^{-1}\|\,\frac{\|\boldsymbol{E}\|}{\|\boldsymbol{A}\|} \tag{6.4.1}$$

证明 由

$$\boldsymbol{B}^{-1}-\boldsymbol{A}^{-1} = \boldsymbol{A}^{-1}(\boldsymbol{A}-\boldsymbol{B})\boldsymbol{B}^{-1} = -\boldsymbol{A}^{-1}\boldsymbol{E}\boldsymbol{B}^{-1} \tag{6.4.2}$$

即得

$$\|\boldsymbol{B}^{-1}-\boldsymbol{A}^{-1}\| \leqslant \|\boldsymbol{A}^{-1}\|\,\|\boldsymbol{B}^{-1}\|\,\|\boldsymbol{E}\|$$

于是

$$\frac{\|\boldsymbol{B}^{-1}-\boldsymbol{A}^{-1}\|}{\|\boldsymbol{A}^{-1}\|} \leqslant \|\boldsymbol{B}^{-1}\|\,\|\boldsymbol{E}\| = \|\boldsymbol{A}\|\,\|\boldsymbol{B}^{-1}\|\,\frac{\|\boldsymbol{E}\|}{\|\boldsymbol{A}\|} \qquad \square$$

定理 6.4.2 设 $A\in C^{n\times n}$ 是非奇异矩阵，$E\in C^{n\times n}$ 满足条件

$$\|A^{-1}E\|<1 \tag{6.4.3}$$

则 $A+E$ 非奇异，并且有

$$\|(A+E)^{-1}\|\leqslant\frac{\|A^{-1}\|}{1-\|A^{-1}E\|} \tag{6.4.4}$$

$$\frac{\|(A+E)^{-1}-A^{-1}\|}{\|A^{-1}\|}\leqslant\frac{\|A^{-1}E\|}{1-\|A^{-1}E\|} \tag{6.4.5}$$

证明 因为 $A+E=A(I+A^{-1}E)$，其中 $\|A^{-1}E\|<1$，则由定理 6.3.8 知 $I+A^{-1}E$ 非奇异，从而 $A+E$ 也非奇异. 由于

$$(A+E)^{-1}=(I+A^{-1}E)^{-1}A^{-1} \tag{6.4.6}$$

则

$$\|(A+E)^{-1}\|\leqslant\|(I+A^{-1}E)^{-1}\|\,\|A^{-1}\|$$

由(6.3.8)得

$$\|(A+E)^{-1}\|\leqslant\frac{\|A^{-1}\|}{1-\|A^{-1}E\|}$$

因为

$$(A+E)^{-1}-A^{-1}=[(I+A^{-1}E)^{-1}-I]A^{-1}$$

则由定理 6.3.9 有

$$\|(A+E)^{-1}-A^{-1}\|\leqslant\|(I+A^{-1}E)^{-1}-I\|\,\|A^{-1}\|\leqslant\frac{\|A^{-1}\|\,\|A^{-1}E\|}{1-\|A^{-1}E\|}$$

由上式即得(6.4.5). □

因为 $\|A^{-1}E\|\leqslant\|A^{-1}\|\,\|E\|$，所以由定理 6.4.2 可得如下推论.

推论 6.4.1 设 $A\in C^{n\times n}$ 是非奇异矩阵，$E\in C^{n\times n}$ 满足条件 $\|A^{-1}\|\,\|E\|<1$，则 $A+E$ 非奇异，并且有

$$\frac{\|(A+E)^{-1}-A^{-1}\|}{\|A^{-1}\|}\leqslant\frac{\kappa(A)\dfrac{\|E\|}{\|A\|}}{1-\kappa(A)\dfrac{\|E\|}{\|A\|}} \tag{6.4.7}$$

其中 $\kappa(A)=\|A\|\,\|A^{-1}\|$.

估计式(6.4.7)表明，$\kappa(A)$ 反映了 A^{-1} 对于 A 的扰动的敏感性. $\kappa(A)$ 愈大，$(A+E)^{-1}$ 与 A^{-1} 的相对误差就愈大.

定义 6.4.1 设 n 阶矩阵 A 非奇异，则称 $\kappa(A)=\|A\|\,\|A^{-1}\|$ 为 A 关于

求逆的条件数.

由推论 6.4.1 知,如果 $\kappa(\boldsymbol{A})$ 很大,则矩阵 $\boldsymbol{A}$ 关于求逆是病态的.

6.4.2 线性方程组解的扰动分析

对线性方程组

$$\boldsymbol{A}x = b \tag{6.4.8}$$

如果系数矩阵 $\boldsymbol{A}$ 和右端项 b 分别有扰动 $\boldsymbol{E}$ 和 δb,则扰动后方程组为

$$(\boldsymbol{A}+\boldsymbol{E})(x+\delta x) = b+\delta b \tag{6.4.9}$$

在什么条件下扰动后的方程组(6.4.9)有惟一解?并估计解的相对误差.

定理 6.4.3 设 $\boldsymbol{A}\in \boldsymbol{C}^{n\times n}$ 是非奇异矩阵,$b,\delta b\in \boldsymbol{C}^n$,$x$ 是方程组(6.4.8)的解.如果 $\boldsymbol{E}\in \boldsymbol{C}^{n\times n}$ 满足条件 $\|\boldsymbol{A}^{-1}\|\,\|\boldsymbol{E}\|<1$,则方程组(6.4.9)有惟一解 $x+\delta x$,并且有

$$\frac{\|\delta x\|}{\|x\|} \leqslant \frac{\kappa(\boldsymbol{A})}{1-\kappa(\boldsymbol{A})\dfrac{\|\boldsymbol{E}\|}{\|\boldsymbol{A}\|}}\left(\frac{\|\boldsymbol{E}\|}{\|\boldsymbol{A}\|}+\frac{\|\delta b\|}{\|b\|}\right) \tag{6.4.10}$$

其中 $\kappa(\boldsymbol{A})=\|\boldsymbol{A}\|\,\|\boldsymbol{A}^{-1}\|$,向量范数 $\|\cdot\|$ 与矩阵范数 $\|\cdot\|$ 相容.

证明 因为 $\|\boldsymbol{A}^{-1}\|\,\|\boldsymbol{E}\|<1$,由推论 6.4.1 知 $\boldsymbol{A}+\boldsymbol{E}$ 非奇异,因此方程组(6.4.9)有惟一解 $x+\delta x$.下面证明估计式(6.4.10).

由(6.4.8)得 $x=\boldsymbol{A}^{-1}b$,而从(6.4.9)有

$$\begin{aligned}
\delta x &= (\boldsymbol{A}+\boldsymbol{E})^{-1}(b+\delta b)-x = (\boldsymbol{A}+\boldsymbol{E})^{-1}b+(\boldsymbol{A}+\boldsymbol{E})^{-1}\delta b - x\\
&= (\boldsymbol{A}+\boldsymbol{E})^{-1}\delta b - x + (\boldsymbol{I}+\boldsymbol{A}^{-1}\boldsymbol{E})^{-1}\boldsymbol{A}^{-1}b\\
&= (\boldsymbol{A}+\boldsymbol{E})^{-1}\delta b - [\boldsymbol{I}-(\boldsymbol{I}+\boldsymbol{A}^{-1}\boldsymbol{E})^{-1}]x\\
&= (\boldsymbol{A}+\boldsymbol{E})^{-1}\delta b - (\boldsymbol{I}+\boldsymbol{A}^{-1}\boldsymbol{E})^{-1}\boldsymbol{A}^{-1}\boldsymbol{E}x
\end{aligned}$$

由 $\|\boldsymbol{A}^{-1}\boldsymbol{E}\|\leqslant\|\boldsymbol{A}^{-1}\|\,\|\boldsymbol{E}\|$,定理 6.3.8 和定理 6.4.2 可得

$$\begin{aligned}
\|\delta x\| &\leqslant \frac{\|\boldsymbol{A}^{-1}\|\,\|\delta b\|}{1-\|\boldsymbol{A}^{-1}\boldsymbol{E}\|}+\frac{\|\boldsymbol{A}^{-1}\boldsymbol{E}\|\,\|x\|}{1-\|\boldsymbol{A}^{-1}\boldsymbol{E}\|}\\
&\leqslant \frac{\|\boldsymbol{A}^{-1}\|\,\|x\|}{1-\|\boldsymbol{A}^{-1}\|\,\|\boldsymbol{E}\|}\left(\frac{\|\delta b\|}{\|x\|}+\|\boldsymbol{E}\|\right)
\end{aligned}$$

因为 $\|b\|\leqslant\|\boldsymbol{A}\|\,\|x\|$,则由上式即得

$$\frac{\|\delta x\|}{\|x\|}\leqslant\frac{\|\boldsymbol{A}^{-1}\|}{1-\|\boldsymbol{A}^{-1}\|\,\|\boldsymbol{E}\|}\left(\frac{\|\delta b\|}{\|x\|}+\|\boldsymbol{E}\|\right)$$

$$\leqslant \frac{\kappa(\boldsymbol{A})}{1-\kappa(\boldsymbol{A})\frac{\|\boldsymbol{E}\|}{\|\boldsymbol{A}\|}}\left(\frac{\|\delta b\|}{\|b\|}+\frac{\|\boldsymbol{E}\|}{\|\boldsymbol{A}\|}\right)$$ □

估计式(6.4.10)表明，$\kappa(\boldsymbol{A})$反映了线性方程组 $\boldsymbol{A}x=b$ 的解 x 的相对误差对于$\boldsymbol{A}$ 和b 的相对误差的依赖程度. 因此，$\kappa(\boldsymbol{A})$也称为**求解线性方程组$\boldsymbol{A}x=b$ 的条件数**. 由定理 6.4.3 知，如果 $\kappa(\boldsymbol{A})$很大，则线性方程组 $\boldsymbol{A}x=b$ 是病态的. 在求矩阵的逆或求解线性方程组时，可以通过变换降低矩阵的条件数，即所谓预处理或预条件.

例如，对线性方程组

$$\begin{pmatrix}1 & 10^5\\ 1 & 1\end{pmatrix}\begin{bmatrix}x_1\\ x_2\end{bmatrix}=\begin{bmatrix}10^5\\ 2\end{bmatrix}$$

因为 $\boldsymbol{A}=\begin{pmatrix}1 & 10^5\\ 1 & 1\end{pmatrix}$，所以 $\boldsymbol{A}^{-1}=\frac{1}{10^5-1}\begin{pmatrix}-1 & 10^5\\ 1 & -1\end{pmatrix}$. 取矩阵范数 $\|\cdot\|$ 为 $\|\cdot\|_\infty$，则 $\kappa(\boldsymbol{A})=\frac{(1+10^5)^2}{10^5-1}\approx 10^5$. 因此矩阵$\boldsymbol{A}$求逆和求解方程组$\boldsymbol{A}x=b$ 都是病态的. 如果用 10^5 除方程组的第一个方程，得 $\boldsymbol{B}x=c$，即

$$\begin{pmatrix}10^{-5} & 1\\ 1 & 1\end{pmatrix}\begin{bmatrix}x_1\\ x_2\end{bmatrix}=\begin{bmatrix}1\\ 2\end{bmatrix}$$

其中 $\boldsymbol{B}=\begin{pmatrix}10^{-5} & 1\\ 1 & 1\end{pmatrix}$，则 $\kappa(\boldsymbol{B})\approx 4$，于是方程组 $\boldsymbol{B}x=c$ 是良态的.

6.4.3　矩阵特征值的扰动分析*

现在讨论矩阵元素的变化对矩阵特征值的影响. 因为多项式的根是其系数的连续函数，而矩阵特征多项式的系数是矩阵元素的连续函数，因此矩阵的特征值是矩阵元素的连续函数. 一般说来，矩阵的特征向量不是矩阵元素的连续函数，但是单特征值对应的特征向量是矩阵元素的连续函数.

定理 6.4.4　设 $\boldsymbol{A},\boldsymbol{E}\in\boldsymbol{C}^{n\times n}$，如果 λ 是$\boldsymbol{A}$ 的单特征值，x 是$\boldsymbol{A}$ 对应于λ 的特征向量，则$\boldsymbol{A}+\boldsymbol{E}$ 有特征值$\lambda(\boldsymbol{E})$和相应的特征向量 $x(\boldsymbol{E})$使得

$$\text{当 } \boldsymbol{E}\to 0 \text{ 时，}\quad \lambda(\boldsymbol{E})\to\lambda,\quad x(\boldsymbol{E})\to x$$

证明　因为矩阵的特征值是矩阵元素的连续函数，所在存在$\boldsymbol{A}+\boldsymbol{E}$ 的特征值$\lambda(\boldsymbol{E})$使得当 $\boldsymbol{E}\to 0$，$\lambda(\boldsymbol{E})\to\lambda$，并且对充分小的 $\|\boldsymbol{E}\|$，$\lambda(\boldsymbol{E})$是$\boldsymbol{A}+\boldsymbol{E}$ 的单特征值.

因为λ 是$\boldsymbol{A}$ 的单特征值，则由 Jordan 标准形定理知 $\operatorname{rank}(\lambda\boldsymbol{I}-\boldsymbol{A})=n-1$，

从而存在 i 和 j 使得 $\lambda\boldsymbol{I}-\boldsymbol{A}$ 删去第 i 行和第 j 列所得的 $n-1$ 阶矩阵非奇异. 于是从

$$\boldsymbol{A}x=\lambda x$$

其中 $x=(x_1,\cdots,x_n)^{\mathrm{T}}$,可知线性方程组

$$-\sum_{\substack{m=1\\ m\neq j}}^{n}(a_{km}-\delta_{km}\lambda)x_m=(a_{kj}-\delta_{kj}\lambda)x_j,\quad k\neq i \tag{6.4.11}$$

的系数矩阵非奇异. 不失一般性,假定 $x_j=1$.

因为对充分小的 $\|\boldsymbol{E}\|$,$\lambda(\boldsymbol{E})$是 $\boldsymbol{A}+\boldsymbol{E}$ 的单特征值,则 $\mathrm{rank}[\lambda(\boldsymbol{E})\boldsymbol{I}-(\boldsymbol{A}+\boldsymbol{E})]=n-1$. 则由定理 6.4.2 知,$\lambda(\boldsymbol{E})\boldsymbol{I}-(\boldsymbol{A}+\boldsymbol{E})$删去第 i 行和第 j 列所得的 $n-1$ 阶矩阵也非奇异,从而线性方程组

$$-\sum_{\substack{m=1\\ m\neq j}}^{n}(a_{km}+e_{km}-\delta_{km}\lambda(\boldsymbol{E}))x_m(\boldsymbol{E})=(a_{kj}+e_{kj}-\delta_{kj}\lambda(\boldsymbol{E}))x_j(\boldsymbol{E}),\quad k\neq i$$

有惟一解 $x_1(\boldsymbol{E}),\cdots,x_{j-1}(\boldsymbol{E}),x_{j+1}(\boldsymbol{E}),\cdots,x_n(\boldsymbol{E})$,并且它们是 $\boldsymbol{E}$ 的连续函数. 如果选取 $x_j(\boldsymbol{E})=x_j=1$,则

当 $\boldsymbol{E}\to 0$ 时,$x(\boldsymbol{E})=(x_1(\boldsymbol{E}),\cdots,x_{j-1}(\boldsymbol{E}),x_j(\boldsymbol{E}),x_{j+1}(\boldsymbol{E}),\cdots,x_n(\boldsymbol{E}))^{\mathrm{T}}\to x$

□

虽然上面的连续性结果非常重要,但它们并没有给出因矩阵元素变化而引起特征值有多大变化的任何信息. 下面给出这方面的一些结果.

定义 6.4.2 设 $\boldsymbol{A}=(a_{ij})\in\boldsymbol{C}^{n\times n}$,令

$$G_i(\boldsymbol{A})=\{z\in\boldsymbol{C}\mid |z-a_{ii}|\leqslant\sum_{\substack{j=1\\ j\neq i}}^{n}|a_{ij}|\},\quad i=1,2,\cdots,n \tag{6.4.12}$$

$G_i(\boldsymbol{A})(i=1,2,\cdots,n)$是复平面上的 n 个圆盘,称为**矩阵 $\boldsymbol{A}$ 的 Gerschgorin 圆盘**.

定理 6.4.5(Gerschgorin 定理) 设 $\boldsymbol{A}=(a_{ij})\in\boldsymbol{C}^{n\times n}$,则

(1)$\lambda(\boldsymbol{A})\subseteq\bigcup\limits_{i=1}^{n}G_i(\boldsymbol{A})$;

(2)如果 $\boldsymbol{A}$ 的 Gerschgorin 圆盘中有 m 个互相连通,并且与其余的 $n-m$ 个圆盘不连通,则此 m 个圆盘构成的连通区域中恰有 $\boldsymbol{A}$ 的 m 个特征值.

证明 (1)设 λ 是矩阵 $\boldsymbol{A}$ 的任一特征值,相应的特征向量为 $x=(x_1,\cdots,x_n)^{\mathrm{T}}$. 令 $|x_{i_0}|=\max\limits_{i}|x_i|$,则 $|x_{i_0}|>0$. 由 $\boldsymbol{A}x=\lambda x$ 有

$$(\lambda - a_{i_0 i_0})x_{i_0} = \sum_{\substack{j=1\\ j\neq i_0}}^{n} a_{i_0 j}x_j$$

从而

$$|\lambda - a_{i_0 i_0}| \leqslant \sum_{\substack{j=1\\ j\neq i_0}}^{n} |a_{i_0 j}| \frac{|x_j|}{|x_{i_0}|} \leqslant \sum_{\substack{j=1\\ j\neq i_0}}^{n} |a_{i_0 j}|$$

即 $\lambda \in G_{i_0}(\boldsymbol{A})$，故 $\lambda(\boldsymbol{A}) \subseteq \bigcup\limits_{i=1}^{n} G_i(\boldsymbol{A})$.

(2)记 $\boldsymbol{D}=\mathrm{diag}(a_{11},\cdots,a_{nn})$，$\boldsymbol{C}=\boldsymbol{A}-\boldsymbol{D}$. 令

$$\boldsymbol{A}(t) = \boldsymbol{D} + t\boldsymbol{C}, \quad 0 \leqslant t \leqslant 1$$

不失一般性，假定(6.4.12)中的圆盘 $G_1(\boldsymbol{A}),\cdots,G_m(\boldsymbol{A})$ 构成一连通区域 $G_1=\bigcup\limits_{i=1}^{m} G_i(\boldsymbol{A})$，并与其余的 $n-m$ 个圆盘分离，即 G_1 与 $G_2=\bigcup\limits_{i=m+1}^{n} G_i(\boldsymbol{A})$ 不相交. 记

$$G_i(\boldsymbol{A}(t)) = \{z \in \boldsymbol{C} \mid |z - a_{ii}| \leqslant t\sum_{\substack{j=1\\ j\neq i}}^{n} |a_{ij}|\}, \quad i = 1,2,\cdots,n$$

$$G_1(t) = \bigcup_{i=1}^{m} G_i(\boldsymbol{A}(t)), \quad G_2(t) = \bigcup_{i=m+1}^{n} G_i(\boldsymbol{A}(t))$$

则 $G_i(\boldsymbol{A}(t)) \subseteq G_i(\boldsymbol{A})(i=1,2,\cdots,n)$，$G_1(t)\subseteq G_1$，$G_2(t)\subseteq G_2$，且对所有 $t\in[0,1]$，$G_1(t)$ 与 $G_2(t)$ 都不相交. 特别地，$G_1(0)$ 恰包含 $\boldsymbol{A}(0)$ 的 m 个特征值 $a_{11},\cdots,a_{mm}$. 由(1)知对所有 $t\in[0,1]$，$\boldsymbol{A}(t)$ 的特征值都包含在 $G_1(t)\cup G_2(t)$ 中. 因为 $G_1(t)$ 与 $G_2(t)$ 不相交，而矩阵的特征值是矩阵元素的连续函数，则当 t 增加时 $\boldsymbol{A}(t)$ 的特征值不能从 $G_1(t)$"跳跃"到 $G_2(t)$. 因为 $G_1(0)$ 恰包含 $A(0)$ 的 m 个特征值，所以对所有 $t\in[0,1]$，$G_1(t)$ 恰包含 $\boldsymbol{A}(t)$ 的 m 个特征值. 因此 $G_1(1)$(即 G_1)恰包含 $\boldsymbol{A}(1)$(即 $\boldsymbol{A}$)的 m 个特征值. □

设 $\boldsymbol{A}=(a_{ij})\in \boldsymbol{C}^{n\times n}$，令 $\boldsymbol{D}=\mathrm{diag}(d_1,\cdots,d_n)$，其中 $d_1,\cdots,d_n$ 均为正数，则 $\boldsymbol{B}=\boldsymbol{DAD}^{-1}$ 与 $\boldsymbol{A}$ 相似，并且 $\boldsymbol{B}$ 与 $\boldsymbol{A}$ 具有相同的对角元. 适当选取对角矩阵 $\boldsymbol{D}$，对 $\boldsymbol{B}$ 应用 Gerschgorin 定理有时能够得到更精确的特征值的包含区域.

例 6.4.1 设

$$\boldsymbol{A} = \begin{pmatrix} 20 & 3 & 2.8 \\ 4 & 10 & 2 \\ 0.5 & 1 & 10\mathrm{i} \end{pmatrix}$$

隔离矩阵 $\boldsymbol{A}$ 的特征值.

解 $\boldsymbol{A}$ 的 3 个 Gerschgorin 圆盘为

$$G_1(\boldsymbol{A}):|z-20|\leqslant 5.8,\quad G_2(\boldsymbol{A}):|z-10|\leqslant 6,\quad G_3(\boldsymbol{A}):|z-10\mathrm{i}|\leqslant 1.5$$

因为 $G_3(\boldsymbol{A})$孤立,所以 $G_3(\boldsymbol{A})$恰包含 $\boldsymbol{A}$ 的一个特征值,记为 λ_3.

选取 $\boldsymbol{D}=\mathrm{diag}(1,1,4)$,则

$$\boldsymbol{B}=\boldsymbol{DAD}^{-1}=\begin{bmatrix}20 & 3 & 0.7\\ 4 & 10 & 0.5\\ 2 & 4 & 10\mathrm{i}\end{bmatrix}$$

$\boldsymbol{B}$ 的 3 个 Gerschgorin 圆盘为

$$G_1(\boldsymbol{B}):|z-20|\leqslant 3.7,\quad G_2(\boldsymbol{B}):|z-10|\leqslant 4.5,\quad G_3(\boldsymbol{B}):|z-10\mathrm{i}|\leqslant 6$$

容易看出,这是 3 个孤立的 Gerschgorin 圆盘. 因此每个 Gerschgorin 圆盘中恰有 $\boldsymbol{B}$(即 $\boldsymbol{A}$)的一个特征值. 因为 $G_3(\boldsymbol{B})$中的特征值就是 $G_3(\boldsymbol{A})$中的特征值 λ_3,所以 $\boldsymbol{A}$ 的 3 个特征值分别位于$G_1(\boldsymbol{B})$,$G_2(\boldsymbol{B})$和 $G_3(\boldsymbol{A})$中.

定理 6.4.6 设 $\boldsymbol{A},\boldsymbol{E}\in\boldsymbol{C}^{n\times n}$,并且存在可逆矩阵 $\boldsymbol{P}$ 使得

$$\boldsymbol{P}^{-1}\boldsymbol{AP}=\mathrm{diag}(\lambda_1,\cdots,\lambda_n) \tag{6.4.13}$$

$\boldsymbol{A}+\boldsymbol{E}$ 有特征值 $\mu_1,\cdots,\mu_n$,则对任一 μ_j,存在 λ_i 使得

$$|\lambda_i-\mu_j|\leqslant\|\boldsymbol{P}^{-1}\boldsymbol{EP}\|_\infty \tag{6.4.14}$$

此外,如果 λ_i 是 m 重特征值,且圆盘

$$R_i=\{z\in\boldsymbol{C}\mid|z-\lambda_i|\leqslant\|\boldsymbol{P}^{-1}\boldsymbol{EP}\|_\infty\} \tag{6.4.15}$$

与圆盘

$$R_k=\{z\in\boldsymbol{C}\mid|z-\lambda_k|\leqslant\|\boldsymbol{P}^{-1}\boldsymbol{EP}\|_\infty\},\quad \lambda_k\neq\lambda_i \tag{6.4.16}$$

不相交,则 R_i 恰包含 $\boldsymbol{A}+\boldsymbol{E}$ 的 m 个特征值.

证明 令 $\boldsymbol{C}=\boldsymbol{P}^{-1}(\boldsymbol{A}+\boldsymbol{E})\boldsymbol{P}$,则 $\boldsymbol{C}$ 的特征值为 $\mu_1,\cdots,\mu_n$. 记 $\boldsymbol{P}^{-1}\boldsymbol{EP}=(b_{ij})\in\boldsymbol{C}^{n\times n}$,则 $\boldsymbol{C}$ 的对角元是 λ_k+b_{kk}. 由 Gerschgorin 定理知存在 i 使得

$$|\lambda_i+b_{ii}-\mu_j|\leqslant\sum_{\substack{k=1\\k\neq i}}^{n}|b_{ik}|$$

因此

$$|\lambda_i-\mu_j|\leqslant\sum_{k=1}^{n}|b_{ik}|\leqslant\|\boldsymbol{P}^{-1}\boldsymbol{EP}\|_\infty$$

从 Gerschgorin 定理的第二个结论可直接推得定理 6.4.6 的第二部分结论.
□

定理 6.4.7 设 $\boldsymbol{A},\boldsymbol{E}\in\boldsymbol{E}^{n\times n}$,并且存在可逆矩阵 $\boldsymbol{P}$ 使得

$$\boldsymbol{P}^{-1}\boldsymbol{A}\boldsymbol{P}=\boldsymbol{\Lambda}=\mathrm{diag}(\lambda_1,\cdots,\lambda_n) \tag{6.4.17}$$

则对 $\boldsymbol{A}+\boldsymbol{E}$ 的任一特征值 μ,有

$$\min_i|\lambda_i-\mu|\leqslant\|\boldsymbol{P}^{-1}\boldsymbol{E}\boldsymbol{P}\| \tag{6.4.18}$$

其中 $\|\cdot\|$ 是满足 $\|\mathrm{diag}(d_1,\cdots,d_n)\|=\max\limits_{1\leqslant i\leqslant n}|d_i|$ 的任何相容矩阵范数.

证明 令 $\boldsymbol{C}=\boldsymbol{P}^{-1}(\boldsymbol{A}+\boldsymbol{E})\boldsymbol{P}=\boldsymbol{\Lambda}+\boldsymbol{B}$,其中 $\boldsymbol{B}=\boldsymbol{P}^{-1}\boldsymbol{E}\boldsymbol{P}=(b_{ij})\in\boldsymbol{C}^{n\times n}$. 对 $\boldsymbol{A}+\boldsymbol{E}$ 的任一特征值 μ,若 $\boldsymbol{\Lambda}-\mu\boldsymbol{I}$ 奇异,则存在某个 i 使得 $\mu=\lambda_i$. 于是定理得证.

下面假定 $\boldsymbol{\Lambda}-\mu\boldsymbol{I}$ 非奇异. 因为 $\boldsymbol{\Lambda}-\mu I+\boldsymbol{B}$ 奇异,所以存在非零向量 $y\in\boldsymbol{C}^n$ 使得

$$(\boldsymbol{\Lambda}-\mu\boldsymbol{I})y=-\boldsymbol{B}y$$

则

$$y=(\boldsymbol{\Lambda}-\mu\boldsymbol{I})^{-1}\boldsymbol{B}y$$

从而

$$\|y\|\leqslant\|(\boldsymbol{\Lambda}-\mu\boldsymbol{I})^{-1}\|\,\|\boldsymbol{B}\|\,\|y\|=(\min_i|\lambda_i-\mu|)^{-1}\|\boldsymbol{B}\|\,\|y\|$$

因此

$$\min_i|\lambda_i-\mu|\leqslant\|\boldsymbol{B}\|=\|\boldsymbol{P}^{-1}\boldsymbol{E}\boldsymbol{P}\|$$ □

由(6.4.18)可得

$$\min_i|\lambda_i-\mu|\leqslant\|\boldsymbol{P}^{-1}\|\,\|\boldsymbol{P}\|\,\|\boldsymbol{E}\| \tag{6.4.19}$$

上式表明,$\|\boldsymbol{P}^{-1}\|\,\|\boldsymbol{P}\|$ 反映了矩阵 $\boldsymbol{A}$ 的特征值对扰动 $\boldsymbol{E}$ 的敏感性. 若 $\|\boldsymbol{P}^{-1}\|\,\|\boldsymbol{P}\|$ 不很大,则 $\boldsymbol{A}$ 的特征值问题是良态的.

定义 6.4.3 设 $\boldsymbol{A}\in\boldsymbol{C}^{n\times n}$,并且存在可逆矩阵 $\boldsymbol{P}$ 使得 $\boldsymbol{P}^{-1}\boldsymbol{A}\boldsymbol{P}=\mathrm{diag}(\lambda_1,\cdots,\lambda_n)$,则称 $\|\boldsymbol{P}^{-1}\|\,\|\boldsymbol{P}\|$ 为矩阵 $\boldsymbol{A}$ 关于**特征值问题的条件数**,记为 $\kappa(\boldsymbol{P})$.

如果矩阵 $\boldsymbol{A}$ 是 Hermite 矩阵,并且其扰动矩阵 $\boldsymbol{E}$ 也是 Hermite 矩阵,则由定理 5.4.5 可得如下结论.

定理 6.4.8 设 $\boldsymbol{A},\boldsymbol{E}$ 均为 n 阶 Hermite 矩阵,$\boldsymbol{B}=\boldsymbol{A}+\boldsymbol{E}$,且 $\boldsymbol{A},\boldsymbol{B}$ 和 $\boldsymbol{E}$ 的特征值分别为 $\lambda_1\geqslant\cdots\geqslant\lambda_n$,$\mu_1\geqslant\cdots\geqslant\mu_n$ 和 $\varepsilon_1\geqslant\cdots\geqslant\varepsilon_n$,则

$$|\lambda_i-\mu_i|\leqslant\|\boldsymbol{E}\|_2,\quad i=1,2,\cdots,n \tag{6.4.20}$$

证明 因为 $\boldsymbol{E}$ 是 Hermite 矩阵，则 $\|\boldsymbol{E}\|_2=\max\{|\varepsilon_1|,|\varepsilon_n|\}$. 于是，由定理 5.4.5 即得(6.4.20). □

由定理 6.4.8 可知，Hermite 矩阵的特征值问题是良态的.

习 题

1. 设 $\|\cdot\|$ 是赋范线性空间 V 上的向量范数，证明：对任意 $\alpha,\beta\in V$，有

$$\big|\,\|\alpha\|-\|\beta\|\,\big|\leqslant\|\alpha-\beta\|$$

2. 在 n 维向量空间 $\boldsymbol{C}^n$ 中，对任意向量 $x=(x_1,\cdots,x_n)^{\mathrm T}\in\boldsymbol{C}^n$，定义

$$\|x\|_1=\sum_{i=1}^n|x_i|$$

$$\|x\|_2=\Big(\sum_{i=1}^n|x_i|^2\Big)^{\frac12}$$

$$\|x\|_\infty=\max_{1\leqslant i\leqslant n}|x_i|$$

证明：$\|x\|_1$，$\|x\|_2$ 和 $\|x\|_\infty$ 都是 $\boldsymbol{C}^n$ 上的向量范数，并且

$$\|x\|_\infty\leqslant\|x\|_1\leqslant n\|x\|_\infty$$

$$\|x\|_2\leqslant\|x\|_1\leqslant\sqrt{n}\|x\|_2$$

$$\|x\|_\infty\leqslant\|x\|_2\leqslant\sqrt{n}\|x\|_\infty$$

3. 设 $\boldsymbol{A}$ 是 n 阶 Hermite 正定矩阵，对向量 $x\in\boldsymbol{C}^n$，定义 $\|x\|=(x^{\mathrm H}\boldsymbol{A}x)^{\frac12}$.

(1) 证明：$\|x\|$ 是 $\boldsymbol{C}^n$ 上的向量范数；

(2) 当 $\boldsymbol{A}=\mathrm{diag}(d_1,d_2,\cdots,d_n)>0$ 时，具体写出 $\|x\|$ 的表达式.

4. 设 $\boldsymbol{A}=(a_{ij})\in\boldsymbol{C}^{n\times n}$，证明：$\sum_{i=1}^m\sum_{j=1}^n|a_{ij}|^2=\mathrm{tr}(\boldsymbol{A}^{\mathrm H}\boldsymbol{A})$.

5. 设 $\boldsymbol{A}=(a_{ij})\in\boldsymbol{C}^{m\times n}$，令 $\|\boldsymbol{A}\|_F\equiv\Big(\sum_{i=1}^m\sum_{j=1}^n|a_{ij}|^2\Big)^{\frac12}$. 证明：$\|\cdot\|_F$ 是 $\boldsymbol{C}^{m\times n}$ 上的矩阵范数.

6. 设 $\boldsymbol{A}=(a_{ij})\in\boldsymbol{C}^{n\times n}$，令 $\|\boldsymbol{A}\|=n\max\limits_{i,j}|a_{ij}|$. 证明：$\|\cdot\|$ 是 $\boldsymbol{C}^{n\times n}$ 上的相容矩阵范数.

7. 设 $\|\cdot\|$ 是 $\boldsymbol{C}^{n\times n}$ 上的相容矩阵范数，证明：

(1) $\|\boldsymbol{I}\|\geqslant1$；

(2) 设 $\boldsymbol{A}$ 是 n 阶可逆矩阵，λ 为 $\boldsymbol{A}$ 的任一特征值，则 $\|\boldsymbol{A}^{-1}\|^{-1}\leqslant|\lambda|\leqslant\|\boldsymbol{A}\|$.

8. 设 $\|\cdot\|_\alpha$ 是 $\boldsymbol{C}^{n\times n}$ 上的相容矩阵范数，$\boldsymbol{D}$ 是可逆矩阵. 对任意矩阵 $\boldsymbol{A}\in\boldsymbol{C}^{n\times n}$，令 $\|\boldsymbol{A}\|_\beta=\|\boldsymbol{D}^{-1}\boldsymbol{A}\boldsymbol{D}\|_\alpha$. 证明：$\|\cdot\|_\beta$ 是 $\boldsymbol{C}^{n\times n}$ 上的相容矩阵范数.

9. 设 $\|\cdot\|_\alpha$ 是 $\boldsymbol{C}^{n\times n}$ 上的相容矩阵范数，$\boldsymbol{D}$ 是可逆矩阵，且 $\|\boldsymbol{D}^{-1}\|_\alpha<1$. 对任意矩阵 $\boldsymbol{A}\in\boldsymbol{C}^{n\times n}$，令 $\|\boldsymbol{A}\|_\beta=\|\boldsymbol{D}\boldsymbol{A}\|_\alpha$. 证明：$\|\cdot\|_\beta$ 是 $\boldsymbol{C}^{n\times n}$ 上的相容矩阵范数.

10. 对下列矩阵 $\boldsymbol{A}$，求 $\|\boldsymbol{A}\|_1$，$\|\boldsymbol{A}\|_2$，$\|\boldsymbol{A}\|_\infty$，$\|\boldsymbol{A}\|_F$

(1) $\boldsymbol{A}=\begin{pmatrix}-1&-1&4\\1&1&2\\1&-2&2\end{pmatrix}$　　(2) $\boldsymbol{A}=\begin{pmatrix}1&1\\0&1\\-2&1\end{pmatrix}$

11. 设 $\|\cdot\|$ 是 $\boldsymbol{C}^{n\times n}$ 上的算子范数，证明：

(1) $\|\boldsymbol{I}\|=1$；

(2) 设 $\boldsymbol{A}$ 是 n 阶可逆矩阵，则 $\|\boldsymbol{A}^{-1}\|\geqslant\|\boldsymbol{A}\|^{-1}$，并且 $\|\boldsymbol{A}^{-1}\|^{-1}=\min\limits_{x\neq 0}\dfrac{\|\boldsymbol{A}x\|}{\|x\|}$.

12. 设 $\boldsymbol{A}=(a_{ij})\in\boldsymbol{C}^{m\times n}$，证明：

(1) $\|\boldsymbol{A}\|_2\leqslant\|\boldsymbol{A}\|_F\leqslant\sqrt{\mathrm{rank}(\boldsymbol{A})}\,\|\boldsymbol{A}\|_2$；

(2) $\dfrac{1}{n}\|\boldsymbol{A}\|_\infty\leqslant\|\boldsymbol{A}\|_1\leqslant m\|\boldsymbol{A}\|_\infty$；

(3) $\dfrac{1}{\sqrt{n}}\|\boldsymbol{A}\|_\infty\leqslant\|\boldsymbol{A}\|_2\leqslant\sqrt{m}\|\boldsymbol{A}\|_\infty$.

13. 设 $\boldsymbol{A}=(a_{ij})\in\boldsymbol{C}^{m\times n}$，$\boldsymbol{B}=(b_{ij})\in\boldsymbol{C}^{n\times p}$，证明：

$$\|\boldsymbol{AB}\|_F\leqslant\min\{\|\boldsymbol{A}\|_F\|\boldsymbol{B}\|_2,\|\boldsymbol{A}\|_2\|\boldsymbol{B}\|_F\}$$

14. 设 $\boldsymbol{A}=(a_{ij})\in\boldsymbol{C}^{n\times n}$，$\lambda_1,\lambda_2,\cdots,\lambda_n$ 是 $\boldsymbol{A}$ 的特征值，证明：

$$\sum_{i=1}^{n}|\lambda_i|^2\leqslant\sum_{i=1}^{n}\sum_{j=1}^{n}|a_{ij}|^2$$

并且等号成立的充分必要条件是 $\boldsymbol{A}$ 为正规矩阵.

15. 设 $\boldsymbol{A}$ 是 n 阶矩阵，证明：$\rho(\boldsymbol{A})<1$ 的充分必要条件是存在 n 阶 Hermite 正定矩阵 $\boldsymbol{Q}$ 使得 $\boldsymbol{Q}-\boldsymbol{AQA}^{\mathrm{H}}>0$.

16. 设 $\boldsymbol{A}$ 是 n 阶矩阵，如果 $\boldsymbol{A}$ 的特征值实部均为负数，则称 $\boldsymbol{A}$ 为**稳定矩阵**. 利用上题结论证明：$-\boldsymbol{A}$ 为稳定矩阵的充分必要条件是存在 Hermite 正定矩阵 $\boldsymbol{M}$ 使得 $\boldsymbol{AM}+\boldsymbol{MA}^{\mathrm{H}}>0$.

17. 构造一个收敛的 2 阶可逆矩阵序列，但它的极限矩阵不可逆.

18. 讨论矩阵幂级数 $\sum\limits_{k=1}^{\infty}\dfrac{1}{k^2}\begin{bmatrix}1 & 4\\ -1 & -3\end{bmatrix}^k$ 的收敛性.

19. 设 $\boldsymbol{A}$ 是 n 阶矩阵，并且 $\rho(\boldsymbol{A})<1$，试求 $\sum\limits_{k=1}^{\infty}k\boldsymbol{A}^k$.

20. 已知 $\boldsymbol{A}=\begin{bmatrix}2 & 1\\ 1 & 3\end{bmatrix}$，$\boldsymbol{E}=\begin{bmatrix}0 & 0.5\\ 0.2 & 0\end{bmatrix}$，试估计 $\dfrac{\|\boldsymbol{A}^{-1}-(\boldsymbol{A}+\boldsymbol{E})^{-1}\|_\infty}{\|\boldsymbol{A}^{-1}\|_\infty}$ 的上界.

21. 设 $\boldsymbol{A}$ 是 n 阶可逆矩阵，x^* 是 $\boldsymbol{A}x=b$ 的精确解，$\hat{x}$ 是 $\boldsymbol{A}x=b$ 的近似解，$r=b-\boldsymbol{A}\hat{x}$. 证明

$$\frac{\|x^*-\hat{x}\|}{\|x^*\|}\leqslant\kappa(\boldsymbol{A})\frac{\|r\|}{\|b\|}$$

其中 $\kappa(\boldsymbol{A})=\|\boldsymbol{A}\|\,\|\boldsymbol{A}^{-1}\|$，并且向量范数与矩阵范数相容.

22. 设 $\boldsymbol{A}=(a_{ij})\in\boldsymbol{C}^{n\times n}$，如果

$$|a_{ii}|>\sum_{j\neq i}|a_{ij}|,\quad i=1,2,\cdots,n$$

则称 $\boldsymbol{A}$ 为**严格对角占优矩阵**. 证明：严格对角占优矩阵一定非奇异.

23. 设 $\boldsymbol{A}=(a_{ij})\in\boldsymbol{C}^{n\times n}$ 为严格对角占优矩阵，并且其对角元均为正数. 证明 $\boldsymbol{A}$ 的特征值都在复平面的右半平面内（即 $\mathrm{Re}(\lambda)>0$）.

24. 设 $\boldsymbol{A}$ 为 n 阶可对角化矩阵，$(\boldsymbol{A}-\mu\boldsymbol{I})v=r$，其中 $\|v\|_2=1$. 证明存在 $\boldsymbol{A}$ 的特征值 λ 使得

$$|\lambda-\mu|\leqslant\|\boldsymbol{P}\|_2\|\boldsymbol{P}^{-1}\|_2\|r\|_2$$

其中 $\boldsymbol{P}$ 满足 $\boldsymbol{P}^{-1}\boldsymbol{A}\boldsymbol{P}=\mathrm{diag}(\lambda_1,\lambda_2,\cdots,\lambda_n)$.

25. 设 $\boldsymbol{A}$ 为 n 阶非奇异矩阵，为了用迭代法求线性方程组

$$\boldsymbol{A}x=b$$

的解 x^*，经常把 $\boldsymbol{A}x=b$ 写成等价的形式：

$$x=\boldsymbol{G}x+g$$

其中 $\boldsymbol{G}$ 是 n 阶矩阵，g 是 n 维向量. 选取初始向量 $x^{(0)}$，构造迭代格式

$$x^{(k+1)}=\boldsymbol{G}x^{(k)}+g\quad k=0,1,2,\cdots$$

证明：(1) $\{x^{(k)}\}$ 收敛于 x^* 的充分必要条件是 $\rho(\boldsymbol{G})<1$；

(2) 如果对某一相容矩阵范数 $\|\cdot\|$ 有 $\|\boldsymbol{G}\|<1$，则

$$\|x^*-x^{(k)}\|\leqslant\frac{\|\boldsymbol{G}\|}{1-\|\boldsymbol{G}\|}\|x^{(k)}-x^{(k-1)}\|;$$

$$\|x^*-x^{(k)}\|\leqslant\frac{\|\boldsymbol{G}\|^k}{1-\|\boldsymbol{G}\|}\|x^{(1)}-x^{(0)}\|.$$

第七章　矩阵函数与矩阵值函数

矩阵函数与矩阵值函数是矩阵理论的重要内容，它们在力学、控制理论、信号处理等学科中具有重要应用. 本章介绍矩阵函数与矩阵值函数的概念，讨论它们的有关性质以及矩阵值函数的微分与积分，并研究它们在微分方程组中的应用.

§7.1　矩阵函数

矩阵函数的概念与通常的函数概念类似，所不同的是这里的自变量和因变量都是 n 阶矩阵. 本节首先以定理 6.3.7 与矩阵幂级数的和为依据，给出矩阵函数的幂级数表示，并讨论矩阵指数函数和矩阵三角函数的性质. 其次以 Hermite 多项式插值为基础，给出矩阵函数的多项式表示.

7.1.1　矩阵函数的幂级数表示

受高等数学或复变函数的启发，我们可以利用矩阵幂级数来定义矩阵函数.

定义 7.1.1　设 $\boldsymbol{A}\in\boldsymbol{C}^{n\times n}$，一元函数 $f(z)$ 能够展开为 z 的幂级数

$$f(z)=\sum_{k=0}^{\infty}c_kz^k \tag{7.1.1}$$

并且该幂级数的收敛半径为 R. 当矩阵 $\boldsymbol{A}$ 的谱半径 $\rho(\boldsymbol{A})<R$ 时，则将收敛矩阵幂级数 $\sum\limits_{k=0}^{\infty}c_k\boldsymbol{A}^k$ 的和定义为**矩阵函数**，记为 $f(\boldsymbol{A})$，即

$$f(\boldsymbol{A})=\sum_{k=0}^{\infty}c_k\boldsymbol{A}^k \tag{7.1.2}$$

因为当 $|z|<+\infty$ 时，有

$$\mathrm{e}^z=1+z+\frac{1}{2!}z^2+\cdots+\frac{1}{n!}z^n+\cdots$$

$$\sin z=z-\frac{1}{3!}z^3+\frac{1}{5!}z^5-\cdots+(-1)^n\frac{1}{(2n+1)!}z^{2n+1}+\cdots$$

$$\cos z=1-\frac{1}{2!}z^2+\frac{1}{4!}z^4-\cdots+(-1)^n\frac{1}{(2n)!}z^{2n}+\cdots$$

则由推论 6.3.2 可知，对任意 $\boldsymbol{A}\in\boldsymbol{C}^{n\times n}$，矩阵幂级数

$$\boldsymbol{I}+\boldsymbol{A}+\frac{1}{2!}\boldsymbol{A}^2+\cdots+\frac{1}{n!}\boldsymbol{A}^n+\cdots$$

$$\boldsymbol{A}-\frac{1}{3!}\boldsymbol{A}^3+\frac{1}{5!}\boldsymbol{A}^5-\cdots+(-1)^n\frac{1}{(2n+1)!}\boldsymbol{A}^{2n+1}+\cdots$$

$$\boldsymbol{I}-\frac{1}{2!}\boldsymbol{A}^2+\frac{1}{4!}\boldsymbol{A}^4-\cdots+(-1)^n\frac{1}{(2n)!}\boldsymbol{A}^{2n}+\cdots$$

都是收敛的. 它们的和分别记为 $\mathrm{e}^{\boldsymbol{A}}$，$\sin\boldsymbol{A}$，$\cos\boldsymbol{A}$，即

$$\mathrm{e}^{\boldsymbol{A}}=\boldsymbol{I}+\boldsymbol{A}+\frac{1}{2!}\boldsymbol{A}^2+\cdots+\frac{1}{n!}\boldsymbol{A}^n+\cdots \tag{7.1.3}$$

$$\sin\boldsymbol{A}=\boldsymbol{A}-\frac{1}{3!}\boldsymbol{A}^3+\frac{1}{5!}\boldsymbol{A}^5-\cdots+(-1)^n\frac{1}{(2n+1)!}\boldsymbol{A}^{2n+1}+\cdots \tag{7.1.4}$$

$$\cos\boldsymbol{A}=\boldsymbol{I}-\frac{1}{2!}\boldsymbol{A}^2+\frac{1}{4!}\boldsymbol{A}^4-\cdots+(-1)^n\frac{1}{(2n)!}\boldsymbol{A}^{2n}+\cdots \tag{7.1.5}$$

通常称 $\mathrm{e}^{\boldsymbol{A}}$ 为**矩阵指数函数**，$\sin\boldsymbol{A}$ 和 $\cos\boldsymbol{A}$ 为**矩阵三角函数**.

由(7.1.3)～(7.1.5)可以推得下面一组等式

$$\begin{cases}\mathrm{e}^{\mathrm{i}\boldsymbol{A}}=\cos\boldsymbol{A}+\mathrm{i}\sin\boldsymbol{A}\\ \cos\boldsymbol{A}=\dfrac{1}{2}(\mathrm{e}^{\mathrm{i}\boldsymbol{A}}+\mathrm{e}^{-\mathrm{i}\boldsymbol{A}})\\ \sin\boldsymbol{A}=\dfrac{1}{2\mathrm{i}}(\mathrm{e}^{\mathrm{i}\boldsymbol{A}}-\mathrm{e}^{-\mathrm{i}\boldsymbol{A}})\\ \cos(-\boldsymbol{A})=\cos\boldsymbol{A}\\ \sin(-\boldsymbol{A})=-\sin\boldsymbol{A}\end{cases} \tag{7.1.6}$$

其中 $\mathrm{i}=\sqrt{-1}$.

必须指出，指数函数的运算规则 $\mathrm{e}^a\mathrm{e}^b=\mathrm{e}^b\mathrm{e}^a=\mathrm{e}^{a+b}$ 对矩阵指数函数一般不再成立. 例如，令

$$\boldsymbol{A}=\begin{pmatrix}1&-1\\0&0\end{pmatrix},\quad \boldsymbol{B}=\begin{pmatrix}1&1\\0&0\end{pmatrix}$$

则 $\boldsymbol{A}=\boldsymbol{A}^2=\boldsymbol{A}^3=\cdots$，$\boldsymbol{B}=\boldsymbol{B}^2=\boldsymbol{B}^3=\cdots$，并且

$$\boldsymbol{A}+\boldsymbol{B}=\begin{pmatrix}2&0\\0&0\end{pmatrix},\quad (\boldsymbol{A}+\boldsymbol{B})^k=2^{k-1}(\boldsymbol{A}+\boldsymbol{B}),\quad k\geqslant 1$$

于是

$$e^{\boldsymbol{A}}=\boldsymbol{I}+(e-1)\boldsymbol{A}=\begin{pmatrix}e & 1-e\\0 & 1\end{pmatrix}$$

$$e^{\boldsymbol{B}}=\boldsymbol{I}+(e-1)\boldsymbol{B}=\begin{pmatrix}e & e-1\\0 & 1\end{pmatrix}$$

因此

$$e^{\boldsymbol{A}}e^{\boldsymbol{B}}=\begin{pmatrix}e^2 & (e-1)^2\\0 & 1\end{pmatrix},\quad e^{\boldsymbol{B}}e^{\boldsymbol{A}}=\begin{pmatrix}e^2 & -(e-1)^2\\0 & 1\end{pmatrix}$$

$$e^{\boldsymbol{A}+\boldsymbol{B}}=\boldsymbol{I}+\frac{1}{2}(e^2-1)(\boldsymbol{A}+\boldsymbol{B})=\begin{pmatrix}e^2 & 0\\0 & 1\end{pmatrix}$$

可见 $e^{\boldsymbol{A}}e^{\boldsymbol{B}}, e^{\boldsymbol{B}}e^{\boldsymbol{A}}, e^{\boldsymbol{A}+\boldsymbol{B}}$ 互不相等.

定理 7.1.1 设 $\boldsymbol{A},\boldsymbol{B}\in\boldsymbol{C}^{n\times n}$,如果 $\boldsymbol{AB}=\boldsymbol{BA}$,则

$$e^{\boldsymbol{A}}e^{\boldsymbol{B}}=e^{\boldsymbol{B}}e^{\boldsymbol{A}}=e^{\boldsymbol{A}+\boldsymbol{B}} \tag{7.1.7}$$

证明 因为矩阵的加法满足交换律,所以只需证明 $e^{\boldsymbol{A}}e^{\boldsymbol{B}}=e^{\boldsymbol{A}+\boldsymbol{B}}$ 即可.

$$\begin{aligned}e^{\boldsymbol{A}}e^{\boldsymbol{B}}&=\left(\boldsymbol{I}+\boldsymbol{A}+\frac{1}{2!}\boldsymbol{A}^2+\frac{1}{3!}\boldsymbol{A}^3+\cdots\right)\left(\boldsymbol{I}+\boldsymbol{B}+\frac{1}{2!}\boldsymbol{B}^2+\frac{1}{3!}\boldsymbol{B}^3+\cdots\right)\\&=\boldsymbol{I}+(\boldsymbol{A}+\boldsymbol{B})+\frac{1}{2!}(\boldsymbol{A}^2+\boldsymbol{AB}+\boldsymbol{BA}+\boldsymbol{B}^2)\\&\quad+\frac{1}{3!}(\boldsymbol{A}^3+3\boldsymbol{A}^2\boldsymbol{B}+3\boldsymbol{AB}^2+\boldsymbol{B}^3)+\cdots\\&=\boldsymbol{I}+(\boldsymbol{A}+\boldsymbol{B})+\frac{1}{2!}(\boldsymbol{A}+\boldsymbol{B})^2+\frac{1}{3!}(\boldsymbol{A}+\boldsymbol{B})^3+\cdots=e^{\boldsymbol{A}+\boldsymbol{B}}\end{aligned}$$ □

推论 7.1.1 设 $\boldsymbol{A}\in\boldsymbol{C}^{n\times n}$,则

(1) $e^{\boldsymbol{A}}e^{-\boldsymbol{A}}=e^{-\boldsymbol{A}}e^{\boldsymbol{A}}=\boldsymbol{I}$, $(e^{\boldsymbol{A}})^{-1}=e^{-\boldsymbol{A}}$;

(2) 设 m 为整数,则 $(e^{\boldsymbol{A}})^m=e^{m\boldsymbol{A}}$.

定理 7.1.2 设 $\boldsymbol{A},\boldsymbol{B}\in\boldsymbol{C}^{n\times n}$,则

(1) $\sin^2\boldsymbol{A}+\cos^2\boldsymbol{A}=\boldsymbol{I}$;

(2) 如果 $\boldsymbol{AB}=\boldsymbol{BA}$,则

$$\begin{cases}\sin(\boldsymbol{A}+\boldsymbol{B})=\sin\boldsymbol{A}\cos\boldsymbol{B}+\cos\boldsymbol{A}\sin\boldsymbol{B}\\\sin 2\boldsymbol{A}=2\sin\boldsymbol{A}\cos\boldsymbol{A}\\\cos(\boldsymbol{A}+\boldsymbol{B})=\cos\boldsymbol{A}\cos\boldsymbol{B}-\sin\boldsymbol{A}\sin\boldsymbol{B}\\\cos 2\boldsymbol{A}=\cos^2\boldsymbol{A}-\sin^2\boldsymbol{A}\end{cases} \tag{7.1.8}$$

证明 这里仅证(7.1.8)中的第一个等式,其余证明留给读者.由(7.1.6)有

$$\sin(\boldsymbol{A}+\boldsymbol{B})=\frac{1}{2\mathrm{i}}(\mathrm{e}^{\mathrm{i}(\boldsymbol{A}+\boldsymbol{B})}-\mathrm{e}^{-\mathrm{i}(\boldsymbol{A}+\boldsymbol{B})})=\frac{1}{2\mathrm{i}}(\mathrm{e}^{\mathrm{i}\boldsymbol{A}}\mathrm{e}^{\mathrm{i}\boldsymbol{B}}-\mathrm{e}^{-\mathrm{i}\boldsymbol{A}}\mathrm{e}^{-\mathrm{i}\boldsymbol{B}})$$

$$=\frac{1}{2\mathrm{i}}(\mathrm{e}^{\mathrm{i}\boldsymbol{A}}-\mathrm{e}^{-\mathrm{i}\boldsymbol{A}})\frac{1}{2}(\mathrm{e}^{\mathrm{i}\boldsymbol{B}}+\mathrm{e}^{-\mathrm{i}\boldsymbol{B}})+\frac{1}{2}(\mathrm{e}^{\mathrm{i}\boldsymbol{A}}+\mathrm{e}^{-\mathrm{i}\boldsymbol{A}})\frac{1}{2\mathrm{i}}(\mathrm{e}^{\mathrm{i}\boldsymbol{B}}-\mathrm{e}^{-\mathrm{i}\boldsymbol{B}})$$

$$=\sin\boldsymbol{A}\cos\boldsymbol{B}+\cos\boldsymbol{A}\sin\boldsymbol{B}$$ □

例 7.1.1 设 $\boldsymbol{A}\in\boldsymbol{C}^{n\times n}$ 且 $\rho(\boldsymbol{A})<1$,对函数 $f(z)=\ln(1+z)(|z|<1)$,求矩阵函数 $f(\boldsymbol{A})$.

解 因为当 $|z|<1$ 时有

$$\ln(1+z)=z-\frac{1}{2}z^2+\frac{1}{3}z^3-\cdots+(-1)^{n+1}\frac{1}{n}z^n+\cdots$$

而 $\rho(\boldsymbol{A})<1$,则由定理 6.3.7 可得

$$f(\boldsymbol{A})=\ln(\boldsymbol{I}+\boldsymbol{A})=\boldsymbol{A}-\frac{1}{2}\boldsymbol{A}^2+\frac{1}{3}\boldsymbol{A}^3-\cdots+(-1)^{n+1}\frac{1}{n}\boldsymbol{A}^n+\cdots$$

对矩阵 $\boldsymbol{A}\in\boldsymbol{C}^{n\times n}$ 和函数 $f(z)=\sum\limits_{k=0}^{\infty}c_kz^k$,下面讨论如何计算矩阵函数 $f(\boldsymbol{A})$.

如果矩阵 $\boldsymbol{A}$ 有 Jordan 标准形 $\boldsymbol{J}$,即存在可逆矩阵 $\boldsymbol{P}$ 使得

$$\boldsymbol{P}^{-1}\boldsymbol{A}\boldsymbol{P}=\boldsymbol{J}=\mathrm{diag}(\boldsymbol{J}_1,\cdots,\boldsymbol{J}_s) \tag{7.1.9}$$

其中

$$\boldsymbol{J}_i=\begin{pmatrix}\lambda_i & 1 & & \\ & \ddots & \ddots & \\ & & \lambda_i & 1 \\ & & & \lambda_i\end{pmatrix}_{n_i\times n_i} \tag{7.1.10}$$

则

$$f(\boldsymbol{A})=\sum_{k=0}^{\infty}c_k\boldsymbol{A}^k=\boldsymbol{P}\left(\sum_{k=0}^{\infty}c_k\boldsymbol{J}^k\right)\boldsymbol{P}^{-1}$$

$$
= \boldsymbol{P}\begin{pmatrix} \sum_{k=0}^{\infty} c_k \boldsymbol{J}_1^k & & \\ & \ddots & \\ & & \sum_{k=0}^{\infty} c_k \boldsymbol{J}_s^k \end{pmatrix}\boldsymbol{P}^{-1} = \boldsymbol{P}\begin{pmatrix} f(\boldsymbol{J}_1) & & \\ & \ddots & \\ & & f(\boldsymbol{J}_s) \end{pmatrix}\boldsymbol{P}^{-1} \tag{7.1.11}
$$

其中

$$
f(\boldsymbol{J}_i) = \sum_{k=0}^{\infty} c_k \boldsymbol{J}_i^k = \begin{pmatrix} \sum_{k=0}^{\infty} c_k\lambda_i^k & \sum_{k=1}^{\infty} c_k C_k^1 \lambda_i^{k-1} & \cdots & \sum_{k=n_i-1}^{\infty} c_k C_k^{n_i-1}\lambda_i^{k-n_i+1} \\ & \sum_{k=0}^{\infty} c_k\lambda_i^k & \ddots & \vdots \\ & & \ddots & \sum_{k=1}^{\infty} c_k C_k^1 \lambda_i^{k-1} \\ & & & \sum_{k=0}^{\infty} c_k\lambda_i^k \end{pmatrix}
$$

$$
= \begin{pmatrix} f(\lambda_i) & \frac{1}{1!}f'(\lambda_i) & \cdots & \frac{1}{(n_i-1)!}f^{(n_i-1)}(\lambda_i) \\ & f(\lambda_i) & \ddots & \vdots \\ & & \ddots & \frac{1}{1!}f'(\lambda_i) \\ & & & f(\lambda_i) \end{pmatrix} \tag{7.1.12}
$$

例 7.1.2 设

$$
\boldsymbol{A} = \begin{pmatrix} -1 & -2 & 6 \\ -1 & 0 & 3 \\ -1 & -1 & 4 \end{pmatrix}
$$

求 $e^{\boldsymbol{A}}$，$e^{\boldsymbol{A}t}$ 和 $\sin\boldsymbol{A}$.

解 由例 3.5.2 知,存在可逆矩阵 $P=\begin{pmatrix}-1&2&2\\1&1&0\\0&1&1\end{pmatrix}$ 使得 $P^{-1}AP=\begin{pmatrix}1&0&0\\0&1&1\\0&0&1\end{pmatrix}$.

当 $f(x)=e^x$ 时,$f(1)=e$,$f'(1)=e$,则

$$e^{A}=P\begin{pmatrix}e&0&0\\0&e&e\\0&0&e\end{pmatrix}P^{-1}=\begin{pmatrix}-e&-2e&6e\\-e&0&3e\\-e&-e&4e\end{pmatrix}$$

当 $f(x)=e^{xt}$ 时,$f(1)=e^t$,$f'(1)=te^t$,则

$$e^{At}=P\begin{pmatrix}e^t&0&0\\0&e^t&te^t\\0&0&e^t\end{pmatrix}P^{-1}=\begin{pmatrix}(1-2t)e^t&-2te^t&6te^t\\-te^t&(1-t)e^t&3te^t\\-te^t&-te^t&(1+3t)e^t\end{pmatrix}$$

当 $f(x)=\sin x$ 时,$f(1)=\sin 1$,$f'(1)=\cos 1$,则

$$\sin A=P\begin{pmatrix}\sin 1&0&0\\0&\sin 1&\cos 1\\0&0&\sin 1\end{pmatrix}P^{-1}=\begin{pmatrix}\sin 1-2\cos 1&-2\cos 1&6\cos 1\\-\cos 1&\sin 1-\cos 1&3\cos 1\\-\cos 1&-\cos 1&\sin 1+3\cos 1\end{pmatrix}$$

7.1.2 矩阵函数的另一种定义

利用定理 6.3.7 和推论 6.3.2 定义矩阵函数,其实质就是先将函数 $f(z)$ 展开成 z 的收敛幂级数,再将 z 代以矩阵 $\boldsymbol{A}$ 来定义矩阵函数 $f(\boldsymbol{A})$. 但这个条件比较强,一般不易满足. 下面我们拓宽矩阵函数的定义.

对矩阵 $\boldsymbol{A}\in\boldsymbol{C}^{n\times n}$,假定存在 n 阶可逆矩阵 $\boldsymbol{P}$ 使得

$$P^{-1}AP=J=\mathrm{diag}(J_1,\cdots,J_s) \tag{7.1.13}$$

其中 J_i 是(7.1.10)定义的 Jordan 块,则对任意多项式 $p(\lambda)$,有

$$p(A)=Pp(J)P^{-1}=P\mathrm{diag}(p(J_1),\cdots,p(J_s))P^{-1} \tag{7.1.14}$$

其中

$$p(\boldsymbol{J}_i)=\begin{pmatrix} p(\lambda_i) & \frac{1}{1!}p'(\lambda_i) & \cdots & \frac{1}{(n_i-1)!}p^{(n_i-1)}(\lambda_i) \\ & p(\lambda_i) & \ddots & \vdots \\ & & \ddots & \frac{1}{1!}p'(\lambda_i) \\ & & & p(\lambda_i) \end{pmatrix}_{n_i\times n_i}$$

(7.1.15)

(7.1.14)表明,$p(\boldsymbol{A})$与$\boldsymbol{A}$的 Jordan 标准形结构以及$p(\lambda)$在$\boldsymbol{A}$的特征值处的函数值与各阶导数值有关.

设矩阵$\boldsymbol{A}$的最小多项式为

$$m(\lambda)=(\lambda-\lambda_1)^{m_1}(\lambda-\lambda_2)^{m_2}\cdots(\lambda-\lambda_k)^{m_k} \tag{7.1.16}$$

其中$\lambda_1,\lambda_2,\cdots,\lambda_k$为$\boldsymbol{A}$的$k$个互异特征值. 对任意函数$f(z)$,如果

$$f(\lambda_i),f'(\lambda_i),\cdots,f^{(m_i-1)}(\lambda_i),i=1,2,\cdots,k$$

存在,则称**函数$f(z)$在$\boldsymbol{A}$的谱$\lambda(\boldsymbol{A})$有定义**,并称$f(\lambda_i),f'(\lambda_i),\cdots,f^{(m_i-1)}(\lambda_i)(i=1,2,\cdots,k)$为$f(z)$在$\boldsymbol{A}$的谱$\lambda(\boldsymbol{A})$上的值.

定理 7.1.3 设$\boldsymbol{A}\in\boldsymbol{C}^{n\times n}$,$p_1(\lambda)$和$p_2(\lambda)$是两个多项式,则$p_1(\boldsymbol{A})=p_2(\boldsymbol{A})$的充分必要条件是$p_1(\lambda)$和$p_2(\lambda)$在$\boldsymbol{A}$的谱$\lambda(\boldsymbol{A})$上具有相同的值.

证明 记$p_0(\lambda)=p_1(\lambda)-p_2(\lambda)$. 如果$p_1(\boldsymbol{A})=p_2(\boldsymbol{A})$,则$p_0(\boldsymbol{A})=0$,从而$p_0(\lambda)$是$\boldsymbol{A}$的一个化零多项式. 由定理 3.6.2 知存在一个多项式$q(\lambda)$使得$p_0(\lambda)=q(\lambda)m(\lambda)$. 容易计算

$$p_1^{(j)}(\lambda_i)-p_2^{(j)}(\lambda_i)=p_0^{(j)}(\lambda_i)=0,j=0,1,\cdots,m_i-1;\ i=1,2,\cdots,k \tag{7.1.17}$$

于是$p_1(\lambda)$和$p_2(\lambda)$在$\boldsymbol{A}$的谱$\lambda(\boldsymbol{A})$上具有相同的值.

反之,如果(7.1.17)成立,则$\lambda_i(i=1,2,\cdots,k)$是$p_0(\lambda)$的至少$m_i$重零点,从而存在一个多项式$q(\lambda)$使得$p_0(\lambda)=q(\lambda)m(\lambda)$. 因为$m(\boldsymbol{A})=0$,所以$p_0(\boldsymbol{A})=0$,即$p_1(\boldsymbol{A})=p_2(\boldsymbol{A})$. □

现在利用多项式给出矩阵函数的另一种定义.

定义 7.1.2 设矩阵$\boldsymbol{A}\in\boldsymbol{C}^{n\times n}$的最小多项式为(7.1.16),函数$f(z)$在$\boldsymbol{A}$在谱$\lambda(\boldsymbol{A})$上有定义,如果存在多项式$p(\lambda)$满足

$$p^{(j)}(\lambda_i)=f^{(j)}(\lambda_i),i=1,2,\cdots,k;\ j=0,1,\cdots,m_i-1 \tag{7.1.18}$$

则定义矩阵函数 $f(\mathbf{A})$ 为

$$f(\mathbf{A}) \equiv p(\mathbf{A}) \tag{7.1.19}$$

一个自然的问题是满足条件(7.1.18)的多项式 $p(\lambda)$ 是否存在? 它与 Hermite 多项式插值问题密切相关. 对此,我们有如下结果.

定理 7.1.4 设 $\lambda_1,\lambda_2,\cdots,\lambda_k$ 是 k 个互异数,$m_1,m_2,\cdots,m_k$ 是 k 个正整数且 $m=\sum_{i=1}^{k} m_i$. 给定一组数

$$f_{i,0},f_{i,1},\cdots,f_{i,m_i-1},i=1,2,\cdots,k$$

则存在次数小于 m 的多项式 $p(\lambda)$ 使得

$$p^{(j)}(\lambda_i)=f_{i,j},i=1,2,\cdots,k;\ j=0,1,\cdots,m_i-1 \tag{7.1.20}$$

证明 对 $1\leqslant i\leqslant k$,令 $p_i(\lambda)=\varphi_i(\lambda)\psi_i(\lambda)$,其中

$$\varphi_i(\lambda)=\mu_{i,0}+\mu_{i,1}(\lambda-\lambda_i)+\frac{\mu_{i,2}}{2!}(\lambda-\lambda_i)^2+\cdots+\frac{\mu_{i,m_i-1}}{(m_i-1)!}(\lambda-\lambda_i)^{m_i-1}$$

$$\psi_i(\lambda)=\prod_{\substack{j=1\\ j\neq i}}^{k}(\lambda-\lambda_j)^{m_j}$$

则 $p_i(\lambda)$ 是次数小于 m 的多项式,并且对任意的 $\mu_{i,0},\mu_{i,1},\mu_{i,m_i-1},p_i(\lambda)$ 满足

$$p_i(\lambda_j)=p'_i(\lambda_j)=\cdots=p_i^{(m_j-1)}(\lambda_j)=0,j\neq i \tag{7.1.21}$$

而

$$p_i^{(l)}(\lambda_i)=(\varphi_i(\lambda)\psi_i(\lambda)]_{|\lambda|=\lambda_i}^{(l)}=\sum_{j=0}^{l}C_l^j\varphi_i^{(l-j)}(\lambda_i)\psi_i^{(j)}(\lambda_i)$$

$$=\mu_{i,l}\psi_i(\lambda_i)+C_l^1\mu_{i,l-1}\psi'_i(\lambda_i)+\cdots+C_l^l\mu_{i,0}\psi_i^{(l)}(\lambda_i),l=0,1,\cdots,m_i-1$$

因为 $\psi_i(\lambda_i)\neq 0$,令

$$\mu_{i,0}=\frac{f_{i,0}}{\psi_i(\lambda_i)}$$

并且对 $l=1,2,\cdots,m_i-1$ 可依次令 $\mu_{i,l}$ 如下

$$\mu_{i,l}=\frac{1}{\psi_i(\lambda_i)}(f_{i,l}-C_l^1\mu_{i,l-1}\psi'_i(\lambda_i)-\cdots-C_l^l\mu_{i,0}\psi_i^{(l)}(\lambda_i)]$$

则多项式 $p_i(\lambda_i)$ 满足

$$p_i^{(l)}(\lambda_i) = f_{i,l}, l = 0,1,\cdots,m_i - 1 \tag{7.1.22}$$

令

$$p(\lambda) = p_1(\lambda) + \cdots + p_k(\lambda)$$

则 $p(\lambda)$是次数小于 m 的多项式,并且由(7.1.21)和(7.1.22)知 $p(\lambda)$满足条件(7.1.20). □

通常把满足条件(7.1.20)的多项式 $p(\lambda)$称为 **Hermite 插值多项式.**

定理 7.1.5 设矩阵 $\boldsymbol{A}\in \boldsymbol{C}^{n\times n}$是一个块对角矩阵 $\boldsymbol{A}=\mathrm{diag}(\boldsymbol{A}_1,\cdots,\boldsymbol{A}_s)$. 如果函数 $f(z)$在 $\boldsymbol{A}$ 的谱 $\lambda(\boldsymbol{A})$上有定义,则

$$f(\boldsymbol{A}) = \mathrm{diag}(f(\boldsymbol{A}_1),\cdots,f(\boldsymbol{A}_s)) \tag{7.1.23}$$

证明 显然,对任意多项式 $q(\lambda)$有

$$q(\boldsymbol{A}) = \mathrm{diag}(q(\boldsymbol{A}_1),\cdots,q(\boldsymbol{A}_s))$$

如果 $p(\lambda)$是函数 $f(z)$在 $\boldsymbol{A}$ 的谱 $\lambda(\boldsymbol{A})$上的 Hermite 插值多项式,则

$$f(\boldsymbol{A}) = p(\boldsymbol{A}) = \mathrm{diag}(p(\boldsymbol{A}_1),\cdots,p(\boldsymbol{A}_s))$$

因为 $\boldsymbol{A}_i(1\leqslant i\leqslant s)$的谱是 $\boldsymbol{A}$ 的谱的子集,并且 $p(\lambda)$与 $f(z)$在 $\boldsymbol{A}$ 的谱 $\lambda(\boldsymbol{A})$上具有相同的值,则它们在 $\boldsymbol{A}_i(i=1,2,\cdots,s)$的谱上也有相同的值,从而 $f(\boldsymbol{A}_i)=p(\boldsymbol{A}_i)$ $(i=1,2,\cdots,s)$. 因此 $f(\boldsymbol{A})=\mathrm{diag}(p(\boldsymbol{A}_1),\cdots,p(\boldsymbol{A}_s))=\mathrm{diag}(f(\boldsymbol{A}_1),\cdots,f(\boldsymbol{A}_s))$. □

定理 7.1.6 设 $\boldsymbol{A},\boldsymbol{B}\in \boldsymbol{C}^{n\times n}$,如果存在可逆矩阵 $\boldsymbol{P}$ 使得 $\boldsymbol{B}=\boldsymbol{P}\boldsymbol{A}\boldsymbol{P}^{-1}$,并且函数 $f(z)$在 $\boldsymbol{A}$ 的谱 $\lambda(\boldsymbol{A})$上有定义,则

$$f(\boldsymbol{B}) = \boldsymbol{P}f(\boldsymbol{A})\boldsymbol{P}^{-1} \tag{7.1.24}$$

证明 因为 $\boldsymbol{A}$ 和 $\boldsymbol{B}$ 相似,则由定理 3.6.3 知 $\boldsymbol{A}$ 和 $\boldsymbol{B}$ 有相同的最小多项式. 因此,如果 $p(\lambda)$是函数 $f(z)$在 $\boldsymbol{A}$ 的谱 $\lambda(\boldsymbol{A})$上的 Hermite 插值多项式,则它也是 $f(z)$在 $\boldsymbol{B}$ 的谱上的 Hermite 插值多项式. 于是 $f(\boldsymbol{A})=p(\boldsymbol{A})$, $f(\boldsymbol{B})=p(\boldsymbol{B})$, $p(\boldsymbol{B})=\boldsymbol{P}p(\boldsymbol{A})\boldsymbol{P}^{-1}$,从而 $f(\boldsymbol{B})=\boldsymbol{P}p(\boldsymbol{A})\boldsymbol{P}^{-1}=\boldsymbol{P}f(\boldsymbol{A})\boldsymbol{P}^{-1}$. □

定理 7.1.7 设矩阵 $\boldsymbol{A}\in \boldsymbol{C}^{n\times n}$的 Jordan 标准形为(7.1.13),若函数 $f(z)$在 $\boldsymbol{A}$ 的谱 $\lambda(\boldsymbol{A})$上有定义,则

$$f(\boldsymbol{A}) = \boldsymbol{P}f(\boldsymbol{J})\boldsymbol{P}^{-1} = \boldsymbol{P}\mathrm{diag}(f(\boldsymbol{J}_1),f(\boldsymbol{J}_2),\cdots,f(\boldsymbol{J}_s))\boldsymbol{P}^{-1} \tag{7.1.25}$$

其中

$$f(\boldsymbol{J}_i)=\begin{bmatrix} f(\lambda_i) & \frac{1}{1!}f'(\lambda_i) & \cdots & \frac{1}{(n_i-1)!}f^{(n_i-1)}(\lambda_i) \\ & f(\lambda_i) & \ddots & \vdots \\ & & \ddots & \frac{1}{1!}f'(\lambda_i) \\ & & & f(\lambda_i) \end{bmatrix} \tag{7.1.26}$$

并且(7.1.25)给出的矩阵函数 $f(\boldsymbol{A})$与 $\boldsymbol{A}$ 的 Jordan 标准形 $\boldsymbol{J}$ 中 Jordan 块的排列次序以及变换矩阵 $\boldsymbol{P}$ 的选取均无关.

证明 设 $p(\lambda)$是函数 $f(z)$在 $\boldsymbol{A}$ 的谱$\lambda(\boldsymbol{A})$上的 Hermite 插值多项式,则由定义 7.1.2 和(7.1.14)有

$$f(\boldsymbol{A})=p(\boldsymbol{A})=\boldsymbol{P}\mathrm{diag}(p(\boldsymbol{J}_1),\cdots,p(\boldsymbol{J}_s))\boldsymbol{P}^{-1}$$

因为 $p(\lambda)$和 $f(z)$在 $\boldsymbol{A}$ 的谱$\lambda(\boldsymbol{A})$上具有相同的值,则由(7.1.15)和(7.1.26)得

$$p(\boldsymbol{J}_i)=f(\boldsymbol{J}_i),i=1,2,\cdots,s$$

由定理 7.1.5 和定理 7.1.6,有

$$f(\boldsymbol{A})=p(\boldsymbol{A})=\boldsymbol{P}\mathrm{diag}(f(\boldsymbol{J}_1),\cdots,f(\boldsymbol{J}_s))\boldsymbol{P}^{-1}=\boldsymbol{P}f(\boldsymbol{J})\boldsymbol{P}^{-1}$$

设矩阵 $\boldsymbol{A}$ 的另一个 Jordan 标准形为 $\widetilde{\boldsymbol{J}}$,即存在可逆矩阵 $\widetilde{\boldsymbol{P}}$ 使得

$$\widetilde{\boldsymbol{P}}^{-1}\boldsymbol{A}\widetilde{\boldsymbol{P}}=\widetilde{\boldsymbol{J}}=\mathrm{diag}(\boldsymbol{J}_{p_1},\cdots,\boldsymbol{J}_{p_s})$$

其中 $p_1,\cdots,p_s$ 是 $1,\cdots,s$ 的一个排列,则

$$\begin{aligned} f(\boldsymbol{A}) &= \boldsymbol{P}\mathrm{diag}(f(\boldsymbol{J}_1),\cdots,f(\boldsymbol{J}_s))\boldsymbol{P}^{-1}=\boldsymbol{P}\mathrm{diag}(p(\boldsymbol{J}_1),\cdots,p(\boldsymbol{J}_s))\boldsymbol{P}^{-1} \\ &= p(\boldsymbol{A})=\widetilde{\boldsymbol{P}}\mathrm{diag}(p(\boldsymbol{J}_{p_1}),\cdots,p(\boldsymbol{J}_{p_s}))\widetilde{\boldsymbol{P}}^{-1}=\widetilde{\boldsymbol{P}}\mathrm{diag}(f(\boldsymbol{J}_{p_1}),\cdots,f(\boldsymbol{J}_{p_s}))\widetilde{\boldsymbol{P}}^{-1}\end{aligned}$$

因此,矩阵函数 $f(\boldsymbol{A})$与 $\boldsymbol{A}$ 的 Jordan 标准形 $\boldsymbol{J}$ 中 Jordan 块的排列次序以及变换矩阵 $\boldsymbol{P}$ 的选取均无关. □

由定理 7.1.7 即得如下定理.

定理 7.1.8 设矩阵 $\boldsymbol{A}\in\boldsymbol{C}^{n\times n}$的特征值为$\lambda_1,\lambda_2,\cdots,\lambda_n$,函数 $f(z)$在 $\boldsymbol{A}$ 的谱$\lambda(\boldsymbol{A})$上有定义,则 $f(\boldsymbol{A})$的特征值为 $f(\lambda_1),f(\lambda_2),\cdots,f(\lambda_n)$.

§7.2 矩阵值函数

带有实变量 x 并取值在 $\boldsymbol{R}^{m\times n}$内的映射 $\boldsymbol{A}(x)$称为矩阵值函数. 与常数矩阵相比,矩阵值函数有其特殊性质. 本节介绍矩阵值函数的一些基本概念及其

分析运算.

7.2.1 矩阵值函数

定义 7.2.1 设 $a_{ij}(x)(i=1,2,\cdots,m;j=1,2,\cdots,n)$ 都是定义在区间(a,b)上的实函数,则 $m\times n$ 矩阵

$$\boldsymbol{A}(x)=\begin{pmatrix} a_{11}(x) & a_{12}(x) & \cdots & a_{1n}(x) \\ a_{21}(x) & a_{22}(x) & \cdots & a_{2n}(x) \\ \vdots & \vdots & & \vdots \\ a_{m1}(x) & a_{m2}(x) & \cdots & a_{mn}(x) \end{pmatrix}_{m\times n}$$

称为定义在区间(a,b)上的**矩阵值函数**.

特别地,当 $n=1$ 时,我们得到**向量值函数**,通常用 $\alpha(x)$ 等形式表示.

因为函数可以作加法、减法和乘法等运算,而矩阵的加法、减法、乘法和数量乘法的定义仅用到其元素的加法、减法、乘法,所以我们同样可定义矩阵值函数的加法、减法、乘法、数量乘法和转置运算,并且矩阵值函数的这些运算与常数矩阵的相应运算具有相同的运算规律.

因为矩阵行列式的定义仅涉及其元素的加法与乘法,所以同样可以定义一个 n 阶矩阵值函数的行列式、子式和代数余子式.

定义 7.2.2 区间(a,b)上 $m\times n$ 矩阵值函数 $\boldsymbol{A}(x)$ 不恒等于零的子式的最高阶数称为 $\boldsymbol{A}(x)$ 的**秩**,记为 $\operatorname{rank}(\boldsymbol{A}(x))$. 特别地,如果 $\boldsymbol{A}(x)$ 是区间(a,b)上 n 阶矩阵值函数,并且$\operatorname{rank}(\boldsymbol{A}(x))=n$,则称 $\boldsymbol{A}(x)$ 为**满秩**的.

定义 7.2.3 设 $\boldsymbol{A}(x)=(a_{ij}(x))$ 是区间(a,b)上 n 阶矩阵值函数,如果存在 n 阶矩阵值函数 $\boldsymbol{B}(x)=(b_{ij}(x))$,使得对于任何 $x\in(a,b)$ 都有

$$\boldsymbol{A}(x)\boldsymbol{B}(x)=\boldsymbol{B}(x)\boldsymbol{A}(x)=\boldsymbol{I}$$

则称 **$\boldsymbol{A}(x)$ 在 (a,b) 上可逆**,并称 $\boldsymbol{B}(x)$ 为 $\boldsymbol{A}(x)$ 的逆矩阵,记为 $\boldsymbol{A}^{-1}(x)$.

类似于定理 3.2.1 容易证明如下结论.

定理 7.2.1 n 阶矩阵值函数 $\boldsymbol{A}(x)$ 在(a,b)上可逆的充分必要条件是 $|\boldsymbol{A}(x)|$ 在(a,b)上处处不为零,并且

$$\boldsymbol{A}^{-1}(x)=\frac{1}{|\boldsymbol{A}(x)|}\operatorname{adj}(\boldsymbol{A}(x))$$

其中

$$\operatorname{adj}(\boldsymbol{A}(x))=\begin{pmatrix}A_{11}(x) & A_{21}(x) & \cdots & A_{n1}(x)\\ A_{12}(x) & A_{22}(x) & \cdots & A_{n2}(x)\\ \vdots & \vdots & & \vdots\\ A_{1n}(x) & A_{2n}(x) & \cdots & A_{nn}(x)\end{pmatrix}$$

是$\boldsymbol{A}(x)$的伴随矩阵值函数,$A_{ij}(x)$是$\boldsymbol{A}(x)$中元素$a_{ij}(x)$的代数余子式.

必须指出,如果n阶矩阵值函数$\boldsymbol{A}(x)$在(a,b)上是可逆的,则行列式$|\boldsymbol{A}(x)|$在(a,b)上处处不为零,因而$\boldsymbol{A}(x)$是满秩的. 反之,一个n阶满秩矩阵值函数未必是可逆的. 这是因为如果$\boldsymbol{A}(x)$满秩,则$\boldsymbol{A}(x)$的行列式不恒等于零,但不排除$|\boldsymbol{A}(x)|$在(a,b)上有零点. 例如

$$\boldsymbol{A}(x)=\begin{pmatrix}0 & -1\\ x & x^2\end{pmatrix}$$

则$|\boldsymbol{A}(x)|=x$. 于是在任何区间(a,b)上$\boldsymbol{A}(x)$的秩为 2,即$\boldsymbol{A}(x)$是满秩的. 但是$\boldsymbol{A}(x)$在(a,b)上是否可逆依赖于a,b的取值. 当区间(a,b)包含原点时,$|\boldsymbol{A}(x)|$在(a,b)上有零点,$\boldsymbol{A}(x)$不可逆. 只有当(a,b)不包含原点时,$\boldsymbol{A}(x)$才是可逆的.

7.2.2　矩阵值函数的分析运算

定义 7.2.4　设$\boldsymbol{A}(x)=(a_{ij}(x))$是区间$(a,b)$上的$m\times n$矩阵值函数. 如果$\boldsymbol{A}(x)$的所有元素$a_{ij}(x)$在$x=x_0\in(a,b)$处有极限,即

$$\lim_{x\to x_0}a_{ij}(x)=a_{ij},i=1,2,\cdots,m;\ j=1,2,\cdots,n$$

其中a_{ij}为固定常数,则称$\boldsymbol{A}(x)$**在**$x=x_0$**处有极限**,且记为

$$\lim_{x\to x_0}\boldsymbol{A}(x)=\boldsymbol{A}$$

其中$\boldsymbol{A}=(a_{ij})\in\mathbf{R}^{m\times n}$;如果$\boldsymbol{A}(x)$的所有元素$a_{ij}(x)$在$x=x_0$处连续,即

$$\lim_{x\to x_0}a_{ij}(x)=a_{ij}(x_0),i=1,2,\cdots,m;\ j=1,2,\cdots,n$$

则称$\boldsymbol{A}(x)$**在**$x=x_0$**处连续**,且记为$\lim\limits_{x\to x_0}\boldsymbol{A}(x)=\boldsymbol{A}(x_0)$.

容易验证函数极限的运算规则对矩阵值函数也适用. 例如,如果$\boldsymbol{A}(x)$,$\boldsymbol{B}(x)$是区间(a,b)上的$m\times n$矩阵值函数,$x_0\in(a,b)$,并且$\lim\limits_{x\to x_0}\boldsymbol{A}(x)=\boldsymbol{A}$,$\lim\limits_{x\to x_0}\boldsymbol{B}(x)=\boldsymbol{B}$,则

(1) $\lim\limits_{x\to x_0}(\boldsymbol{A}(x)\pm\boldsymbol{B}(x))=\boldsymbol{A}\pm\boldsymbol{B}$;

(2) $\lim\limits_{x\to x_0}(k\boldsymbol{A}(x))=k\boldsymbol{A}$.

如果$\boldsymbol{A}(x)$是区间(a,b)上的$m\times n$矩阵值函数,$\boldsymbol{B}(x)$是区间(a,b)上的$n\times q$矩阵值函数,$x_0\in(a,b)$,并且$\lim\limits_{x\to x_0}\boldsymbol{A}(x)=\boldsymbol{A}$,$\lim\limits_{x\to x_0}\boldsymbol{B}(x)=\boldsymbol{B}$,则

$$\lim_{x\to x_0}(\boldsymbol{A}(x)\boldsymbol{B}(x))=\boldsymbol{AB}$$

定义 7.2.5 设$\boldsymbol{A}(x)=(a_{ij}(x))$是区间$(a,b)$上的$m\times n$矩阵值函数.如果$\boldsymbol{A}(x)$的所有元素$a_{ij}(x)(i=1,2,\cdots,m;j=1,2,\cdots,n)$在点$x=x_0\in(a,b)$处(或在区间$(a,b)$内)可导,则称矩阵值函数$\boldsymbol{A}(x)$在$x=x_0$处(或在区间$(a,b)$内)**可导**,并且

$$\boldsymbol{A}'(x_0)=\left.\frac{\mathrm{d}\boldsymbol{A}(x)}{\mathrm{d}x}\right|_{x=x_0}=(a'_{ij}(x_0)) \tag{7.2.1}$$

称为$\boldsymbol{A}(x)$在$x=x_0$处的**导数**.特别地,若$\boldsymbol{A}(x)$的所有元素$a_{ij}(x)(i=1,2,\cdots,m,j=1,2,\cdots,n)$都是$x=x_0$处的解析函数,则称矩阵值函数$\boldsymbol{A}(x)$在$x=x_0$处**解析**.如果$\boldsymbol{A}(x)$在区间$(a,b)$内任一点都解析,则称$\boldsymbol{A}(x)$为区间$(a,b)$上的**解析矩阵值函数**.

矩阵值函数的导数运算具有下列性质:

设函数$k(x)$,$m\times n$矩阵值函数$\boldsymbol{A}(x)$,$\boldsymbol{B}(x)$和$n\times q$矩阵值函数$\boldsymbol{C}(x)$在区间(a,b)上均可导,则

(1) $\boldsymbol{A}(x)$是常数矩阵的充分必要条件是$\dfrac{\mathrm{d}\boldsymbol{A}(x)}{\mathrm{d}x}=0$;

(2) $\dfrac{\mathrm{d}}{\mathrm{d}x}[\boldsymbol{A}(x)+\boldsymbol{B}(x)]=\dfrac{\mathrm{d}\boldsymbol{A}(x)}{\mathrm{d}x}+\dfrac{\mathrm{d}\boldsymbol{B}(x)}{\mathrm{d}x}$;

(3) $\dfrac{\mathrm{d}}{\mathrm{d}x}[k(x)\boldsymbol{A}(x)]=\dfrac{\mathrm{d}k(x)}{\mathrm{d}x}\boldsymbol{A}(x)+k(x)\dfrac{\mathrm{d}\boldsymbol{A}(x)}{\mathrm{d}x}$;

(4) $\dfrac{\mathrm{d}}{\mathrm{d}x}[\boldsymbol{A}(x)\boldsymbol{C}(x)]=\dfrac{\mathrm{d}\boldsymbol{A}(x)}{\mathrm{d}x}\boldsymbol{C}(x)+\boldsymbol{A}(x)\dfrac{\mathrm{d}\boldsymbol{C}(x)}{\mathrm{d}x}$;

(5) 如果$x=f(t)$是t的可微函数,则

$$\frac{\mathrm{d}}{\mathrm{d}t}\boldsymbol{A}(x)=\frac{\mathrm{d}\boldsymbol{A}(x)}{\mathrm{d}x}f'(t)=f'(t)\frac{\mathrm{d}\boldsymbol{A}(x)}{\mathrm{d}x}$$

因为矩阵乘法没有交换律,一般地,对正整数$m>1$和可导的n阶矩阵值函数$\boldsymbol{A}(x)$

$$\frac{\mathrm{d}}{\mathrm{d}x}[\boldsymbol{A}(x)]^m\neq m[\boldsymbol{A}(x)]^{m-1}\frac{\mathrm{d}\boldsymbol{A}(x)}{\mathrm{d}x}$$

定理 7.2.2 如果n阶矩阵值函数$\boldsymbol{A}(x)$在(a,b)上可逆且可导,则

$$\frac{\mathrm{d}\boldsymbol{A}^{-1}(x)}{\mathrm{d}x}=-\boldsymbol{A}^{-1}(x)\frac{\mathrm{d}\boldsymbol{A}(x)}{\mathrm{d}x}\boldsymbol{A}^{-1}(x) \tag{7.2.2}$$

证明 因为 $\boldsymbol{A}^{-1}(x)\boldsymbol{A}(x)=\boldsymbol{I}$,所以

$$\frac{\mathrm{d}}{\mathrm{d}x}[\boldsymbol{A}^{-1}(x)\boldsymbol{A}(x)]=\frac{\mathrm{d}\boldsymbol{A}^{-1}(x)}{\mathrm{d}x}\boldsymbol{A}(x)+\boldsymbol{A}^{-1}(x)\frac{\mathrm{d}\boldsymbol{A}(x)}{\mathrm{d}x}=0$$

于是

$$\frac{\mathrm{d}\boldsymbol{A}^{-1}(x)}{\mathrm{d}x}=-\boldsymbol{A}^{-1}(x)\frac{\mathrm{d}\boldsymbol{A}(x)}{\mathrm{d}x}\boldsymbol{A}^{-1}(x)$$ □

矩阵值函数的导数还是一个矩阵值函数,它可以再进行求导运算.因此,可以定义矩阵值函数的高阶导数

$$\frac{\mathrm{d}^k\boldsymbol{A}(x)}{\mathrm{d}x^k}=\frac{\mathrm{d}}{\mathrm{d}x}\left(\frac{\mathrm{d}^{k-1}\boldsymbol{A}(x)}{\mathrm{d}x^{k-1}}\right)\quad k>1$$

定义 7.2.6 设 $\boldsymbol{A}(x)=(a_{ij}(x))$ 是区间 $[a,b]$ 上的 $m\times n$ 矩阵值函数.如果 $\boldsymbol{A}(x)$ 的所有元素 $a_{ij}(x)(i=1,2,\cdots,m;\ j=1,2,\cdots,n)$ 在区间 $[a,b]$ 上可积,则称矩阵值函数 $\boldsymbol{A}(x)$ 在 $[a,b]$ 上**可积**,并称

$$\int_a^b\boldsymbol{A}(x)\mathrm{d}x=\left(\int_a^b a_{ij}(x)\mathrm{d}x\right) \tag{7.2.3}$$

为 $\boldsymbol{A}(x)$ 在 $[a,b]$ 上的**积分**.

容易证明矩阵值函数的积分具有如下性质:

(1) $\int_a^b[\boldsymbol{A}(x)+\boldsymbol{B}(x)]\mathrm{d}x=\int_a^b\boldsymbol{A}(x)\mathrm{d}x+\int_a^b\boldsymbol{B}(x)\mathrm{d}x$;

(2) 对常数 $k\in\mathbf{R}$,有 $\int_a^b k\boldsymbol{A}(x)\mathrm{d}x=k\int_a^b\boldsymbol{A}(x)\mathrm{d}x$;

(3) 对常数矩阵 $\boldsymbol{A}$ 和 $\boldsymbol{C}$,有

$$\int_a^b[\boldsymbol{A}\boldsymbol{B}(x)\boldsymbol{C}]\mathrm{d}x=\boldsymbol{A}\left[\int_a^b\boldsymbol{B}(x)\mathrm{d}x\right]\boldsymbol{C}$$

(4) 如果矩阵值函数 $\boldsymbol{A}(x)$ 在区间 $[a,b]$ 上连续,则

$$\frac{\mathrm{d}}{\mathrm{d}x}\int_a^x\boldsymbol{A}(t)\mathrm{d}t=\boldsymbol{A}(x)$$

(5) 如果矩阵值函数 $\boldsymbol{A}'(x)$ 在区间 $[a,b]$ 上连续,则

$$\int_a^b\boldsymbol{A}'(x)\mathrm{d}x=\boldsymbol{A}(b)-\boldsymbol{A}(a)$$

类似地,可以考虑矩阵值函数的不定积分.

一般地，我们把带有多变量(矩阵变量)$\boldsymbol{X}\in\mathbf{R}^{p\times q}(\boldsymbol{C}^{p\times q})$并取值在$\mathbf{R}^{m\times n}$(或$\boldsymbol{C}^{m\times n}$)内的映射$\boldsymbol{F}(\boldsymbol{X})$称为**矩阵值函数**.

同样地，可以给出矩阵值函数$\boldsymbol{F}(\boldsymbol{X})$在$\boldsymbol{X}=\boldsymbol{X}_0$处的极限和连续性等概念.

定义 7.2.7 设$\boldsymbol{F}(\boldsymbol{X})=(f_{ij}(\boldsymbol{X}))$是$\boldsymbol{X}\in\mathbf{R}^{p\times q}$的$m\times n$矩阵值函数，$\boldsymbol{F}(\boldsymbol{X})$的所有元素$f_{ij}(\boldsymbol{X})(i=1,2,\cdots,m;j=1,2,\cdots,n)$作为$\boldsymbol{X}\in\mathbf{R}^{p\times q}$的多元函数是可微的. 令

$$\frac{\mathrm{d}\boldsymbol{F}(\boldsymbol{X})}{\mathrm{d}\boldsymbol{X}}\equiv\left(\frac{\partial\boldsymbol{F}}{\partial x_{ij}}\right)_{mp\times nq}=\begin{pmatrix}\frac{\partial\boldsymbol{F}}{\partial x_{11}} & \frac{\partial\boldsymbol{F}}{\partial x_{12}} & \cdots & \frac{\partial\boldsymbol{F}}{\partial x_{1q}}\\ \frac{\partial\boldsymbol{F}}{\partial x_{21}} & \frac{\partial\boldsymbol{F}}{\partial x_{22}} & \cdots & \frac{\partial\boldsymbol{F}}{\partial x_{2q}}\\ \vdots & \vdots & & \vdots\\ \frac{\partial\boldsymbol{F}}{\partial x_{p1}} & \frac{\partial\boldsymbol{F}}{\partial x_{p2}} & \cdots & \frac{\partial\boldsymbol{F}}{\partial x_{pq}}\end{pmatrix}\tag{7.2.4}$$

其中$\frac{\partial\boldsymbol{F}}{\partial x_{kl}}=\left(\frac{\partial f_{ij}(\boldsymbol{X})}{\partial x_{kl}}\right)(k=1,2,\cdots,p;l=1,2,\cdots,q)$，则称$\frac{\mathrm{d}\boldsymbol{F}(\boldsymbol{X})}{\mathrm{d}\boldsymbol{X}}$为$\boldsymbol{F}(\boldsymbol{X})$对$\boldsymbol{X}$的**导数**.

矩阵值函数的导数具有如下运算规则：

设$\boldsymbol{F}(\boldsymbol{X})$，$\boldsymbol{G}(\boldsymbol{X})$都是$\boldsymbol{X}\in\mathbf{R}^{p\times q}$的$m\times n$矩阵值函数，则

(1) $\frac{\mathrm{d}}{\mathrm{d}\boldsymbol{X}}[\boldsymbol{F}(\boldsymbol{X})+\boldsymbol{G}(\boldsymbol{X})]=\frac{\mathrm{d}\boldsymbol{F}(\boldsymbol{X})}{\mathrm{d}\boldsymbol{X}}+\frac{\mathrm{d}\boldsymbol{G}(\boldsymbol{X})}{\mathrm{d}\boldsymbol{X}}$；

(2) 对常数k，有$\frac{\mathrm{d}}{\mathrm{d}\boldsymbol{X}}[k\boldsymbol{F}(\boldsymbol{X})]=k\,\frac{\mathrm{d}\boldsymbol{F}(\boldsymbol{X})}{\mathrm{d}\boldsymbol{X}}$.

特别地，如果$f=f(\boldsymbol{X})$作为$\boldsymbol{X}\in\mathbf{R}^{p\times q}$的多元函数是可微的，则$f$对矩阵$\boldsymbol{X}$的导数为

$$\frac{\mathrm{d}f}{\mathrm{d}\boldsymbol{X}}=\left(\frac{\partial f}{\partial x_{ij}}\right)_{p\times q}\tag{7.2.5}$$

因为向量可看作矩阵的特殊情形，如果$f=f(x)$是向量$x\in\mathbf{R}^n$的可微函数，则f对向量x的导数为

$$\frac{\mathrm{d}f}{\mathrm{d}x}=\begin{pmatrix}\frac{\partial f}{\partial x_1}\\ \cdots\\ \frac{\partial f}{\partial x_n}\end{pmatrix}\tag{7.2.6}$$

例 7.2.1 设 $\boldsymbol{X}=(x_{ij})\in\mathbf{R}^{n\times n}$,求

(1) $\dfrac{\mathrm{d}}{\mathrm{d}\boldsymbol{X}}\mathrm{tr}(\boldsymbol{X})$;

(2) $\dfrac{\mathrm{d}}{\mathrm{d}\boldsymbol{X}}\det(\boldsymbol{X})$.

解 (1) 因为 $\mathrm{tr}(\boldsymbol{X})=x_{11}+x_{22}+\cdots+x_{nn}$,则

$$\frac{\partial}{\partial x_{ij}}\mathrm{tr}(\boldsymbol{X})=\delta_{ij},i,j=1,2,\cdots,n$$

于是

$$\frac{\mathrm{d}}{\mathrm{d}\boldsymbol{X}}\mathrm{tr}(\boldsymbol{X})=\boldsymbol{I}$$

(2) 因为 $\det(X)=\sum\limits_{k=1}^{n}x_{ik}X_{ik}$,其中 X_{ik} 是 x_{ik} 的代数余子式,则

$$\frac{\partial}{\partial x_{ij}}\det(\boldsymbol{X})=\frac{\partial}{\partial x_{ij}}\left(\sum_{k=1}^{n}x_{ik}X_{ik}\right)=X_{ij}$$

从而

$$\frac{\mathrm{d}}{\mathrm{d}\boldsymbol{X}}\det(\boldsymbol{X})=(X_{ik})=[\mathrm{adj}(\boldsymbol{X})]^{\mathrm{T}}$$

例 7.2.2 设 $\mathbf{A}$ 是 n 阶实对称矩阵,$x,b\in\mathbf{R}^n$,$f(x)=\dfrac{1}{2}x^{\mathrm{T}}\mathbf{A}x-b^{\mathrm{T}}x$,试求 $\dfrac{\mathrm{d}f}{\mathrm{d}x}$.

解 因为

$$\begin{aligned}\frac{\partial f}{\partial x_i}&=\frac{1}{2}\left[\frac{\partial x^{\mathrm{T}}}{\partial x_i}\mathbf{A}x+x^{\mathrm{T}}\mathbf{A}\frac{\partial x}{\partial x_i}\right]-b^{\mathrm{T}}\frac{\partial x}{\partial x_i}\\&=\frac{1}{2}[e_i^{\mathrm{T}}\mathbf{A}x+x^{\mathrm{T}}\mathbf{A}e_i]-b^{\mathrm{T}}e_i=e_i^{T}(\mathbf{A}x-b)\end{aligned}$$

所以$\dfrac{\mathrm{d}f}{\mathrm{d}x}=\mathbf{A}x-b$.

设

$$\begin{cases}y_1=f_1(x_1,x_2,\cdots,x_n)\\y_2=f_2(x_1,x_2,\cdots,x_n)\\\quad\cdots\cdots\cdots\cdots\\y_m=f_m(x_1,x_2,\cdots,x_n)\end{cases}\tag{7.2.7}$$

是 m 个具有连续一阶偏导数的函数，记 $y=(y_1,\cdots,y_m)^{\mathrm{T}}$，$x=(x_1,\cdots,x_n)^{\mathrm{T}}$，则

$$\frac{\mathrm{d}y}{\mathrm{d}x^{\mathrm{T}}}=\left(\frac{\partial y}{\partial x_1},\frac{\partial y}{\partial x_2},\cdots,\frac{\partial y}{\partial x_n}\right)=\begin{pmatrix}\frac{\partial y_1}{\partial x_1} & \frac{\partial y_1}{\partial x_2} & \cdots & \frac{\partial y_1}{\partial x_n}\\ \frac{\partial y_2}{\partial x_1} & \frac{\partial y_2}{\partial x_2} & \cdots & \frac{\partial y_2}{\partial x_n}\\ \vdots & \vdots & & \vdots\\ \frac{\partial y_m}{\partial x_1} & \frac{\partial y_m}{\partial x_2} & \cdots & \frac{\partial y_m}{\partial x_n}\end{pmatrix}\tag{7.2.8}$$

称为 **Jacobi 矩阵**. 如果 $m=n$，Jacobi 矩阵的行列式称为 **Jacobi 行列式**，记为

$$\left|\frac{\mathrm{d}y}{\mathrm{d}x^{\mathrm{T}}}\right|=\begin{vmatrix}\frac{\partial y_1}{\partial x_1} & \frac{\partial y_1}{\partial x_2} & \cdots & \frac{\partial y_1}{\partial x_n}\\ \frac{\partial y_2}{\partial x_1} & \frac{\partial y_2}{\partial x_2} & \cdots & \frac{\partial y_2}{\partial x_n}\\ \vdots & \vdots & & \vdots\\ \frac{\partial y_n}{\partial x_1} & \frac{\partial y_n}{\partial x_2} & \cdots & \frac{\partial y_n}{\partial x_n}\end{vmatrix}=\frac{\partial(y_1,y_2,\cdots,y_n)}{\partial(x_1,x_2,\cdots,x_n)}\tag{7.2.9}$$

Jacobi 矩阵和行列式在多元函数微积分中具有重要的应用.

§7.3　矩阵值函数在微分方程组中的应用

在线性控制系统中经常需要求解线性微分方程组. 矩阵值函数在其中具有重要的应用. 考虑一阶线性微分方程组

$$\begin{cases}\frac{\mathrm{d}x_1}{\mathrm{d}t}=a_{11}(t)x_1(t)+a_{12}(t)x_2(t)+\cdots+a_{1n}(t)x_n(t)+f_1(t)\\ \frac{\mathrm{d}x_2}{\mathrm{d}t}=a_{21}(t)x_1(t)+a_{22}(t)x_2(t)+\cdots+a_{2n}(t)x_n(t)+f_2(t)\\ \cdots\cdots\cdots\cdots\cdots\cdots\\ \frac{\mathrm{d}x_n}{\mathrm{d}t}=a_{n1}(t)x_1(t)+a_{n2}(t)x_2(t)+\cdots+a_{nn}(t)x_n(t)+f_n(t)\end{cases}\tag{7.3.1}$$

其中 $a_{ij}(t)(i,j=1,2,\cdots,n)$，$f_i(t)(i=1,2,\cdots,n)$ 都是 t 的已知函数，

$x_i(t)(i=1,2,\cdots,n)$是 t 的未知函数. 引进矩阵值函数与向量值函数,(7.3.1)可以表示成

$$\frac{\mathrm{d}x(t)}{\mathrm{d}t}=\mathbf{A}(t)x(t)+f(t) \tag{7.3.2}$$

其中

$$\mathbf{A}(t)=\begin{bmatrix} a_{11}(t) & a_{12}(t) & \cdots & a_{1n}(t) \\ a_{21}(t) & a_{22}(t) & \cdots & a_{2n}(t) \\ \vdots & \vdots & & \vdots \\ a_{n1}(t) & a_{n2}(t) & \cdots & a_{nn}(t) \end{bmatrix},\ x(t)=\begin{bmatrix} x_1(t) \\ x_2(t) \\ \vdots \\ x_n(t) \end{bmatrix},\ f(t)=\begin{bmatrix} f_1(t) \\ f_2(t) \\ \vdots \\ f_n(t) \end{bmatrix} \tag{7.3.3}$$

方程组(7.3.1)的初始条件

$$x_1(t_0)=x_{10},x_2(t_0)=x_{20},\cdots,x_n(t_0)=x_{n0} \tag{7.3.4}$$

可以表示成

$$x(t_0)=x_0=(x_{10},x_{20},\cdots,x_{n0})^{\mathrm{T}} \tag{7.3.5}$$

定理 7.3.1 设 $\mathbf{A}$ 是 n 阶常数矩阵,则微分方程组

$$\frac{\mathrm{d}x}{\mathrm{d}t}=\mathbf{A}x(t) \tag{7.3.6}$$

满足初始条件 $x(t_0)=x_0$ 的解为

$$x(t)=\mathrm{e}^{\mathbf{A}(t-t_0)}x_0 \tag{7.3.7}$$

证明 将 $x_i(t)(i=1,2,\cdots,n)$在 $t=t_0$ 处展开成幂级数

$$x_i(t)=x_i(t_0)+x'_i(t_0)(t-t_0)+\frac{1}{2!}x''_i(t_0)(t-t_0)^2+\cdots$$

从而有

$$x(t)=x(t_0)+x'(t_0)(t-t_0)+\frac{1}{2!}x''(t_0)(t-t_0)^2+\cdots$$

因为

$$x'(t_0)=\left.\frac{\mathrm{d}x}{\mathrm{d}t}\right|_{t=t_0}=\mathbf{A}x(t_0),\ x''(t_0)=\left.\frac{\mathrm{d}^2x}{\mathrm{d}t^2}\right|_{t=t_0}$$

$$= \frac{\mathrm{d}}{\mathrm{d}t}(\boldsymbol{A}x)\bigg|_{t=t_0} = \boldsymbol{A}^2 x(t_0), \cdots$$

于是

$$x(t) = \{\boldsymbol{I} + \boldsymbol{A}(t-t_0) + \frac{1}{2!}[\boldsymbol{A}(t-t_0)]^2 + \cdots\} x(t_0) = \mathrm{e}^{\boldsymbol{A}(t-t_0)} x(t_0)$$

这说明一阶线性常系数齐次微分方程组$\frac{\mathrm{d}x}{\mathrm{d}t}=\boldsymbol{A}x(t)$满足初始条件 $x(t_0)=x_0$ 的解必有

$$x(t) = \mathrm{e}^{\boldsymbol{A}(t-t_0)} x_0$$

的形式. 另一方面,由于

$$\frac{\mathrm{d}x}{\mathrm{d}t} = \frac{\mathrm{d}}{\mathrm{d}t}[\mathrm{e}^{\boldsymbol{A}(t-t_0)} x_0] = (\frac{\mathrm{d}}{\mathrm{d}t}\mathrm{e}^{\boldsymbol{A}(t-t_0)}) x_0 = \boldsymbol{A}\mathrm{e}^{\boldsymbol{A}(t-t_0)} x_0 = \boldsymbol{A}x(t)$$

因此,微分方程组(7.3.6)满足初始条件 $x(t_0)=x_0$ 的惟一解为(7.3.7). □

定义 7.3.1 设 $\boldsymbol{A}$ 是 n 阶常数矩阵,如果对任意的 t_0 和 x_0,初值问题

$$\begin{cases} \frac{\mathrm{d}x}{\mathrm{d}t} = \boldsymbol{A}x(t) \\ x(t_0) = x_0 \end{cases} \tag{7.3.8}$$

的解 $x(t)$ 满足 $\lim\limits_{t\to+\infty} x(t)=0$,则称微分方程组$\frac{\mathrm{d}x}{\mathrm{d}t}=\boldsymbol{A}x(t)$的解是**渐近稳定的**.

微分方程组$\frac{\mathrm{d}x}{\mathrm{d}t}=\boldsymbol{A}x(t)$解的渐近稳定性是系统与控制理论的基本问题,对此有如下结果.

定理 7.3.2 对任意的 t_0 和 x_0,初值问题(7.3.8)的解 $x(t)$ 渐近稳定的充分必要条件是矩阵 $\boldsymbol{A}$ 的特征值都有负实部.

证明 必要性. 采用反证法. 假若矩阵 $\boldsymbol{A}$ 有一个特征值 $\lambda_1=\alpha_1+\mathrm{i}\beta_1$ 满足 $\alpha_1\geqslant 0$,设 x_1 是对应于特征值 λ_1 的特征向量,则

$$\boldsymbol{A}x_1 = \lambda_1 x_1$$

由定理 7.3.1 知,初值问题

$$\begin{cases} \frac{\mathrm{d}x}{\mathrm{d}t} = \boldsymbol{A}x(t) \\ x(0) = x_1 \end{cases}$$

的解为

$$x(t) = e^{At}x_1 = e^{\lambda_1 t}x_1 = e^{\alpha_1 t}(\cos\beta_1 t + i\sin\beta_1 t)x_1$$

因为 $\alpha_1 \geqslant 0$，则 $\lim\limits_{t\to+\infty} x(t) \neq 0$，这与必要性的假设矛盾. 因此 $\boldsymbol{A}$ 的特征值都有负实部.

充分性. 对任意的 t_0 和 x_0，初值问题(7.3.8)的解为

$$x(t) = e^{\boldsymbol{A}(t-t_0)}x_0$$

如果矩阵 $\boldsymbol{A}$ 的特征值都有负实部，则

$$\lim_{t\to+\infty} e^{\boldsymbol{A}(t-t_0)} = 0$$

故 $\lim\limits_{t\to+\infty} x(t) = 0$，即初值问题(7.3.8)的解 $x(t)$ 渐近稳定. □

定义 7.3.2 设 $\boldsymbol{A}$ 是 n 阶矩阵，如果 $\boldsymbol{A}$ 的特征值都有负实部，则称 $\boldsymbol{A}$ 为**稳定矩阵**.

由定理 7.3.2 和定义 7.3.2 知，初值问题(7.3.8)的解 $x(t)$ 渐近稳定的充分必要条件是矩阵 $\boldsymbol{A}$ 为稳定矩阵.

定理 7.3.3 设 $\boldsymbol{A}$ 是 n 阶常数矩阵，则微分方程组

$$\frac{dx}{dt} = \boldsymbol{A}x(t) + f(t) \tag{7.3.9}$$

满足初始条件 $x(t_0) = x_0$ 的解为

$$x(t) = e^{\boldsymbol{A}(t-t_0)}x_0 + \int_{t_0}^{t} e^{\boldsymbol{A}(t-\tau)} f(\tau)d\tau \tag{7.3.10}$$

证明 将一阶线性常系数非齐次微分方程组 $\frac{dx}{dt} = \boldsymbol{A}x(t) + f(t)$ 改写为

$$\frac{dx}{dt} - \boldsymbol{A}x(t) = f(t)$$

方程组两边同乘 $e^{-\boldsymbol{A}t}$，得

$$e^{-\boldsymbol{A}t}\left(\frac{dx}{dt} - \boldsymbol{A}x(t)\right) = e^{-\boldsymbol{A}t}f(t)$$

即

$$\frac{d}{dt}\left(e^{-\boldsymbol{A}t}x(t)\right) = e^{-\boldsymbol{A}t}f(t)$$

在 $[t_0, t]$ 上对上式积分，得

$$e^{-\boldsymbol{A}t}x(t)-e^{-\boldsymbol{A}t_0}x(t_0)=\int_{t_0}^{t}e^{-\boldsymbol{A}\tau}f(\tau)\mathrm{d}\tau$$

因此 $x(t)=e^{\boldsymbol{A}(t-t_0)}x_0+\int_{t_0}^{t}e^{\boldsymbol{A}(t-\tau)}f(\tau)\mathrm{d}\tau$ 是微分方程组(7.3.9)满足条件 $x(t_0)=x_0$ 的解. □

例 7.3.1 设 $\boldsymbol{A}=\begin{pmatrix}-1&-2&6\\-1&0&3\\-1&-1&4\end{pmatrix}$,求微分方程组 $\frac{\mathrm{d}x}{\mathrm{d}t}=\boldsymbol{A}x(t)$ 满足初始条件 $x(0)=\begin{bmatrix}1\\1\\1\end{bmatrix}$ 的解.

解 由例 7.1.2 知

$$e^{\boldsymbol{A}t}=\begin{pmatrix}(1-2t)e^t&-2te^t&6te^t\\-te^t&(1-t)e^t&3te^t\\-te^t&-te^t&(1+3t)e^t\end{pmatrix}$$

由定理 7.3.1 得微分方程组 $\frac{\mathrm{d}x}{\mathrm{d}t}=\boldsymbol{A}x(t)$ 满足初始条件 $x(0)=\begin{bmatrix}1\\1\\1\end{bmatrix}$ 的解为

$$x(t)=e^{\boldsymbol{A}t}x(0)=\begin{bmatrix}(1+2t)e^t\\(1+t)e^t\\(1+t)e^t\end{bmatrix}$$

例 7.3.2 设 $\boldsymbol{A}=\begin{pmatrix}-1&-2&6\\-1&0&3\\-1&-1&4\end{pmatrix}$, $f(t)=\begin{bmatrix}-e^t\\0\\e^t\end{bmatrix}$,求微分方程组 $\frac{\mathrm{d}x}{\mathrm{d}t}=\boldsymbol{A}x(t)+f(t)$ 满足初始条件 $x(0)=\begin{bmatrix}1\\1\\1\end{bmatrix}$ 的解.

解 由定理 7.3.3 知微分方程组 $\frac{\mathrm{d}x}{\mathrm{d}t}=\boldsymbol{A}x(t)+f(t)$ 满足初始条件 $x(0)=\begin{bmatrix}1\\1\\1\end{bmatrix}$ 的解为

$$x(t)=\mathrm{e}^{\boldsymbol{A}t}x(0)+\int_0^t \mathrm{e}^{\boldsymbol{A}(t-\tau)}f(\tau)\mathrm{d}\tau$$

上式中 $\mathrm{e}^{\boldsymbol{A}t}x(0)$已由例 7.3.1 求出,而

$$\mathrm{e}^{\boldsymbol{A}(t-\tau)}=\begin{bmatrix}(1-2t+2\tau)\mathrm{e}^{t-\tau} & -2(t-\tau)\mathrm{e}^{t-\tau} & 6(t-\tau)\mathrm{e}^{t-\tau}\\ -(t-\tau)\mathrm{e}^{t-\tau} & (1-t+\tau)\mathrm{e}^{t-\tau} & 3(t-\tau)\mathrm{e}^{t-\tau}\\ -(t-\tau)\mathrm{e}^{t-\tau} & -(t-\tau)\mathrm{e}^{t-\tau} & (1+3t-3\tau)\mathrm{e}^{t-\tau}\end{bmatrix}$$

则

$$\mathrm{e}^{\boldsymbol{A}(t-\tau)}f(\tau)=\mathrm{e}^{t}\begin{bmatrix}-1+8(t-\tau)\\ 4(t-\tau)\\ 4(t-\tau)+1\end{bmatrix}$$

$$\int_0^t \mathrm{e}^{\boldsymbol{A}(t-\tau)}f(\tau)\mathrm{d}\tau=\mathrm{e}^{t}\begin{bmatrix}\int_0^t[-1+8(t-\tau)]\mathrm{d}\tau\\ \int_0^t 4(t-\tau)\mathrm{d}\tau\\ \int_0^t[4(t-\tau)+1]\mathrm{d}\tau\end{bmatrix}=\mathrm{e}^{t}\begin{bmatrix}4t^2-t\\ 2t^2\\ 2t^2+t\end{bmatrix}$$

于是

$$x(t)=\begin{bmatrix}(1+t+4t^2)\mathrm{e}^{t}\\ (1+t+2t^2)\mathrm{e}^{t}\\ (1+2t+2t^2)\mathrm{e}^{t}\end{bmatrix}$$

以上仅介绍了矩阵值函数在一阶线性常系数齐次和非齐次微分方程组中的应用. 同样地,在求解一阶线性变系数齐次和非齐次微分方程组时,也需要利用矩阵值函数,但比以上所述复杂多了. 在此不作进一步的讨论.

§7.4　特征对的灵敏度分析*

矩阵 $\boldsymbol{A}$ 的特征值 λ 与相应的特征向量 x 称为矩阵 $\boldsymbol{A}$ 的**特征对**,记为 (λ, x). 我们知道矩阵的特征值是矩阵元素的连续函数,并且对应于单特征值的

特征向量也是矩阵元素的连续函数. 本节我们进一步研究矩阵值函数特征对的灵敏度分析. 这些结果在结构设计、结构故障诊断和结构模型修正等许多领域都具有重要的应用.

我们不加证明地介绍两个隐函数定理.

定理 7.4.1 如果复值函数 $f_i(\xi_1,\cdots,\xi_m,\eta_1,\cdots,\eta_n)(i=1,2,\cdots,m)$ 在 $\boldsymbol{C}^{m+n}$ 的原点的某个邻域内是 $m+n$ 个复变量的解析函数,并且

$$f_i(0,\cdots,0)=0(i=1,2,\cdots,m),\ \frac{\partial(f_1,\cdots,f_m)}{\partial(\xi_1,\cdots,\xi_m)}\Bigg|_{\substack{\xi_i=0(i=1,2,\cdots,m)\\ \eta_j=0(j=1,2,\cdots,n)}}\neq 0$$

则方程组

$$f_i(\xi_1,\cdots,\xi_m,\eta_1,\cdots,\eta_n)=0 \quad i=1,\cdots,m$$

在 $\boldsymbol{C}^n$ 的原点的某个邻域内有惟一的解析解 $\xi_i=g_i(\eta_1,\cdots,\eta_n)(i=1,\cdots,m)$, 并且当 $\eta_1=\cdots=\eta_n=0$ 时,有 $\xi_1=\cdots=\xi_m=0$.

定理 7.4.2 如果实值函数 $f_i(\xi_1,\cdots,\xi_m,\eta_1,\cdots,\eta_n)(i=1,2,\cdots,m)$ 在 $\mathbf{R}^{m+n}$ 的原点的某个邻域内是 $m+n$ 个实变量的解析函数,并且

$$f_i(0,\cdots,0)=0(i=1,2,\cdots,m),\ \frac{\partial(f_1,\cdots,f_m)}{\partial(\xi_1,\cdots,\xi_m)}\Bigg|_{\substack{\xi_i=0(i=1,2,\cdots,m)\\ \eta_j=0(j=1,2,\cdots,n)}}\neq 0$$

则方程组

$$f_i(\xi_1,\cdots,\xi_m,\eta_1,\cdots,\eta_n)=0,i=1,\cdots,m$$

在 $\mathbf{R}^n$ 的原点的某个邻域内有惟一的解析解 $\xi_i=g_i(\eta_1,\cdots,\eta_n)(i=1,\cdots,m)$, 并且当 $\eta_1=\cdots=\eta_n=0$ 时,有 $\xi_1=\cdots=\xi_m=0$.

定理 7.4.1 和定理 7.4.2 是隐函数理论中的基本定理,其证明可以在多复变函数和多元函数的参考书中找到,可参见文[14]和[15].

设 $c=(c_1,\cdots,c_m)^{\mathrm{T}}\in\boldsymbol{C}^m$(或 $\mathbf{R}^m$), $\boldsymbol{A}(c)=(a_{ij}(c))\in\boldsymbol{C}^{n\times n}$(或 $\mathbf{R}^{n\times n}$)是 $\boldsymbol{C}^m$(或 $\mathbf{R}^m$)的原点的某个邻域 $N(0)$ 内的解析(或实解析)矩阵值函数. 设 λ 是 $\boldsymbol{A}(0)$ 的一个特征值,则存在非零向量 $x,y\in\boldsymbol{C}^n$(或 $\mathbf{R}^n$)使得

$$\boldsymbol{A}(0)x=\lambda x,\quad y^{\mathrm{T}}\boldsymbol{A}(0)=\lambda y^{\mathrm{T}} \tag{7.4.1}$$

向量 x 和 y 分别称为 $\boldsymbol{A}(0)$ 对应于特征值 λ 的右和左特征向量.

定理 7.4.3 设 $c\in\boldsymbol{C}^m$, $\boldsymbol{A}(c)\in\boldsymbol{C}^{n\times n}$ 是 $\boldsymbol{C}^m$ 的原点的某个邻域 $N(0)$ 内的解析矩阵值函数, λ_1 是 $\boldsymbol{A}(0)$ 的一个单特征值, x_1,y_1 是 $\boldsymbol{A}(0)$ 对应于特征值 λ_1 的右和左特征向量,并且 $\|x_1\|_2=1, y_1^{\mathrm{T}}x_1=1$, 则

(1) $\boldsymbol{A}(c)$ 存在一个单特征值 $\lambda_1(c)$, 使得 $\lambda_1(c)$ 是 $\boldsymbol{C}^m$ 的原点的某个邻域 N_0 内的解析函数,并且 $\lambda_1(0)=\lambda_1$;

(2) $\boldsymbol{A}(c)$对应于单特征值$\lambda_1(c)$的右特征向量$x_1(c)$和左特征向量$y_1(c)$可定义为N_0内的解析向量值函数，且$x_1(0)=x_1, y_1(0)=y_1$.

证明 因为λ_1是$\boldsymbol{A}(0)$的一个单特征值，x_1是$\boldsymbol{A}(0)$对应于特征值λ_1的单位特征向量，则存在矩阵$\boldsymbol{X}_2\in\boldsymbol{C}^{n\times(n-1)}$使得

$$\boldsymbol{X}=[x_1,\boldsymbol{X}_2] \tag{7.4.2}$$

是非奇异矩阵，并且

$$\boldsymbol{X}^{-1}\boldsymbol{A}(0)\boldsymbol{X}=\begin{pmatrix}\lambda_1 & 0\\ 0 & \boldsymbol{A}_2\end{pmatrix}\quad \lambda_1\notin\lambda(\boldsymbol{A}_2) \tag{7.4.3}$$

令

$$\boldsymbol{Y}=(\boldsymbol{X}^{-1})^{\mathrm{T}}=[z_1,\boldsymbol{Y}_2] \tag{7.4.4}$$

其中$z_1\in\boldsymbol{C}^n,\boldsymbol{Y}_2\in\boldsymbol{C}^{n\times(n-1)}$，则

$$\boldsymbol{Y}^{\mathrm{T}}\boldsymbol{X}=\boldsymbol{I} \tag{7.4.5}$$

从而$z_1=(\boldsymbol{X}^{-1})^{\mathrm{T}}\mathrm{e}_1$满足$z_1^{\mathrm{T}}x_1=1$并且$z_1^{\mathrm{T}}\boldsymbol{A}(0)=\lambda_1 z_1^{\mathrm{T}}$. 因为对应于单特征值的特征向量除相差一个非零常数外是惟一的，所以$z_1=y_1$. 于是

$$\boldsymbol{Y}=(\boldsymbol{X}^{-1})^{\mathrm{T}}=[y_1,\boldsymbol{Y}_2] \tag{7.4.6}$$

由(7.4.3)和(7.4.6)得

$$\boldsymbol{Y}^{\mathrm{T}}\boldsymbol{A}(0)\boldsymbol{X}=\begin{pmatrix}\lambda_1 & 0\\ 0 & \boldsymbol{A}_2\end{pmatrix},\lambda_1\notin\lambda(\boldsymbol{A}_2) \tag{7.4.7}$$

令

$$\widetilde{\boldsymbol{A}}(c)=\boldsymbol{Y}^{\mathrm{T}}\boldsymbol{A}(\boldsymbol{c})\boldsymbol{X}=\begin{pmatrix}\tilde{a}_{11}(c) & \tilde{a}_{12}^{\mathrm{T}}(c)\\ \tilde{a}_{21}(c) & \widetilde{\boldsymbol{A}}_{22}(c)\end{pmatrix},\ \tilde{a}_{11}(c)\in\boldsymbol{C},\ \tilde{a}_{21}(c)\in\boldsymbol{C}^{n-1} \tag{7.4.8}$$

考虑向量值函数

$$(f_1(z,c),\cdots,f_{n-1}(z,c))^{\mathrm{T}}=\tilde{a}_{21}(c)+[\widetilde{\boldsymbol{A}}_{22}(c)-\tilde{a}_{11}(c)\boldsymbol{I}]z-z\tilde{a}_{12}^{\mathrm{T}}(c)z \tag{7.4.9}$$

其中$z=(\xi_1,\cdots,\xi_{n-1})^{\mathrm{T}}\in\boldsymbol{C}^{n-1}$.

对$z\in\boldsymbol{C}^{n-1}$和$c\in N(0)$，$(f_1(z,c),\cdots,f_{n-1}(z,c))^{\mathrm{T}}$是解析的，并且由(7.4.7)—(7.4.9)知$f_i(0,0)=0(i=1,2,\cdots,n-1)$，

$$\left.\frac{\partial(f_1,\cdots,f_{n-1})}{\partial(\xi_1,\cdots,\xi_{n-1})}\right|_{\substack{z=0\\c=0}}=\det(\boldsymbol{A}_2-\lambda_1\boldsymbol{I})\neq 0$$

由定理 7.4.1 知,方程组

$$f_i(z,c)=0 \qquad i=1,2,\cdots,n-1 \tag{7.4.10}$$

在 $\boldsymbol{C}^m$ 的原点的某个邻域 $N_1(0)(\subseteq N(0))$ 内有惟一解析解 $z=z(c)$,并且 $z(0)=0$.

由(7.4.8)—(7.4.10)可见,$z(c)$满足

$$\widetilde{\boldsymbol{A}}(c)\begin{bmatrix}1\\z(c)\end{bmatrix}=(\tilde{a}_{11}(c)+\tilde{a}_{12}^{\mathrm{T}}(c)z(c))\begin{bmatrix}1\\z(c)\end{bmatrix},c\in N_1(0) \tag{7.4.11}$$

令

$$\lambda_1(c)=\tilde{a}_{11}(c)+\tilde{a}_{12}^{\mathrm{T}}(c)z(c),x_1(c)=x_1+\boldsymbol{X}_2z(c) \tag{7.4.12}$$

由(7.4.8),(7.4.11)和(7.4.12),有

$$\boldsymbol{A}(c)x_1(c)=\lambda_1(c)x_1(c),c\in N_1(0) \tag{7.4.13}$$

由(7.4.12)可见,$\lambda_1(c)$和 $x_1(c)$在 $N_1(0)$内解析,并且满足

$$\lambda_1(0)=\lambda_1,\quad x_1(0)=x_1 \tag{7.4.14}$$

因为 λ_1 是 $\boldsymbol{A}(0)$的一个单特征值,而矩阵的特征值是矩阵元素的连续函数,所以只要 $\|c\|_2$ 充分小,$\lambda_1(c)$是 $\boldsymbol{A}(c)$的一个单特征值. 可以假定邻域 $N_1(0)$充分小使得对 $c\in N_1(0)$,$\lambda_1(c)$是 $\boldsymbol{A}(c)$的一个单特征值.

类似地,我们引入一个向量值函数

$$(g_1(w,c),\cdots,g_{n-1}(w,c))=\tilde{a}_{12}^{\mathrm{T}}(c)+w^{\mathrm{T}}[\widetilde{\boldsymbol{A}}_{22}(c)-\tilde{a}_{11}(c)\boldsymbol{I}]-w^{\mathrm{T}}\tilde{a}_{21}(c)w^{\mathrm{T}} \tag{7.4.15}$$

其中 $w=(w_1,\cdots,w_{n-1})^{\mathrm{T}}\in\boldsymbol{C}^{n-1}$.

显然,对 $w\in\boldsymbol{C}^{n-1}$ 和 $c\in N(0)$,$g_i(w,c)(i=1,2,\cdots,n-1)$是解析的,并且由(7.4.7),(7.4.8)和(7.4.15)知 $g_i(0,0)=0(i=1,2,\cdots,n-1)$,

$$\left.\frac{\partial(g_1,\cdots,g_{n-1})}{\partial(w_1,\cdots,w_{n-1})}\right|_{\substack{w=0\\c=0}}=\det(\boldsymbol{A}_2-\lambda_1\boldsymbol{I})\neq 0$$

由定理 7.4.1 知,方程组

$$g_i(w,c)=0,i=1,2,\cdots,n-1 \tag{7.4.16}$$

在 $\boldsymbol{C}^m$ 的原点的某个邻域 $N_2(0)(\subseteq N(0))$ 内有惟一的解析解 $w=w(c)$，并且 $w(0)=0$.

由(7.4.8)，(7.4.15)和(7.4.16)可见，$w(c)$满足

$$\begin{pmatrix} 1 \\ w(c) \end{pmatrix}^{\mathrm{T}} \widetilde{\boldsymbol{A}}(c) = [\tilde{a}_{11}(c) + w^{\mathrm{T}}(c)\tilde{a}_{21}(c)] \begin{pmatrix} 1 \\ w(c) \end{pmatrix}^{\mathrm{T}}, c \in N_2(0) \tag{7.4.17}$$

令

$$\lambda(c) = \tilde{a}_{11}(c) + w^{\mathrm{T}}(c)\tilde{a}_{21}(c), \quad y_1(c) = y_1 + \boldsymbol{Y}_2 w(c) \tag{7.4.18}$$

则由(7.4.8)，(7.4.17)和(7.4.18)，有

$$y_1^{\mathrm{T}}(c)\boldsymbol{A}(c) = \lambda(c) y_1^{\mathrm{T}}(c), c \in N_2(0)$$

即 $y_1(c)$是 $\boldsymbol{A}(c)$对应于特征值 $\lambda(c)$的左特征向量.

由(7.4.18)知，$\lambda(c)$和 $y_1(c)$是 $N_2(0)$内的解析函数，并且满足 $\lambda(0)=\lambda_1$，$y_1(0)=y_1$. 因为矩阵的特征值是矩阵元素的连续函数，所以只要 $\|c\|_2$ 充分小，$\lambda(c)$是 $\boldsymbol{A}(c)$的一个单特征值并且 $\lambda(c)=\lambda_1(c)$. 因此存在 $\boldsymbol{C}^m$ 的原点的一个邻域 $N_0 \subseteq N_1(0) \cap N_2(0)$使得

$$\lambda(c) = \lambda_1(c), \quad | w^{\mathrm{T}}(c) z(c) | < 1, \qquad c \in N_0$$

于是解析向量值函数 $y_1(c)$满足

$$y_1(0) = y_1, y_1^{\mathrm{T}}(c) x_1(c) \neq 0, y_1^{\mathrm{T}}(c)\boldsymbol{A}(c) = \lambda_1(c) y_1^{\mathrm{T}}(c), c \in N_0 \tag{7.4.19}$$

□

定理 7.4.4 假设定理 7.4.3 的条件成立，对由(7.4.12)和(7.4.18)定义的单特征值$\lambda_1(c)$和相应的右和左特征向量 $x_1(c)$和 $y_1(c)$有

$$\left(\frac{\partial \lambda_1(c)}{\partial c_i}\right)_{|c=0} = y_1^{\mathrm{T}} \left(\frac{\partial \boldsymbol{A}(c)}{\partial c_i}\right)_{|c=0} x_1 \tag{7.4.20}$$

$$\left(\frac{\partial x_1(c)}{\partial c_i}\right)_{|c=0} = \boldsymbol{X}_2[\lambda_1 \boldsymbol{I} - \boldsymbol{Y}_2^{\mathrm{T}}\boldsymbol{A}(0)\boldsymbol{X}_2]^{-1}\boldsymbol{Y}_2^{\mathrm{T}} \left(\frac{\partial \boldsymbol{A}(c)}{\partial c_i}\right)_{|c=0} x_1 \tag{7.4.21}$$

$$\left(\frac{\partial y_1(c)}{\partial c_i}\right)^{\mathrm{T}}_{|c=0} = y_1^{\mathrm{T}} \left(\frac{\partial \boldsymbol{A}(c)}{\partial c_i}\right)_{|c=0} \boldsymbol{X}_2[\lambda_1 \boldsymbol{I} - \boldsymbol{Y}_2^{\mathrm{T}}\boldsymbol{A}(0)\boldsymbol{X}_2]^{-1}\boldsymbol{Y}_2^{\mathrm{T}} \tag{7.4.22}$$

其中 $i=1,2,\cdots,n,\boldsymbol{X}_2$ 和 $\boldsymbol{Y}_2$ 由(7.4.2)和(7.4.6)定义.

证明　由定理 7.4.3

$$\lambda_1(c)=\frac{y_1^{\mathrm{T}}(c)\boldsymbol{A}(c)x_1(c)}{y_1^{\mathrm{T}}(c)x_1(c)},c\in N_0 \tag{7.4.23}$$

由(7.4.13)和(7.4.19),有

$$\frac{\partial\lambda_1(c)}{\partial c_i}=\frac{y_1^{\mathrm{T}}(c)\dfrac{\partial\boldsymbol{A}(c)}{\partial c_i}x_1(c)}{y_1^{\mathrm{T}}(c)x_1(c)},i=1,2,\cdots,m,\ c\in N_0 \tag{7.4.24}$$

由(7.4.14)和(7.4.19)即得(7.4.20).

由(7.4.13),有

$$[\lambda_1(c)\boldsymbol{I}-\boldsymbol{A}(c)]\frac{\partial x_1(c)}{\partial c_i}=\left(\frac{\partial\boldsymbol{A}(c)}{\partial c_i}-\frac{\partial\lambda_1(c)}{\partial c_i}\boldsymbol{I}\right)x_1(c),c\in N_0 \tag{7.4.25}$$

并且由(7.4.5),(7.4.7)和(7.4.12),得

$$\begin{aligned}[\lambda_1\boldsymbol{I}-\boldsymbol{A}(0)]\left(\frac{\partial x_1(c)}{\partial c_i}\right)_{|c=0}&=\left[\lambda_1\boldsymbol{I}-(\boldsymbol{Y}^{\mathrm{T}})^{-1}\begin{pmatrix}\lambda_1&0\\0&\boldsymbol{A}_2\end{pmatrix}\boldsymbol{X}^{-1}\right]\boldsymbol{X}\begin{bmatrix}0\\\left(\dfrac{\partial z(c)}{\partial c_i}\right)_{|c=0}\end{bmatrix}\\&=\boldsymbol{X}\begin{pmatrix}0&0\\0&\lambda_1\boldsymbol{I}-\boldsymbol{A}_2\end{pmatrix}\begin{bmatrix}0\\\left(\dfrac{\partial z(c)}{\partial c_i}\right)_{|c=0}\end{bmatrix}\end{aligned} \tag{7.4.26}$$

因为 $\lambda_1\notin\lambda(\boldsymbol{A}_2)$,则由(7.4.5),(7.4.25)和(7.4.26),有

$$\begin{bmatrix}0\\\left(\dfrac{\partial z(c)}{\partial c_i}\right)_{|c=0}\end{bmatrix}=\begin{pmatrix}0&0\\0&(\lambda_1\boldsymbol{I}-\boldsymbol{A}_2)^{-1}\end{pmatrix}\boldsymbol{Y}^{\mathrm{T}}\left(\left(\frac{\partial\boldsymbol{A}(c)}{\partial c_i}\right)_{|c=0}-\left(\frac{\partial\lambda_1(c)}{\partial c_i}\right)_{|c=0}\boldsymbol{I}\right]x_1$$

于是由(7.4.5)和上式得

$$\left(\frac{\partial x_1(c)}{\partial c_i}\right)_{|c=0}=\boldsymbol{X}\begin{bmatrix}0\\\left(\dfrac{\partial z(c)}{\partial c_i}\right)_{|c=0}\end{bmatrix}=\boldsymbol{X}_2(\lambda_1\boldsymbol{I}-\boldsymbol{A}_2)^{-1}\boldsymbol{Y}_2^{\mathrm{T}}\left(\frac{\partial\boldsymbol{A}(c)}{\partial c_i}\right)_{|c=0}x_1$$

由(7.4.2),(7.4.6)和(7.4.7),有 $\boldsymbol{A}_2=\boldsymbol{Y}_2^{\mathrm{T}}\boldsymbol{A}(0)\boldsymbol{X}_2$,从而由上式即得(7.4.21).

由(7.4.19),有

$$\left(\frac{\partial y_1(c)}{\partial c_i}\right)^{\mathrm{T}}[\lambda_1(c)\boldsymbol{I}-\boldsymbol{A}(c)] = y_1^{\mathrm{T}}(c)\left[\frac{\partial \boldsymbol{A}(c)}{\partial c_i}-\frac{\partial \lambda_1(c)}{\partial c_i}\boldsymbol{I}\right], c \in N_0 \tag{7.4.27}$$

并且由(7.4.5),(7.4.7)和(7.4.18)得

$$\left(\frac{\partial y_1(c)}{\partial c_i}\right)^{\mathrm{T}}_{|c=0}[\lambda_1\boldsymbol{I}-\boldsymbol{A}(0)] = \begin{bmatrix} 0 \\ \left(\frac{\partial w(c)}{\partial c_i}\right)_{|c=0}\end{bmatrix}^{\mathrm{T}}\begin{pmatrix} 0 & 0 \\ 0 & \lambda_1\boldsymbol{I}-\boldsymbol{A}_2\end{pmatrix}\boldsymbol{Y}^{\mathrm{T}} \tag{7.4.28}$$

因为 $\lambda_1 \notin \lambda(\boldsymbol{A}_2)$,则由(7.4.5),(7.4.27)和(7.4.28)有

$$\begin{bmatrix} 0 \\ \left(\frac{\partial w(c)}{\partial c_i}\right)_{|c=0}\end{bmatrix}^{\mathrm{T}} = y_1^{\mathrm{T}}\left[\left(\frac{\partial \boldsymbol{A}(c)}{\partial c_i}\right)_{|c=0}-\left(\frac{\partial \lambda_1(c)}{\partial c_i}\right)_{|c=0}\boldsymbol{I}\right]\boldsymbol{X}\begin{pmatrix} 0 & 0 \\ 0 & (\lambda_1\boldsymbol{I}-\boldsymbol{A}_2)^{-1}\end{pmatrix}$$

于是

$$\left(\frac{\partial y_1(c)}{\partial c_i}\right)^{\mathrm{T}}_{|c=0} = \begin{bmatrix} 0 \\ \left(\frac{\partial w(c)}{\partial c_i}\right)_{|c=0}\end{bmatrix}^{\mathrm{T}}\boldsymbol{Y}^{\mathrm{T}} = y_1^{\mathrm{T}}\left(\frac{\partial \boldsymbol{A}(c)}{\partial c_i}\right)_{|c=0}\boldsymbol{X}_2(\lambda_1\boldsymbol{I}-\boldsymbol{A}_2)^{-1}\boldsymbol{Y}_2^{\mathrm{T}}$$

由 $\boldsymbol{A}_2=\boldsymbol{Y}_2^{\mathrm{T}}\boldsymbol{A}(0)\boldsymbol{X}_2$ 和上式即得(7.4.22).　　□

应用定理 7.4.2,可以证明如下定理.

定理 7.4.5　设 $c\in\mathbf{R}^m$,$\boldsymbol{A}(c)$是 n 阶实对称矩阵,并且 $\boldsymbol{A}(c)$是 $\mathbf{R}^m$ 的原点的某个邻域$N(0)$内的实解析矩阵值函数,λ_1 是 $\boldsymbol{A}(0)$的一个单特征值,x_1 是相应的特征向量并且满足

$$\boldsymbol{A}(0)x_1=\lambda_1 x_1, \quad \|x_1\|_2=1$$

则

(1) $\boldsymbol{A}(c)$存在一个单特征值 $\lambda_1(c)$,它是 $\mathbf{R}^m$ 的原点的某个邻域 N_0 内的实解析函数,并且 $\lambda_1(0)=\lambda_1$;

(2) $\boldsymbol{A}(c)$对应于特征值 $\lambda_1(c)$的特征向量 $x_1(c)$可定义为 N_0 内的一个实解析向量值函数,并且 $x_1(0)=x_1$.

证明　因为 λ_1 是 $\boldsymbol{A}(0)$的单特征值,x_1 是相应的单位特征向量,则存在 $\boldsymbol{X}_2\in\mathbf{R}^{n\times(n-1)}$使得 $\boldsymbol{X}=[x_1,\boldsymbol{X}_2]$是一个正交矩阵,并且

$$\boldsymbol{X}^{\mathrm{T}}\boldsymbol{A}(0)\boldsymbol{X}=\begin{bmatrix}\lambda_1 & 0\\ 0 & \boldsymbol{A}_2\end{bmatrix},\lambda_1\notin\lambda(\boldsymbol{A}_2) \tag{7.4.29}$$

令

$$\widetilde{\boldsymbol{A}}(c)=\boldsymbol{X}^{\mathrm{T}}\boldsymbol{A}(c)\boldsymbol{X}=\begin{bmatrix}\tilde{a}_{11}(c) & \tilde{a}_{21}^{\mathrm{T}}(c)\\ \tilde{a}_{21}(c) & \widetilde{\boldsymbol{A}}_{22}(c)\end{bmatrix},\quad \tilde{a}_{11}(c)\in\mathbf{R},\ \tilde{a}_{21}(c)\in\mathbf{R}^{n-1}$$

类似于定理 7.4.3 的证明,可证在 $\mathbf{R}^m$ 的原点的某个邻域 N_0 内存在一个实解析向量值函数 $z(c)\in\mathbf{R}^{n-1}$ 使得 $z(0)=0$,并且对 $c\in N_0$ 有 $\|z(c)\|_2<1$,且实解析函数

$$\lambda_1(c)=\tilde{a}_{11}(c)+\tilde{a}_{21}^{\mathrm{T}}(c)z(c),\ x_1(c)=x_1+\boldsymbol{X}_2z(c) \tag{7.4.30}$$

满足 $\lambda_1(0)=\lambda_1$, $x_1(0)=x_1$ 以及

$$\boldsymbol{A}(c)x_1(c)=\lambda_1(c)x_1(c),\quad c\in N_0$$ □

由定理 7.4.5,用证明定理 7.4.4 同样的方法,可得如下定理.

定理 7.4.6　假定定理 7.4.5 的条件成立,则对由(7.4.30)定义的单特征值 $\lambda_1(c)$ 和相应的特征向量 $x_1(c)$,有

$$\left(\frac{\partial\lambda_1(c)}{\partial c_i}\right)_{|c=0}=x_1^{\mathrm{T}}\left(\frac{\partial\boldsymbol{A}(c)}{\partial c_i}\right)_{|c=0}x_1 \tag{7.4.31}$$

$$\left(\frac{\partial x_1(c)}{\partial c_i}\right)_{|c=0}=\boldsymbol{X}_2[\lambda_1\boldsymbol{I}-\boldsymbol{X}_2^{\mathrm{T}}\boldsymbol{A}(0)\boldsymbol{X}_2]^{-1}\boldsymbol{X}_2^{\mathrm{T}}\left(\frac{\partial\boldsymbol{A}(c)}{\partial c_i}\right)_{|c=0}x_1 \tag{7.4.32}$$

其中 $i=1,2,\cdots,m$, $\boldsymbol{X}=[x_1,\boldsymbol{X}_2]\in\mathbf{R}^{n\times n}$ 是使(7.4.29)成立的正交矩阵.

例 7.4.1　设 $\boldsymbol{A}(c)=\begin{bmatrix}c_1 & c_2\\ c_2 & -c_1\end{bmatrix}$, $c=\begin{bmatrix}c_1\\ c_2\end{bmatrix}\in\mathbf{R}^2$. $\boldsymbol{A}(c)$ 是实对称的解析矩阵值函数, $\boldsymbol{A}(0)$ 具有 2 重特征值 0. $\boldsymbol{A}(c)$ 的特征值为

$$\lambda_1(c)=\sqrt{c_1^2+c_2^2},\lambda_2(c)=-\sqrt{c_1^2+c_2^2}$$

容易证明,函数 $\lambda_1(c)$ 和 $\lambda_2(c)$ 在 $c=0$ 处不可微,并且 $\boldsymbol{A}(c)$ 的对应于特征值 $\lambda_1(c)$ 和 $\lambda_2(c)$ 的特征向量在 $c=0$ 处不连续.

例 7.4.1 说明当矩阵值函数 $\boldsymbol{A}(c)\in\boldsymbol{C}^{n\times n}$(或 $\mathbf{R}^{n\times n}$)在 $c=0$ 处有重特征值 λ 时, $\boldsymbol{A}(c)$ 与 λ 对应的特征值 $\lambda(c)$ 在 $c=0$ 处一般不可微,并且 $\boldsymbol{A}(c)$ 对应于 $\lambda(c)$ 的特征向量一般不能定义为在 $c=0$ 处的连续函数.

习　　题

1. 对下列矩阵 $\boldsymbol{A}$，计算 $e^{\boldsymbol{A}}$，$e^{\boldsymbol{A}t}$ 和 $\sin\boldsymbol{A}t$

(1) $\boldsymbol{A}=\begin{pmatrix}2&0&0\\0&1&1\\0&0&1\end{pmatrix}$　　(2) $\boldsymbol{A}=\begin{pmatrix}2&2&1\\-2&6&1\\0&0&4\end{pmatrix}$

(3) $\boldsymbol{A}=\begin{pmatrix}1&0&0\\-1&2&-1\\0&0&2\end{pmatrix}$　　(4) $\boldsymbol{A}=\begin{pmatrix}2&0&0\\1&1&1\\1&-1&3\end{pmatrix}$

2. 设 $\boldsymbol{A}$ 是 n 阶矩阵，证明：

(1) $e^{i\boldsymbol{A}}=\cos\boldsymbol{A}+i\sin\boldsymbol{A}$；

(2) $e^{2\pi i\boldsymbol{I}+\boldsymbol{A}}=e^{\boldsymbol{A}}$；

(3) $\sin(2\pi\boldsymbol{I}+\boldsymbol{A})=\sin\boldsymbol{A}$；

(4) $\sin^2\boldsymbol{A}+\cos^2\boldsymbol{A}=\boldsymbol{I}$；

(5) $|e^{\boldsymbol{A}}|=e^{\mathrm{tr}(\boldsymbol{A})}$；

(6) $\|e^{\boldsymbol{A}}\|\leqslant e^{\|\boldsymbol{A}\|}$，

其中 $i=\sqrt{-1}$，$\|\cdot\|$ 是相容矩阵范数.

3. 求下列三类 n 阶矩阵 $\boldsymbol{A}$ 的矩阵函数 $e^{\boldsymbol{A}}$，$\cos\boldsymbol{A}$，$\sin\boldsymbol{A}$：

(1) $\boldsymbol{A}$ 满足 $\boldsymbol{A}^2=\boldsymbol{A}$；(2) $\boldsymbol{A}$ 满足 $\boldsymbol{A}^2=I$；(3) $\boldsymbol{A}$ 满足 $\boldsymbol{A}^2=0$.

4. 证明：若 $\boldsymbol{A}$ 是实反对称(反 Hermite)矩阵，则 $e^{\boldsymbol{A}}$ 为正交(酉)矩阵.

5. 证明：若 $\boldsymbol{A}$ 是 Hermite 矩阵，则 $e^{i\boldsymbol{A}}$ 为酉矩阵.

6. 设 $\boldsymbol{A}$ 是 n 阶矩阵，证明：若 $\boldsymbol{A}$ 的所有特征值的实部都小于零，则 $\lim\limits_{t\to+\infty}e^{\boldsymbol{A}t}=0$.

7. 若 $\boldsymbol{A}$ 为可逆矩阵，$f(\boldsymbol{A})$有定义，那么 $f(\boldsymbol{A}^{-1})$是否有定义？试举例说明.

8. 计算下列矩阵函数：

(1) $\boldsymbol{A}=\begin{pmatrix}2&1&0\\0&0&1\\0&1&0\end{pmatrix}$，求 $\boldsymbol{A}^{\frac{1}{2}}$ 和 $\ln\boldsymbol{A}$；

(2) $\boldsymbol{A}=\begin{pmatrix}0&-1\\4&4\end{pmatrix}$，求 $\arcsin\dfrac{\boldsymbol{A}}{4}$；

(3) $\boldsymbol{A}=\begin{pmatrix}16&8\\8&4\end{pmatrix}$，求$(\boldsymbol{I}+\boldsymbol{A})^{-1}$及 $\boldsymbol{A}^{\frac{1}{2}}$.

9. 设矩阵值函数

$$\boldsymbol{A}(t)=\begin{pmatrix}\sin t&\cos t&t\\\dfrac{\sin t}{t}&e^t&t^2\\1&0&t^3\end{pmatrix}$$

其中 $t\neq0$，计算 $\lim\limits_{t\to0}\boldsymbol{A}(t)$，$\dfrac{\mathrm{d}\boldsymbol{A}(t)}{\mathrm{d}t}$，$\dfrac{\mathrm{d}^2\boldsymbol{A}(t)}{\mathrm{d}t^2}$，$\dfrac{\mathrm{d}|\boldsymbol{A}(t)|}{\mathrm{d}t}$，$\left|\dfrac{\mathrm{d}\boldsymbol{A}(t)}{\mathrm{d}t}\right|$.

10. 设 $\boldsymbol{A}$ 是 n 阶矩阵，证明：$\dfrac{\mathrm{d}}{\mathrm{d}t}\mathrm{e}^{\boldsymbol{A}t}=\boldsymbol{A}\mathrm{e}^{\boldsymbol{A}t}=\mathrm{e}^{\boldsymbol{A}t}\boldsymbol{A}$.

11. 设 $\boldsymbol{A}(t)=(a_{ij}(t))$ 是 n 阶矩阵值函数. 举例说明，对正整数 $m>1$，关系式

$$\frac{\mathrm{d}}{\mathrm{d}t}[\boldsymbol{A}(t)]^m = m[\boldsymbol{A}(t)]^{m-1}\frac{\mathrm{d}\boldsymbol{A}(t)}{\mathrm{d}t}$$

一般不成立. 在什么条件下上式成立？

12. 设矩阵值函数

$$\boldsymbol{A}(x)=\begin{pmatrix} \mathrm{e}^{2x} & x\mathrm{e}^{x} & x^2 \\ \mathrm{e}^{-x} & 2\mathrm{e}^{2x} & 0 \\ 3x & 0 & 0 \end{pmatrix}$$

计算 $\int_0^1 \boldsymbol{A}(x)\mathrm{d}x$ 和 $\dfrac{\mathrm{d}}{\mathrm{d}x}\left(\int_0^{x^2}\boldsymbol{A}(t)\mathrm{d}t\right)$.

13. 设 $\varphi(\boldsymbol{X})$ 是 $m\times n$ 矩阵变量 $\boldsymbol{X}=(x_{ij})$ 的数值函数，并且 $\boldsymbol{X}=\boldsymbol{X}(t)=(x_{ij}(t))$ 是变量 t 的矩阵值函数. 证明：

$$\frac{\mathrm{d}\varphi(\boldsymbol{X})}{\mathrm{d}t}=\mathrm{tr}\left[\frac{\mathrm{d}\boldsymbol{X}}{\mathrm{d}t}\left(\frac{\mathrm{d}\varphi(\boldsymbol{X})}{\mathrm{d}\boldsymbol{X}}\right)^{\mathrm{T}}\right]$$

14. 设 $\boldsymbol{A}(t)=(a_{ij}(t))$ 是 n 阶非奇异矩阵值函数. 证明

(1) $\dfrac{\mathrm{d}\,\mathrm{tr}(\boldsymbol{A}(t))}{\mathrm{d}t}=\mathrm{tr}\left(\dfrac{\mathrm{d}\boldsymbol{A}(t)}{\mathrm{d}t}\right)$；

(2) $\dfrac{\mathrm{d}|\boldsymbol{A}(t)|}{\mathrm{d}t}=|\boldsymbol{A}(t)|\,\mathrm{tr}\left[\boldsymbol{A}(t)^{-1}\dfrac{\mathrm{d}\boldsymbol{A}(t)}{\mathrm{d}t}\right]$；

(3) $\dfrac{\mathrm{d}\ln(|\boldsymbol{A}(t)|)}{\mathrm{d}t}=\mathrm{tr}\left[\boldsymbol{A}(t)^{-1}\dfrac{\mathrm{d}\boldsymbol{A}(t)}{\mathrm{d}t}\right]$.

15. 设 $\boldsymbol{A}$ 是 $n\times m$ 常数矩阵，$\boldsymbol{B}$ 是 m 阶常数矩阵，$\boldsymbol{X}$ 是 $m\times n$ 矩阵变量. 证明：

(1) $\dfrac{\mathrm{d}}{\mathrm{d}\boldsymbol{X}}\mathrm{tr}(\boldsymbol{X}\boldsymbol{X}^{\mathrm{T}})=\dfrac{\mathrm{d}}{\mathrm{d}\boldsymbol{X}}\mathrm{tr}(\boldsymbol{X}^{\mathrm{T}}\boldsymbol{X})=2\boldsymbol{X}$；

(2) $\dfrac{\mathrm{d}}{\mathrm{d}\boldsymbol{X}}\mathrm{tr}(\boldsymbol{A}\boldsymbol{X})=\dfrac{\mathrm{d}}{\mathrm{d}\boldsymbol{X}}\mathrm{tr}(\boldsymbol{X}^{\mathrm{T}}\boldsymbol{A}^{\mathrm{T}})=\boldsymbol{A}^{\mathrm{T}}$；

(3) $\dfrac{\mathrm{d}}{\mathrm{d}\boldsymbol{X}}\mathrm{tr}(\boldsymbol{X}^{\mathrm{T}}\boldsymbol{B}\boldsymbol{X})=(\boldsymbol{B}+\boldsymbol{B}^{\mathrm{T}})\boldsymbol{X}$.

16. 求解如下初值问题：

$$\begin{cases} \dfrac{\mathrm{d}x}{\mathrm{d}t}=\begin{pmatrix} 0 & 1 \\ -2 & -3 \end{pmatrix}x(t) \\ x\big|_{t=0}=\begin{bmatrix} 0 \\ 1 \end{bmatrix} \end{cases}$$

17. 求如下微分方程组$\frac{\mathrm{d}x}{\mathrm{d}t}=\boldsymbol{A}x+f(t)$满足初始条件 $x(0)=b$ 的解：

(1) $\boldsymbol{A}=\begin{pmatrix}1 & 2\\ 4 & 3\end{pmatrix}$, $f(t)=\begin{bmatrix}-\mathrm{e}^{-t}\\ 4\mathrm{e}^{-t}\end{bmatrix}$, $b=\begin{bmatrix}1\\ 0\end{bmatrix}$;

(2) $\boldsymbol{A}=\begin{pmatrix}2 & 2 & 1\\ -2 & 6 & 1\\ 0 & 0 & 4\end{pmatrix}$, $f(t)=\begin{bmatrix}2\\ -1\\ t\end{bmatrix}$, $b=\begin{bmatrix}1\\ 2\\ 0\end{bmatrix}$.

第八章　广义逆矩阵

在线性代数中，如果 $\boldsymbol{A}$ 是 n 阶非奇异矩阵，则 $\boldsymbol{A}$ 存在惟一的逆矩阵 $\boldsymbol{A}^{-1}$. 如果线性方程组 $\boldsymbol{A}x=b$ 的系数矩阵非奇异，则该方程组存在惟一解 $x=\boldsymbol{A}^{-1}b$. 但是，在许多实际问题中所遇到的矩阵 $\boldsymbol{A}$ 往往是奇异方阵或长方阵，并且线性方程组 $\boldsymbol{A}x=b$ 可能是矛盾方程组，这时应该如何将该方程组在某种意义下的解通过矩阵 $\boldsymbol{A}$ 的某种逆加以表示呢？这就促使人们设法将矩阵逆的概念、理论和方法推广到奇异方阵或长方阵的情形.

1920 年 E. H. Moore 首先提出了广义逆矩阵的概念，但其后 30 年并未引起人们的重视. 直到 1955 年，R. Penrose 利用四个矩阵方程给出广义逆矩阵的新的更简便实用的定义之后，广义逆矩阵的研究才进入了一个新的时期，其理论和应用得到了迅速发展，已成为矩阵论的一个重要分支. 广义逆矩阵在数理统计、最优化理论、控制理论、系统识别和数字图像处理等许多领域都具有重要应用.

本章着重介绍几种常用的广义逆矩阵及其在解线性方程组中的应用. 我们仅限于对实矩阵进行讨论. 类似地，对复矩阵也有相应的结果.

§8.1　广义逆矩阵的概念

对 $\boldsymbol{A}\in\mathbf{R}^{m\times n}$，Penrose 以简便实用的形式给出了矩阵 $\boldsymbol{A}$ 的广义逆定义，并陈述了四个条件，称为 **Penrose 方程**.

(1) $\boldsymbol{AGA}=\boldsymbol{A}$;

(2) $\boldsymbol{GAG}=\boldsymbol{G}$;

(3) $(\boldsymbol{AG})^{\mathrm{T}}=\boldsymbol{AG}$;

(4) $(\boldsymbol{GA})^{\mathrm{T}}=\boldsymbol{GA}$.

定义 8.1.1　对任意 $m\times n$ 矩阵 $\boldsymbol{A}$，如果存在某个 $n\times m$ 矩阵 $\boldsymbol{G}$，满足 Penrose 方程的一部分或全部，则称 $\boldsymbol{G}$ 为 $\boldsymbol{A}$ 的**广义逆矩阵**.

如果广义逆矩阵 $\boldsymbol{G}$ 满足第 i 个条件，则把 $\boldsymbol{G}$ 记作 $\boldsymbol{A}^{(i)}$，并把这类矩阵的全体记作 $\boldsymbol{A}\{i\}$，于是 $\boldsymbol{A}^{(i)}\in\boldsymbol{A}\{i\}$. 类似地，把满足第 i,j 两个条件的广义逆矩阵 $\boldsymbol{G}$ 记作 $\boldsymbol{A}^{(i,j)}$；满足第 i,j,k 三个条件的广义逆矩阵 $\boldsymbol{G}$ 记作 $\boldsymbol{A}^{(i,j,k)}$；满足全部 4 个条件的广义逆矩阵 $\boldsymbol{G}$ 记作 $\boldsymbol{A}^{(1,2,3,4)}$. 相应地分别有 $\boldsymbol{A}\{i,j\}$，$\boldsymbol{A}\{i,j,k\}$，$\boldsymbol{A}\{1,2,3,4\}$.

由定义 8.1.1 可知，满足 1 个、2 个、3 个、4 个 Penrose 方程的广义逆矩阵共有 15 种. 但应用较多的是 $\boldsymbol{A}^{(1)}$,$\boldsymbol{A}^{(1,3)}$,$\boldsymbol{A}^{(1,4)}$ 和 $\boldsymbol{A}^{(1,2,3,4)}$ 四种广义逆,分别记为 $\boldsymbol{A}^{-}$,$\boldsymbol{A}_l^{-}$,$\boldsymbol{A}_m^{-}$ 和 $\boldsymbol{A}^{+}$,并称 $\boldsymbol{A}^{-}$ 为**减号逆或 g-逆**,$\boldsymbol{A}_l^{-}$ 为**最小二乘广义逆**,$\boldsymbol{A}_m^{-}$ **为极小范数广义逆**,$\boldsymbol{A}^{+}$ **为加号逆**或 **Moore-Penrose 广义逆**. 下面分别介绍 4 种广义逆以及它们与线性方程组 $\boldsymbol{A}x=b$ 的关系.

§8.2 广义逆矩阵 $\boldsymbol{A}^{-}$ 与线性方程组的解

关于 $m\times n$ 矩阵 $\boldsymbol{A}$ 的广义逆矩阵 $\boldsymbol{A}^{-}$ 的存在性及其计算,有如下结果.

定理 8.2.1 设 $\boldsymbol{A}$ 是 $m\times n$ 矩阵且 $\operatorname{rank}(\boldsymbol{A})=r\geqslant 1$,如果存在非奇异矩阵 $\boldsymbol{P}$ 和 $\boldsymbol{Q}$ 使得

$$\boldsymbol{PAQ}=\begin{pmatrix}\boldsymbol{I}_r & 0\\ 0 & 0\end{pmatrix} \tag{8.2.1}$$

则 $\boldsymbol{G}\in\boldsymbol{A}\{1\}$ 的充分必要条件是

$$\boldsymbol{G}=\boldsymbol{Q}\begin{pmatrix}\boldsymbol{I}_r & \boldsymbol{K}\\ \boldsymbol{L} & \boldsymbol{M}\end{pmatrix}\boldsymbol{P} \tag{8.2.2}$$

其中 $\boldsymbol{K}\in\mathbf{R}^{r\times(m-r)}$,$\boldsymbol{L}\in\mathbf{R}^{(n-r)\times r}$ 和 $\boldsymbol{M}\in\mathbf{R}^{(n-r)\times(m-r)}$ 是任意的矩阵.

证明 直接验证(8.2.2)定义的 $\boldsymbol{G}$ 满足 $\boldsymbol{AGA}=\boldsymbol{A}$,并且满足 $\boldsymbol{AGA}=\boldsymbol{A}$ 的 $\boldsymbol{G}$ 具有形式(8.2.2). □

定理 8.2.1 说明矩阵 $\boldsymbol{A}$ 的广义逆矩阵 $\boldsymbol{A}^{-}$ 一定存在,但一般不惟一. $\boldsymbol{A}^{-}$ 惟一的充分必要条件是 $m=n=r$,即 $\boldsymbol{A}$ 非奇异,此时 $\boldsymbol{A}^{-}$ 就是 $\boldsymbol{A}$ 的逆矩阵 $\boldsymbol{A}^{-1}$.

由减号逆的构造不难得出如下性质.

定理 8.2.2 设 $\boldsymbol{A}$ 是 $m\times n$ 矩阵,$\boldsymbol{P}$ 和 $\boldsymbol{Q}$ 分别是 m 阶和 n 阶非奇异方阵,且 $\boldsymbol{B}=\boldsymbol{PAQ}$,$\boldsymbol{A}^{-}$ 是 $\boldsymbol{A}$ 的减号逆,则

(1) $\operatorname{rank}(\boldsymbol{A})\leqslant\operatorname{rank}(\boldsymbol{A}^{-})$;

(2) $\boldsymbol{AA}^{-}$ 和 $\boldsymbol{A}^{-}\boldsymbol{A}$ 是幂等矩阵,并且 $\operatorname{rank}(\boldsymbol{AA}^{-})=\operatorname{rank}(\boldsymbol{A}^{-}\boldsymbol{A})=\operatorname{rank}(\boldsymbol{A})$;

(3) $\boldsymbol{Q}^{-1}\boldsymbol{A}^{-}\boldsymbol{P}^{-1}\in\boldsymbol{B}\{1\}$.

证明 由(8.2.2)即得(1)和(2). 因为

$$\boldsymbol{BQ}^{-1}\boldsymbol{A}^{-}\boldsymbol{P}^{-1}\boldsymbol{B}=\boldsymbol{PAQQ}^{-1}\boldsymbol{A}^{-}\boldsymbol{P}^{-1}\boldsymbol{PAQ}=\boldsymbol{PAA}^{-}\boldsymbol{AQ}=\boldsymbol{PAQ}=\boldsymbol{B}$$

所以 $\boldsymbol{Q}^{-1}\boldsymbol{A}^{-}\boldsymbol{P}^{-1}\in\boldsymbol{B}\{1\}$. □

如果线性方程组 $\boldsymbol{A}x=b$ 有解,则称该方程组是**相容方程组**;否则称为**不相容或矛盾方程组**. 下面的定理说明,减号逆可以直接给出相容方程组 $\boldsymbol{A}x=b$ 的解.

定理 8.2.3 设 $\boldsymbol{A}$ 是 $m\times n$ 矩阵，则 $\boldsymbol{G}\in\boldsymbol{A}\{1\}$ 的充分必要条件为 $x=\boldsymbol{G}b$ 是相容方程组 $\boldsymbol{A}x=b$ 的解.

证明 必要性. 若 $\boldsymbol{G}\in\boldsymbol{A}\{1\}$，则 $\boldsymbol{G}$ 满足 $\boldsymbol{AGA}=\boldsymbol{A}$. 对任意的 $b\in R(\boldsymbol{A})$，存在 $y\in\mathbf{R}^n$ 使得 $\boldsymbol{A}y=b$. 对这个 y，由 $\boldsymbol{AGA}=\boldsymbol{A}$ 有 $\boldsymbol{AGA}y=\boldsymbol{A}y$，即 $\boldsymbol{AG}b=b$. 这说明 $x=\boldsymbol{G}b$ 是 $\boldsymbol{A}x=b$ 的解.

充分性. 对任意的 $y\in\mathbf{R}^n$，令 $b=\boldsymbol{A}y$，则 $b\in R(\boldsymbol{A})$. 因为 $x=\boldsymbol{G}b$ 是 $\boldsymbol{A}x=b$ 的解，则有 $\boldsymbol{AG}b=b$，代入 $b=\boldsymbol{A}y$ 得 $\boldsymbol{AGA}y=\boldsymbol{A}y$. 由 $y\in\mathbf{R}^n$ 的任意性可得 $\boldsymbol{AGA}=\boldsymbol{A}$. □

减号逆主要应用于研究线性方程组. 下面先给出 Penrose 定理，它在许多问题的讨论中具有重要作用. 然后由 Penrose 定理导出线性方程组的可解性、通解表达式以及减号逆的通式.

定理 8.2.4(Penrose 定理) 设 $\boldsymbol{A},\boldsymbol{B},\boldsymbol{C}$ 分别为 $m\times n,p\times q,m\times q$ 矩阵，则矩阵方程

$$\boldsymbol{AXB}=\boldsymbol{C} \tag{8.2.3}$$

有解的充分必要条件是

$$\boldsymbol{AA}^-\boldsymbol{CB}^-\boldsymbol{B}=\boldsymbol{C} \tag{8.2.4}$$

并且在有解的情况下，其通解为

$$\boldsymbol{X}=\boldsymbol{A}^-\boldsymbol{CB}^-+\boldsymbol{Y}-\boldsymbol{A}^-\boldsymbol{AYBB}^- \tag{8.2.5}$$

其中 $\boldsymbol{Y}\in\mathbf{R}^{n\times p}$ 是任意的矩阵.

证明 必要性. 如果矩阵方程(8.2.3)有解，设 $\boldsymbol{X}$ 为其任一解，则

$$\boldsymbol{C}=\boldsymbol{AXB}=\boldsymbol{AA}^-\boldsymbol{AXBB}^-\boldsymbol{B}=\boldsymbol{AA}^-\boldsymbol{CB}^-\boldsymbol{B}$$

充分性. 如果(8.2.4)成立，则 $\boldsymbol{X}=\boldsymbol{A}^-\boldsymbol{CB}^-$ 是矩阵方程(8.2.3)的解，即矩阵方程(8.2.3)有解.

下面证明(8.2.5)是矩阵方程(8.2.3)的通解.

显然，(8.2.5)给出的 $\boldsymbol{X}$ 满足方程 $\boldsymbol{AXB}=\boldsymbol{C}$；另一方面，矩阵方程(8.2.3)的任一解 $\boldsymbol{X}$ 都可通过适当选取矩阵 $\boldsymbol{Y}$ 得到，即 $\boldsymbol{X}$ 总可写成

$$\boldsymbol{X}=\boldsymbol{A}^-\boldsymbol{CB}^-+\boldsymbol{X}-\boldsymbol{A}^-\boldsymbol{AXBB}^-$$

它具有(8.2.5)的形式. □

把定理 8.2.4 应用于线性方程组 $\boldsymbol{A}x=b$，即得其可解性条件和通解表达式.

定理 8.2.5 设 $\boldsymbol{A}\in\mathbf{R}^{m\times n}$，$b\in\mathbf{R}^m$，则线性方程组 $\boldsymbol{A}x=b$ 有解的充分必要条件是

$$\boldsymbol{A}\boldsymbol{A}^{-}b = b \tag{8.2.6}$$

这时,$\boldsymbol{A}x=b$ 的通解是

$$x = \boldsymbol{A}^{-}b + (\boldsymbol{I}-\boldsymbol{A}^{-}\boldsymbol{A})y \tag{8.2.7}$$

其中 $y\in\mathbf{R}^n$ 是任意的.

应用定理 8.2.4 于矩阵方程

$$\boldsymbol{AGA} = \boldsymbol{A} \tag{8.2.8}$$

可得其通解为

$$\boldsymbol{G} = \boldsymbol{A}^{-}\boldsymbol{A}\boldsymbol{A}^{-} + \boldsymbol{Y} - \boldsymbol{A}^{-}\boldsymbol{AYAA}^{-} \tag{8.2.9}$$

其中 $\boldsymbol{Y}$ 是任意的 $n\times m$ 矩阵,$\boldsymbol{A}^{-}$ 是 $\boldsymbol{A}$ 的任一广义逆矩阵. 令

$$\boldsymbol{Y} = \boldsymbol{A}^{-} + \boldsymbol{Z} \tag{8.2.10}$$

其中 $\boldsymbol{Z}$ 是任意的 $n\times m$ 矩阵,则

$$\boldsymbol{G} = \boldsymbol{A}^{-}\boldsymbol{A}\boldsymbol{A}^{-} + \boldsymbol{A}^{-} + \boldsymbol{Z} - \boldsymbol{A}^{-}\boldsymbol{A}(\boldsymbol{A}^{-}+\boldsymbol{Z})\boldsymbol{A}\boldsymbol{A}^{-} = \boldsymbol{A}^{-} + \boldsymbol{Z} - \boldsymbol{A}^{-}\boldsymbol{AZAA}^{-}$$

定理 8.2.6　设 $\boldsymbol{A}\in\mathbf{R}^{m\times n}$,则 $\boldsymbol{A}\{1\}$ 的通式为

$$\boldsymbol{A}\{1\} = \{\boldsymbol{A}^{-} + \boldsymbol{Z} - \boldsymbol{A}^{-}\boldsymbol{AZAA}^{-} \mid \boldsymbol{Z}\in\mathbf{R}^{n\times m}\} \tag{8.2.11}$$

§8.3　极小范数广义逆 $\boldsymbol{A}_m^{-}$ 与线性方程组的极小范数解

有关矩阵 $\boldsymbol{A}$ 的极小范数广义逆 $\boldsymbol{A}_m^{-}$ 的存在性,有如下结果.

定理 8.3.1　设 $m\times n$ 矩阵 $\boldsymbol{A}$ 的奇异值分解为

$$\boldsymbol{A} = \boldsymbol{U}\begin{pmatrix}\boldsymbol{\Sigma} & 0\\ 0 & 0\end{pmatrix}\boldsymbol{V}^{\mathrm{T}} \tag{8.3.1}$$

其中 $\boldsymbol{U}\in\mathbf{R}^{m\times m}$ 和 $\boldsymbol{V}\in\mathbf{R}^{n\times n}$ 是正交矩阵,$\boldsymbol{\Sigma}=\mathrm{diag}(\sigma_1,\cdots,\sigma_r)>0$,$r=\mathrm{rank}(\boldsymbol{A})\geqslant 1$. 则 $\boldsymbol{G}\in\boldsymbol{A}\{1,4\}$ 的充分必要条件是

$$\boldsymbol{G} = \boldsymbol{V}\begin{pmatrix}\boldsymbol{\Sigma}^{-1} & \boldsymbol{K}\\ 0 & \boldsymbol{M}\end{pmatrix}\boldsymbol{U}^{\mathrm{T}} \tag{8.3.2}$$

其中 $\boldsymbol{K}\in\mathbf{R}^{r\times(m-r)}$,$\boldsymbol{M}\in\mathbf{R}^{(n-r)\times(m-r)}$ 是任意的矩阵.

证明　容易验证(8.3.2)定义的 $\boldsymbol{G}$ 满足 $\boldsymbol{AGA}=\boldsymbol{A}$ 和 $(\boldsymbol{GA})^{\mathrm{T}}=\boldsymbol{GA}$,并且满足 $\boldsymbol{AGA}=\boldsymbol{A}$ 和 $(\boldsymbol{GA})^{\mathrm{T}}=\boldsymbol{GA}$ 的 $\boldsymbol{G}$ 具有形式(8.3.2).　□

定理 8.3.1 说明矩阵 $\boldsymbol{A}$ 的极小范数广义逆 $\boldsymbol{A}_m^{-}$ 存在但不惟一. $\boldsymbol{A}$ 的极小

范数广义逆的全体 $A\{1,4\}$ 由下列定理表征.

定理 8.3.2 设 $A\in \mathbf{R}^{m\times n}$,$G\in A\{1,4\}$ 的充分必要条件是 G 满足

$$GAA^{\mathrm{T}} = A^{\mathrm{T}} \tag{8.3.3}$$

证明 如果 $G\in A\{1,4\}$,$GAA^{\mathrm{T}}=(GA)^{\mathrm{T}}A^{\mathrm{T}}=A^{\mathrm{T}}G^{\mathrm{T}}A^{\mathrm{T}}=A^{\mathrm{T}}$. 反过来,如果 G 满足(8.3.3),则 $GAA^{\mathrm{T}}G^{\mathrm{T}}=A^{\mathrm{T}}G^{\mathrm{T}}$,即 $GA(GA)^{\mathrm{T}}=(GA)^{\mathrm{T}}$. 因此 GA 是对称矩阵,即

$$(GA)^{\mathrm{T}} = GA \tag{8.3.4}$$

由(8.3.3)和(8.3.4),有

$$\begin{aligned}(AGA-A)^{\mathrm{T}}(AGA-A) &= ((GA)^{\mathrm{T}}A^{\mathrm{T}}-A^{\mathrm{T}})(AGA-A)\\ &= (GAA^{\mathrm{T}}-A^{\mathrm{T}})(AGA-A)=0\end{aligned}$$

则 $AGA=A$. 于是,$G\in A\{1,4\}$. □

定理 8.3.3 设 $A\in \mathbf{R}^{m\times n}$,$A_m^-$ 是 A 的任一极小范数广义逆,则

$$A\{1,4\} = \{G\in \mathbf{R}^{n\times m} \mid GA = A_m^-A\} \tag{8.3.5}$$

证明 如果 G 满足

$$GA = A_m^-A \tag{8.3.6}$$

则

$$AGA = AA_m^-A = A$$

$$(GA)^{\mathrm{T}} = (A_m^-A)^{\mathrm{T}} = A_m^-A = GA$$

所以 $G\in A\{1,4\}$. 另一方面,对任一 $G\in A\{1,4\}$,则

$$\begin{aligned}A_m^-A &= A_m^-AGA = (A_m^-A)^{\mathrm{T}}(GA)^{\mathrm{T}}\\ &= A^{\mathrm{T}}(A_m^-)^{\mathrm{T}}A^{\mathrm{T}}G^{\mathrm{T}} = A^{\mathrm{T}}G^{\mathrm{T}} = (GA)^{\mathrm{T}} = GA\end{aligned}$$ □

应用定理 8.2.4 于矩阵方程(8.3.6),即得 $A\{1,4\}$ 的通式.

定理 8.3.4 设 $A\in \mathbf{R}^{m\times n}$,$A^-$ 是 A 的任一广义逆矩阵,A_m^- 是 A 的任一极小范数广义逆,则

$$A\{1,4\} = \{G\in \mathbf{R}^{n\times m} \mid G = A_m^- + Z(I-AA^-), Z\in \mathbf{R}^{n\times m}\} \tag{8.3.7}$$

证明 由定理 8.2.4 知,矩阵方程(8.3.6)有解,并且其通解为

$$G = A_m^-AA^- + Y - YAA^- \tag{8.3.8}$$

其中 $Y\in \mathbf{R}^{n\times m}$. 令 $Y=A_m^-+Z$,$Z\in \mathbf{R}^{n\times m}$,则 $G=A_m^-+Z(I-AA^-)$. □

在上一节我们已经证明了相容线性方程组 $\boldsymbol{A}x=b$ 的解可以用广义逆矩阵 $\boldsymbol{A}^{-}$ 表示为

$$x=\boldsymbol{A}^{-}b \tag{8.3.9}$$

并且给出了通解表达式

$$x=\boldsymbol{A}^{-}b+(\boldsymbol{I}-\boldsymbol{A}^{-}\boldsymbol{A})y \tag{8.3.10}$$

现在我们要在相容线性方程组 $\boldsymbol{A}x=b$ 的解集合中求范数最小的解，即求广义逆矩阵 $\boldsymbol{G}$ 使得

$$\|\boldsymbol{G}b\|_2=\min_{\boldsymbol{A}x=b}\|x\|_2 \tag{8.3.11}$$

我们称具有这种性质的解为相容线性方程组 $\boldsymbol{A}x=b$ 的**极小范数解**. 下面将证明与这种极小范数解相对应的广义逆矩阵就是上面讨论的极小范数广义逆.

定理 8.3.5 设 $\boldsymbol{A}$ 是 $m\times n$ 矩阵，则 $\boldsymbol{G}\in\boldsymbol{A}\{1,4\}$ 的充分必要条件为 $x=\boldsymbol{G}b$ 是相容方程组 $\boldsymbol{A}x=b$ 的极小范数解.

证明 必要性. 若 $\boldsymbol{G}\in\boldsymbol{A}\{1\}$，则相容线性方程组 $\boldsymbol{A}x=b$ 的通解为

$$x=\boldsymbol{G}b+(\boldsymbol{I}-\boldsymbol{G}\boldsymbol{A})y$$

如果 $\boldsymbol{G}$ 还满足 $(\boldsymbol{G}\boldsymbol{A})^{\mathrm{T}}=\boldsymbol{G}\boldsymbol{A}$，则 $x=\boldsymbol{G}b$ 是 $\boldsymbol{A}x=b$ 的极小范数解.

事实上，由于

$$\begin{aligned}\|x\|_2^2&=\|\boldsymbol{G}b+(\boldsymbol{I}-\boldsymbol{G}\boldsymbol{A})y\|_2^2=(\boldsymbol{G}b+(\boldsymbol{I}-\boldsymbol{G}\boldsymbol{A})y)^{\mathrm{T}}(\boldsymbol{G}b+(\boldsymbol{I}-\boldsymbol{G}\boldsymbol{A})y)\\&=\|\boldsymbol{G}b\|_2^2+\|(\boldsymbol{I}-\boldsymbol{G}\boldsymbol{A})y\|_2^2+(\boldsymbol{G}b)^{\mathrm{T}}(\boldsymbol{I}-\boldsymbol{G}\boldsymbol{A})y+((\boldsymbol{I}-\boldsymbol{G}\boldsymbol{A})y)^{\mathrm{T}}\boldsymbol{G}b\end{aligned}$$

对任意的 $b\in R(\boldsymbol{A})$，存在 $z\in\mathbf{R}^n$ 使得 $\boldsymbol{A}z=b$，则

$$\begin{aligned}&(\boldsymbol{G}b)^{\mathrm{T}}(\boldsymbol{I}-\boldsymbol{G}\boldsymbol{A})y=(\boldsymbol{G}\boldsymbol{A}z)^{\mathrm{T}}(\boldsymbol{I}-\boldsymbol{G}\boldsymbol{A})y=z^{\mathrm{T}}(\boldsymbol{G}\boldsymbol{A})^{\mathrm{T}}(\boldsymbol{I}-\boldsymbol{G}\boldsymbol{A})y\\&=z^{\mathrm{T}}\boldsymbol{G}\boldsymbol{A}(\boldsymbol{I}-\boldsymbol{G}\boldsymbol{A})y=z^{\mathrm{T}}(\boldsymbol{G}\boldsymbol{A}-\boldsymbol{G}\boldsymbol{A}\boldsymbol{G}\boldsymbol{A})y=z^{\mathrm{T}}(\boldsymbol{G}\boldsymbol{A}-\boldsymbol{G}\boldsymbol{A})y=0\end{aligned}$$

同理可证 $((\boldsymbol{I}-\boldsymbol{G}\boldsymbol{A})y)^{\mathrm{T}}\boldsymbol{G}b=0$. 因此，有

$$\|x\|_2^2=\|\boldsymbol{G}b\|_2^2+\|(\boldsymbol{I}-\boldsymbol{G}\boldsymbol{A})y\|_2^2\geqslant\|\boldsymbol{G}b\|_2^2$$

这说明 $x=\boldsymbol{G}b$ 是 $\boldsymbol{A}x=b$ 的极小范数解.

充分性. 若 $x=\boldsymbol{G}b$ 是相容线性方程组 $\boldsymbol{A}x=b$ 的极小范数解，则由定理 8.2.3 知 $\boldsymbol{G}\in\boldsymbol{A}\{1\}$，从而 $\boldsymbol{A}x=b$ 的通解为 $x=\boldsymbol{G}b+(\boldsymbol{I}-\boldsymbol{G}\boldsymbol{A})y$. 因为 $\boldsymbol{G}b$ 是 $\boldsymbol{A}x=b$ 的极小范数解，则由(8.3.11)知，对任意的 $b,y\in\mathbf{R}^n$，有

$$\|\boldsymbol{G}b\|_2\leqslant\|\boldsymbol{G}b+(\boldsymbol{I}-\boldsymbol{G}\boldsymbol{A})y\|_2 \tag{8.3.12}$$

令 $b=Az, z\in \mathbf{R}^n$，则

$$\| GAz \|_2 \leqslant \| GAz + (I - GA)y \|_2 \tag{8.3.13}$$

欲使上述不等式恒成立，其充分必要条件是

$$(GAz)^{\mathrm{T}}(I - GA)y = 0 \tag{8.3.14}$$

对任意的 $y, z\in \mathbf{R}^n$ 恒成立. 由 y, z 的任意性，即得

$$(GA)^{\mathrm{T}}(I - GA) = 0$$

这表明 GA 是对称矩阵，从而 $(GA)^{\mathrm{T}}=GA$. 因此，$G\in A\{1,4\}$.　□

虽然极小范数广义逆不惟一，但是相容线性方程组 $Ax=b$ 的极小范数解却是惟一的.

定理 8.3.6　相容线性方程组 $Ax=b$ 的极小范数解是惟一的.

证明　对 $b\in R(A)$，存在 $z\in \mathbf{R}^n$ 使得 $Az=b$. 设 G_1, G_2 是矩阵 A 的两个不同的极小范数广义逆，则

$$x_1 = G_1 b = G_1 Az$$

和

$$x_2 = G_2 b = G_2 Az$$

均为 $Ax=b$ 的极小范数解. 由定理 8.3.2，有

$$(G_1 - G_2)AA^{\mathrm{T}} = 0$$

上式两边右乘 $(G_1-G_2)^{\mathrm{T}}$，得

$$[(G_1 - G_2)A][(G_1 - G_2)A]^{\mathrm{T}} = 0$$

则有 $(G_1-G_2)A=0$，从而

$$x_1 - x_2 = (G_1 - G_2)Az = 0$$

因此，$x_1=x_2$.　□

§8.4　最小二乘广义逆 A_l^- 与矛盾方程组的最小二乘解

类似于定理 8.3.1，有关矩阵 A 的最小二乘广义逆 A_l^- 有如下结果.

定理 8.4.1　设 $m\times n$ 矩阵 A 的奇异值分解为

$$A = U\begin{pmatrix} \boldsymbol{\Sigma} & 0 \\ 0 & 0 \end{pmatrix}V^{\mathrm{T}} \tag{8.4.1}$$

其中$U\in\mathbf{R}^{m\times m}$和$V\in\mathbf{R}^{n\times n}$是正交矩阵,$\boldsymbol{\Sigma}=\mathrm{diag}(\sigma_1,\cdots,\sigma_r)>0$,$r=\mathrm{rank}(\boldsymbol{A})\geqslant 1$. 则$G\in A\{1,3\}$的充分必要条件是

$$G=V\begin{pmatrix}\boldsymbol{\Sigma}^{-1} & 0\\ L & M\end{pmatrix}U^{\mathrm{T}} \tag{8.4.2}$$

其中$L\in\mathbf{R}^{(n-r)\times r}$和$M\in\mathbf{R}^{(n-r)\times(m-r)}$是任意的矩阵.

矩阵A的最小二乘广义逆的全体$A\{1,3\}$由下列定理表征.

定理 8.4.2 设$A\in\mathbf{R}^{m\times n}$,$G\in A\{1,3\}$的充分必要条件是$G$满足

$$A^{\mathrm{T}}AG=A^{\mathrm{T}} \tag{8.4.3}$$

证明与定理 8.3.2 类似,作为练习留给读者.

类似于定理 8.3.3,可得

定理 8.4.3 设$A\in\mathbf{R}^{m\times n}$,$A_l^-$是$A$的任一最小二乘广义逆,则

$$A\{1,3\}=\{G\in\mathbf{R}^{n\times m}\mid AG=AA_l^-\} \tag{8.4.4}$$

证明作为练习留给读者.

应用定理 8.2.4 于矩阵方程

$$AG=AA_l^- \tag{8.4.5}$$

可得$A\{1,3\}$的通式.

定理 8.4.4 设$A\in\mathbf{R}^{m\times n}$,$A^-$是$A$的任一广义逆矩阵,$A_l^-$是$A$的任一最小二乘广义逆,则

$$A\{1,3\}=\{G\in\mathbf{R}^{n\times m}\mid G=A_l^-+(I-A^-A)Z,Z\in\mathbf{R}^{n\times m}\} \tag{8.4.6}$$

证明 应用定理 8.2.4 于矩阵方程(8.4.5),得其通解为

$$G=A^-AA_l^-+Y-A^-AY \tag{8.4.7}$$

其中$Y\in\mathbf{R}^{n\times m}$. 令$Y=A_l^-+Z$,$Z\in\mathbf{R}^{n\times m}$,则$G=A_l^-+(I-A^-A)Z$. □

如果线性方程组$Ax=b$不相容,则它没有通常意义下的解,残量$b-Ax$不等于零. 但这类方程组在许多实际问题中经常出现. 对于这类方程组,我们可以求这样的解,使它的残量范数为最小

$$\|Ax-b\|_2=\min \tag{8.4.8}$$

问题(8.4.8)就是求$b\in\mathbf{R}^m$在$\mathrm{span}(A)$上的最佳逼近,通常称问题(8.4.8)为**线性最小二乘问题**. 满足(8.4.8)的x称为不相容线性方程组$Ax=b$的**最小二乘解**.

下面的定理建立了 $\boldsymbol{A}$ 的最小二乘广义逆 $\boldsymbol{A}_l^-$ 与不相容线性方程组 $\boldsymbol{A}x=b$ 的最小二乘解之间的关系.

定理 8.4.5 设 $\boldsymbol{A}$ 是 $m\times n$ 矩阵,则 $\boldsymbol{G}\in\boldsymbol{A}\{1,3\}$ 的充分必要条件为 $x=\boldsymbol{G}b$ 是不相容线性方程组 $\boldsymbol{A}x=b$ 的最小二乘解.

证明 必要性. 若 $\boldsymbol{G}\in\boldsymbol{A}\{1,3\}$,则 $x=\boldsymbol{G}b$ 是不相容线性方程组 $\boldsymbol{A}x=b$ 的最小二乘解.

事实上,对任意的 $x\in\mathbf{R}^n$,有

$$\begin{aligned}\|\boldsymbol{A}x-b\|_2^2 &= \|(\boldsymbol{AG}b-b)+\boldsymbol{A}(x-\boldsymbol{G}b)\|_2^2 \\ &= \|\boldsymbol{AG}b-b\|_2^2+\|\boldsymbol{A}(x-\boldsymbol{G}b)\|_2^2+2(\boldsymbol{A}(x-\boldsymbol{G}b))^{\mathrm{T}} \\ &\quad\cdot(\boldsymbol{AG}b-b)\end{aligned}\tag{8.4.9}$$

由定理 8.4.2 可得

$$(\boldsymbol{A}(x-\boldsymbol{G}b))^{\mathrm{T}}(\boldsymbol{AG}b-b)=(x-\boldsymbol{G}b)^{\mathrm{T}}\boldsymbol{A}^{\mathrm{T}}(\boldsymbol{AG}-\boldsymbol{I})b=0 \tag{8.4.10}$$

因此,有

$$\|\boldsymbol{A}x-b\|_2^2=\|\boldsymbol{AG}b-b\|_2^2+\|\boldsymbol{A}(x-\boldsymbol{G}b)\|_2^2\geqslant\|\boldsymbol{AG}b-b\|_2^2$$

这说明 $x=\boldsymbol{G}b$ 是 $\boldsymbol{A}x=b$ 的最小二乘解.

充分性. 若 $x=\boldsymbol{G}b$ 是不相容线性方程组 $\boldsymbol{A}x=b$ 的最小二乘解,则对任意的 $x\in\mathbf{R}^n$,$b\in\mathbf{R}^m$,都有

$$\|\boldsymbol{AG}b-b\|_2^2\leqslant\|\boldsymbol{A}x-b\|_2^2 \tag{8.4.11}$$

由(8.4.9)知,不等式(8.4.11)恒成立的充分必要条件是对任意的 $x\in\mathbf{R}^n$,$b\in\mathbf{R}^m$,等式(8.4.10)恒成立. 由 b 和 $x-\boldsymbol{G}b$ 的任意性,可得 $\boldsymbol{A}^{\mathrm{T}}(\boldsymbol{AG}-\boldsymbol{I})=0$. 由定理 8.4.2 知,$\boldsymbol{G}\in\boldsymbol{A}\{1,3\}$. □

定理 8.4.6 不相容线性方程组 $\boldsymbol{A}x=b$ 的最小二乘解必为相容线性方程组

$$\boldsymbol{A}^{\mathrm{T}}\boldsymbol{A}x=\boldsymbol{A}^{\mathrm{T}}b \tag{8.4.12}$$

的解;反之亦然.

证明 由定理 8.4.2 知,$x=\boldsymbol{A}_l^-b$ 是线性方程组(8.4.12)的解,所以线性方程组(8.4.12)相容.

如果 y 为不相容方程组 $\boldsymbol{A}x=b$ 的最小二乘解,则由定理 1.6.11(或例 1.6.6)知,y 是方程组(8.4.12)的解.

反过来. 若 y 是方程组(8.4.12)的解,则

$$\|\boldsymbol{A}x-b\|_2^2=\|\boldsymbol{A}(x-y)+(\boldsymbol{A}y-b)\|_2^2$$

$$= \| A(x-y) \|_2^2 + \| Ay-b \|_2^2 + 2(x-y)^T A^T (Ay-b)$$

$$= \| A(x-y) \|_2^2 + \| Ay-b \|_2^2 \geqslant \| Ay-b \|_2^2$$

上式说明 y 是不相容方程组 $Ax=b$ 的最小二乘解. □

由定理 8.4.6 可知,当 A 为列满秩时,不相容方程组 $Ax=b$ 的最小二乘解是惟一的.

定理 8.4.7 x 是不相容线性方程组 $Ax=b$ 的最小二乘解当且仅当 x 是相容线性方程组

$$Ax = AA_l^- b \tag{8.4.13}$$

的解,并且 $Ax=b$ 的最小二乘解的通式为

$$x = A_l^- b + (I - A^- A)y \tag{8.4.14}$$

其中 $y \in \mathbf{R}^n$ 是任意的.

证明 由定理 8.4.5 知,$x=A_l^- b$ 是不相容线性方程组 $Ax=b$ 的最小二乘解,并且 $x=A_l^- b$ 满足(8.4.13),因此线性方程组 $Ax=AA_l^- b$ 相容. 设 x 为 $Ax=b$ 的任一最小二乘解,则有 $\| Ax-b \|_2 = \| AA_l^- b-b \|_2 = \min$. 由于

$$\| Ax-b \|_2^2 - \| AA_l^- b-b \|_2^2 = \| A(x-A_l^- b) \|_2^2$$

$$+ 2(x-A_l^- b)^T A^T (AA_l^- - I)b$$

由定理 8.4.2 及 $\| Ax-b \|_2 = \| AA_l^- b-b \|_2$,可得

$$\| A(x-A_l^- b) \|_2 = 0$$

则 $A(x-A_l^- b)=0$,这说明 x 是线性方程组 $Ax=AA_l^- b$ 的解.

反过来. 如果 x 是相容线性方程组 $Ax=AA_l^- b$ 的解,则由定理 8.4.2 有

$$A^T Ax = A^T AA_l^- b = A^T b$$

由定理 8.4.6 知 x 为 $Ax=b$ 的最小二乘解.

因为 $A_l^- b$ 是相容线性方程组 $Ax=AA_l^- b$ 的一个特解,而齐次线性方程组 $Ax=0$ 的通解为 $(I-A^- A)y$,因此 $x=A_l^- b+(I-A^- A)y$ 是 $Ax=b$ 的最小二乘解的通式. □

§8.5 广义逆矩阵 A^+ 与线性方程组的极小最小二乘解

设 A 是 $m\times n$ 的矩阵,其秩为 $r(r\geqslant 1)$. 关于矩阵 A 的 Moore-Penrose 广义逆 A^+ 的存在性与惟一性,有如下结论.

定理 8.5.1 设 A 是任意的 $m\times n$ 矩阵，A^+ 存在并且惟一.

证明 设 A 的奇异值分解为

$$A = U\begin{bmatrix}\Sigma & 0\\ 0 & 0\end{bmatrix}V^{\mathrm{T}} \tag{8.5.1}$$

其中 $U\in\mathbf{R}^{m\times m}$ 和 $V\in\mathbf{R}^{n\times n}$ 是正交矩阵，$\Sigma=\mathrm{diag}(\sigma_1,\cdots,\sigma_r)>0$. 令

$$A^+ = V\begin{bmatrix}\Sigma^{-1} & 0\\ 0 & 0\end{bmatrix}U^{\mathrm{T}} \tag{8.5.2}$$

直接验证便知，(8.5.2)式定义的 A^+ 满足定义 8.1.1 中的 4 个 Penrose 方程，故 A^+ 存在.

再证惟一性. 设矩阵 G_1,G_2 都是 A 的 Moore-Penrose 广义逆，则

$$\begin{aligned}G_1 &= G_1AG_1 = G_1(AG_1)^{\mathrm{T}} = G_1G_1^{\mathrm{T}}A^{\mathrm{T}} = G_1G_1^{\mathrm{T}}(AG_2A)^{\mathrm{T}}\\ &= G_1G_1^{\mathrm{T}}A^{\mathrm{T}}(AG_2)^{\mathrm{T}} = G_1(AG_1)^{\mathrm{T}}AG_2 = G_1AG_1AG_2\\ &= G_1AG_2 = G_1AG_2AG_2 = (G_1A)^{\mathrm{T}}(G_2A)^{\mathrm{T}}G_2\\ &= (G_2AG_1A)^{\mathrm{T}}G_2 = (G_2A)^{\mathrm{T}}G_2 = G_2AG_2 = G_2\end{aligned}$$

□

定理 8.5.1 的证明同时也给出了计算 A^+ 的一个方法. 利用 A 的满秩分解，可以给出 A^+ 的另一个表示式.

定理 8.5.2 设 A 是 $m\times n$ 矩阵，其满秩分解为

$$A = BC \tag{8.5.3}$$

其中 B 是 $m\times r$ 矩阵，C 是 $r\times n$ 矩阵，$\mathrm{rank}(B)=\mathrm{rank}(C)=\mathrm{rank}(A)=r$，则

$$A^+ = C^{\mathrm{T}}(CC^{\mathrm{T}})^{-1}(B^{\mathrm{T}}B)^{-1}B^{\mathrm{T}} \tag{8.5.4}$$

证明 直接验证(8.5.4)式定义的 A^+ 满足定义 8.1.1 中的四个 Penrose 方程. □

Moore-Penrose 广义逆 A^+ 的基本性质可概述为如下定理.

定理 8.5.3 设 A 是 $m\times n$ 矩阵，则

(1) $(A^+)^+=A$；

(2) $(A^+)^{\mathrm{T}}=(A^{\mathrm{T}})^+$；

(3) $A^+AA^{\mathrm{T}}=A^{\mathrm{T}}=A^{\mathrm{T}}AA^+$；

(4) $(A^{\mathrm{T}}A)^+=A^+(A^{\mathrm{T}})^+=A^+(A^+)^{\mathrm{T}}$；

(5) $A^+=(A^{\mathrm{T}}A)^+A^{\mathrm{T}}=A^{\mathrm{T}}(AA^{\mathrm{T}})^+$；

(6)$\boldsymbol{A}^+=\boldsymbol{A}_m^-\boldsymbol{A}\boldsymbol{A}_l^-$；

(7)$\mathrm{rank}(\boldsymbol{A})=\mathrm{rank}(\boldsymbol{A}^+)=\mathrm{rank}(\boldsymbol{A}\boldsymbol{A}^+)=\mathrm{rank}(\boldsymbol{A}^+\boldsymbol{A})$；

(8)若 $\mathrm{rank}(\boldsymbol{A})=n$，则 $\boldsymbol{A}^+=(\boldsymbol{A}^{\mathrm{T}}\boldsymbol{A})^{-1}\boldsymbol{A}^{\mathrm{T}}$；

(9)若 $\mathrm{rank}(\boldsymbol{A})=m$，则 $\boldsymbol{A}^+=\boldsymbol{A}^{\mathrm{T}}(\boldsymbol{A}\boldsymbol{A}^{\mathrm{T}})^{-1}$；

(10)若 $\boldsymbol{U},\boldsymbol{V}$ 分别为 m,n 阶正交矩阵，则 $(\boldsymbol{UAV})^+=\boldsymbol{V}^{\mathrm{T}}\boldsymbol{A}^+\boldsymbol{U}^{\mathrm{T}}$；

(11) 若 $\boldsymbol{A}=\begin{pmatrix}\boldsymbol{R} & 0\\ 0 & 0\end{pmatrix}$，其中 $\boldsymbol{R}$ 为 r 阶非奇异矩阵，则 $\boldsymbol{A}^+=\begin{pmatrix}\boldsymbol{R}^{-1} & 0\\ 0 & 0\end{pmatrix}_{n\times m}$.

证明 这里仅给出(6)的证明，其余留作练习.

记 $\boldsymbol{G}=\boldsymbol{A}_m^-\boldsymbol{A}\boldsymbol{A}_l^-$，由 $\boldsymbol{A}_m^-$ 和 $\boldsymbol{A}_l^-$ 的性质，可得

$$\boldsymbol{AGA}=\boldsymbol{A}\boldsymbol{A}_m^-\boldsymbol{A}\boldsymbol{A}_l^-\boldsymbol{A}=\boldsymbol{A}\boldsymbol{A}_l^-\boldsymbol{A}=\boldsymbol{A}$$

$$\boldsymbol{GAG}=\boldsymbol{A}_m^-\boldsymbol{A}\boldsymbol{A}_l^-\boldsymbol{A}\boldsymbol{A}_m^-\boldsymbol{A}\boldsymbol{A}_l^-=\boldsymbol{A}_m^-\boldsymbol{A}\boldsymbol{A}_m^-\boldsymbol{A}\boldsymbol{A}_l^-=\boldsymbol{A}_m^-\boldsymbol{A}\boldsymbol{A}_l^-=\boldsymbol{G}$$

$$(\boldsymbol{AG})^{\mathrm{T}}=(\boldsymbol{A}\boldsymbol{A}_m^-\boldsymbol{A}\boldsymbol{A}_l^-)^{\mathrm{T}}=(\boldsymbol{A}\boldsymbol{A}_l^-)^{\mathrm{T}}=\boldsymbol{A}\boldsymbol{A}_l^-=\boldsymbol{AG}$$

$$(\boldsymbol{GA})^{\mathrm{T}}=(\boldsymbol{A}_m^-\boldsymbol{A}\boldsymbol{A}_l^-\boldsymbol{A})^{\mathrm{T}}=(\boldsymbol{A}_m^-\boldsymbol{A})^{\mathrm{T}}=\boldsymbol{A}_m^-\boldsymbol{A}=\boldsymbol{GA}$$

由 Moore-Penrose 广义逆的惟一性即得 $\boldsymbol{A}^+=\boldsymbol{G}=\boldsymbol{A}_m^-\boldsymbol{A}\boldsymbol{A}_l^-$. □

值得指出的是 $\boldsymbol{A}^{-1}$ 的许多性质，$\boldsymbol{A}^+$ 并不具备.

(1)对任意 $m\times n$ 矩阵 $\boldsymbol{A}$ 和 $n\times p$ 矩阵 $\boldsymbol{B}$，等式 $(\boldsymbol{AB})^+=\boldsymbol{B}^+\boldsymbol{A}^+$ 一般不成立.

事实上，若取 $\boldsymbol{A}=(1,1)$，$\boldsymbol{B}=\begin{pmatrix}1 & -1\\ 0 & 1\end{pmatrix}$，则

$$\boldsymbol{AB}=(1,0),(\boldsymbol{AB})^+=\begin{pmatrix}1\\ 0\end{pmatrix}$$

而

$$\boldsymbol{A}^+=\begin{pmatrix}1/2\\ 1/2\end{pmatrix},\ \boldsymbol{B}^+=\begin{pmatrix}1 & 1\\ 0 & 1\end{pmatrix},\ \boldsymbol{B}^+\boldsymbol{A}^+=\begin{pmatrix}1\\ 1/2\end{pmatrix}$$

可见 $(\boldsymbol{AB})^+\neq\boldsymbol{B}^+\boldsymbol{A}^+$.

如果 $\boldsymbol{A}$ 是列满秩矩阵，$\boldsymbol{B}$ 是行满秩矩阵，由定理 8.5.2 和定理 8.5.3(8)，(9)知，等式 $(\boldsymbol{AB})^+=\boldsymbol{B}^+\boldsymbol{A}^+$ 成立.

(2)对任意 $m\times n$ 矩阵 $\boldsymbol{A}$，$\boldsymbol{A}\boldsymbol{A}^+\neq\boldsymbol{A}^+\boldsymbol{A}$.

(3)对任意 $m\times n$ 矩阵 $\boldsymbol{A}$，若 $\boldsymbol{P},\boldsymbol{Q}$ 分别为 m,n 阶非奇异矩阵，则

$$(PAQ)^+ \neq Q^{-1}A^+ P^{-1}$$

(4)对任意 n 阶奇异矩阵 A 和正整数 k，$(A^k)^+ \neq (A^+)^k$.

事实上，当 $k=2$ 时，若取 $A=\begin{pmatrix} 1/\sqrt{2} & 1/\sqrt{2} \\ 0 & 0 \end{pmatrix}$，则 $A^2=\begin{pmatrix} 1/2 & 1/2 \\ 0 & 0 \end{pmatrix}$，$A^+=\begin{pmatrix} 1/\sqrt{2} & 0 \\ 1/\sqrt{2} & 0 \end{pmatrix}$，$(A^+)^2=\begin{pmatrix} 1/2 & 0 \\ 1/2 & 0 \end{pmatrix} \neq (A^2)^+$.

利用 Moore-Penrose 广义逆可以给出线性方程组 $Ax=b$ 的可解性条件和通解表达式.

定理 8.5.4 设 $A\in \mathbf{R}^{m\times n}$，$b\in \mathbf{R}^m$，则线性方程组 $Ax=b$ 有解的充分必要条件是

$$AA^+ b = b \tag{8.5.5}$$

这时，$Ax=b$ 的通解是

$$x = A^+ b + (I - A^+ A)y \tag{8.5.6}$$

其中 $y\in \mathbf{R}^n$ 是任意的.

证明 如果线性方程组 $Ax=b$ 有解，则由定理 8.2.5 知(8.5.5)成立；反过来，如果(8.5.5)成立，则 $x=A^+b$ 就是 $Ax=b$ 的一个解. 因此线性方程组 $Ax=b$ 有解.

类似于定理 8.2.4 的证明，可证 $Ax=b$ 的通解由(8.5.6)给出. □

定理 8.5.5 设 $A\in \mathbf{R}^{m\times n}$，$b\in \mathbf{R}^m$，则不相容线性方程组 $Ax=b$ 的最小二乘解的通式为

$$x = A^+ b + (I - A^+ A)y \tag{8.5.7}$$

其中 $y\in \mathbf{R}^n$ 是任意的.

证明 由定理 8.4.6 知，不相容线性方程组 $Ax=b$ 的最小二乘解与相容线性方程组 $A^{\mathrm{T}}Ax=A^{\mathrm{T}}b$ 的解一致. 由定理 8.5.4 知，$A^{\mathrm{T}}Ax=A^{\mathrm{T}}b$ 的通解为

$$x = (A^{\mathrm{T}}A)^+ A^{\mathrm{T}}b + [I - (A^{\mathrm{T}}A)^+ (A^{\mathrm{T}}A)]y$$

由定理 8.5.3(5)即得(8.5.7). □

不相容线性方程组 $Ax=b$ 的最小二乘解一般是不惟一的. 设 x_0 是 $Ax=b$ 的一个最小二乘解，如果对于任意的最小二乘解 x 都有

$$\| x_0 \|_2 \leqslant \| x \|_2 \tag{8.5.8}$$

则称 x_0 为 $Ax=b$ 的**极小最小二乘解**.

因为(8.5.7)给出了不相容线性方程组 $\boldsymbol{A}x=b$ 的最小二乘通解，并且

$$\|\boldsymbol{A}^{+}b+(\boldsymbol{I}-\boldsymbol{A}^{+}\boldsymbol{A})y\|_2^2=\|\boldsymbol{A}^{+}b\|_2^2+\|(\boldsymbol{I}-\boldsymbol{A}^{+}\boldsymbol{A})y\|_2^2\geqslant\|\boldsymbol{A}^{+}b\|_2^2$$

且等号成立当且仅当 $(\boldsymbol{I}-\boldsymbol{A}^{+}\boldsymbol{A})y=0$，所以 $\boldsymbol{A}x=b$ 的极小最小二乘解惟一，且为 $x=\boldsymbol{A}^{+}b$. 进一步，有如下定理.

定理 8.5.6　设 $\boldsymbol{A}$ 是 $m\times n$ 矩阵，则 $\boldsymbol{G}$ 是 Moore-Penrose 广义逆 $\boldsymbol{A}^{+}$ 的充分必要条件为 $x=\boldsymbol{G}b$ 是不相容线性方程组 $\boldsymbol{A}x=b$ 的极小最小二乘解.

证明　由定理 8.4.7 知，不相容方程组 $\boldsymbol{A}x=b$ 的最小二乘解与相容方程组

$$\boldsymbol{A}x=\boldsymbol{A}\boldsymbol{A}_l^{-}b \tag{8.5.9}$$

的解一致. 因此，$\boldsymbol{A}x=b$ 的极小最小二乘解就是方程组(8.5.9)的极小范数解，并且是惟一的，即有

$$x=\boldsymbol{A}_m^{-}\boldsymbol{A}\boldsymbol{A}_l^{-}b \tag{8.5.10}$$

由定理 8.5.3(6)，可得 $\boldsymbol{G}=\boldsymbol{A}_m^{-}\boldsymbol{A}\boldsymbol{A}_l^{-}=\boldsymbol{A}^{+}$.

注意到上述论证是可逆的，从而得到结论.　□

习　题

1. 设 $\boldsymbol{A}\in\mathbf{R}^{m\times n}$，$\mathrm{rank}(\boldsymbol{A})=r$. 证明：如果存在 m 阶正交矩阵 $\boldsymbol{Q}$ 使得

$$\boldsymbol{Q}^{\mathrm{T}}\boldsymbol{A}=\begin{pmatrix}\boldsymbol{R} & \boldsymbol{S}\\ 0 & 0\end{pmatrix}$$

其中 $\boldsymbol{R}$ 是 r 阶非奇异上三角矩阵，$\boldsymbol{S}$ 是 $r\times(n-r)$ 矩阵，则

$$\boldsymbol{A}^{-}=\begin{pmatrix}\boldsymbol{R}^{-1} & \boldsymbol{X}\\ \boldsymbol{Y} & 0\end{pmatrix}\boldsymbol{Q}^{\mathrm{T}}$$

其中 $\boldsymbol{Y}$ 是满足 $\boldsymbol{S}\boldsymbol{Y}=0$ 的 $(n-r)\times r$ 任意矩阵，$\boldsymbol{X}$ 是 $r\times(m-r)$ 任意矩阵.

2. 设 $\boldsymbol{A}\in\mathbf{R}^{m\times n}$，证明：

(1) $\boldsymbol{A}^{-}\boldsymbol{A}=\boldsymbol{I}_n$ 的充分必要条件是 $\mathrm{rank}(\boldsymbol{A})=n$；

(2) $\boldsymbol{A}\boldsymbol{A}^{-}=\boldsymbol{I}_m$ 的充分必要条件是 $\mathrm{rank}(\boldsymbol{A})=m$.

3. 求矩阵 $\boldsymbol{A}=\begin{pmatrix}2&1&0&1\\1&0&1&1\\1&0&1&1\end{pmatrix}$ 的减号逆 $\boldsymbol{A}^{-}$，并求线性方程组 $\boldsymbol{A}x=b$ 的通解，其中 $b=(2,1,1)^{\mathrm{T}}$.

4. 设 $\boldsymbol{A}\in\mathbf{R}^{m\times n}$，证明：$\boldsymbol{A}\{1\}=\{\boldsymbol{G}\in\mathbf{R}^{n\times m}\mid\boldsymbol{G}=\boldsymbol{A}^{-}+\boldsymbol{V}(\boldsymbol{I}-\boldsymbol{A}\boldsymbol{A}^{-})+(\boldsymbol{I}-\boldsymbol{A}^{-}\boldsymbol{A})\boldsymbol{W}\}$，其中 $\boldsymbol{V}$ 和 $\boldsymbol{W}$ 分别为 $n\times m$ 和 $m\times n$ 任意矩阵.

5. 设 $\boldsymbol{A}\in\mathbf{R}^{m\times n}$，证明：

(1) 若 $\boldsymbol{G}_1,\boldsymbol{G}_2\in\boldsymbol{A}\{1,4\}$，则 $(\boldsymbol{G}_1-\boldsymbol{G}_2)\boldsymbol{A}=0$；

(2)$\boldsymbol{A}_m^- = \boldsymbol{A}^{\mathrm{T}}(\boldsymbol{A}\boldsymbol{A}^{\mathrm{T}})^-$.

6. 求矩阵 $\boldsymbol{A}=\begin{pmatrix}1 & 0 & 2\\ 2 & 1 & 4\end{pmatrix}$ 的极小范数广义逆 $\boldsymbol{A}_m^-$，并求线性方程组 $\boldsymbol{A}x=b$ 的极小范数解，其中 $b=(1,-1)^{\mathrm{T}}$.

7. 设 $\boldsymbol{A}\in\mathbf{R}^{m\times n}$，证明：

(1)若 $\boldsymbol{G}_1,\boldsymbol{G}_2\in\boldsymbol{A}\{1,3\}$，则 $\boldsymbol{A}(\boldsymbol{G}_1-\boldsymbol{G}_2)=0$；

(2)$\boldsymbol{A}_l^- = (\boldsymbol{A}^{\mathrm{T}}\boldsymbol{A})^-\boldsymbol{A}^{\mathrm{T}}$.

8. 求矩阵 $\boldsymbol{A}=\begin{pmatrix}1 & 2\\ 2 & 1\\ 1 & 1\end{pmatrix}$ 的最小二乘广义逆 $\boldsymbol{A}_l^-$，并求不相容线性方程组 $\boldsymbol{A}x=b$ 的最小二乘解，其中 $b=(1,0,0)^{\mathrm{T}}$.

9. 求下列矩阵的 Moore-Penrose 广义逆 $\boldsymbol{A}^+$

(1)$\boldsymbol{A}=\begin{pmatrix}1 & 1 & 1\\ 1 & -1 & 0\end{pmatrix}$　　(2)$\boldsymbol{A}=\begin{pmatrix}1 & 0 & -1\\ 0 & 2 & 3\\ -1 & 3 & 1\end{pmatrix}$

(3)$\boldsymbol{A}=\begin{pmatrix}0 & 1 & 0 & 1\\ 0 & 1 & 0 & 1\\ 2 & 0 & 1 & 1\end{pmatrix}$　　(4)$\boldsymbol{A}=\begin{pmatrix}1 & 0 & 1 & 1\\ 2 & 1 & 2 & 1\\ 2 & 0 & 2 & 2\\ 4 & 2 & 4 & 2\end{pmatrix}$

10. 证明：如果 $\boldsymbol{A}$ 是 n 阶实对称矩阵，并且 $\boldsymbol{A}^2=\boldsymbol{A}$，则 $\boldsymbol{A}^+=\boldsymbol{A}$.

11. 设 $\boldsymbol{A}$ 是 n 阶正规矩阵，证明：$\boldsymbol{A}\boldsymbol{A}^+=\boldsymbol{A}^+\boldsymbol{A}$，并且对任一自然数 k 有 $(\boldsymbol{A}^k)^+=(\boldsymbol{A}^+)^k$.

12. 设 $\boldsymbol{A}$ 是 n 阶实矩阵，证明：$\boldsymbol{A}\boldsymbol{A}^+=\boldsymbol{A}^+\boldsymbol{A}$ 的充分必要条件是 $N(\boldsymbol{A})=N(\boldsymbol{A}^{\mathrm{T}})$.

13. 证明：若 $\boldsymbol{A}\boldsymbol{B}=0$，则 $\boldsymbol{B}^+\boldsymbol{A}^+=0$.

14. 设 $\boldsymbol{A}\in\mathbf{R}^{m\times n}$，证明：

(1)$(\boldsymbol{A}^{\mathrm{T}}\boldsymbol{A})^+=\boldsymbol{A}^+(\boldsymbol{A}^{\mathrm{T}})^+=\boldsymbol{A}^+(\boldsymbol{A}^+)^{\mathrm{T}}$；

(2)$(\boldsymbol{A}^{\mathrm{T}}\boldsymbol{A})^+\boldsymbol{A}^{\mathrm{T}}=\boldsymbol{A}^{\mathrm{T}}(\boldsymbol{A}\boldsymbol{A}^{\mathrm{T}})^+=\boldsymbol{A}^+$.

15. 用广义逆矩阵判断下列线性方程组是否相容. 如果相容，求其通解和极小范数解；如果不相容，求其最小二乘通解和极小最小二乘解.

(1)$\begin{cases}x_1+2x_2+3x_3-x_4=1,\\ 3x_1+2x_2+x_3-x_4=1,\\ 2x_1+3x_2+x_3+x_4=1;\end{cases}$　　(2)$\begin{cases}x_1+x_2=0,\\ x_1+x_3=0,\\ -x_1=1,\\ x_1+x_2+x_3=2.\end{cases}$

第九章 Kronecker 积与线性矩阵方程

本章讨论含有未知矩阵的线性矩阵代数方程. 首先介绍矩阵的 Kronecker 积及其有关性质. Kronecker 积不仅在矩阵方程的研究中起着重要作用，而且在其他方面也有许多应用.

§9.1 矩阵的 Kronecker 积

现在我们引入一种新的矩阵乘法运算，由于它在实、复运算上没有区别，因此以复矩阵进行阐述.

定义 9.1.1 设 $\boldsymbol{A}=(a_{ij})\in\boldsymbol{C}^{m\times n}$，$\boldsymbol{B}=(b_{ij})\in\boldsymbol{C}^{p\times q}$，则称如下分块矩阵

$$\boldsymbol{A}\otimes\boldsymbol{B}=\begin{bmatrix} a_{11}\boldsymbol{B} & a_{12}\boldsymbol{B} & \cdots & a_{1n}\boldsymbol{B} \\ a_{21}\boldsymbol{B} & a_{22}\boldsymbol{B} & \cdots & a_{2n}\boldsymbol{B} \\ \vdots & \vdots & & \vdots \\ a_{m1}\boldsymbol{B} & a_{m2}\boldsymbol{B} & \cdots & a_{mn}\boldsymbol{B} \end{bmatrix}\in\boldsymbol{C}^{mp\times nq}$$

为 $\boldsymbol{A}$ 与 $\boldsymbol{B}$ 的 **Kronecker 积(直积，张量积)**，简记为 $\boldsymbol{A}\otimes\boldsymbol{B}=(a_{ij}\boldsymbol{B})$.

显然 $\boldsymbol{A}\otimes\boldsymbol{B}$ 和 $\boldsymbol{B}\otimes\boldsymbol{A}$ 是同阶矩阵，但一般说来 $\boldsymbol{A}\otimes\boldsymbol{B}\neq\boldsymbol{B}\otimes\boldsymbol{A}$，即矩阵的 Kronecker 积不满足交换律. 例如

$$\boldsymbol{A}=\begin{bmatrix} 1 & 0 \\ -1 & 1 \end{bmatrix},\quad \boldsymbol{B}=[1\quad -1]$$

则

$$\boldsymbol{A}\otimes\boldsymbol{B}=\begin{bmatrix} 1 & -1 & 0 & 0 \\ -1 & 1 & 1 & -1 \end{bmatrix},\boldsymbol{B}\otimes\boldsymbol{A}=\begin{bmatrix} 1 & 0 & -1 & 0 \\ -1 & 1 & 1 & -1 \end{bmatrix}$$

对单位矩阵，有

$$\boldsymbol{I}_m\otimes\boldsymbol{I}_n=\boldsymbol{I}_n\otimes\boldsymbol{I}_m=\boldsymbol{I}_{mn}$$

定理 9.1.1 矩阵的 Kronecker 积具有下列基本性质：

(1) 对任意复数 k，$(k\boldsymbol{A})\otimes\boldsymbol{B}=\boldsymbol{A}\otimes(k\boldsymbol{B})=k(\boldsymbol{A}\otimes\boldsymbol{B})$；

(2) $(\boldsymbol{A}\otimes\boldsymbol{B})\otimes\boldsymbol{C}=\boldsymbol{A}\otimes(\boldsymbol{B}\otimes\boldsymbol{C})$；

(3) $\boldsymbol{A}\otimes(\boldsymbol{B}+\boldsymbol{C})=\boldsymbol{A}\otimes\boldsymbol{B}+\boldsymbol{A}\otimes\boldsymbol{C}$,

$(\boldsymbol{B}+\boldsymbol{C})\otimes\boldsymbol{A}=\boldsymbol{B}\otimes\boldsymbol{A}+\boldsymbol{C}\otimes\boldsymbol{A}$;

(4) $(\boldsymbol{A}\otimes\boldsymbol{B})^{\mathrm{T}}=\boldsymbol{A}^{\mathrm{T}}\otimes\boldsymbol{B}^{\mathrm{T}}$;

(5) $(\boldsymbol{A}\otimes\boldsymbol{B})^{\mathrm{H}}=\boldsymbol{A}^{\mathrm{H}}\otimes\boldsymbol{B}^{\mathrm{H}}$;

(6) 若 $\boldsymbol{A}\in\boldsymbol{C}^{k\times m}$, $\boldsymbol{B}\in\boldsymbol{C}^{p\times s}$, $\boldsymbol{C}\in\boldsymbol{C}^{m\times n}$, $\boldsymbol{D}\in\boldsymbol{C}^{s\times q}$, 则 $(\boldsymbol{A}\otimes\boldsymbol{B})(\boldsymbol{C}\otimes\boldsymbol{D})=(\boldsymbol{AC})\otimes(\boldsymbol{BD})$;

(7) $(\boldsymbol{A}\otimes\boldsymbol{B})^{+}=\boldsymbol{A}^{+}\otimes\boldsymbol{B}^{+}$;

(8) 如果 $\boldsymbol{A}$ 和 $\boldsymbol{B}$ 都是对角矩阵、上(下)三角矩阵、实对称矩阵、Hermite 矩阵、正交矩阵、酉矩阵,则 $\boldsymbol{A}\otimes\boldsymbol{B}$ 也分别是这种类型的矩阵.

证明 (1)~(5)由定义 9.1.1 即可证明.

$$(\boldsymbol{A}\otimes\boldsymbol{B})(\boldsymbol{C}\otimes\boldsymbol{D})=\begin{pmatrix} a_{11}\boldsymbol{B} & \cdots & a_{1m}\boldsymbol{B} \\ \vdots & & \vdots \\ a_{k1}\boldsymbol{B} & \cdots & a_{km}\boldsymbol{B}\end{pmatrix}\begin{pmatrix} c_{11}\boldsymbol{D} & \cdots & c_{1n}\boldsymbol{D} \\ \vdots & & \vdots \\ c_{m1}\boldsymbol{D} & \cdots & c_{mn}\boldsymbol{D}\end{pmatrix}$$

$$=\left(\sum_{l=1}^{m}a_{il}c_{lj}\boldsymbol{BD}\right)=\left(\left(\sum_{l=1}^{m}a_{il}c_{lj}\right)\boldsymbol{BD}\right)$$

$$=(\boldsymbol{AC})\otimes(\boldsymbol{BD})$$

由(5)和(6),有

$$(\boldsymbol{A}\otimes\boldsymbol{B})(\boldsymbol{A}^{+}\otimes\boldsymbol{B}^{+})(\boldsymbol{A}\otimes\boldsymbol{B})=(\boldsymbol{AA}^{+}\boldsymbol{A})\otimes(\boldsymbol{BB}^{+}\boldsymbol{B})=\boldsymbol{A}\otimes\boldsymbol{B},$$

$$(\boldsymbol{A}^{+}\otimes\boldsymbol{B}^{+})(\boldsymbol{A}\otimes\boldsymbol{B})(\boldsymbol{A}^{+}\otimes\boldsymbol{B}^{+})=(\boldsymbol{A}^{+}\boldsymbol{AA}^{+})\otimes(\boldsymbol{B}^{+}\boldsymbol{BB}^{+})=\boldsymbol{A}^{+}\otimes\boldsymbol{B}^{+},$$

$$[(\boldsymbol{A}\otimes\boldsymbol{B})(\boldsymbol{A}^{+}\otimes\boldsymbol{B}^{+})]^{\mathrm{H}}=[(\boldsymbol{AA}^{+})\otimes(\boldsymbol{BB}^{+})]^{\mathrm{H}}=(\boldsymbol{AA}^{+})^{\mathrm{H}}\otimes(\boldsymbol{BB}^{+})^{\mathrm{H}}$$

$$=(\boldsymbol{AA}^{+})\otimes(\boldsymbol{BB}^{+})=(\boldsymbol{A}\otimes\boldsymbol{B})(\boldsymbol{A}^{+}\otimes\boldsymbol{B}^{+}),$$

$$[(\boldsymbol{A}^{+}\otimes\boldsymbol{B}^{+})(\boldsymbol{A}\otimes\boldsymbol{B})]^{\mathrm{H}}=[(\boldsymbol{A}^{+}\boldsymbol{A})\otimes(\boldsymbol{B}^{+}\boldsymbol{B})]^{\mathrm{H}}=(\boldsymbol{A}^{+}\boldsymbol{A})^{\mathrm{H}}\otimes(\boldsymbol{B}^{+}\boldsymbol{B})^{\mathrm{H}}$$

$$=(\boldsymbol{A}^{+}\boldsymbol{A})\otimes(\boldsymbol{B}^{+}\boldsymbol{B})=(\boldsymbol{A}^{+}\otimes\boldsymbol{B}^{+})(\boldsymbol{A}\otimes\boldsymbol{B}).$$

这说明 $(\boldsymbol{A}\otimes\boldsymbol{B})^{+}=\boldsymbol{A}^{+}\otimes\boldsymbol{B}^{+}$.

由定义 9.1.1,(5)和(6)即可证明(8). □

定理 9.1.2 设 $f(x,y)=\sum\limits_{i,j=0}^{K}c_{ij}x^{i}y^{j}$ 是变量 x,y 的复系数二元多项式,对 $\boldsymbol{A}\in\boldsymbol{C}^{m\times m}$, $\boldsymbol{B}\in\boldsymbol{C}^{n\times n}$, 定义 mn 阶矩阵 $f(\boldsymbol{A},\boldsymbol{B})=\sum\limits_{i,j=0}^{K}c_{ij}\boldsymbol{A}^{i}\otimes\boldsymbol{B}^{j}$, 其中 $\boldsymbol{A}^{0}=\boldsymbol{I}_{m}$, $\boldsymbol{B}^{0}=\boldsymbol{I}_{n}$. 如果 $\boldsymbol{A}$ 和 $\boldsymbol{B}$ 的特征值分别为 $\lambda_1,\lambda_2,\cdots,\lambda_m$ 和 $\mu_1,\mu_2,\cdots,\mu_n$, 则 $f(\boldsymbol{A},\boldsymbol{B})$ 的特征值为 $f(\lambda_i,\mu_j)$ $(i=1,2,\cdots,m,j=1,2,\cdots,n)$.

证明 由 Schur 定理知存在酉矩阵 $\boldsymbol{P},\boldsymbol{Q}$ 使得

$$\boldsymbol{P}^{\mathrm{H}}\boldsymbol{A}\boldsymbol{P}=\begin{pmatrix}\lambda_1 & & & *\\ & \lambda_2 & & \\ & & \ddots & \\ & & & \lambda_m\end{pmatrix}\equiv\boldsymbol{A}_1,\quad \boldsymbol{Q}^{\mathrm{H}}\boldsymbol{B}\boldsymbol{Q}=\begin{pmatrix}\mu_1 & & & *\\ & \mu_2 & & \\ & & \ddots & \\ & & & \mu_n\end{pmatrix}\equiv\boldsymbol{B}_1$$

其中 $\boldsymbol{A}_1,\boldsymbol{B}_1$ 均为上三角矩阵，由定理 9.1.1(8)知，$\boldsymbol{P}\otimes\boldsymbol{Q}$ 是酉矩阵，并且 $\boldsymbol{A}_1^i\otimes\boldsymbol{B}_1^j$ 是上三角矩阵，则

$$\begin{aligned}(\boldsymbol{P}\otimes\boldsymbol{Q})^{-1}f(\boldsymbol{A},\boldsymbol{B})(\boldsymbol{P}\otimes\boldsymbol{Q})&=(\boldsymbol{P}\otimes\boldsymbol{Q})^{\mathrm{H}}f(\boldsymbol{A},\boldsymbol{B})(\boldsymbol{P}\otimes\boldsymbol{Q})\\&=\sum_{i,j=0}^{K}c_{ij}(\boldsymbol{P}\otimes\boldsymbol{Q})^{\mathrm{H}}(\boldsymbol{A}^i\otimes\boldsymbol{B}^j)(\boldsymbol{P}\otimes\boldsymbol{Q})\\&=\sum_{i,j=0}^{K}c_{ij}(\boldsymbol{P}^{\mathrm{H}}\otimes\boldsymbol{Q}^{\mathrm{H}})(\boldsymbol{A}^i\otimes\boldsymbol{B}^j)(\boldsymbol{P}\otimes\boldsymbol{Q})\\&=\sum_{i,j=0}^{K}c_{ij}(\boldsymbol{P}^{\mathrm{H}}\boldsymbol{A}^i\boldsymbol{P})\otimes(\boldsymbol{Q}^{\mathrm{H}}\boldsymbol{B}^j\boldsymbol{Q})=\sum_{i,j=0}^{K}c_{ij}\boldsymbol{A}_1^i\otimes\boldsymbol{B}_1^j=f(\boldsymbol{A}_1,\boldsymbol{B}_1)\end{aligned}$$

也是上三角矩阵. 因为

$$\boldsymbol{A}_1^i\otimes\boldsymbol{B}_1^j=\begin{pmatrix}\lambda_1^i\boldsymbol{B}_1^j & & *\\ & \ddots & \\ & & \lambda_m^i\boldsymbol{B}_1^j\end{pmatrix},\lambda_l^i\boldsymbol{B}_1^j=\begin{pmatrix}\lambda_l^i\mu_1^j & & *\\ & \ddots & \\ & & \lambda_l^i\mu_n^j\end{pmatrix}$$

则 $\boldsymbol{f}(\boldsymbol{A}_1,\boldsymbol{B}_1)$的对角元，即 $f(\boldsymbol{A},\boldsymbol{B})$的特征值为 $f(\lambda_i,\mu_j)(i=1,2,\cdots,m,j=1,2,\cdots,n)$. □

由定理 9.1.2 可得如下结论.

定理 9.1.3 设 $\boldsymbol{A},\boldsymbol{B}$ 分别为 $m\times m$ 和 $n\times n$ 矩阵，并且其特征值分别为 $\lambda_1,\lambda_2,\cdots,\lambda_m$ 和 $\mu_1,\mu_2,\cdots,\mu_n$，则

(1) $\boldsymbol{A}\otimes\boldsymbol{B}$ 的 mn 个特征值为 $\lambda_i\mu_j(i=1,\cdots,m;j=1,\cdots,n)$；

(2) $\boldsymbol{A}\otimes\boldsymbol{I}_n+\boldsymbol{I}_m\otimes\boldsymbol{B}$ 的 mn 个特征值为 $\lambda_i+\mu_j(i=1,\cdots,m;j=1,\cdots,n)$；

(3) $\det(\boldsymbol{A}\otimes\boldsymbol{B})=(\det(\boldsymbol{A}))^n(\det(\boldsymbol{B}))^m$；

(4) $\mathrm{tr}(\boldsymbol{A}\otimes\boldsymbol{B})=\mathrm{tr}(\boldsymbol{A})\mathrm{tr}(\boldsymbol{B})$；

(5) 若 $\boldsymbol{A},\boldsymbol{B}$ 均为非奇异矩阵，则 $\boldsymbol{A}\otimes\boldsymbol{B}$ 是非奇异矩阵，并且

$$(\boldsymbol{A}\otimes\boldsymbol{B})^{-1}=\boldsymbol{A}^{-1}\otimes\boldsymbol{B}^{-1}\tag{9.1.1}$$

证明 由定理 9.1.2 即得(1)和(2),并且

$$|A\otimes B|=\prod_{i=1}^{m}\left(\prod_{j=1}^{n}\lambda_i\mu_j\right)=\prod_{i=1}^{m}\left(\lambda_i^n\prod_{j=1}^{n}\mu_j\right)$$

$$=\left(\prod_{i=1}^{m}\lambda_i^n\right)\left(\prod_{j=1}^{n}\mu_j\right)^m=|A|^n\,|B|^m$$

$$\operatorname{tr}(A\otimes B)=\sum_{i=1}^{m}\sum_{j=1}^{n}\lambda_i\mu_j=\left(\sum_{i=1}^{m}\lambda_i\right)\left(\sum_{j=1}^{n}\mu_j\right)=\operatorname{tr}(A)\operatorname{tr}(B)$$

由(3)可知 $A\otimes B$ 非奇异,并且由定理 9.1.1(6)有

$$(A\otimes B)(A^{-1}\otimes B^{-1})=(AA^{-1})\otimes(BB^{-1})=I_{mn}$$

故(9.1.1)成立. □

定理 9.1.4 设 $A\in C^{m\times n}$, $B\in C^{p\times q}$,则

$$\operatorname{rank}(A\otimes B)=\operatorname{rank}(A)\operatorname{rank}(B)$$

证明 由定理 2.1.10 知,存在非奇异矩阵 $P\in C^{m\times m}$, $Q\in C^{n\times n}$, $S\in C^{p\times p}$, $T\in C^{q\times q}$ 使得

$$PAQ=\begin{pmatrix}I_{r_A} & 0\\ 0 & 0\end{pmatrix}=A_1,\quad SBT=\begin{pmatrix}I_{r_B} & 0\\ 0 & 0\end{pmatrix}=B_1$$

其中 $r_A=\operatorname{rank}(A)$, $r_B=\operatorname{rank}(B)$. 由定理 9.1.1 有

$$A\otimes B=(P^{-1}A_1Q^{-1})\otimes(S^{-1}B_1T^{-1})=(P^{-1}\otimes S^{-1})(A_1\otimes B_1)(Q^{-1}\otimes T^{-1})$$

由定理 9.1.3 知,$P^{-1}\otimes S^{-1}$, $Q^{-1}\otimes T^{-1}$ 均为非奇异矩阵,则

$$\operatorname{rank}(A\otimes B)=\operatorname{rank}(A_1\otimes B_1)$$

而 $\operatorname{rank}(A_1\otimes B_1)=r_Ar_B=\operatorname{rank}(A)\operatorname{rank}(B)$,于是 $\operatorname{rank}(A\otimes B)=\operatorname{rank}(A)\operatorname{rank}(B)$. □

定理 9.1.5 设 A, B 分别为 $m\times m$ 和 $n\times n$ 矩阵,则存在一个 mn 阶排列矩阵 P 使得

$$P^{\mathrm T}(A\otimes B)P=B\otimes A$$

证明 容易验证,对矩阵 $A\otimes I_n$,存在一个 mn 阶排列矩阵 P 使得

$$P^{\mathrm T}(A\otimes I_n)P=I_n\otimes A$$

并且对这个 mn 阶排列矩阵 P 有

$$P^{\mathrm T}(I_m\otimes B)P=B\otimes I_m$$

因为排列矩阵是正交矩阵,则

$$\boldsymbol{P}^{\mathrm{T}}(\boldsymbol{A}\otimes\boldsymbol{B})\boldsymbol{P}=\boldsymbol{P}^{\mathrm{T}}(\boldsymbol{A}\otimes\boldsymbol{I}_n)(\boldsymbol{I}_m\otimes\boldsymbol{B})\boldsymbol{P}=(\boldsymbol{P}^{\mathrm{T}}(\boldsymbol{A}\otimes\boldsymbol{I}_n)\boldsymbol{P})(\boldsymbol{P}^{\mathrm{T}}(\boldsymbol{I}_m\otimes\boldsymbol{B})\boldsymbol{P})$$

$$=(\boldsymbol{I}_n\otimes\boldsymbol{A})(\boldsymbol{B}\otimes\boldsymbol{I}_m)=\boldsymbol{B}\otimes\boldsymbol{A}$$ □

对 Kronecker 积也有幂的概念. 记

$$\boldsymbol{A}^{[k]}=\underbrace{\boldsymbol{A}\otimes\boldsymbol{A}\otimes\cdots\otimes\boldsymbol{A}}_{k}$$

关于 Kronecker 积的幂,有如下结果.

定理 9.1.6 设 $\boldsymbol{A}\in\boldsymbol{C}^{m\times n}$,$\boldsymbol{B}\in\boldsymbol{C}^{p\times q}$,则

$$(\boldsymbol{AB})^{[k]}=\boldsymbol{A}^{[k]}\boldsymbol{B}^{[k]}$$

证明 对 k 作数学归纳法. 当 $k=1$ 时,结论显然成立. 设对 $k-1$ 结论成立,则由定理 9.1.1 有

$$(\boldsymbol{AB})^{[k]}=(\boldsymbol{AB})\otimes(\boldsymbol{AB})^{[k-1]}=(\boldsymbol{AB})\otimes(\boldsymbol{A}^{[k-1]}\boldsymbol{B}^{[k-1]})$$

$$=(\boldsymbol{A}\otimes\boldsymbol{A}^{[k-1]})(\boldsymbol{B}\otimes\boldsymbol{B}^{[k-1]})=\boldsymbol{A}^{[k]}\boldsymbol{B}^{[k]}$$ □

§9.2 矩阵的拉直与线性矩阵方程

9.2.1 矩阵的拉直

定义 9.2.1 设 $\boldsymbol{A}=(a_{ij})\in\boldsymbol{C}^{m\times n}$,记 $a_i=(a_{1i},a_{2i},\cdots,a_{mi})^{\mathrm{T}}(i=1,2,\cdots,n)$. 令

$$\mathrm{vec}(\boldsymbol{A})=\begin{pmatrix}a_1\\a_2\\\vdots\\a_n\end{pmatrix}$$

则称 vec($\boldsymbol{A}$)为矩阵 $\boldsymbol{A}$ 的**列拉直(列展开)**.

类似地,可以考虑矩阵的行拉直(行展开).

定理 9.2.1 设 $\boldsymbol{A}\in\boldsymbol{C}^{m\times n}$,$\boldsymbol{B}\in\boldsymbol{C}^{n\times p}$,$\boldsymbol{C}\in\boldsymbol{C}^{p\times q}$,则

$$\mathrm{vec}(\boldsymbol{ABC})=(\boldsymbol{C}^{\mathrm{T}}\otimes\boldsymbol{A})\mathrm{vec}(\boldsymbol{B}) \tag{9.2.1}$$

证明 记 $\boldsymbol{B}=(b_1,\cdots,b_p)$,$b_i\in\boldsymbol{C}^n(i=1,\cdots,p)$,$\boldsymbol{C}=(c_1,\cdots,c_q)$,$c_j\in\boldsymbol{C}^p(j=1,\cdots,q)$,则

$$\mathrm{vec}(\boldsymbol{ABC}) = \mathrm{vec}(\boldsymbol{AB}c_1, \boldsymbol{AB}c_2, \cdots, \boldsymbol{AB}c_q) = \begin{pmatrix} \boldsymbol{AB}c_1 \\ \boldsymbol{AB}c_2 \\ \vdots \\ \boldsymbol{AB}c_q \end{pmatrix}$$

而

$$\begin{aligned} \boldsymbol{AB}c_i &= c_{1i}\boldsymbol{A}b_1 + c_{2i}\boldsymbol{A}b_2 + \cdots + c_{pi}\boldsymbol{A}b_p \\ &= (c_{1i}\boldsymbol{A}, c_{2i}\boldsymbol{A}, \cdots, c_{pi}\boldsymbol{A})\mathrm{vec}(\boldsymbol{B}) \end{aligned}$$

故

$$\mathrm{vec}(\boldsymbol{ABC}) = \begin{pmatrix} c_{11}\boldsymbol{A} & c_{21}\boldsymbol{A} & \cdots & c_{p1}\boldsymbol{A} \\ c_{12}\boldsymbol{A} & c_{22}\boldsymbol{A} & \cdots & c_{p2}\boldsymbol{A} \\ \vdots & \vdots & & \vdots \\ c_{1q}\boldsymbol{A} & c_{2q}\boldsymbol{A} & \cdots & c_{pq}\boldsymbol{A} \end{pmatrix} \mathrm{vec}(\boldsymbol{B}) = (\boldsymbol{C}^{\mathrm{T}} \otimes \boldsymbol{A})\mathrm{vec}(\boldsymbol{B}) \qquad \Box$$

由定理 9.2.1 直接得如下结论.

推论 9.2.1 设 $\boldsymbol{A} \in \boldsymbol{C}^{m\times m}, \boldsymbol{B} \in \boldsymbol{C}^{n\times n}, \boldsymbol{X} \in \boldsymbol{C}^{m\times n}$,则

(1) $\mathrm{vec}(\boldsymbol{AX}) = (\boldsymbol{I}_n \otimes \boldsymbol{A})\mathrm{vec}(\boldsymbol{X})$;

(2) $\mathrm{vec}(\boldsymbol{XB}) = (\boldsymbol{B}^{\mathrm{T}} \otimes \boldsymbol{I}_m)\mathrm{vec}(\boldsymbol{X})$;

(3) $\mathrm{vec}(\boldsymbol{AX} + \boldsymbol{XB}) = (\boldsymbol{I}_n \otimes \boldsymbol{A} + \boldsymbol{B}^{\mathrm{T}} \otimes \boldsymbol{I}_m)\mathrm{vec}(\boldsymbol{X})$.

9.2.2 线性矩阵方程

一般的线性矩阵方程可表示为

$$\boldsymbol{A}_1\boldsymbol{XB}_1 + \boldsymbol{A}_2\boldsymbol{XB}_2 + \cdots + \boldsymbol{A}_p\boldsymbol{XB}_p = \boldsymbol{C} \tag{9.2.2}$$

其中 $\boldsymbol{A}_i \in \boldsymbol{C}^{m\times m}, \boldsymbol{B}_i \in \boldsymbol{C}^{n\times n} (i=1,2,\cdots,p), \boldsymbol{C} \in \boldsymbol{C}^{m\times n}$ 是已知矩阵,而 $\boldsymbol{X} \in \boldsymbol{C}^{m\times n}$ 是未知矩阵. 利用矩阵的 Kronecker 积和拉直,可以给出线性矩阵方程(9.2.2)的可解性及其解法.

定理 9.2.2 矩阵 $\boldsymbol{X} \in \boldsymbol{C}^{m\times n}$ 是矩阵方程(9.2.2)的解的充分必要条件为 $x = \mathrm{vec}(\boldsymbol{X})$ 是如下线性方程组的解

$$\boldsymbol{G}x = \mathrm{vec}(\boldsymbol{C}) \tag{9.2.3}$$

其中 $\boldsymbol{G} = \sum_{i=1}^{p} \boldsymbol{B}_i^{\mathrm{T}} \otimes \boldsymbol{A}_i$.

证明 对矩阵方程(9.2.2)两边拉直,并利用定理 9.2.1,有

$$\begin{aligned}\mathrm{vec}(\boldsymbol{C}) &= \mathrm{vec}\Big(\sum_{i=1}^{p}\boldsymbol{A}_i\boldsymbol{X}\boldsymbol{B}_i\Big) = \sum_{i=1}^{p}\mathrm{vec}(\boldsymbol{A}_i\boldsymbol{X}\boldsymbol{B}_i) \\ &= \sum_{i=1}^{p}(\boldsymbol{B}_i^{\mathrm{T}}\otimes\boldsymbol{A}_i)\mathrm{vec}(\boldsymbol{X}) = \boldsymbol{G}\mathrm{vec}(\boldsymbol{X})\end{aligned}$$

因此矩阵方程(9.2.2)的解与线性方程组(9.2.3)的解相同,故定理得证. □

由定理 9.2.2 和线性方程组的可解性理论直接得如下推论.

推论 9.2.2 矩阵方程(9.2.2)有解的充分必要条件是 $\mathrm{rank}[\boldsymbol{G},\mathrm{vec}(\boldsymbol{C})]=\mathrm{rank}(\boldsymbol{G})$;矩阵方程(9.2.2)有惟一解的充分必要条件是 $\boldsymbol{G}$ 非奇异.

如果矩阵方程(9.2.2)有解,对线性方程组(9.2.3)应用定理 8.2.5,可得解 $x=\mathrm{vec}(\boldsymbol{X})$ 的通式. 如果矩阵方程(9.2.2)无解,可考虑下列最小二乘问题的解

$$\|\boldsymbol{A}_1\boldsymbol{X}\boldsymbol{B}_1+\boldsymbol{A}_2\boldsymbol{X}\boldsymbol{B}_2+\cdots+\boldsymbol{A}_p\boldsymbol{X}\boldsymbol{B}_p-\boldsymbol{C}\|_F=\min \tag{9.2.4}$$

(9.2.4)可以写成

$$\|\boldsymbol{G}\mathrm{vec}(\boldsymbol{X})-\mathrm{vec}(\boldsymbol{C})\|_2=\min \tag{9.2.5}$$

对最小二乘问题(9.2.5)应用定理 8.5.5,可得最小二乘解 $x=\mathrm{vec}(\boldsymbol{X})$ 的通式.

同样地,可以考虑矩阵方程(9.2.2)的极小最小二乘解.

§9.3 矩阵方程 $AXB=C$ 与矩阵最佳逼近问题

9.3.1 矩阵方程 $\boldsymbol{AXB}=\boldsymbol{C}$

考虑矩阵方程

$$\boldsymbol{AXB}=\boldsymbol{C} \tag{9.3.1}$$

其中 $\boldsymbol{A},\boldsymbol{B},\boldsymbol{C}$ 分别为 $m\times n,p\times q,m\times q$ 已知矩阵,$\boldsymbol{X}$ 为 $n\times p$ 未知矩阵.

定理 8.2.4 给出了矩阵方程(9.3.1)有解的条件及有解时通解的表达式. 利用 Moore-Penrose 广义逆,可以给出矩阵方程(9.3.1)有解的另一个条件.

利用定理 9.2.1 将矩阵方程(9.3.1)两端列展开,可得线性方程组

$$(\boldsymbol{B}^{\mathrm{T}}\otimes\boldsymbol{A})\mathrm{vec}(\boldsymbol{X})=\mathrm{vec}(\boldsymbol{C}) \tag{9.3.2}$$

定理 9.3.1 设 $\boldsymbol{A}\in\boldsymbol{C}^{m\times n},\boldsymbol{B}\in\boldsymbol{C}^{p\times q},\boldsymbol{C}\in\boldsymbol{C}^{m\times q}$,矩阵方程(9.3.1)有解的充分必要条件是

$$\boldsymbol{AA}^{+}\boldsymbol{CB}^{+}\boldsymbol{B}=\boldsymbol{C} \tag{9.3.3}$$

并且在有解的情况下,其通解为

$$\boldsymbol{X} = \boldsymbol{A}^{+} \boldsymbol{C}\boldsymbol{B}^{+} + \boldsymbol{Y} - \boldsymbol{A}^{+} \boldsymbol{A}\boldsymbol{Y}\boldsymbol{B}\boldsymbol{B}^{+} \tag{9.3.4}$$

其中 $\boldsymbol{Y}\in\boldsymbol{C}^{n\times p}$ 是任意的.

证明 由定理 9.2.2 知矩阵方程(9.3.1)有解的充分必要条件是线性方程组(9.3.2)有解,而由定理 8.5.4 可知线性方程组(9.3.2)有解的充分必要条件是

$$(\boldsymbol{B}^{\mathrm{T}} \otimes \boldsymbol{A})(\boldsymbol{B}^{\mathrm{T}} \otimes \boldsymbol{A})^{+} \operatorname{vec}(\boldsymbol{C}) = \operatorname{vec}(\boldsymbol{C})$$

由定理 9.1.1 和定理 9.2.1,上式化为

$$\begin{aligned} \operatorname{vec}(\boldsymbol{C}) &= (\boldsymbol{B}^{\mathrm{T}} \otimes \boldsymbol{A})(\boldsymbol{B}^{\mathrm{T}} \otimes \boldsymbol{A})^{+} \operatorname{vec}(\boldsymbol{C}) = (\boldsymbol{B}^{\mathrm{T}} \otimes \boldsymbol{A})((\boldsymbol{B}^{+})^{\mathrm{T}} \otimes \boldsymbol{A}^{+})\operatorname{vec}(\boldsymbol{C}) \\ &= [(\boldsymbol{B}^{+} \boldsymbol{B})^{\mathrm{T}} \otimes (\boldsymbol{A}\boldsymbol{A}^{+})]\operatorname{vec}(\boldsymbol{C}) = \operatorname{vec}(\boldsymbol{A}\boldsymbol{A}^{+} \boldsymbol{C}\boldsymbol{B}^{+} \boldsymbol{B}) \end{aligned}$$

故矩阵方程(9.3.1)有解的充分必要条件是(9.3.3)成立.

若线性方程组(9.3.2)有解,由定理 8.5.4 知其通解为

$$\begin{aligned} \operatorname{vec}(\boldsymbol{X}) &= (\boldsymbol{B}^{\mathrm{T}} \otimes \boldsymbol{A})^{+} \operatorname{vec}(\boldsymbol{C}) + [\boldsymbol{I} - (\boldsymbol{B}^{\mathrm{T}} \otimes \boldsymbol{A})^{+} (\boldsymbol{B}^{\mathrm{T}} \otimes \boldsymbol{A})]\operatorname{vec}(\boldsymbol{Y}) \\ &= ((\boldsymbol{B}^{+})^{\mathrm{T}} \otimes \boldsymbol{A}^{+})\operatorname{vec}(\boldsymbol{C}) + [\boldsymbol{I} - ((\boldsymbol{B}^{+})^{\mathrm{T}} \otimes \boldsymbol{A}^{+})(\boldsymbol{B}^{\mathrm{T}} \otimes \boldsymbol{A})]\operatorname{vec}(\boldsymbol{Y}) \\ &= \operatorname{vec}[\boldsymbol{A}^{+} \boldsymbol{C}\boldsymbol{B}^{+}] + \operatorname{vec}(\boldsymbol{Y}) - [((\boldsymbol{B}^{+})^{\mathrm{T}}\boldsymbol{B}^{\mathrm{T}}) \otimes (\boldsymbol{A}^{+} \boldsymbol{A})]\operatorname{vec}(\boldsymbol{Y}) \\ &= \operatorname{vec}[\boldsymbol{A}^{+} \boldsymbol{C}\boldsymbol{B}^{+}] + \operatorname{vec}(\boldsymbol{Y}) - \operatorname{vec}[\boldsymbol{A}^{+} \boldsymbol{A}\boldsymbol{Y}\boldsymbol{B}\boldsymbol{B}^{+}] \end{aligned} \tag{9.3.5}$$

因此矩阵方程(9.3.1)的通解为

$$\boldsymbol{X} = \boldsymbol{A}^{+} \boldsymbol{C}\boldsymbol{B}^{+} + \boldsymbol{Y} - \boldsymbol{A}^{+} \boldsymbol{A}\boldsymbol{Y}\boldsymbol{B}\boldsymbol{B}^{+} \qquad \square$$

如果矩阵方程(9.3.1)无解,则可以考虑如下最小二乘问题的解

$$\| \boldsymbol{A}\boldsymbol{X}\boldsymbol{B} - \boldsymbol{C} \|_{F} = \min \tag{9.3.6}$$

(9.3.6)可以写成

$$\| (\boldsymbol{B}^{\mathrm{T}} \otimes \boldsymbol{A})\operatorname{vec}(\boldsymbol{X}) - \operatorname{vec}(\boldsymbol{C}) \|_{2} = \min \tag{9.3.7}$$

对最小二乘问题(9.3.7)应用定理 8.5.5,并由(9.3.5)可得最小二乘问题(9.3.6)的通解为

$$\boldsymbol{X} = \boldsymbol{A}^{+} \boldsymbol{C}\boldsymbol{B}^{+} + \boldsymbol{Y} - \boldsymbol{A}^{+} \boldsymbol{A}\boldsymbol{Y}\boldsymbol{B}\boldsymbol{B}^{+} \tag{9.3.8}$$

其中 $\boldsymbol{Y}\in\boldsymbol{C}^{n\times p}$ 是任意矩阵.

对最小二乘问题(9.3.7)应用定理 8.5.6,则得矩阵方程(9.3.1)的极小最小二乘解

$$\boldsymbol{X} = \boldsymbol{A}^{+} \boldsymbol{C}\boldsymbol{B}^{+} \tag{9.3.9}$$

9.3.2　带约束的矩阵最佳逼近问题

在对电学、光学、自动控制的线性系统或结构系统进行复原或修正时，根据对系统的某种矩阵 $\boldsymbol{X}\in \boldsymbol{C}^{n\times p}$ 的元素的观测和先验的统计信息，得到矩阵 $\boldsymbol{X}$ 的初步估计 $\widetilde{\boldsymbol{X}}=(\widetilde{x}_{ij})\in \boldsymbol{C}^{n\times p}$. 但是 $\widetilde{\boldsymbol{X}}$ 未必满足理论上对矩阵 $\boldsymbol{X}$ 的约束，例如，矩阵 $\boldsymbol{X}$ 应满足矩阵方程(9.3.1)或最小二乘问题(9.3.6). 为此，需要考虑这样的问题：在所有满足(9.3.1)或(9.3.6)的矩阵中，选取一个与 $\widetilde{\boldsymbol{X}}$ 最"接近"的矩阵 $\hat{\boldsymbol{X}}$，作为矩阵 $\boldsymbol{X}$ 的最佳估计. 这类问题称为**带约束的矩阵最佳逼近问题.**

记

$$S_{\boldsymbol{X}}=\{\boldsymbol{X}\in \boldsymbol{C}^{n\times p}\ \big|\ \|\boldsymbol{AXB}-\boldsymbol{C}\|_F=\min\} \tag{9.3.10}$$

则带约束的矩阵最佳逼近问题可表述为：对 $\widetilde{\boldsymbol{X}}=(\widetilde{x}_{ij})\in \boldsymbol{C}^{n\times p}$，在 $S_{\boldsymbol{X}}$ 上求 $\widetilde{\boldsymbol{X}}$ 的最佳逼近 $\hat{\boldsymbol{X}}$，即

$$\|\hat{\boldsymbol{X}}-\widetilde{\boldsymbol{X}}\|_F=\inf_{\boldsymbol{X}\in S_{\boldsymbol{X}}}\|\widetilde{\boldsymbol{X}}-\boldsymbol{X}\|_F \tag{9.3.11}$$

定理 9.3.2　设 $\boldsymbol{A}\in \boldsymbol{C}^{m\times n}$，$\boldsymbol{B}\in \boldsymbol{C}^{p\times q}$，$\boldsymbol{C}\in \boldsymbol{C}^{m\times q}$，则 $\widetilde{\boldsymbol{X}}=(\widetilde{x}_{ij})\in \boldsymbol{C}^{n\times p}$ 在 $S_{\boldsymbol{X}}$ 上存在惟一的逼佳逼近 $\hat{\boldsymbol{X}}$，并且

$$\hat{\boldsymbol{X}}=\boldsymbol{A}^{+}\boldsymbol{CB}^{+}+\widetilde{\boldsymbol{X}}-\boldsymbol{A}^{+}\boldsymbol{A}\widetilde{\boldsymbol{X}}\boldsymbol{BB}^{+} \tag{9.3.12}$$

证明　由(9.3.8)知 $S_{\boldsymbol{X}}$ 非空，并且容易看出 $S_{\boldsymbol{X}}$ 是内积空间 $\boldsymbol{C}^{n\times p}$ 中的一个闭凸集. 由定理 1.6.13 知 $\widetilde{\boldsymbol{X}}$ 在 $S_{\boldsymbol{X}}$ 上存在惟一的最佳逼近 $\hat{\boldsymbol{X}}$.

下面证明 $\widetilde{\boldsymbol{X}}$ 在 $S_{\boldsymbol{X}}$ 上的最佳逼近 $\hat{\boldsymbol{X}}$ 由(9.3.12)表示.

设 $\boldsymbol{A},\boldsymbol{B}$ 的奇异值分解为

$$\boldsymbol{A}=\boldsymbol{U}\begin{pmatrix}\boldsymbol{\Sigma}_A & 0\\ 0 & 0\end{pmatrix}\boldsymbol{V}^{\mathrm{H}},\boldsymbol{B}=\boldsymbol{S}\begin{pmatrix}\boldsymbol{\Sigma}_B & 0\\ 0 & 0\end{pmatrix}\boldsymbol{T}^{\mathrm{H}} \tag{9.3.13}$$

其中 $\boldsymbol{U}=[\boldsymbol{U}_1,\boldsymbol{U}_2]\in \boldsymbol{C}^{m\times m}$，$\boldsymbol{V}=[\boldsymbol{V}_1,\boldsymbol{V}_2]\in \boldsymbol{C}^{n\times n}$，$\boldsymbol{S}=[\boldsymbol{S}_1,\boldsymbol{S}_2]\in \boldsymbol{C}^{p\times p}$，$\boldsymbol{T}=[\boldsymbol{T}_1,\boldsymbol{T}_2]\in \boldsymbol{C}^{q\times q}$ 均为酉矩阵，$\boldsymbol{\Sigma}_{\boldsymbol{A}}=\mathrm{diag}(\sigma_1,\cdots,\sigma_{r_1})$，$\sigma_i>0(i=1,\cdots,r_1)$，$r_1=\mathrm{rank}(\boldsymbol{A})$，$\boldsymbol{\Sigma}_{\boldsymbol{B}}=\mathrm{diag}(\mu_1,\cdots,\mu_{r_2})$，$\mu_j>0(j=1,\cdots,r_2)$，$r_2=\mathrm{rank}(\boldsymbol{B})$，$\boldsymbol{U}_1\in \boldsymbol{C}^{m\times r_1}$，$\boldsymbol{V}_1\in \boldsymbol{C}^{n\times r_1}$，$\boldsymbol{S}_1\in \boldsymbol{C}^{p\times r_2}$，$\boldsymbol{T}_1\in \boldsymbol{C}^{q\times r_2}$，则由(8.5.2)得

$$\boldsymbol{A}^{+}\boldsymbol{A}=\boldsymbol{V}_1\boldsymbol{V}_1^{\mathrm{H}},\boldsymbol{BB}^{+}=\boldsymbol{S}_1\boldsymbol{S}_1^{\mathrm{H}},\boldsymbol{V}_1\boldsymbol{V}_1^{\mathrm{H}}+\boldsymbol{V}_2\boldsymbol{V}_2^{\mathrm{H}}=\boldsymbol{I},\boldsymbol{S}_1\boldsymbol{S}_1^{\mathrm{H}}+\boldsymbol{S}_2\boldsymbol{S}_2^{\mathrm{H}}=\boldsymbol{I} \tag{9.3.14}$$

记

$$\boldsymbol{U}^{\mathrm{H}}\boldsymbol{C}\boldsymbol{T}=\begin{pmatrix}\boldsymbol{C}_{11} & \boldsymbol{C}_{12}\\ \boldsymbol{C}_{21} & \boldsymbol{C}_{22}\end{pmatrix},\boldsymbol{V}^{\mathrm{H}}\widetilde{\boldsymbol{X}}\boldsymbol{S}=\begin{pmatrix}\widetilde{\boldsymbol{X}}_{11} & \widetilde{\boldsymbol{X}}_{12}\\ \widetilde{\boldsymbol{X}}_{21} & \widetilde{\boldsymbol{X}}_{22}\end{pmatrix},\boldsymbol{V}^{\mathrm{H}}\boldsymbol{Y}\boldsymbol{S}=\begin{pmatrix}\boldsymbol{Y}_{11} & \boldsymbol{Y}_{12}\\ \boldsymbol{Y}_{21} & \boldsymbol{Y}_{22}\end{pmatrix} \tag{9.3.15}$$

其中 $\boldsymbol{C}_{ij}=\boldsymbol{U}_i^{\mathrm{H}}\boldsymbol{C}\boldsymbol{T}_j,\widetilde{\boldsymbol{X}}_{ij}=\boldsymbol{V}_i^{\mathrm{H}}\widetilde{\boldsymbol{X}}\boldsymbol{S}_j,\boldsymbol{Y}_{ij}=\boldsymbol{V}_i^{\mathrm{H}}\boldsymbol{Y}\boldsymbol{S}_j\ (i,j=1,2)$，则

$$\boldsymbol{A}^{+}\boldsymbol{C}\boldsymbol{B}^{+}=\boldsymbol{V}\begin{pmatrix}\boldsymbol{\Sigma}_A^{-1}\boldsymbol{C}_{11}\boldsymbol{\Sigma}_B^{-1} & 0\\ 0 & 0\end{pmatrix}\boldsymbol{S}^{\mathrm{H}} \tag{9.3.16}$$

(9.3.8)可改写为

$$\boldsymbol{X}=\boldsymbol{V}\begin{pmatrix}\boldsymbol{\Sigma}_A^{-1}\boldsymbol{C}_{11}\boldsymbol{\Sigma}_B^{-1} & \boldsymbol{Y}_{12}\\ \boldsymbol{Y}_{21} & \boldsymbol{Y}_{22}\end{pmatrix}\boldsymbol{S}^{\mathrm{H}} \tag{9.3.17}$$

从而

$$\begin{aligned}\|\widetilde{\boldsymbol{X}}-\boldsymbol{X}\|_F&=\left\|\boldsymbol{V}\left(\boldsymbol{V}^{\mathrm{H}}\widetilde{\boldsymbol{X}}\boldsymbol{S}-\begin{pmatrix}\boldsymbol{\Sigma}_A^{-1}\boldsymbol{C}_{11}\boldsymbol{\Sigma}_B^{-1} & \boldsymbol{Y}_{12}\\ \boldsymbol{Y}_{21} & \boldsymbol{Y}_{22}\end{pmatrix}\right)\boldsymbol{S}^{\mathrm{H}}\right\|_F\\ &=\left\|\begin{pmatrix}\widetilde{\boldsymbol{X}}_{11}-\boldsymbol{\Sigma}_A^{-1}\boldsymbol{C}_{11}\boldsymbol{\Sigma}_B^{-1} & \widetilde{\boldsymbol{X}}_{12}-\boldsymbol{Y}_{12}\\ \widetilde{\boldsymbol{X}}_{21}-\boldsymbol{Y}_{21} & \widetilde{\boldsymbol{X}}_{22}-\boldsymbol{Y}_{22}\end{pmatrix}\right\|_F\end{aligned}$$

因此，当且仅当 $\boldsymbol{Y}_{12}=\widetilde{\boldsymbol{X}}_{12},\boldsymbol{Y}_{21}=\widetilde{\boldsymbol{X}}_{21},\boldsymbol{Y}_{22}=\widetilde{\boldsymbol{X}}_{22}$，$\|\widetilde{\boldsymbol{X}}-\boldsymbol{X}\|_F$ 达到最小. 于是 $\widetilde{\boldsymbol{X}}$ 在 S_X 上的最佳逼近 $\hat{\boldsymbol{X}}$ 为

$$\begin{aligned}\hat{\boldsymbol{X}}&=\boldsymbol{V}\begin{pmatrix}\boldsymbol{\Sigma}_A^{-1}\boldsymbol{C}_{11}\boldsymbol{\Sigma}_B^{-1} & \widetilde{\boldsymbol{X}}_{12}\\ \widetilde{\boldsymbol{X}}_{21} & \widetilde{\boldsymbol{X}}_{22}\end{pmatrix}\boldsymbol{S}^{\mathrm{H}}\\ &=\boldsymbol{A}^{+}\boldsymbol{C}\boldsymbol{B}^{+}+\boldsymbol{V}\begin{pmatrix}0 & \boldsymbol{V}_1^{\mathrm{H}}\widetilde{\boldsymbol{X}}\boldsymbol{S}_2\\ \boldsymbol{V}_2^{\mathrm{H}}\widetilde{\boldsymbol{X}}\boldsymbol{S}_1 & \boldsymbol{V}_2^{\mathrm{H}}\widetilde{\boldsymbol{X}}\boldsymbol{S}_2\end{pmatrix}\boldsymbol{S}^{\mathrm{H}}\\ &=\boldsymbol{A}^{+}\boldsymbol{C}\boldsymbol{B}^{+}\boldsymbol{V}_2\boldsymbol{V}_2^{\mathrm{H}}\widetilde{\boldsymbol{X}}\boldsymbol{S}_1\boldsymbol{S}_1^{\mathrm{H}}+\widetilde{\boldsymbol{X}}\boldsymbol{S}_2\boldsymbol{S}_2^{\mathrm{H}}\\ &=\boldsymbol{A}^{+}\boldsymbol{C}\boldsymbol{B}^{+}+(\boldsymbol{I}-\boldsymbol{V}_1\boldsymbol{V}_1^{\mathrm{H}})\widetilde{\boldsymbol{X}}\boldsymbol{S}_1\boldsymbol{S}_1^{\mathrm{H}}+\widetilde{\boldsymbol{X}}\boldsymbol{S}_2\boldsymbol{S}_2^{\mathrm{H}}\\ &=\boldsymbol{A}^{+}\boldsymbol{C}\boldsymbol{B}^{+}+\widetilde{\boldsymbol{X}}-\boldsymbol{V}_1\boldsymbol{V}_1^{\mathrm{H}}\widetilde{\boldsymbol{X}}\boldsymbol{S}_1\boldsymbol{S}_1^{\mathrm{H}}\\ &=\boldsymbol{A}^{+}\boldsymbol{C}\boldsymbol{B}^{+}+\widetilde{\boldsymbol{X}}-\boldsymbol{A}^{+}\boldsymbol{A}\widetilde{\boldsymbol{X}}\boldsymbol{B}\boldsymbol{B}^{+}\end{aligned}$$

□

如果 $\widetilde{\boldsymbol{X}}=0$，则得矩阵方程(9.3.1)的极小最小二乘解(9.3.9). 如果 $\boldsymbol{A}$ 是 n 阶单位矩阵，$p=n$，$\boldsymbol{C}=\boldsymbol{B}\boldsymbol{\Lambda}$，其中 $\boldsymbol{\Lambda}$ 是 q 阶对角矩阵，则问题(9.3.11)称为**谱约束下的矩阵最佳逼近问题**，这是一类**矩阵特征值反问题**.

§9.4 矩阵方程 $AX=B$ 的 Hermite 解与矩阵最佳逼近问题*

在结构系统修正等实际应用中,人们需要求如下矩阵方程

$$\boldsymbol{AX}=\boldsymbol{B} \tag{9.4.1}$$

的 Hermite 解 $\boldsymbol{X}\in\boldsymbol{C}^{n\times n}$,其中 $\boldsymbol{A},\boldsymbol{B}\in\boldsymbol{C}^{m\times n}$.

定理 9.4.1 设 $\boldsymbol{A},\boldsymbol{B}\in\boldsymbol{C}^{m\times n}$ 并且 $\boldsymbol{A}$ 的奇异值分解为

$$\boldsymbol{A}=\boldsymbol{U}\begin{pmatrix}\boldsymbol{\Sigma} & 0\\ 0 & 0\end{pmatrix}\boldsymbol{V}^{\mathrm{H}} \tag{9.4.2}$$

其中 $\boldsymbol{U}=[\boldsymbol{U}_1,\boldsymbol{U}_2]\in\boldsymbol{C}^{m\times m}$, $\boldsymbol{V}=[\boldsymbol{V}_1,\boldsymbol{V}_2]\in\boldsymbol{C}^{n\times n}$ 均为酉矩阵, $\boldsymbol{\Sigma}=\mathrm{diag}(\sigma_1,\cdots,\sigma_r)$, $\sigma_i>0(i=1,\cdots,r)$, $r=\mathrm{rank}(\boldsymbol{A})$, $\boldsymbol{U}_1\in\boldsymbol{C}^{m\times r}$, $\boldsymbol{V}_1\in\boldsymbol{C}^{n\times r}$,则矩阵方程(9.4.1)有 Hermite 解的充分必要条件是

$$\boldsymbol{AB}^{\mathrm{H}}=\boldsymbol{BA}^{\mathrm{H}},\boldsymbol{AA}^{+}\boldsymbol{B}=\boldsymbol{B} \tag{9.4.3}$$

并且在有解的情况下,其通解为

$$\boldsymbol{X}=\boldsymbol{A}^{+}\boldsymbol{B}+(\boldsymbol{A}^{+}\boldsymbol{B})^{\mathrm{H}}-\boldsymbol{A}^{+}\boldsymbol{AB}^{\mathrm{H}}(\boldsymbol{A}^{+})^{\mathrm{H}}+\boldsymbol{V}_2\boldsymbol{GV}_2^{\mathrm{H}} \tag{9.4.4}$$

其中 $\boldsymbol{G}\in\boldsymbol{C}^{(n-r)\times(n-r)}$ 是任意的 Hermite 矩阵.

证明 必要性. 如果矩阵方程(9.4.1)有 Hermite 解 $\boldsymbol{X}$,则由定理 9.3.1 知, $\boldsymbol{A}$ 和 $\boldsymbol{B}$ 满足 $\boldsymbol{AA}^{+}\boldsymbol{B}=\boldsymbol{B}$,并且由 $\boldsymbol{AX}=\boldsymbol{B}$ 得 $\boldsymbol{AXA}^{\mathrm{H}}=\boldsymbol{BA}^{\mathrm{H}}$. 因为 $\boldsymbol{X}$ 是 Hermite矩阵,所以 $\boldsymbol{AXA}^{\mathrm{H}}$ 也是 Hermite 矩阵,于是 $\boldsymbol{BA}^{\mathrm{H}}=\boldsymbol{AXA}^{\mathrm{H}}=(\boldsymbol{AXA}^{\mathrm{H}})^{\mathrm{H}}=\boldsymbol{AB}^{\mathrm{H}}$.

充分性. 记

$$\boldsymbol{U}^{\mathrm{H}}\boldsymbol{BV}=\begin{pmatrix}\boldsymbol{B}_{11} & \boldsymbol{B}_{12}\\ \boldsymbol{B}_{21} & \boldsymbol{B}_{22}\end{pmatrix},\quad \boldsymbol{V}^{\mathrm{H}}\boldsymbol{XV}=\begin{pmatrix}\boldsymbol{X}_{11} & \boldsymbol{X}_{12}\\ \boldsymbol{X}_{21} & \boldsymbol{X}_{22}\end{pmatrix} \tag{9.4.5}$$

其中 $\boldsymbol{B}_{ij}=\boldsymbol{U}_i^{\mathrm{H}}\boldsymbol{BV}_j$, $\boldsymbol{X}_{ij}=\boldsymbol{V}_i^{\mathrm{H}}\boldsymbol{XV}_j\ (i,j=1,2)$,由 $\boldsymbol{A}$ 的奇异值分解(9.4.2)知,矩阵方程(9.4.1)等价于

$$\begin{pmatrix}\boldsymbol{\Sigma} & 0\\ 0 & 0\end{pmatrix}\begin{pmatrix}\boldsymbol{X}_{11} & \boldsymbol{X}_{12}\\ \boldsymbol{X}_{21} & \boldsymbol{X}_{22}\end{pmatrix}=\begin{pmatrix}\boldsymbol{B}_{11} & \boldsymbol{B}_{12}\\ \boldsymbol{B}_{21} & \boldsymbol{B}_{22}\end{pmatrix} \tag{9.4.6}$$

因为 $\boldsymbol{AA}^{+}\boldsymbol{B}=\boldsymbol{B}$,则

$$\boldsymbol{U}_2^{\mathrm{H}}\boldsymbol{B}=0 \tag{9.4.7}$$

于是 $\boldsymbol{B}_{21}=0,\boldsymbol{B}_{22}=0$. 从而矩阵方程(9.4.6)等价于

$$\begin{cases}\boldsymbol{\Sigma X}_{11}=\boldsymbol{B}_{11}\\ \boldsymbol{\Sigma X}_{12}=\boldsymbol{B}_{12}\end{cases}$$

因此 $\boldsymbol{X}_{11}=\boldsymbol{\Sigma}^{-1}\boldsymbol{B}_{11},\boldsymbol{X}_{12}=\boldsymbol{\Sigma}^{-1}\boldsymbol{B}_{12}$. 由 $\boldsymbol{A}$ 的奇异值分解和(9.4.7)得

$$\boldsymbol{U}^{\mathrm{H}}\boldsymbol{BA}^{\mathrm{H}}\boldsymbol{U}=\begin{pmatrix}\boldsymbol{U}_1^{\mathrm{H}}\boldsymbol{BV}_1\boldsymbol{\Sigma} & 0\\ 0 & 0\end{pmatrix}$$

因为 $\boldsymbol{AB}^{\mathrm{H}}=\boldsymbol{BA}^{\mathrm{H}}$, 所以 $\boldsymbol{U}_1^{\mathrm{H}}\boldsymbol{BV}_1\boldsymbol{\Sigma}$, 进而 $\boldsymbol{X}_{11}=\boldsymbol{\Sigma}^{-1}\boldsymbol{B}_{11}=\boldsymbol{\Sigma}^{-1}(\boldsymbol{U}_1^{\mathrm{H}}\boldsymbol{BV}_1\boldsymbol{\Sigma})\boldsymbol{\Sigma}^{-1}$ 都是 Hermite 矩阵. 于是，当 $\boldsymbol{X}_{21}=\boldsymbol{X}_{12}^{\mathrm{H}},\boldsymbol{X}_{22}=\boldsymbol{G}$ 是任意 $n-r$ 阶 Hermite 矩阵时，

$$\begin{aligned}\boldsymbol{X}&=\boldsymbol{V}\begin{pmatrix}\boldsymbol{\Sigma}^{-1}\boldsymbol{U}_1^{\mathrm{H}}\boldsymbol{BV}_1 & \boldsymbol{\Sigma}^{-1}\boldsymbol{U}_1^{\mathrm{H}}\boldsymbol{BV}_2\\ \boldsymbol{V}_2^{\mathrm{H}}\boldsymbol{B}^{\mathrm{H}}\boldsymbol{U}_1\boldsymbol{\Sigma}^{-1} & \boldsymbol{G}\end{pmatrix}\boldsymbol{V}^{\mathrm{H}}\\ &=\boldsymbol{V}_1\boldsymbol{\Sigma}^{-1}\boldsymbol{U}_1^{\mathrm{H}}\boldsymbol{B}+\boldsymbol{V}_2\boldsymbol{V}_2^{\mathrm{H}}\boldsymbol{B}^{\mathrm{H}}\boldsymbol{U}_1\boldsymbol{\Sigma}^{-1}\boldsymbol{V}_1^{\mathrm{H}}+\boldsymbol{V}_2\boldsymbol{GV}_2^{\mathrm{H}}\\ &=\boldsymbol{A}^{+}\boldsymbol{B}+(\boldsymbol{A}^{+}\boldsymbol{B})^{\mathrm{H}}-\boldsymbol{A}^{+}\boldsymbol{AB}^{\mathrm{H}}(\boldsymbol{A}^{+})^{\mathrm{H}}+\boldsymbol{V}_2\boldsymbol{GV}_2^{\mathrm{H}}\end{aligned} \tag{9.4.8}$$

是矩阵方程(9.4.1)的 Hermite 解. □

如果矩阵方程(9.4.1)有 Hermite 解，其解一般是不惟一的. 记矩阵方程(9.4.1)Hermite 解的全体为 H_X. 对 $\widetilde{\boldsymbol{X}}=(\widetilde{x}_{ij})\in\boldsymbol{C}^{n\times n}$, 可以考虑在 $H_{\boldsymbol{X}}$ 上求 $\widetilde{\boldsymbol{X}}$ 的最佳逼近 $\hat{\boldsymbol{X}}$, 即

$$\|\widetilde{\boldsymbol{X}}-\hat{\boldsymbol{X}}\|_F=\inf_{\boldsymbol{X}\in H_{\boldsymbol{X}}}\|\widetilde{\boldsymbol{X}}-\boldsymbol{X}\|_F \tag{9.4.9}$$

引理 9.4.1 设 $\boldsymbol{A}\in\boldsymbol{C}^{n\times n}$, 则对任意 n 阶 Hermite 矩阵 $\boldsymbol{H}$ 都有

$$\left\|\boldsymbol{A}-\frac{\boldsymbol{A}+\boldsymbol{A}^{\mathrm{H}}}{2}\right\|_F\leqslant\|\boldsymbol{A}-\boldsymbol{H}\|_F \tag{9.4.10}$$

证明 因为对任意 n 阶 Hermite 矩阵 $\boldsymbol{H}$

$$\boldsymbol{A}-\frac{\boldsymbol{A}+\boldsymbol{A}^{\mathrm{H}}}{2}=\frac{\boldsymbol{A}-\boldsymbol{H}}{2}+\frac{\boldsymbol{H}-\boldsymbol{A}^{\mathrm{H}}}{2}$$

并且 $\|\boldsymbol{H}-\boldsymbol{A}^{\mathrm{H}}\|_F=\|(\boldsymbol{H}-\boldsymbol{A})^{\mathrm{H}}\|_F=\|\boldsymbol{H}-\boldsymbol{A}\|_F$, 则

$$\left\|\boldsymbol{A}-\frac{\boldsymbol{A}+\boldsymbol{A}^{\mathrm{H}}}{2}\right\|_F=\left\|\frac{\boldsymbol{A}-\boldsymbol{H}}{2}+\frac{\boldsymbol{H}-\boldsymbol{A}^{\mathrm{H}}}{2}\right\|_F$$

$$\leqslant \left\| \frac{A-H}{2} \right\|_F + \left\| \frac{H-A^H}{2} \right\|_F = \| A-H \|_F \qquad \square$$

定理 9.4.2 设 $A,B\in C^{n\times n}$ 满足条件(9.4.3),则 $\widetilde{X}=(\widetilde{x}_{ij})\in C^{n\times n}$ 在 H_X 上存在惟一的最佳逼近 $\hat{X}$,并且

$$\hat{X}= A^+ B+(A^+ B)^H - A^+ AB^H(A^+)^H + \frac{1}{2}(I-A^+ A)(\widetilde{X}+\widetilde{X}^H)(I-A^+ A) \qquad (9.4.11)$$

证明 由定理 9.4.1 知 H_X 非空,并且 H_X 是内积空间 $C^{n\times n}$ 中的一个闭凸集. 由定理 1.6.13 知 $\widetilde{X}$ 在 H_X 上存在惟一的最佳逼近 $\hat{X}$.

令

$$X_0 = A^+ B+(A^+ B)^H - A^+ AB^H(A^+)^H \qquad (9.4.12)$$

由(9.4.8)有

$$X = X_0 + V_2 G V_2^H \qquad (9.4.13)$$

$$\widetilde{X}-X=\widetilde{X}-X_0-V_2GV_2^H=\widetilde{X}-X_0-V\begin{pmatrix}0 & 0\\ 0 & G\end{pmatrix}V^H$$

于是

$$\begin{aligned}\|\widetilde{X}-X\|_F^2 &= \left\| V^H(\widetilde{X}-X_0)V-\begin{pmatrix}0 & 0\\ 0 & G\end{pmatrix}\right\|_F^2 \\ &= \left\|\begin{pmatrix}V_1^H(\widetilde{X}-X_0)V_1 & V_1^H(\widetilde{X}-X_0)V_2\\ V_2^H(\widetilde{X}-X_0)V_1 & V_2^H(\widetilde{X}-X_0)V_2-G\end{pmatrix}\right\|_F^2 \\ &= \|V_1^H(\widetilde{X}-X_0)V_1\|_F^2+\|V_1^H(\widetilde{X}-X_0)V_2\|_F^2 \\ &\quad +\|V_2^H(\widetilde{X}-X_0)V_1\|_F^2+\|V_2^H(\widetilde{X}-X_0)V_2-G\|_F^2\end{aligned}$$

由引理 9.4.1 知,当且仅当 $G=V_2^H(\frac{\widetilde{X}+\widetilde{X}^H}{2}-X_0)V_2$ 上式达到最小. 因此 $\widetilde{X}$ 在 H_X 上的最佳逼近 $\hat{X}$ 为

$$\hat{X}=X_0+V_2V_2^H(\frac{\widetilde{X}+\widetilde{X}^H}{2}-X_0)V_2V_2^H$$

因为 $V_2^HX_0V_2=0, V_2V_2^H=I-A^+A$,则由上式即得(9.4.11). $\square$

定理 9.4.1 和定理 9.4.2 可应用于研究如下一类 **Hermite 矩阵特征值反问题**.

给定实数 λ_i，向量 $q_i\in \boldsymbol{C}^n(i=1,2,\cdots,m,m\leqslant n)$ 和矩阵 $\widetilde{\boldsymbol{X}}\in \boldsymbol{C}^{n\times n}$，求 n 阶 Hermite 矩阵 $\boldsymbol{X}$ 使得

$$\boldsymbol{X}q_i=\lambda_i q_i,\qquad i=1,2,\cdots,m \tag{9.4.14}$$

满足(9.4.14)的 Hermite 矩阵全体记为 H_X，并在 H_X 上求 $\widetilde{\boldsymbol{X}}$ 的最佳逼近 $\hat{\boldsymbol{X}}$，即在 H_X 上求 n 阶 Hermite 矩阵 $\hat{\boldsymbol{X}}$ 满足(9.4.9)。这类问题在结构动力模型修正中具有重要的应用。

记

$$\boldsymbol{Q}=[q_1,q_2,\cdots,q_m],\boldsymbol{\Lambda}=\mathrm{diag}(\lambda_1,\lambda_2,\cdots,\lambda_m) \tag{9.4.15}$$

则(9.4.14)等价于

$$\boldsymbol{XQ}=\boldsymbol{Q\Lambda} \tag{9.4.16}$$

H_X 就是矩阵方程(9.4.16)的全体 Hermite 解。因为 Hermite 矩阵 $\boldsymbol{X}$ 满足(9.4.16)当且仅当 Hermite 矩阵 $\boldsymbol{X}$ 满足

$$\boldsymbol{Q}^{\mathrm{H}}\boldsymbol{X}=\boldsymbol{\Lambda Q}^{\mathrm{H}} \tag{9.4.17}$$

则由定理 9.4.1 和定理 9.4.2 即得如下结论。

定理 9.4.3　设 $\boldsymbol{\Lambda}=\mathrm{diag}(\lambda_1,\cdots,\lambda_m)\in\mathbf{R}^{m\times m}$，$\boldsymbol{Q}=[q_1,\cdots,q_m]\in\boldsymbol{C}^{n\times m}$，$\widetilde{\boldsymbol{X}}\in\boldsymbol{C}^{n\times n}$，并且 $\boldsymbol{Q}$ 的奇异值分解为

$$\boldsymbol{Q}=\boldsymbol{U}\begin{bmatrix}\boldsymbol{\Sigma} & 0\\ 0 & 0\end{bmatrix}\boldsymbol{V}^{\mathrm{H}} \tag{9.4.18}$$

其中 $\boldsymbol{U}=[\boldsymbol{U}_1,\boldsymbol{U}_2]\in\boldsymbol{C}^{n\times n}$，$\boldsymbol{V}=[\boldsymbol{V}_1,\boldsymbol{V}_2]\in\boldsymbol{C}^{m\times m}$ 均为酉矩阵，$\boldsymbol{\Sigma}=\mathrm{diag}(\sigma_1,\cdots,\sigma_r)$，$\sigma_i>0(i=1,\cdots,r)$，$r=\mathrm{rank}(\boldsymbol{Q})$，$\boldsymbol{U}_1\in\boldsymbol{C}^{n\times r}$，$\boldsymbol{V}_1\in\boldsymbol{C}^{m\times r}$，则存在 n 阶 Hermite 矩阵 $\boldsymbol{X}$ 满足(9.4.16)的充分必要条件是

$$\boldsymbol{Q}^{\mathrm{H}}\boldsymbol{Q\Lambda}=\boldsymbol{\Lambda Q}^{\mathrm{H}}\boldsymbol{Q},\quad \boldsymbol{Q\Lambda Q}^{+}\boldsymbol{Q}=\boldsymbol{Q\Lambda} \tag{9.4.19}$$

如果 $\boldsymbol{Q}$ 和 $\boldsymbol{\Lambda}$ 满足(9.4.19)，则(9.4.16)的 Hermite 解 $\boldsymbol{X}$ 可表示为

$$\boldsymbol{X}=\boldsymbol{Q\Lambda Q}^{+}+(\boldsymbol{Q}^{+})^{\mathrm{H}}\boldsymbol{\Lambda Q}^{\mathrm{H}}-(\boldsymbol{Q}^{+})^{\mathrm{H}}\boldsymbol{Q}^{\mathrm{H}}\boldsymbol{Q\Lambda Q}^{+}+\boldsymbol{U}_2\boldsymbol{GU}_2^{\mathrm{H}} \tag{9.4.20}$$

其中 $\boldsymbol{G}\in\boldsymbol{C}^{(n-r)\times(n-r)}$ 是任意的 Hermite 矩阵，并且 $\widetilde{\boldsymbol{X}}$ 在 H_X 上存在惟一的最佳逼近 $\hat{\boldsymbol{X}}$

$$\begin{aligned}\hat{\boldsymbol{X}}=&\boldsymbol{Q\Lambda Q}^{+}+(\boldsymbol{Q}^{+})^{\mathrm{H}}\boldsymbol{\Lambda Q}^{\mathrm{H}}-(\boldsymbol{Q}^{+})^{\mathrm{H}}\boldsymbol{Q}^{\mathrm{H}}\boldsymbol{Q\Lambda Q}^{+}\\&+\frac{1}{2}(\boldsymbol{I}-\boldsymbol{QQ}^{+})(\widetilde{\boldsymbol{X}}+\widetilde{\boldsymbol{X}}^{\mathrm{H}})(\boldsymbol{I}-\boldsymbol{QQ}^{+})\end{aligned}$$

§9.5 矩阵方程 $AX+XB=C$ 和 $X-AXB=C$*

9.5.1 矩阵方程 $\boldsymbol{AX+XB=C}$

设 $\boldsymbol{A}\in\boldsymbol{C}^{m\times m},\boldsymbol{B}\in\boldsymbol{C}^{n\times n},\boldsymbol{C}\in\boldsymbol{C}^{m\times n}$，对矩阵方程

$$\boldsymbol{AX}+\boldsymbol{XB}=\boldsymbol{C} \tag{9.5.1}$$

利用推论 9.2.1 将(9.5.1)两边列展开，可得等价的线性方程组

$$[\boldsymbol{I}_n\otimes\boldsymbol{A}+\boldsymbol{B}^{\mathrm{T}}\otimes\boldsymbol{I}_m]\mathrm{vec}(\boldsymbol{X})=\mathrm{vec}(\boldsymbol{C}) \tag{9.5.2}$$

由推论 9.2.2 知矩阵方程(9.5.1)有解的充分必要条件是

$$\mathrm{rank}[\boldsymbol{I}_n\otimes\boldsymbol{A}+\boldsymbol{B}^{\mathrm{T}}\otimes\boldsymbol{I}_m,\mathrm{vec}(\boldsymbol{C})]=\mathrm{rank}[\boldsymbol{I}_n\otimes\boldsymbol{A}+\boldsymbol{B}^{\mathrm{T}}\otimes\boldsymbol{I}_m] \tag{9.5.3}$$

并且矩阵方程(9.5.1)有惟一解的充分必要条件是矩阵 $I_n\otimes\boldsymbol{A}+\boldsymbol{B}^{\mathrm{T}}\otimes I_m$ 非奇异.

定理 9.5.1 设 $\boldsymbol{A}\in\boldsymbol{C}^{m\times m},\boldsymbol{B}\in\boldsymbol{C}^{n\times n}$，$\boldsymbol{A}$ 和 $\boldsymbol{B}$ 的特征值分别为 $\lambda_1,\lambda_2,\cdots,\lambda_m$ 和 $\mu_1,\mu_2,\cdots,\mu_n$，则矩阵方程(9.5.1)有惟一解的充分必要条件是

$$\lambda_i+\mu_j\neq 0,\qquad i=1,2,\cdots,m;j=1,2,\cdots,n \tag{9.5.4}$$

即 $\boldsymbol{A}$ 和 $-\boldsymbol{B}$ 没有共同的特征值.

证明 因为矩阵方程(9.5.1)等价于线性方程组(9.5.2)，则由定理 9.1.2 知矩阵 $\boldsymbol{I}_n\otimes\boldsymbol{A}+\boldsymbol{B}^{\mathrm{T}}\otimes\boldsymbol{I}_m$ 的特征值是 $\lambda_i+\mu_j(i=1,2,\cdots,m,j=1,2,\cdots,n)$. 由于(9.5.1)有惟一解的充分必要条件是矩阵 $\boldsymbol{I}_n\otimes\boldsymbol{A}+\boldsymbol{B}^{\mathrm{T}}\otimes\boldsymbol{I}_m$ 非奇异，即其特征值均非零，故定理得证. □

定理 9.5.2 设 $\boldsymbol{A}\in\boldsymbol{C}^{m\times m},\boldsymbol{B}\in\boldsymbol{C}^{n\times n}$，如果 $\boldsymbol{A}$ 和 $\boldsymbol{B}$ 的特征值均具有负实部，则矩阵方程(9.5.1)有惟一解，并且解 $\boldsymbol{X}\in\boldsymbol{C}^{m\times n}$ 可以表示成

$$\boldsymbol{X}=-\int_0^{+\infty}\mathrm{e}^{\boldsymbol{A}t}\boldsymbol{C}\mathrm{e}^{\boldsymbol{B}t}\,\mathrm{d}t \tag{9.5.5}$$

证明 由假设条件知，$\boldsymbol{A}$ 和 $-\boldsymbol{B}$ 没有共同的特征值，则矩阵方程(9.5.1)有惟一解. 因为

$$\frac{\mathrm{d}}{\mathrm{d}t}(\mathrm{e}^{\boldsymbol{A}t}\boldsymbol{C}\mathrm{e}^{\boldsymbol{B}t})=\boldsymbol{A}\mathrm{e}^{\boldsymbol{A}t}\boldsymbol{C}\mathrm{e}^{\boldsymbol{B}t}+\mathrm{e}^{\boldsymbol{A}t}\boldsymbol{C}\mathrm{e}^{\boldsymbol{B}t}\boldsymbol{B}$$

两端对 t 自 0 到 $+\infty$ 积分，得

$$(\mathrm{e}^{\boldsymbol{A}t}\boldsymbol{C}\mathrm{e}^{\boldsymbol{B}t})\Big|_0^{+\infty}=\boldsymbol{A}\left(\int_0^{+\infty}\mathrm{e}^{\boldsymbol{A}t}\boldsymbol{C}\mathrm{e}^{\boldsymbol{B}t}\,\mathrm{d}t\right)+\left(\int_0^{+\infty}\mathrm{e}^{\boldsymbol{A}t}\boldsymbol{C}\mathrm{e}^{\boldsymbol{B}t}\,\mathrm{d}t\right)\boldsymbol{B}$$

即

$$\boldsymbol{A}\left(-\int_0^{+\infty} e^{\boldsymbol{A}t}\boldsymbol{C}e^{\boldsymbol{B}t}\,dt\right)+\left(-\int_0^{+\infty} e^{\boldsymbol{A}t}\boldsymbol{C}e^{\boldsymbol{B}t}\,dt\right)\boldsymbol{B}=\boldsymbol{C}$$

这说明(9.5.5)确定的 $\boldsymbol{X}$ 为矩阵方程 $\boldsymbol{AX}+\boldsymbol{XB}=\boldsymbol{C}$ 的解. □

当 $\boldsymbol{B}=\boldsymbol{A}^{\mathrm{H}}\in\boldsymbol{C}^{n\times n}$, $\boldsymbol{C}=-\boldsymbol{W}\in\boldsymbol{C}^{n\times n}$ 时,矩阵方程 $\boldsymbol{AX}+\boldsymbol{XB}=\boldsymbol{C}$ 变为著名的 Lyapunov 矩阵方程

$$\boldsymbol{AX}+\boldsymbol{XA}^{\mathrm{H}}=-\boldsymbol{W} \tag{9.5.6}$$

定理 9.5.3 设 $\boldsymbol{A}\in\boldsymbol{C}^{n\times n}$, $\boldsymbol{W}\in\boldsymbol{C}^{n\times n}$,如果 $\boldsymbol{A}$ 是稳定矩阵,则矩阵方程(9.5.6)有惟一解,并且解 $\boldsymbol{X}\in\boldsymbol{C}^{n\times n}$ 可以表示为

$$\boldsymbol{X}=\int_0^{+\infty} e^{\boldsymbol{A}t}\boldsymbol{W}e^{\boldsymbol{A}^{\mathrm{H}}t}\,dt \tag{9.5.7}$$

进一步,若 $\boldsymbol{W}$ 是 Hermite(非负定,正定)矩阵,则解 $\boldsymbol{X}$ 也是 Hermite(非负定,正定)矩阵.

证明 因为矩阵方程(9.5.6)是矩阵方程(9.5.1)的特殊情况,由定理 9.5.2 知矩阵方程(9.5.6)有惟一解 $\boldsymbol{X}\in\boldsymbol{C}^{n\times n}$,且由(9.5.7)表示.

如果 $\boldsymbol{W}$ 是 Hermite 矩阵,则由 $(e^{\boldsymbol{A}t})^{\mathrm{H}}=e^{\boldsymbol{A}^{\mathrm{H}}t}$ 及(9.5.7)可知,$\boldsymbol{X}$ 是 Hermite 矩阵.

如果 $\boldsymbol{W}$ 是 Hermite 非负定矩阵,则对任意 $y\in\boldsymbol{C}^n$,有

$$y^{\mathrm{H}}\boldsymbol{X}y=\int_0^{+\infty}(e^{\boldsymbol{A}^{\mathrm{H}}t}y)^{\mathrm{H}}\boldsymbol{W}(e^{\boldsymbol{A}^{\mathrm{H}}t}y)\,dt\geqslant 0 \tag{9.5.8}$$

因此 $\boldsymbol{X}$ 是 Hermite 非负定矩阵.

若 $\boldsymbol{W}$ 是 Hermite 正定矩阵,则对任意 $y\in\boldsymbol{C}^n$,显然有 $y^{\mathrm{H}}\boldsymbol{X}y\geqslant 0$,且等号成立当且仅当 $e^{\boldsymbol{A}^{\mathrm{H}}t}y=0$. 因为 $e^{\boldsymbol{A}^{\mathrm{H}}t}$ 非奇异,故 $y^{\mathrm{H}}\boldsymbol{X}y\geqslant 0$ 中等号成立当且仅当 $y=0$,所以 $\boldsymbol{X}$ 正定. □

9.5.2 矩阵方程 $X-AXB=C$

设 $\boldsymbol{A}\in\boldsymbol{C}^{m\times m}$, $\boldsymbol{B}\in\boldsymbol{C}^{n\times n}$, $\boldsymbol{C}\in\boldsymbol{C}^{m\times n}$,对矩阵方程

$$\boldsymbol{X}-\boldsymbol{AXB}=\boldsymbol{C} \tag{9.5.9}$$

利用定理 9.2.1 将(9.5.9)两边列展开,可得等价的线性方程组

$$[\boldsymbol{I}_{mn}-\boldsymbol{B}^{\mathrm{T}}\otimes\boldsymbol{A}]\mathrm{vec}(\boldsymbol{X})=\mathrm{vec}(\boldsymbol{C}) \tag{9.5.10}$$

由推论 9.2.2 知矩阵方程(9.5.9)有解的充分必要条件是

$$\mathrm{rank}[\boldsymbol{I}_{mn}-\boldsymbol{B}^{\mathrm{T}}\otimes\boldsymbol{A},\mathrm{vec}(\boldsymbol{C})]=\mathrm{rank}[\boldsymbol{I}_{mn}-\boldsymbol{B}^{\mathrm{T}}\otimes\boldsymbol{A}] \tag{9.5.11}$$

并且矩阵方程(9.5.9)有惟一解的充分必要条件是矩阵 $\boldsymbol{I}_{mn}-\boldsymbol{B}^{\mathrm{T}}\otimes\boldsymbol{A}$ 非奇异.

定理 9.5.4 设 $\boldsymbol{A}\in\boldsymbol{C}^{m\times m}$，$\boldsymbol{B}\in\boldsymbol{C}^{n\times n}$，$\boldsymbol{A}$ 和 $\boldsymbol{B}$ 的特征值分别为 $\lambda_1,\lambda_2,\cdots,\lambda_m$ 和 $\mu_1,\mu_2,\cdots,\mu_n$，则矩阵方程(9.5.9)有惟一解的充分必要条件是

$$\lambda_i\mu_j\neq 1,\quad i=1,\cdots,m;j=1,\cdots,n \tag{9.5.12}$$

证明和定理 9.5.1 的证明完全类似，故略去.

定理 9.5.5 设 $\boldsymbol{A}\in\boldsymbol{C}^{m\times m}$，$\boldsymbol{B}\in\boldsymbol{C}^{n\times n}$，且 $\rho(\boldsymbol{A})\rho(\boldsymbol{B})<1$，则矩阵方程(9.5.9)有惟一解

$$\boldsymbol{X}=\sum_{j=0}^{\infty}\boldsymbol{A}^j\boldsymbol{C}\boldsymbol{B}^j \tag{9.5.13}$$

证明 如果 $\rho(\boldsymbol{A})\rho(\boldsymbol{B})<1$，则由定理 9.5.4 知矩阵方程(9.5.9)有惟一解. 直接验证可知 $\boldsymbol{X}=\sum\limits_{j=0}^{\infty}\boldsymbol{A}^j\boldsymbol{C}\boldsymbol{B}^j$ 是矩阵方程(9.5.9)的解. □

当 $\boldsymbol{B}=\boldsymbol{A}^{\mathrm{H}}\in\boldsymbol{C}^{n\times n}$，$\boldsymbol{C}\in\boldsymbol{C}^{n\times n}$ 时，矩阵方程 $\boldsymbol{X}-\boldsymbol{A}\boldsymbol{X}\boldsymbol{B}=\boldsymbol{C}$ 变为著名的 Stein 矩阵方程

$$\boldsymbol{X}-\boldsymbol{A}\boldsymbol{X}\boldsymbol{A}^{\mathrm{H}}=\boldsymbol{C} \tag{9.5.14}$$

由定理 9.5.5 即得如下推论.

推论 9.5.1 设 $\boldsymbol{A},\boldsymbol{C}\in\boldsymbol{C}^{n\times n}$，且 $\rho(\boldsymbol{A})<1$，则矩阵方程 $\boldsymbol{X}-\boldsymbol{A}\boldsymbol{X}\boldsymbol{A}^{\mathrm{H}}=\boldsymbol{C}$ 有惟一解 $\boldsymbol{X}=\sum\limits_{j=0}^{\infty}\boldsymbol{A}^j\boldsymbol{C}(\boldsymbol{A}^{\mathrm{H}})^j$. 进一步，若 $\boldsymbol{C}$ 是 Hermite(非负定，正定)矩阵，则解 $\boldsymbol{X}$ 也是 Hermite(非负定，正定)矩阵.

习　题

1. 设 $\boldsymbol{A}=\begin{pmatrix}1 & -1\\ 2 & 1\end{pmatrix}$，$\boldsymbol{B}=\begin{pmatrix}0 & 2 & 1\\ 1 & 0 & -1\end{pmatrix}$，计算 $\boldsymbol{A}\otimes\boldsymbol{B}$.

2. 证明：如果 $\boldsymbol{A}$ 和 $\boldsymbol{B}$ 均为 Hermite 正定矩阵，则 $\boldsymbol{A}\otimes\boldsymbol{B}$ 是 Hermite 正定矩阵.

3. 证明：如果 $\boldsymbol{A}$ 和 $\boldsymbol{B}$ 均为反 Hermite 矩阵，则 $\boldsymbol{A}\otimes\boldsymbol{B}$ 是 Hermite 矩阵.

4. 设 $\boldsymbol{A}$ 和 $\boldsymbol{B}$ 均为 n 阶矩阵，证明：如果 $\boldsymbol{A}^2=\boldsymbol{A}$，$\boldsymbol{B}^2=\boldsymbol{B}$，则 $(\boldsymbol{A}\otimes\boldsymbol{B})^2=\boldsymbol{A}\otimes\boldsymbol{B}$.

5. 设 $\boldsymbol{X}\in\mathbf{R}^{2\times 2}$，$\boldsymbol{A}=\begin{pmatrix}1 & -1\\ -1 & 1\end{pmatrix}$，$\boldsymbol{B}=\begin{pmatrix}1 & 0 & -1\\ 2 & 1 & 0\end{pmatrix}$，$\boldsymbol{C}=\begin{pmatrix}0 & 1 & -1\\ -1 & 0 & 1\end{pmatrix}$.

(1) 判断矩阵方程 $\boldsymbol{A}\boldsymbol{X}\boldsymbol{B}=\boldsymbol{C}$ 是否有解；

(2) 如果 $\boldsymbol{A}\boldsymbol{X}\boldsymbol{B}=\boldsymbol{C}$ 有解，求其通解；如果 $\boldsymbol{A}\boldsymbol{X}\boldsymbol{B}=\boldsymbol{C}$ 无解，求其极小最小二乘解.

6. 设 $\boldsymbol{X}\in\mathbf{R}^{2\times 2}$，$\boldsymbol{A}=\begin{pmatrix}1 & 1\\ 0 & 1\end{pmatrix}$，$\boldsymbol{B}=\begin{pmatrix}3 & -2\\ 1 & 0\end{pmatrix}$，$\boldsymbol{C}=\begin{pmatrix}-2 & 4\\ -3 & 3\end{pmatrix}$.

(1) 证明：矩阵方程 $\boldsymbol{A}\boldsymbol{X}-\boldsymbol{X}\boldsymbol{B}=\boldsymbol{C}$ 有惟一解；

(2) 求矩阵方程 $\boldsymbol{A}\boldsymbol{X}-\boldsymbol{X}\boldsymbol{B}=\boldsymbol{C}$ 的解.

7. 设 $\boldsymbol{A}$ 是 n 阶矩阵，利用矩阵 $\boldsymbol{A}$ 的 Jordan 标准形求矩阵方程 $\boldsymbol{A}\boldsymbol{X}=\boldsymbol{X}\boldsymbol{A}$ 的解 $\boldsymbol{X}$.

8. 设 $\boldsymbol{A}$ 是 n 阶可对角化矩阵，$\lambda_1,\lambda_2,\cdots,\lambda_s$ 为其互异特征值，并且它们的代数重数分

别为 $m_1, m_2, \cdots, m_s$. 证明：矩阵方程 $\boldsymbol{AX}=\boldsymbol{XA}$ 的解空间有维数 $m_1^2+m_2^2+\cdots+m_s^2$.

9. 设 $\boldsymbol{A}$ 是 n 阶正规矩阵，并且其所有特征值互异. 证明：矩阵方程 $\boldsymbol{AX}=\boldsymbol{XA}$ 的任意解 $\boldsymbol{X}$ 为正规矩阵.

10. 设 $\boldsymbol{X}\in\mathbf{R}^{2\times 3}$，$\boldsymbol{A}=\begin{pmatrix}1 & 1\\ 1 & 1\end{pmatrix}$，$\boldsymbol{B}=\begin{pmatrix}1 & 2 & 1\\ 0 & -1 & 2\\ 0 & 0 & -1\end{pmatrix}$，$\boldsymbol{C}=\begin{pmatrix}1 & 0 & 1\\ 0 & 1 & 0\end{pmatrix}$.

(1) 证明：矩阵方程 $\boldsymbol{X}-\boldsymbol{AXB}=\boldsymbol{C}$ 有惟一解；

(2) 求矩阵方程 $\boldsymbol{X}-\boldsymbol{AXB}=\boldsymbol{C}$ 的解.

第十章 非负矩阵*

元素都是非负实数的矩阵称为**非负矩阵**. 这类矩阵在数理经济学、运筹学、概率论、弹性系数的微振动理论等许多领域都有重要的应用. 本章介绍非负矩阵的一些基本性质,包括著名的 Perron-Frobenius 定理,以及与非负矩阵有密切联系而又有特别重要应用价值的 M 矩阵等有关主要结果.

§10.1 非负矩阵与正矩阵

定义 10.1.1 设 $\boldsymbol{A}=(a_{ij}),\boldsymbol{B}=(b_{ij})\in\mathbf{R}^{m\times n}$,如果对所有的 i,j 都有 $a_{ij}\geqslant b_{ij}$,则记为 $\boldsymbol{A}\geqslant\boldsymbol{B}$. 如果对所有的 i,j 都有 $a_{ij}>b_{ij}$,则记为 $\boldsymbol{A}>\boldsymbol{B}$. 特别地,如果 $\boldsymbol{A}\geqslant 0$,则称 $\boldsymbol{A}$ 是**非负矩阵**. 如果 $\boldsymbol{A}>0$,则称 $\boldsymbol{A}$ 是**正矩阵**.

必须指出,非负矩阵和正矩阵的概念与第五章中非负定矩阵和正定矩阵的概念是不同的,这里的记号"$\geqslant(>)$"与第五章中的记号"$\geqslant(>)$"所代表的意义也完全不同.

对任意矩阵 $\boldsymbol{A}=(a_{ij})\in\boldsymbol{C}^{n\times n}$,本章中我们用 $|\boldsymbol{A}|$ 表示 $\boldsymbol{A}$ 的元素取模之后所得的非负矩阵,即 $|\boldsymbol{A}|=(|a_{ij}|)$;特别地,当 $x=(x_1,\cdots,x_n)^{\mathrm{T}}\in\boldsymbol{C}^n$ 时,$|x|=(|x_1|,\cdots,|x_n|)^{\mathrm{T}}$. 由定义 10.1.1 直接得到如下结论.

定理 10.1.1 设 $\boldsymbol{A},\boldsymbol{B},\boldsymbol{C},\boldsymbol{D}$ 均为 $m\times n$ 矩阵,则

(1) $|\boldsymbol{A}|\geqslant 0$,并且 $|\boldsymbol{A}|=0$ 当且仅当 $\boldsymbol{A}=0$;

(2) 对任意复数 a 有 $|a\boldsymbol{A}|=|a||\boldsymbol{A}|$;

(3) $|\boldsymbol{A}+\boldsymbol{B}|\leqslant|\boldsymbol{A}|+|\boldsymbol{B}|$;

(4) 如果 $\boldsymbol{A}\geqslant 0,\boldsymbol{B}\geqslant 0,a,b$ 是非负实数,则 $a\boldsymbol{A}+b\boldsymbol{B}\geqslant 0$;

(5) 如果 $\boldsymbol{A}\geqslant\boldsymbol{B}$ 且 $\boldsymbol{C}\geqslant\boldsymbol{D}$,则 $\boldsymbol{A}+\boldsymbol{C}\geqslant\boldsymbol{B}+\boldsymbol{D}$;

(6) 如果 $\boldsymbol{A}\geqslant\boldsymbol{B}$ 且 $\boldsymbol{B}\geqslant\boldsymbol{C}$,则 $\boldsymbol{A}\geqslant\boldsymbol{C}$.

一般说来,由 $\boldsymbol{A}\geqslant 0$ 和 $\boldsymbol{A}\neq 0$ 不能导出 $\boldsymbol{A}>0$.

定理 10.1.2 设 $\boldsymbol{A},\boldsymbol{B},\boldsymbol{C},\boldsymbol{D}$ 均为 n 阶矩阵,x 是 n 维向量,则

(1) $|\boldsymbol{A}x|\leqslant|\boldsymbol{A}||x|$;

(2) $|\boldsymbol{A}\boldsymbol{B}|\leqslant|\boldsymbol{A}||\boldsymbol{B}|$;

(3) 对任意正整数 m,有 $|\boldsymbol{A}^m|\leqslant|\boldsymbol{A}|^m$;

(4) 如果 $0\leqslant\boldsymbol{A}\leqslant\boldsymbol{B},0\leqslant\boldsymbol{C}\leqslant\boldsymbol{D}$,则 $0\leqslant\boldsymbol{A}\boldsymbol{C}\leqslant\boldsymbol{B}\boldsymbol{D}$;

(5) 如果 $0\leqslant\boldsymbol{A}\leqslant\boldsymbol{B}$,对任意正整数 m,有 $0\leqslant\boldsymbol{A}^m\leqslant\boldsymbol{B}^m$;

(6) 如果 $\boldsymbol{A}\geqslant 0(\boldsymbol{A}>0)$，对任意正整数 m，$\boldsymbol{A}^m\geqslant 0(\boldsymbol{A}^m>0)$；

(7) 如果 $\boldsymbol{A}>0$，$x\geqslant 0$ 且 $x\neq 0$，则 $\boldsymbol{A}x>0$；

(8) 如果 $|\boldsymbol{A}|\leqslant \boldsymbol{B}$，则 $\|\boldsymbol{A}\|_2\leqslant \||\boldsymbol{A}|\|_2\leqslant \|\boldsymbol{B}\|_2$.

证明 (1)～(7)显然成立. 下面证明(8).

因为对任意 $x\in \boldsymbol{C}^n$，都有

$$|\boldsymbol{A}x|\leqslant |\boldsymbol{A}||x|\leqslant \boldsymbol{B}|x|$$

则

$$\|\boldsymbol{A}x\|_2=\||\boldsymbol{A}x|\|_2\leqslant \||\boldsymbol{A}||x|\|_2\leqslant \|\boldsymbol{B}|x|\|_2$$

于是

$$\max_{\|x\|_2=1}\|\boldsymbol{A}x\|_2=\max_{\||x|\|_2=1}\||\boldsymbol{A}x|\|_2\leqslant \max_{\||x|\|_2=1}\||\boldsymbol{A}||x|\|_2$$
$$\leqslant \max_{\||x|\|_2=1}\|\boldsymbol{B}|x|\|_2$$

由上式有 $\|\boldsymbol{A}\|_2\leqslant \||\boldsymbol{A}|\|_2\leqslant \|\boldsymbol{B}\|_2$. □

定理 10.1.3 设 $\boldsymbol{A},\boldsymbol{B}$ 均为 n 阶矩阵，如果 $|\boldsymbol{A}|\leqslant \boldsymbol{B}$，则 $\rho(\boldsymbol{A})\leqslant\rho(|\boldsymbol{A}|)\leqslant\rho(\boldsymbol{B})$.

证明 由定理 10.1.2(3)和(5)知，对任意正整数 m，有 $|\boldsymbol{A}^m|\leqslant|\boldsymbol{A}|^m\leqslant\boldsymbol{B}^m$. 由定理 10.1.2(8)，有

$$\|\boldsymbol{A}^m\|_2\leqslant \||\boldsymbol{A}|^m\|_2\leqslant \|\boldsymbol{B}^m\|_2$$

从而

$$\|\boldsymbol{A}^m\|_2^{\frac{1}{m}}\leqslant \||\boldsymbol{A}|^m\|_2^{\frac{1}{m}}\leqslant \|\boldsymbol{B}^m\|_2^{\frac{1}{m}}$$

在上式中令 $m\to\infty$ 并利用定理 6.3.4 即得 $\rho(\boldsymbol{A})\leqslant\rho(|\boldsymbol{A}|)\leqslant\rho(\boldsymbol{B})$.

由定理 10.1.3 立即得到如下推论.

推论 10.1.1 设 $\boldsymbol{A},\boldsymbol{B}\in\mathbf{R}^{n\times n}$，如果 $0\leqslant\boldsymbol{A}\leqslant\boldsymbol{B}$，则 $\rho(\boldsymbol{A})\leqslant\rho(\boldsymbol{B})$.

推论 10.1.2 设 $\boldsymbol{A}\in\mathbf{R}^{n\times n}$，如果 $\boldsymbol{A}\geqslant 0$，$\widetilde{\boldsymbol{A}}$ 是 $\boldsymbol{A}$ 的任一主子矩阵，则 $\rho(\widetilde{\boldsymbol{A}})\leqslant\rho(\boldsymbol{A})$. 特别地，$\max\limits_{1\leqslant i\leqslant n}\{a_{ii}\}\leqslant\rho(\boldsymbol{A})$.

证明 对任意正整数 $r(1\leqslant r\leqslant n)$，设 $\widetilde{\boldsymbol{A}}$ 是 $\boldsymbol{A}$ 的任一 r 阶主子矩阵. 用 $\hat{\boldsymbol{A}}$ 表示把 $\widetilde{\boldsymbol{A}}$ 的所有元素放在 $\boldsymbol{A}$ 的原来位置而把 0 放在其余位置所得的 n 阶矩阵，则 $\rho(\widetilde{\boldsymbol{A}})=\rho(\hat{\boldsymbol{A}})$ 并且 $0\leqslant\hat{\boldsymbol{A}}\leqslant\boldsymbol{A}$. 则推论 10.1.1 知，$\rho(\widetilde{\boldsymbol{A}})=\rho(\hat{\boldsymbol{A}})\leqslant\rho(\boldsymbol{A})$. □

1907 年 Perron 建立了正矩阵的特征值与特征向量的重要性质，这就是下面的定理.

定理 10.1.4(Perron 定理) 设 $\boldsymbol{A}\in\mathbf{R}^{n\times n}$，如果 $\boldsymbol{A}>0$，则

(1) $\rho(\boldsymbol{A})$为$\boldsymbol{A}$的正特征值，并且存在正向量$y\in\mathbf{R}^n$使得$\boldsymbol{A}y=\rho(\boldsymbol{A})y$；

(2) $\boldsymbol{A}$的任何一个其他特征值λ，都有$|\lambda|<\rho(\boldsymbol{A})$；

(3) $\rho(\boldsymbol{A})$是$\boldsymbol{A}$的单特征值.

证明　首先证明(1). 设μ是$\boldsymbol{A}$的按模最大的特征值，$x=(x_1,x_2,\cdots,x_n)^{\mathrm{T}}$是相应的特征向量，则

$$\boldsymbol{A}x=\mu x \text{ 且 } |\mu|=\rho(\boldsymbol{A}) \tag{10.1.1}$$

令$y=(|x_1|,|x_2|,\cdots,|x_n|)^{\mathrm{T}}$，下面证明$y$是$\boldsymbol{A}$对应于特征值$\rho(\boldsymbol{A})$的正特征向量.

由于$\boldsymbol{A}x=\mu x$，所以对于正整数$i(1\leqslant i\leqslant n)$，有

$$\mu x_i=\sum_{j=1}^n a_{ij}x_j$$

从而

$$\rho(\boldsymbol{A})|x_i|=|\mu x_i|\leqslant\sum_{j=1}^n a_{ij}|x_j|$$

写成矩阵形式就是

$$\rho(\boldsymbol{A})y\leqslant\boldsymbol{A}y$$

即

$$(\boldsymbol{A}-\rho(\boldsymbol{A})\boldsymbol{I})y\geqslant 0 \tag{10.1.2}$$

下面证明(10.1.2)的等号成立. 用反证法，设$(\boldsymbol{A}-\rho(\boldsymbol{A})\boldsymbol{I})y=z\neq 0$，因为$\boldsymbol{A}$是正矩阵，且$z$是非负的非零向量，所以$\boldsymbol{A}z>0$. 又显然有$\boldsymbol{A}y>0$，则存在$\varepsilon>0$使得

$$\boldsymbol{A}z\geqslant\varepsilon\boldsymbol{A}y \tag{10.1.3}$$

因为

$$\boldsymbol{A}z=\boldsymbol{A}(\boldsymbol{A}-\rho(\boldsymbol{A})\boldsymbol{I})y$$

所以

$$\boldsymbol{A}^2y=\boldsymbol{A}z+\rho(\boldsymbol{A})\boldsymbol{A}y\geqslant[\varepsilon+\rho(\boldsymbol{A})]\boldsymbol{A}y$$

令$[\varepsilon+\rho(\boldsymbol{A})]^{-1}\boldsymbol{A}=\boldsymbol{B}$，则有$\boldsymbol{B}>0,\rho(\boldsymbol{B})<1$且

$$\boldsymbol{B}\boldsymbol{A}y\geqslant\boldsymbol{A}y$$

由上式可逐步推得

$$\boldsymbol{B}^k\boldsymbol{A}y\geqslant\boldsymbol{A}y,\quad k=1,2,\cdots, \tag{10.1.4}$$

因为 $\rho(\boldsymbol{B})<1$,则由定理 6.3.2 知当 $k\to\infty$ 时,$\boldsymbol{B}^k\to 0$. 对不等式(10.1.4)两边取极限即得 $\boldsymbol{A}y\leqslant 0$. 这与 $\boldsymbol{A}y>0$ 相矛盾,因此有 $z=0$. 于是我们证明了

$$\boldsymbol{A}y=\rho(\boldsymbol{A})y \tag{10.1.5}$$

这表明 $\rho(\boldsymbol{A})=|\mu|>0$ 是 $\boldsymbol{A}$ 的特征值,而 y 是 $\boldsymbol{A}$ 的正特征向量.

为了证明(2),只要证明除 $\rho(\boldsymbol{A})$ 外,$\boldsymbol{A}$ 不可能还有其他特征值 λ 满足 $|\lambda|=\rho(\boldsymbol{A})$.

假设 λ 是 $\boldsymbol{A}$ 的满足 $|\lambda|=\rho(\boldsymbol{A})$ 的特征值,相应的特征向量为 $u=(u_1,\cdots,u_n)^{\mathrm{T}}$,则

$$\boldsymbol{A}u=\lambda u \tag{10.1.6}$$

令 $v=(|u_1|,\cdots,|u_n|)^{\mathrm{T}}$,重复证明(1)的讨论可得

$$\boldsymbol{A}v=\rho(\boldsymbol{A})v \tag{10.1.7}$$

而由(10.1.6)可得

$$\lambda u_i=\sum_{j=1}^{n}a_{ij}u_j,\qquad j=1,2,\cdots,n$$

从而

$$\rho(\boldsymbol{A})\mid u_i\mid=\left|\sum_{j=1}^{n}a_{ij}u_j\right| \tag{10.1.8}$$

由(10.1.7)和(10.1.8)可得

$$\left|\sum_{j=1}^{n}a_{ij}u_j\right|=\sum_{j=1}^{n}a_{ij}\mid u_j\mid,\qquad i=1,2,\cdots,n$$

因为 $a_{ij}>0$,则上式表明所有的 u_j 有相同的幅角 φ,即

$$u_j=\mid u_j\mid \mathrm{e}^{\mathrm{i}\varphi},\qquad \mathrm{i}=\sqrt{-1};\quad j=1,2,\cdots,n$$

其中 φ 是不依赖于 j 的常数. 于是 $u=\mathrm{e}^{\mathrm{i}\varphi}v$,这表明 u,v 只差一个非零常数因子,故 u 也是 $\boldsymbol{A}$ 对应于特征值 $\rho(\boldsymbol{A})$ 的特征向量,即

$$\boldsymbol{A}u=\rho(\boldsymbol{A})u \tag{10.1.9}$$

由(10.1.6)和(10.1.9)可得 $\lambda=\rho(\boldsymbol{A})$.

最后证明(3). 令 $\boldsymbol{B}=\rho^{-1}(\boldsymbol{A})\boldsymbol{A}=(b_{ij})$,则 $\boldsymbol{B}>0$ 且 $\rho(\boldsymbol{B})=1$. 要证明(3),只须证明 1 是 $\boldsymbol{B}$ 的单特征值即可,或者说,在 $\boldsymbol{B}$ 的 Jordan 标准形中对应于特征值 1 只有一个 1 阶 Jordan 块.

根据结论(1)知,存在向量 $y=(y_1,y_2,\cdots,y_n)^{\mathrm{T}}>0$ 使得

$$\boldsymbol{B}y = y \tag{10.1.10}$$

从而对任何正整数 k 都有

$$\boldsymbol{B}^k y = y \tag{10.1.11}$$

令

$$y_s = \max_i y_i > 0, \quad y_t = \min_i y_i > 0$$

则由(10.1.11)可得

$$y_s \geqslant y_i = \sum_{l=1}^{n} b_{il}^{(k)} y_l \geqslant b_{ij}^{(k)} y_j \geqslant b_{ij}^{(k)} y_t$$

其中 $b_{ij}^{(k)}$ 表示 $\boldsymbol{B}^k$ 的(i,j)位置上元素. 从而有 $b_{ij}^{(k)} \leqslant \dfrac{y_s}{y_t}$,这表明对所有 $k>1$,$b_{ij}^{(k)}$ 是有界的.

假若 $\boldsymbol{B}$ 的 Jordan 标准形中有一个对应于特征值 1 的 Jordan 块的阶数大于 1,不妨设其为 2,则存在可逆矩阵 $\boldsymbol{P}$ 使得

$$\boldsymbol{B} = \boldsymbol{P}\begin{pmatrix} 1 & 1 & & & \\ & 1 & & & \\ & & \boldsymbol{J}_1(\lambda_1) & & \\ & & & \ddots & \\ & & & & \boldsymbol{J}_m(\lambda_m) \end{pmatrix}\boldsymbol{P}^{-1}$$

其中 $\boldsymbol{J}_i(\lambda_i)=\begin{pmatrix} \lambda_i & 1 & & 0 \\ & \lambda_i & \ddots & \\ & & \ddots & 1 \\ 0 & & & \lambda_i \end{pmatrix}$,并且$|\lambda_i|<1(i=1,\cdots,m)$. 则对 $k\geqslant 1$ 有

$$\boldsymbol{B}^k = P\begin{pmatrix} 1 & k & & & \\ & 1 & & & \\ & & \boldsymbol{J}_1^k(\lambda_1) & & \\ & & & \ddots & \\ & & & & \boldsymbol{J}_m^k(\lambda_m) \end{pmatrix}\boldsymbol{P}^{-1}$$

这与 $b_{ij}^{(k)}$ 有界相矛盾,故 $\boldsymbol{B}$ 的 Jordan 标准形中对应于特征值 1 的 Jordan 块是 1 阶的.

下面证明 $\boldsymbol{B}$ 的 Jordan 标准形中对应于特征值 1 的 1 阶 Jordan 块只有一个. 设 $\boldsymbol{B}$ 的 Jordan 标准形为

$$\boldsymbol{J} = \begin{pmatrix} \boldsymbol{I}_r & & & \\ & \boldsymbol{J}_1(\lambda_1) & & \\ & & \ddots & \\ & & & \boldsymbol{J}_l(\lambda_l) \end{pmatrix}$$

其中 $\boldsymbol{I}_r$ 为 r 阶单位矩阵,且 $|\lambda_i|<1(i=1,2,\cdots,l)$.

如果 $r>1$,令 $\boldsymbol{C}=\boldsymbol{J}-\boldsymbol{I}$,则由例 1.4.2 知,$\dim(N(\boldsymbol{C}))=n-\mathrm{rank}(\boldsymbol{C})=r$. 由于 $\boldsymbol{B}$ 与 $\boldsymbol{J}$ 相似,故 $\dim(N(\boldsymbol{B}-\boldsymbol{I}))=r$. 因为 $r>1$,所以除有向量 y 满足(10.1.10)外,必然还有另一向量 $z=(z_1,z_2,\cdots,z_n)^{\mathrm{T}}\in\mathbf{R}^n$ 满足

$$\boldsymbol{B}z = z \tag{10.1.12}$$

并且 z 与 y 线性无关. 令

$$\tau = \max_i\left(\frac{z_i}{y_i}\right) = \frac{z_j}{y_j} \tag{10.1.13}$$

则有 $\tau y\geqslant z$,且不可能取等号. 于是

$$\boldsymbol{B}(\tau y - z) > 0$$

利用(10.1.10)与(10.1.12),上式可写成

$$\tau y - z > 0$$

写出上式的第 j 个分量,则有

$$\tau > \frac{z_j}{y_j}$$

这与(10.1.13)中 τ 的定义相矛盾,故 $r=1$. □

定理 10.1.5 设 $\mathbf{A}\in\mathbf{R}^{n\times n}$,如果 $\mathbf{A}>0$,x 是 $\mathbf{A}$ 对应于特征值 $\rho(\mathbf{A})$ 的正特征向量,y 是 $\mathbf{A}^{\mathrm{T}}$ 对应于特征值 $\rho(\mathbf{A})$ 的正特征向量,则

$$\lim_{k\to\infty}[(\rho(\mathbf{A}))^{-1}\mathbf{A}]^k = (y^{\mathrm{T}}x)^{-1}xy^{\mathrm{T}} \tag{10.1.14}$$

证明 记 $\boldsymbol{B}=\rho^{-1}(\mathbf{A})\mathbf{A}$,则 $\boldsymbol{B}>0$,并且由定理 10.1.4 及其证明知,$\rho(\boldsymbol{B})=1$ 是 $\boldsymbol{B}$ 的单特征值,并且在 $\boldsymbol{B}$ 的 Jordan 标准形中对应于特征值 1 只有一个 1 阶 Jordan 块. 因此,$\boldsymbol{B}$ 的 Jordan 标准形为

$$J = \begin{pmatrix} 1 & & & \\ & J_1(\lambda_1) & & \\ & & \ddots & \\ & & & J_l(\lambda_l) \end{pmatrix}$$

其中 λ_i 是 $\boldsymbol{B}$ 的特征值，且 $|\lambda_i|<1(i=1,2,\cdots,l)$. 于是 $\lim\limits_{k\to\infty}\boldsymbol{B}^k$ 存在，记 $\lim\limits_{k\to\infty}\boldsymbol{B}^k=\boldsymbol{P}$. 因为

$$\boldsymbol{P}=\lim_{k\to\infty}\boldsymbol{B}^k=\boldsymbol{B}\lim_{k\to\infty}\boldsymbol{B}^{k-1}=\boldsymbol{BP}$$

记 $\boldsymbol{P}=[p_1,p_2,\cdots,p_n]$，$p_i\in\mathbf{R}^n(i=1,2,\cdots,n)$，则有

$$\boldsymbol{B}p_i=p_i,\quad i=1,2,\cdots,n$$

上式说明 $p_1,p_2,\cdots,p_n$ 都是 $\boldsymbol{B}$ 对应于特征值 1 的特征向量(如果 $p_i\neq 0$). 因为 $\boldsymbol{B}$ 的特征值 $\rho(\boldsymbol{B})=1$ 是单特征值，且 x 也是 $\boldsymbol{B}$ 对应于特征值 $\rho(\boldsymbol{B})=1$ 的正特征向量，所以 $p_i(i=1,\cdots,n)$ 都与 x 线性相关. 不妨记为 $p_i=q_ix\ (i=1,\cdots,n)$，并记 $q=[q_1,\cdots,q_n]^{\mathrm{T}}$，则

$$\boldsymbol{P}=[p_1,\cdots,p_n]=[q_1x,\cdots,q_nx]=xq^{\mathrm{T}}$$

因为 y 是 $\boldsymbol{A}^{\mathrm{T}}$ 对应于特征值 $\rho(\boldsymbol{A})$ 的正特征向量，则 y 是 $\boldsymbol{B}^{\mathrm{T}}$ 对应于特征值 1 的正特征向量. 于是 $(\boldsymbol{B}^{\mathrm{T}})^ky=y$，从而 $y^{\mathrm{T}}=y^{\mathrm{T}}\boldsymbol{P}=y^{\mathrm{T}}xq^{\mathrm{T}}$. 显然 $y^{\mathrm{T}}x\neq 0$，则 $q^{\mathrm{T}}=(y^{\mathrm{T}}x)^{-1}y^{\mathrm{T}}$，从而有

$$\lim_{k\to\infty}[(\rho(\boldsymbol{A}))^{-1}\boldsymbol{A}]^k=\boldsymbol{P}=x\boldsymbol{q}^{\mathrm{T}}=(y^{\mathrm{T}}x)^{-1}xy^{\mathrm{T}}$$ □

定理 10.1.4 的结论对一般的非负矩阵不一定成立. 例如，4 阶非负矩阵

$$\boldsymbol{A}=\begin{pmatrix} 0 & 3 & 0 & 0 \\ 3 & 0 & 0 & 0 \\ 0 & 0 & 3 & 0 \\ 0 & 0 & 0 & 2 \end{pmatrix}$$

容易计算 $\rho(\boldsymbol{A})=3$，并且 $\boldsymbol{A}$ 对应于特征值 $\rho(\boldsymbol{A})=3$ 的特征向量为 $x=(\alpha,\alpha,\beta,0)^{\mathrm{T}}$，其中 α,β 可取正数. 而 $\rho(\boldsymbol{A})=3$ 不是 $\boldsymbol{A}$ 的单特征值，$\boldsymbol{A}$ 没有对应于特征值 $\rho(\boldsymbol{A})=3$ 的正特征向量，并且 $\boldsymbol{A}$ 有异于 $\rho(\boldsymbol{A})$ 的特征值 $\lambda=-3$ 使得 $|\lambda|=\rho(\boldsymbol{A})$. 但 $\rho(\boldsymbol{A})$ 仍是 $\boldsymbol{A}$ 的特征值，并且 $\boldsymbol{A}$ 有对应于 $\rho(\boldsymbol{A})$ 的非负特征向量. 一般地，有如下结果.

定理 10.1.6(广义 Perron 定理)　设 $\boldsymbol{A}\in\mathbf{R}^{n\times n}$，如果 $\boldsymbol{A}\geqslant 0$，则 $\rho(\boldsymbol{A})$ 为 $\boldsymbol{A}$ 的

特征值，而且其相应的特征向量 $x\geqslant 0$.

证明 令 k 为任一正整数，$\boldsymbol{B}_k=\boldsymbol{A}+\frac{1}{k}\boldsymbol{E}$，其中 $\boldsymbol{E}$ 为所有元素均为 1 的 n 阶矩阵，则对 $k=1,2,\cdots$，有

$$0\leqslant \boldsymbol{A}<\boldsymbol{B}_{k+1}<\boldsymbol{B}_k$$

由推论 10.1.1 得

$$\rho(\boldsymbol{A})\leqslant\rho(\boldsymbol{B}_{k+1})\leqslant\rho(\boldsymbol{B}_k)$$

数列$\{\rho(\boldsymbol{B}_k)\}$单调下降且有下界，故它有极限. 令$\lim\limits_{k\to\infty}\rho(\boldsymbol{B}_k)=\lambda$，则

$$\rho(\boldsymbol{A})\leqslant\lambda \tag{10.1.15}$$

因为 $\boldsymbol{B}_k>0$，则由定理 10.1.4 可知，存在向量 $y_k=[y_1^{(k)},y_2^{(k)},\cdots,y_n^{(k)}]^{\mathrm{T}}>0$ 使得

$$\boldsymbol{B}_k y_k=\rho(\boldsymbol{B}_k)y_k \tag{10.1.16}$$

令

$$x_k=\Big(\sum_{i=1}^{n}(y_i^{(k)})^2\Big)^{-1},\quad y_k=[x_1^{(k)},x_2^{(k)},\cdots,x_n^{(k)}]^{\mathrm{T}}$$

则 $x_k>0$，并且

$$\boldsymbol{B}_k x_k=\rho(\boldsymbol{B}_k)x_k \tag{10.1.17}$$

其中 $\|x_k\|_2=1$.

令 $S=\{x\geqslant 0\mid \|x\|_2=1,x\in\mathbf{R}^n\}$，则 S 是 $\mathbf{R}^n$ 中的有界闭集. 因为$\{x_k\}\in S$，所以在$\{x_k\}$中存在一个收敛的子序列$\{x_{k_m}\}$，即

$$\lim_{m\to\infty}x_{k_m}=x\in S \tag{10.1.18}$$

因为

$$\lambda x=\lim_{m\to\infty}\rho(\boldsymbol{B}_{k_m})\lim_{m\to\infty}x_{k_m}=\lim_{m\to\infty}(\rho(\boldsymbol{B}_{k_m})x_{k_m})=\lim_{m\to\infty}(\boldsymbol{B}_{k_m}x_{k_m})=\boldsymbol{A}x \tag{10.1.19}$$

于是 $x\neq 0$ 且 $x\geqslant 0$ 是 $\boldsymbol{A}$ 对应于特征值 λ 的特征向量. 由于 $\lambda\leqslant\rho(\boldsymbol{A})$，则由(10.1.15)得

$$\lambda=\rho(\boldsymbol{A})$$ □

关于非负矩阵的谱半径，有如下估计.

定理 10.1.7 设 $\boldsymbol{A}\in\mathbf{R}^{n\times n}$，如果 $\boldsymbol{A}\geqslant 0$，则

(1) 如果 $\boldsymbol{A}$ 的每一行元素之和是常数，则 $\rho(\boldsymbol{A})=\|\boldsymbol{A}\|_\infty$；

(2) 如果 $\boldsymbol{A}$ 的每一列元素之和是常数，则 $\rho(\boldsymbol{A})=\|\boldsymbol{A}\|_1$；

(3) $\min\limits_{1\leqslant i\leqslant n}\sum\limits_{j=1}^{n} a_{ij}\leqslant\rho(\boldsymbol{A})\leqslant\max\limits_{1\leqslant i\leqslant n}\sum\limits_{j=1}^{n} a_{ij}$；

(4) $\min\limits_{1\leqslant j\leqslant n}\sum\limits_{i=1}^{n} a_{ij}\leqslant\rho(\boldsymbol{A})\leqslant\max\limits_{1\leqslant j\leqslant n}\sum\limits_{i=1}^{n} a_{ij}$.

证明 由定理 6.2.3 知，对任意相容矩阵范数 $\|\cdot\|$ 有 $\rho(\boldsymbol{A})\leqslant\|\boldsymbol{A}\|$. 如果 $\boldsymbol{A}$ 的每一行元素之和是常数，则 $x=[1,\cdots,1]^{\mathrm{T}}$ 是 $\boldsymbol{A}$ 对应于特征值 $\|\boldsymbol{A}\|_\infty$ 的特征向量，故有 $\rho(\boldsymbol{A})=\|\boldsymbol{A}\|_\infty$.

把同样的讨论应用于 $\boldsymbol{A}^{\mathrm{T}}$ 即得(2).

设 $\alpha=\min\limits_{1\leqslant i\leqslant n}\sum\limits_{j=1}^{n} a_{ij}$，构造 n 阶实矩阵 $\boldsymbol{B}=(b_{ij})$；若 $\alpha=0$，令 $\boldsymbol{B}=0$；若 $\alpha>0$，令 $b_{ij}=\alpha a_{ij}(\sum\limits_{j=1}^{n}a_{ij})^{-1}$. 则 $0\leqslant\boldsymbol{B}\leqslant\boldsymbol{A}$，并且 $\sum\limits_{j=1}^{n}b_{ij}=\alpha(i=1,\cdots,n)$. 由(1)得 $\rho(\boldsymbol{B})=\alpha$，并且由推论 10.1.1 得 $\rho(\boldsymbol{B})\leqslant\rho(\boldsymbol{A})$，从而 $\alpha\leqslant\rho(\boldsymbol{A})\leqslant\|\boldsymbol{A}\|_\infty$，即(3)成立. 对 $\boldsymbol{A}^{\mathrm{T}}$ 应用(3)即得(4). □

§10.2 素矩阵与不可约非负矩阵

10.2.1 素矩阵

现在将 Perron 定理推广到一类非负矩阵上，为此，引进素矩阵的概念.

定义 10.2.1 设 $\boldsymbol{A}$ 是 n 阶非负矩阵，如果存在一个正整数 m，使得 $\boldsymbol{A}^m>0$，则称 $\boldsymbol{A}$ 为**素矩阵**或**本原矩阵**.

例如

$$\boldsymbol{A}=\begin{bmatrix}0 & 1 & 1\\ 1 & 0 & 0\\ 1 & 1 & 1\end{bmatrix}$$

就是素矩阵. 因为不难验证 $\boldsymbol{A}^4>0$. 显然，正矩阵都是素矩阵，但反之未必. 由定义 10.2.1 即得如下结论.

定理 10.2.1 设 $\boldsymbol{A},\boldsymbol{B}$ 均为 n 阶非负矩阵，并且 $\boldsymbol{A}$ 是素矩阵，则

(1) $\boldsymbol{A}^{\mathrm{T}}$ 也是素矩阵；

(2) 对任一正整数 k，$\boldsymbol{A}^k$ 也是素矩阵；

(3) $\boldsymbol{A}+\boldsymbol{B}$ 也是素矩阵.

定理 10.2.2 设 $\boldsymbol{A}$ 为 n 阶非负素矩阵，则

(1) $\rho(\boldsymbol{A})$为$\boldsymbol{A}$的正特征值,并且存在正向量$x\in\mathbf{R}^n$使得$\boldsymbol{A}x=\rho(\boldsymbol{A})x$;

(2) $\boldsymbol{A}$的任何一个其他特征值λ,都有$|\lambda|<\rho(\boldsymbol{A})$;

(3) $\rho(\boldsymbol{A})$是$\boldsymbol{A}$的单特征值.

证明 因为$\boldsymbol{A}$是非负素矩阵,所以存在正整数m使得$\boldsymbol{A}^m>0$.由定理10.1.4知,存在向量$x>0$使得

$$\boldsymbol{A}^m x=\rho(\boldsymbol{A}^m)x \tag{10.2.1}$$

令

$$\hat{x}=x+(\rho(\boldsymbol{A}))^{-1}\boldsymbol{A}x+\cdots+(\rho(\boldsymbol{A}))^{-(m-1)}\boldsymbol{A}^{m-1}x \tag{10.2.2}$$

则$\hat{x}>0$.因为对任意正整数k都有$\rho(\boldsymbol{A}^k)=(\rho(\boldsymbol{A}))^k$,则

$$\begin{aligned}\boldsymbol{A}\hat{x}&=\boldsymbol{A}\Big(\sum_{i=0}^{m-1}(\rho(\boldsymbol{A}))^{-i}\boldsymbol{A}^i x\Big)=\sum_{i=0}^{m-2}(\rho(\boldsymbol{A}))^{-i}\boldsymbol{A}^{i+1}x+(\rho(\boldsymbol{A}))^{1-m}\boldsymbol{A}^m x\\&=\sum_{i=1}^{m-1}(\rho(\boldsymbol{A}))^{-i+1}\boldsymbol{A}^i x+(\rho(\boldsymbol{A}))^{1-m}\rho(\boldsymbol{A}^m)x\\&=\sum_{i=1}^{m-1}(\rho(\boldsymbol{A}))^{-i+1}\boldsymbol{A}^i x+\rho(\boldsymbol{A})x=\rho(\boldsymbol{A})\hat{x}\end{aligned} \tag{10.2.3}$$

上式说明$\rho(\boldsymbol{A})$为$\boldsymbol{A}$的正特征值,并且相应的特征向量$\hat{x}>0$.因为x和$\hat{x}$都是$\boldsymbol{A}^m$对应于单特征值$\rho(\boldsymbol{A}^m)$的正特征向量,所以x和$\hat{x}$线性相关.因此x也是$\boldsymbol{A}$对应于特征值$\rho(\boldsymbol{A})$的正特征向量.

下面证明$\rho(\boldsymbol{A})$是$\boldsymbol{A}$的单特征值.显然,$\rho(\boldsymbol{A})$作为$\boldsymbol{A}$的特征值的重数(代数重数)不超过$\rho(\boldsymbol{A}^m)=(\rho(\boldsymbol{A}))^m$作为$\boldsymbol{A}^m$的特征值的重数.由于$(\rho(\boldsymbol{A}))^m$是$\boldsymbol{A}^m$的单特征值,故$\rho(\boldsymbol{A})$也是$\boldsymbol{A}$的单特征值.

最后证明$\boldsymbol{A}$的任一其他特征值λ都满足$|\lambda|<\rho(\boldsymbol{A})$.采用反证法.若$\boldsymbol{A}$有一特征值$\lambda$满足$|\lambda|=\rho(\boldsymbol{A})$,则存在非零向量$y$使得$\boldsymbol{A}y=\lambda y$,从而有$\boldsymbol{A}^m y=\lambda^m y$.于是$|\lambda^m|=(\rho(\boldsymbol{A}))^m=\rho(\boldsymbol{A}^m)$.因为对$\boldsymbol{A}^m>0$的任何其他特征值$\mu$都有$|\mu|<\rho(\boldsymbol{A}^m)$,所以$\lambda^m=\rho(\boldsymbol{A}^m)$.于是

$$\boldsymbol{A}^m y=\rho(\boldsymbol{A}^m)y$$

由于$\rho(\boldsymbol{A}^m)$是$\boldsymbol{A}^m$的单特征值,则y与x线性相关.因此y也是$\boldsymbol{A}$对应于特征值$\rho(\boldsymbol{A})$的特征向量,从而$\lambda=\rho(\boldsymbol{A})$. □

完全类似于定理10.1.5,可以证明如下定理.

定理 10.2.3 设$\boldsymbol{A}$是n阶非负素矩阵,x是$\boldsymbol{A}$对应于特征值$\rho(\boldsymbol{A})$的正特征向量,y是$\boldsymbol{A}^{\mathrm{T}}$对应于特征值$\rho(\boldsymbol{A})$的正特征向量,则

$$\lim_{k\to\infty}[(\rho(\boldsymbol{A}))^{-1}\boldsymbol{A}]^k=(y^{\mathrm{T}}x)^{-1}xy^{\mathrm{T}} \tag{10.2.4}$$

10.2.2　不可约非负矩阵

下面将 Perron 定理推广到更一般的非负矩阵上. 首先介绍不可约矩阵的概念.

定义 10.2.2　设 $\boldsymbol{A}\in\mathbf{R}^{n\times n}$，如果存在 n 阶排列矩阵 $\boldsymbol{P}$，使得

$$\boldsymbol{PAP}^{\mathrm{T}}=\begin{pmatrix}\boldsymbol{A}_{11} & \boldsymbol{A}_{12}\\ 0 & \boldsymbol{A}_{22}\end{pmatrix}\tag{10.2.5}$$

其中 $\boldsymbol{A}_{11}\in\mathbf{R}^{k\times k}(1\leqslant k\leqslant n-1)$，则称 $\boldsymbol{A}$ 为**可约(可分)矩阵**；否则称 $\boldsymbol{A}$ 为**不可约矩阵**.

由定义可知，一阶方阵、正矩阵以及非负素矩阵都是不可约的.

从定义 10.2.2 直接可得如下结论.

定理 10.2.4　设 $\boldsymbol{A}$ 是 n 阶矩阵，则

(1) $\boldsymbol{A}$ 为不可约矩阵的充分必要条件是 $\boldsymbol{A}^{\mathrm{T}}$ 为不可约矩阵；

(2) 如果 $\boldsymbol{A}$ 是不可约非负矩阵，$\boldsymbol{B}$ 是 n 阶非负矩阵，则 $\boldsymbol{A}+\boldsymbol{B}$ 是不可约非负矩阵.

对一个给定的矩阵，直接根据定义 10.2.2 判断其是否可约，绝非一件轻而易举的事. 因为 n 阶矩阵共有 $n!$ 个排列矩阵，逐一去尝试是不可能的，下面给出一个判断非负矩阵是否可约的办法.

定理 10.2.5　n 阶非负矩阵 $\boldsymbol{A}$ 不可约的充分必要条件是存在正整数 $s\leqslant n-1$，使得

$$(\boldsymbol{I}+\boldsymbol{A})^{s}>0$$

证明　必要性. 只要证明对任意不等于零的非负向量 $x\geqslant 0$ 都有

$$(\boldsymbol{I}+\boldsymbol{A})^{n-1}x>0\tag{10.2.6}$$

也就证明了必要性. 为此，令

$$\begin{cases}x_0=x\\ x_k=(\boldsymbol{I}+\boldsymbol{A})x_{k-1},\quad k=1,2,\cdots,n-1\end{cases}\tag{10.2.7}$$

设 m_k 为向量 x_k 中零元素的个数，显然 $m_0\leqslant n-1$. 如果能证明当 $x_{k-1}(1\leqslant k\leqslant n-1)$ 不是正向量时有

$$m_k<m_{k-1}\tag{10.2.8}$$

则(10.2.6)成立.

采用反证法证明(10.2.8). 因为 $x_k=x_{k-1}+\boldsymbol{A}x_{k-1}$ 且 $\boldsymbol{A}\geqslant 0$，所以 $m_k\leqslant$

m_{k-1}. 假设 x_{k-1} $(1\leqslant k\leqslant n-1)$ 不是正向量但 $m_k=m_{k-1}$，则存在排列矩阵 $\boldsymbol{P}$ 使得

$$\boldsymbol{P}x_{k-1}=\begin{pmatrix}\alpha\\0\end{pmatrix},\quad \boldsymbol{P}x_k=\begin{pmatrix}\beta\\0\end{pmatrix} \tag{10.2.9}$$

其中 $\alpha,\beta\in\mathbf{R}^{n-m_{k-1}}$，并且 $\alpha>0,\beta>0$. 由(10.2.7)得

$$\boldsymbol{P}x_k=\boldsymbol{P}x_{k-1}+\boldsymbol{PAP}^{\mathrm{T}}(\boldsymbol{P}x_{k-1}) \tag{10.2.10}$$

记

$$\boldsymbol{PAP}^{\mathrm{T}}=\begin{pmatrix}\boldsymbol{A}_{11} & \boldsymbol{A}_{12}\\ \boldsymbol{A}_{21} & \boldsymbol{A}_{22}\end{pmatrix}$$

其中 $\boldsymbol{A}_{11}\in\mathbf{R}^{(n-m_{k-1})\times(n-m_{k-1})}$，则(10.2.10)化为

$$\begin{pmatrix}\beta\\0\end{pmatrix}=\begin{pmatrix}\alpha\\0\end{pmatrix}+\begin{pmatrix}\boldsymbol{A}_{11} & \boldsymbol{A}_{12}\\ \boldsymbol{A}_{21} & \boldsymbol{A}_{22}\end{pmatrix}\begin{pmatrix}\alpha\\0\end{pmatrix} \tag{10.2.11}$$

从上式不难导出 $\boldsymbol{A}_{21}=0$. 这与 $\boldsymbol{A}$ 是不可约矩阵矛盾，从而证明了(10.2.8).

充分性. 设存在正整数 $s\leqslant n-1$ 使得 $(\boldsymbol{I}+\boldsymbol{A})^s>0$，如果 $\boldsymbol{A}$ 是可约的，则存在排列矩阵 $\boldsymbol{P}$ 使得(10.2.5)成立. 从而有

$$\boldsymbol{P}(\boldsymbol{I}+\boldsymbol{A})\boldsymbol{P}^{\mathrm{T}}=\begin{pmatrix}\boldsymbol{A}_{11}+\boldsymbol{I} & \boldsymbol{A}_{12}\\ 0 & \boldsymbol{A}_{22}+\boldsymbol{I}\end{pmatrix}=\begin{pmatrix}\widetilde{\boldsymbol{A}}_{11} & \boldsymbol{A}_{12}\\ 0 & \widetilde{\boldsymbol{A}}_{22}\end{pmatrix}$$

其中 $\widetilde{\boldsymbol{A}}_{ii}=\boldsymbol{A}_{ii}+\boldsymbol{I}(i=1,2)$. 对任意正整数 k，都有

$$\boldsymbol{P}(\boldsymbol{I}+\boldsymbol{A})^k\boldsymbol{P}^{\mathrm{T}}=\begin{pmatrix}\widetilde{\boldsymbol{A}}_{11} & \boldsymbol{A}_{12}\\ 0 & \widetilde{\boldsymbol{A}}_{22}\end{pmatrix}^k$$

$$(\boldsymbol{I}+\boldsymbol{A})^k=\boldsymbol{P}^{\mathrm{T}}\begin{pmatrix}\widetilde{\boldsymbol{A}}_{11} & \boldsymbol{A}_{12}\\ 0 & \widetilde{\boldsymbol{A}}_{22}\end{pmatrix}^k\boldsymbol{P}$$

上式表明无论正整数 k 为何值，$(\boldsymbol{I}+\boldsymbol{A})^k$ 中永远有零元素，这与 $(\boldsymbol{I}+\boldsymbol{A})^s>0$ 矛盾. 因此 $\boldsymbol{A}$ 是不可约的. □

1912 年 Frobenius 把 Perron 定理推广到不可约非负矩阵上.

定理 10.2.6(Perron-Frobenius 定理)　设 $\boldsymbol{A}$ 是 n 阶不可约非负矩阵，则

(1) $\rho(\boldsymbol{A})$为 $\boldsymbol{A}$ 的正特征值，并且存在正向量 $x\in\mathbf{R}^n$ 使得 $\boldsymbol{A}x=\rho(\boldsymbol{A})x$；

(2) $\rho(\boldsymbol{A})$是 $\boldsymbol{A}$ 的单特征值；

(3) 当 $\boldsymbol{A}$ 的任一元素增加时,$\rho(\boldsymbol{A})$增加.

证明　因为 $\boldsymbol{A}\geqslant 0$,则由定理 10.1.6 知 $\rho(\boldsymbol{A})$是 $\boldsymbol{A}$ 的特征值. 又因为 $\boldsymbol{A}$ 是不可约的,则由定理 10.1.7 知 $\rho(\boldsymbol{A})>0$. 因此 $\rho(\boldsymbol{A})$是 $\boldsymbol{A}$ 的正特征值. 由定理 10.1.6 知存在非负向量 $x\in\mathbf{R}^n$ 且 $x\neq 0$ 使得 $\boldsymbol{A}x=\rho(\boldsymbol{A})x$,于是$(\boldsymbol{I}+\boldsymbol{A})^{n-1}x=(1+\rho(\boldsymbol{A}))^{n-1}x$. 从定理 10.2.5 可知$(\boldsymbol{I}+\boldsymbol{A})^{n-1}>0$,而由定理 10.1.2(7)有$(\boldsymbol{I}+\boldsymbol{A})^{n-1}x>0$. 因此 $x=(1+\rho(\boldsymbol{A}))^{1-n}(\boldsymbol{I}+\boldsymbol{A})^{n-1}x>0$. 故(1)得证.

为了证明(2),采用反证法. 如果 $\rho(\boldsymbol{A})$是 $\boldsymbol{A}$ 的重特征值,则 $1+\rho(\boldsymbol{A})=\rho(\boldsymbol{I}+\boldsymbol{A})$是 $\boldsymbol{I}+\boldsymbol{A}$ 的重特征值,从而$(1+\rho(\boldsymbol{A}))^{n-1}=(\rho(\boldsymbol{I}+\boldsymbol{A}))^{n-1}=\rho((\boldsymbol{I}+\boldsymbol{A})^{n-1})$是$(\boldsymbol{I}+\boldsymbol{A})^{n-1}$的重特征值. 另一方面,因为$(\boldsymbol{I}+\boldsymbol{A})^{n-1}>0$,由定理 10.2.2 知 $\rho((\boldsymbol{I}+\boldsymbol{A})^{n-1})$是$(\boldsymbol{I}+\boldsymbol{A})^{n-1}$的单特征值. 这个矛盾说明 $\rho(\boldsymbol{A})$是 $\boldsymbol{A}$ 的单特征值.

(3) 由推论 10.1.1 即得.　□

对一个非负素矩阵 $\boldsymbol{A}$,除特征值 $\rho(\boldsymbol{A})$外其余特征值的模都小于 $\rho(\boldsymbol{A})$. 对不可约非负矩阵这个结论不再成立. 例如

$$\boldsymbol{A}=\begin{pmatrix}0 & 1\\ 4 & 0\end{pmatrix}$$

是不可约非负矩阵,但不是素矩阵. 直接计算得 $\boldsymbol{A}$ 的两个特征值为 $\lambda_{1,2}=\pm 4$. 故 $\rho(\boldsymbol{A})=4$,并且 $\boldsymbol{A}$ 有一个特征值 -4 的模等于其谱半径.

§10.3　随机矩阵

本节简要介绍一类重要的非负矩阵——随机矩阵,给出随机矩阵的定义,讨论随机矩阵的一些基本性质,并说明随机矩阵在 Markov 链中的应用.

首先考虑随机矩阵的一个背景材料. 设某个过程或系统可能出现 n 个状态 $s_1,\cdots,s_n$. 如果过程在时刻 $k-1(k\geqslant 1)$处于状态 s_i,则下一时刻将以概率 $t_{ij}(k)$转移到状态 s_j. 转移概率 $t_{ij}(k)$对所有的 i,j,k 都是已知的. 一旦给定了系统的初始状态,系统的概率特性也就完全确定了. 如果对所有 $k\geqslant 1$ 概率 $t_{ij}(k)$都与 k 无关,则称这个过程为**有限齐次 Markov 过程(链)**. 这时,n 阶矩阵 $\boldsymbol{T}=(t_{ij})$满足 $t_{ij}\geqslant 0(i,j=1,\cdots,n)$且 $\sum\limits_{j=1}^{n}t_{ij}=1(i=1,\cdots,n)$,我们称之为该过程的**转移矩阵**.

定义 10.3.1　设 $\boldsymbol{A}=(a_{ij})\in\mathbf{R}^{n\times n}$是非负矩阵,如果 $\boldsymbol{A}$ 满足

$$\sum_{j=1}^{n}a_{ij}=1,\qquad i=1,2,\cdots,n \tag{10.3.1}$$

则称 $\boldsymbol{A}$ 为**随机矩阵**. 如果 $\boldsymbol{A}$ 还满足

$$\sum_{i=1}^{n} a_{ij} = 1, \qquad j = 1,2,\cdots,n \tag{10.3.2}$$

则称 $\boldsymbol{A}$ 为**双随机矩阵**.

有限齐次 Markov 过程的转移矩阵是随机矩阵. 随机矩阵在有限 Markov 过程理论中起着基本的作用,它也经常出现在数理经济学及运筹学的各种模型问题中.

随机矩阵是一类特殊的非负矩阵,因此前面所述非负矩阵的各种概念和结果,对随机矩阵也适用. 下面考虑随机矩阵的一些特殊性质.

容易验证:同阶随机矩阵之积仍是随机矩阵,并且由定理 10.1.7 知,随机矩阵的谱半径等于 1.

从定义可知,n 阶随机矩阵 $\boldsymbol{A}$ 有特征值 1,并且有相应的正特征向量 $\mathbf{e}=(1,1,\cdots,1)^{\mathrm{T}}$. 反之,如果 n 阶非负矩阵 $\boldsymbol{A}$ 有特征值 1 且对应于 1 的特征向量为 $\mathrm{e}=(1,1,\cdots,1)^{\mathrm{T}}$,则 $\boldsymbol{A}$ 是随机矩阵. 于是我们得到下述定理.

定理 10.3.1 n 阶非负矩阵 $\boldsymbol{A}$ 是随机矩阵的充分必要条件是 $\mathrm{e}=(1,1,\cdots,1)^{\mathrm{T}}\in\mathbf{R}^n$ 为 $\boldsymbol{A}$ 对应于特征值 1 的特征向量,即 $\boldsymbol{A}\mathrm{e}=\mathrm{e}$.

具有正谱半径与对应正特征向量的非负矩阵与随机矩阵之间存在着密切关系.

定理 10.3.2 设 n 阶非负矩阵 $\boldsymbol{A}$ 的谱半径 $\rho(\boldsymbol{A})>0$,且有 $x=(x_1,x_2,\cdots,x_n)^{\mathrm{T}}>0$ 使得 $\boldsymbol{A}x=\rho(\boldsymbol{A})x$,则存在对角元为正数的对角矩阵 $\boldsymbol{D}$ 使得 $\dfrac{1}{\rho(\boldsymbol{A})}\boldsymbol{D}^{-1}\boldsymbol{A}\boldsymbol{D}$ 为随机矩阵.

证明 因为存在 $x=(x_1,x_2,\cdots,x_n)^{\mathrm{T}}>0$ 使得 $\boldsymbol{A}x=\rho(\boldsymbol{A})x$,令

$$\boldsymbol{D} = \mathrm{diag}(x_1,x_2,\cdots,x_n),\boldsymbol{P} = \frac{1}{\rho(\boldsymbol{A})}\boldsymbol{D}^{-1}\boldsymbol{A}\boldsymbol{D}$$

则 $\boldsymbol{P}$ 是非负矩阵,并且满足

$$\boldsymbol{P}\mathrm{e} = \boldsymbol{P}\boldsymbol{D}^{-1}x = \frac{1}{\rho(\boldsymbol{A})}\boldsymbol{D}^{-1}\boldsymbol{A}x = \boldsymbol{D}^{-1}x = \mathrm{e}$$

由定理 10.3.1 知 $\boldsymbol{P}$ 是随机矩阵. □

定理 10.3.3 设 $\boldsymbol{A}$ 为 n 阶随机矩阵,则 $\boldsymbol{A}$ 对应于特征值 1 的初等因子是线性的.

证明 采用反证法. 假若 $\boldsymbol{A}$ 对应于特征值 1 的初等因子中有一个是非线性的,不妨设其为$(\lambda-1)^2$,则存在可逆矩阵 $\boldsymbol{P}$ 使得

$$A = P\begin{pmatrix} I_k & & & & & \\ & 1 & 1 & & & \\ & & 1 & & & \\ & & & J_1(\lambda_1) & & \\ & & & & \ddots & \\ & & & & & J_s(\lambda_s) \end{pmatrix}P^{-1}$$

其中 $J_i(\lambda_i)$是 Jordan 块,并且$|\lambda_i|\leqslant 1(i=1,\cdots,s)$. 从而对任何 $m\geqslant 1$ 有

$$A^m = P\begin{pmatrix} I_k & & & & & \\ & 1 & m & & & \\ & & 1 & & & \\ & & & J_1^m(\lambda_1) & & \\ & & & & \ddots & \\ & & & & & J_s^m(\lambda_s) \end{pmatrix}P^{-1}$$

因为 A^m 仍是随机矩阵,所以 A^m 有界,而上式与 A^m 有界矛盾. 故 A 对应于特征值 1 的初等因子是线性的. □

在实际应用中,经常要考虑随机矩阵 A 的幂序列$\{A^m\}$的收敛性.

定理 10.3.4 设 A 为 n 阶随机矩阵,则 $\lim\limits_{m\to\infty}A^m$ 存在的充分必要条件是 A 的不等于 1 的特征值之模均小于 1.

证明 由定理 10.3.3 知,存在可逆矩阵 P 使得

$$A = P\begin{pmatrix} I_k & & & \\ & J_1(\lambda_1) & & \\ & & \ddots & \\ & & & J_s(\lambda_1) \end{pmatrix}P^{-1} \tag{10.3.3}$$

其中 $J_i(\lambda_i)$是 Jordan 块,并且 $\lambda_i\neq 1$, $|\lambda_i|\leqslant 1(i=1,\cdots,s)$. 则对任何 $m\geqslant 1$ 有

$$A^m = P\begin{pmatrix} I_k & & & \\ & J_1^m(\lambda_1) & & \\ & & \ddots & \\ & & & J_s^m(\lambda_1) \end{pmatrix}P^{-1} \tag{10.3.4}$$

由上式可见，$\lim\limits_{m\to\infty}\boldsymbol{A}^m$ 存在的充分必要条件是$|\lambda_i|<1(i=1,\cdots,s)$. □

现在考虑随机矩阵在齐次 Markov 链中的应用. 用 $\mu=(\boldsymbol{T},\pi^0)$表示某个有限齐次 Markov 链，它是以 $\boldsymbol{T}\in\mathbf{R}^{n\times n}$ 为转移矩阵，$\pi^0=(\pi_1^0,\cdots,\pi_n^0)$为初始概率分布向量的 Markov 过程，$\pi_i^0$ 表示过程在初始时刻处于状态 s_i 的概率($1\leqslant i\leqslant n$). 一般地，用 $\pi^k=(\pi_1^k,\cdots,\pi_n^k)$表示第 k 个概率分布向量，其中 π_i^k 表示过程在 k 步后处在状态 s_i 的概率($1\leqslant i\leqslant n$). 则显然有

$$\pi_i^k\geqslant 0,\quad i=1,\cdots,n,\qquad \sum_{i=1}^n\pi_i^k=1,\quad k=0,1,2,\cdots$$

如果 $\sum\limits_{i=1}^n\pi_i^k\neq 1$，则称 π^k 为分布向量.

定理 10.3.5 设 $\mu=(\boldsymbol{T},\pi^0)$为有限齐次 Markov 链，则对正整数 $k\geqslant 1$ 有

$$\pi^k=\pi^{k-1}\boldsymbol{T}=\pi^0\boldsymbol{T}^k \tag{10.3.5}$$

证明 对任意正整数 $k\geqslant 1$，由于过程在第 k 步处于状态 s_i 的概率完全由它前一步所处的状态 $s_j(j=1,\cdots,n)$所决定，故过程从第 $k-1$ 步的状态 s_j 转移到第 k 步的状态 s_i 的概率为 $\pi_j^{k-1}t_{ji}$. 因此，过程在第 k 步处于状态 s_i 的总概率为

$$\pi_i^k=\sum_{j=1}^n\pi_j^{k-1}t_{ji}$$

由此即得(10.3.5). □

研究 Markov 链，一个重要的问题是讨论当 $k\to\infty$ 时 π^k 的变化趋势. 由定 10.3.5 知这主要取决于当 $k\to\infty$ 时 $\boldsymbol{T}^k$ 的变化趋势.

例 10.3.1 考虑某一地区人口流动问题. 设该地区有专门人才 1800 人，分布在 A,B,C 三个单位. 每年每个单位把所有人才各分 $\frac{1}{2}$ 与其他两个单位交流. 今年 A,B,C 三个单位各有人才分别为 200 人，600 人，1000 人，问明年、后年的分布情况如何? 很多年后各单位的人才期望值是多少?

解 用 π_a^k,π_b^k,π_c^k 分别表示第 k 年 A,B,C 三个单位的人才数，即分布向量为

$$\pi^k=(\pi_a^k,\pi_b^k,\pi_c^k)$$

这是一个具有 3 个状态的齐次 Markov 链，转移矩阵和初始分布向量分别为

$$T=\begin{pmatrix}0 & \frac{1}{2} & \frac{1}{2}\\ \frac{1}{2} & 0 & \frac{1}{2}\\ \frac{1}{2} & \frac{1}{2} & 0\end{pmatrix},\quad \pi^0=(200,600,1000)$$

则由定理 10.3.5 得

$$\pi^1=(800,600,400),\quad \pi^2=(500,600,700)$$

并且用归纳法可证明

$$T^n=\begin{pmatrix}t_m & t_{m+1} & t_{m+1}\\ t_{m+1} & t_m & t_{m+1}\\ t_{m+1} & t_{m+1} & t_m\end{pmatrix},t^m=\frac{1}{3}[1+\frac{(-1)^m}{2^{m-1}}]$$

因此

$$\lim_{m\to\infty}T^m=\frac{1}{3}\begin{pmatrix}1 & 1 & 1\\ 1 & 1 & 1\\ 1 & 1 & 1\end{pmatrix}$$

由此可见

$$\pi=\lim_{m\to\infty}\pi^m=(600,600,600)$$

它是这个 Markov 链惟一的稳态分布向量.

双随机矩阵是一类特殊的随机矩阵,因而它具有随机矩阵的所有性质,并且还有如下结果.

定理 10.3.6 设 $\boldsymbol{A}$ 是 n 阶双随机矩阵,则 $\rho(\boldsymbol{A})=1$ 是 $\boldsymbol{A}$ 的特征值,并且 $e=(1,1,\cdots,1)^{\mathrm{T}}\in\mathbf{R}^n$ 为 $\boldsymbol{A}$ 与 $\boldsymbol{A}^{\mathrm{T}}$ 对应于特征值 1 的正特征向量.

§10.4 M 矩阵

M 矩阵这个术语由 Ostrowski 在 1937 年首先提出,随后数学家和经济学家进一步发展了 M 矩阵的理论及其应用. 现在 M 矩阵在数值分析、经济系统的投入产出分析、数理经济学中一般均衡的稳定性、运筹学中线性互补问题等领域都具有重要的应用. 本节介绍 M 矩阵的定义及其基本性质.

定义 10.4.1 设 $\boldsymbol{A}\in\mathbf{R}^{n\times n}$,并且可表示为

$$A = sI - B,\qquad s > 0,\quad B \geqslant 0 \tag{10.4.1}$$

若 $s \geqslant \rho(B)$，则称 A 为 **M 矩阵**；若 $s > \rho(B)$，则称 A 为**非奇异 M 矩阵.**

记

$$Z^{n\times n} = \{A = (a_{ij}) \in \mathbf{R}^{n\times n} \mid a_{ij} \leqslant 0(i,j = 1,2,\cdots,n,i \neq j)\}.$$

我们首先给出非奇异 M 矩阵的一些特性.

定理 10.4.1　设 $A \in Z^{n\times n}$ 为非奇异 M 矩阵，且 $D \in Z^{n\times n}$ 满足 $D \geqslant A$. 则

(1) A^{-1} 与 D^{-1} 存在，$A^{-1} \geqslant D^{-1} \geqslant 0$；

(2) D 的每一个实特征值为正数；

(3) $\det(D) \geqslant \det(A) > 0$.

证明　因为 A 为非奇异 M-矩阵，则有

$$A = sI - B,\quad s > \rho(B),\quad B \geqslant 0$$

对任意实数 $\omega \leqslant 0$，考虑矩阵

$$C = A - \omega I = (s - \omega)I - B$$

由于 $s - \omega > \rho(B)$，故 C 也是非奇异 M 矩阵. 这表明非奇异 M 矩阵的每一个实特征值必是正数. 由于 $D \in Z^{n\times n}$，故存在足够小的正数 ε，使得

$$P = I - \varepsilon D \geqslant 0$$

由于 $D \geqslant A$，则得

$$Q = I - \varepsilon A \geqslant I - \varepsilon D = P \geqslant 0$$

由定理 10.1.6 知 $\rho(Q)$ 为 Q 的非负特征值，所以

$$\det[(1 - \rho(Q))I - \varepsilon A] = \det(Q - \rho(Q)I) = 0$$

由此可知 $\frac{1}{\varepsilon}(1 - \rho(Q))$ 为 A 的实特征值. 因为上面已证非奇异 M-矩阵的每一个特征值为正数，所以 $1 - \rho(Q) > 0$. 于是 $0 \leqslant \rho(Q) < 1$. 由定理 6.3.9 得

$$(I - Q)^{-1} = (\varepsilon A)^{-1} = I + Q + Q^2 + \cdots \geqslant 0$$

故有 $A^{-1} \geqslant 0$. 又由定理 10.1.2(5) 有

$$0 \leqslant P^k \leqslant Q^k,\quad k = 1,2,\cdots$$

而由推论 10.1.1 得 $\rho(P) \leqslant \rho(Q) < 1$，于是有

$$(I - P)^{-1} = (\varepsilon D)^{-1} = I + P + P^2 + \cdots \leqslant (\varepsilon A)^{-1}$$

从而得 $A^{-1} \geqslant D^{-1} \geqslant 0$，即(1)得证.

任取 $\alpha \leqslant 0$，则 $D - \alpha I \geqslant A$，由(1)得 $D - \alpha I$ 非奇异，因而 D 的所有实特征值

为正数. 于是(2)得证.

最后证明(3). 由上面的分析,只须证明:若 $\boldsymbol{A}\in\boldsymbol{Z}^{n\times n}$ 的所有实特征值为正数,且 $\boldsymbol{D}\in\boldsymbol{Z}^{n\times n}$ 满足 $\boldsymbol{D}\geqslant\boldsymbol{A}$,则(3)成立.

事实上,对矩阵的阶数 n 应用归纳法. 当 $n=1$ 时,(3)显然成立. 假设对 $k(1\leqslant k<n)$ 阶矩阵(3)成立. 现在考虑 n 阶矩阵的情形. 设 $\boldsymbol{A}_1$ 与 $\boldsymbol{D}_1$ 分别是 $\boldsymbol{A}$ 与 $\boldsymbol{D}$ 的 $n-1$ 阶顺序主子矩阵,则 $\boldsymbol{A}_1,\boldsymbol{D}_1\in\boldsymbol{Z}^{(n-1)\times(n-1)}$,且 $\boldsymbol{A}_1\leqslant\boldsymbol{D}_1$. 因为矩阵

$$\widetilde{\boldsymbol{A}}=\begin{pmatrix}\boldsymbol{A}_1 & 0\\ 0 & a_{nn}\end{pmatrix}\in\boldsymbol{Z}^{n\times n}$$

满足 $\boldsymbol{A}\leqslant\widetilde{\boldsymbol{A}}$,则由(2)知 $\widetilde{\boldsymbol{A}}$ 的所有实特征值为正数,从而 $\boldsymbol{A}_1$ 的所有实特征值亦为正数. 根据归纳法假设,有 $\det(\boldsymbol{D}_1)\geqslant\det(\boldsymbol{A}_1)>0$. 又因为 $\boldsymbol{A}^{-1}\geqslant\boldsymbol{D}^{-1}\geqslant 0$,则

$$(\boldsymbol{A}^{-1})_{nn}\geqslant(\boldsymbol{D}^{-1})_{nn}\geqslant 0$$

其中 $(\boldsymbol{A}^{-1})_{nn}$ 表示 $\boldsymbol{A}^{-1}$ 的 (n,n) 元素,即

$$(\boldsymbol{A}^{-1})_{nn}=\frac{\det(\boldsymbol{A}_1)}{\det(\boldsymbol{A})}\geqslant\frac{\det(\boldsymbol{D}_1)}{\det(\boldsymbol{D})}=(\boldsymbol{D}^{-1})_{nn}\geqslant 0$$

因此 $\det(\boldsymbol{A})>0,\det(\boldsymbol{D})>0$,并利用归纳假设得

$$\det(\boldsymbol{D})\geqslant\det(\boldsymbol{A})\det(\boldsymbol{D}_1)/\det(\boldsymbol{A}_1)\geqslant\det(\boldsymbol{A})>0$$ □

注意,从定理 10.4.1 的证明可见,若 $\boldsymbol{A},\boldsymbol{D}\in\boldsymbol{Z}^{n\times n}$,且 $\boldsymbol{D}\geqslant\boldsymbol{A}$,则 $\boldsymbol{A}$ 为非奇异 M 矩阵蕴含着 $\boldsymbol{D}$ 也是非奇异 M 矩阵,且有 $\det(\boldsymbol{D})\geqslant\det(\boldsymbol{A})>0$. 这个结论在许多实际问题中十分有用. 此外,如果定理 10.4.1 中的假设"非奇异 M 矩阵"改换成"$\boldsymbol{A}$ 的每个实特征值都是正数",则定理 10.4.1 的结论(1)~(3)仍然成立.

定理 10.4.2 设 $\boldsymbol{A}=(a_{ij})\in\boldsymbol{Z}^{n\times n}$,则下列诸命题彼此等价:

(1) $\boldsymbol{A}$ 为非奇异 M-矩阵;

(2) 若 $\boldsymbol{B}\in\boldsymbol{Z}^{n\times n}$ 且 $\boldsymbol{B}\geqslant\boldsymbol{A}$,则 $\boldsymbol{B}$ 非奇异;

(3) $\boldsymbol{A}$ 的任意主子矩阵的每一个实特征值为正数;

(4) $\boldsymbol{A}$ 的所有主子式为正数;

(5) 对每个 $k(1\leqslant k\leqslant n)$,$\boldsymbol{A}$ 的所有 k 阶主子式之和为正数;

(6) $\boldsymbol{A}$ 的每一个实特征值为正数;

(7) 存在 $\boldsymbol{A}$ 的一种分裂 $\boldsymbol{A}=\boldsymbol{P}-\boldsymbol{Q}$,使得 $\boldsymbol{P}^{-1}\geqslant 0,\boldsymbol{Q}\geqslant 0$ 且 $\rho(\boldsymbol{P}^{-1}\boldsymbol{Q})<1$;

(8) $\boldsymbol{A}$ 非奇异且 $\boldsymbol{A}^{-1}\geqslant 0$.

证明　(1)⇒(2)定理 10.4.1(3)即得.

(2)⇒(3)设 $\boldsymbol{A}_k$ 是 $\boldsymbol{A}$ 的任一 k 阶主子矩阵,K 表示 $\boldsymbol{A}_k$ 在 $\boldsymbol{A}$ 中的行(列)序数集,λ 是 $\boldsymbol{A}_k$ 的任一实特征值.下面用反证法证明 $\lambda>0$.

假若 $\lambda\leqslant0$,定义矩阵 $\boldsymbol{B}=(b_{ij})\in\boldsymbol{Z}^{n\times n}$ 如下:

$$b_{ij}=\begin{cases}a_{ii}-\lambda, & \text{当 } i=j \text{ 时}\\ a_{ij}, & \text{当 } i\neq j \text{ 且 } i,j\in \mathrm{K} \text{ 时}\\ 0, & \text{当 } i\neq j \text{ 且 } i,j\notin \mathrm{K} \text{ 时}\end{cases}$$

则 $\boldsymbol{B}\geqslant\boldsymbol{A}$,并且由(2)知矩阵 $\boldsymbol{B}$ 非奇异. 另一方面,记 $\boldsymbol{B}_k=\boldsymbol{A}_k-\lambda I$,因为 λ 是 $\boldsymbol{A}_k$ 的特征值,则$\det(\boldsymbol{B}_k)=0$,从而 $\det(\boldsymbol{B})=\det(\boldsymbol{B}_k)\prod\limits_{i\notin K}b_{ii}=0$. 这与 $\boldsymbol{B}$ 非奇异矛盾,故 $\lambda>0$.

(3) ⇒ (4)因为实方阵的复特征值成共轭对出现,所以实方阵的所有非实特征值的乘积为正数. 由(3)知 $\boldsymbol{A}$ 的任一主子矩阵的实特征值均为正数,故 $\boldsymbol{A}$ 的任一主子式均为正数.

(4) ⇒ (5) 显然成立.

(5) ⇒ (6) 由定理 2.4.1 得

$$\det(\boldsymbol{A}-\lambda\boldsymbol{I})=(-\lambda)^n+b_1(-\lambda)^{n-1}+\cdots+b_n \tag{10.4.2}$$

其中 b_k 是 $\boldsymbol{A}$ 的所有 k 阶主子式之和. 由(5)知 $b_k>0\,(k=1,\cdots,n)$,因此(10.4.2)不可能有非正的实根,即 $\boldsymbol{A}$ 的所有实特征值均为正数.

(6) ⇒ (1) 设 $\boldsymbol{A}=s\boldsymbol{I}-\boldsymbol{B}$, $s>0$ 且 $\boldsymbol{B}\geqslant0$,则 $s-\rho(\boldsymbol{B})$ 为 $\boldsymbol{A}$ 的实特征值,由(6)知它是正数,即 $s>\rho(\boldsymbol{B})$. 因此 $\boldsymbol{A}$ 为非奇异 M 矩阵.

(1) ⇒ (7) 取 $\boldsymbol{P}=s\boldsymbol{I}$, $\boldsymbol{Q}=\boldsymbol{B}$,并且 $s,\boldsymbol{B}$ 满足

$$\boldsymbol{A}=s\boldsymbol{I}-\boldsymbol{B},\ s>\rho(\boldsymbol{B}),\ \boldsymbol{B}\geqslant0$$

则 $\boldsymbol{P}^{-1}\geqslant0$, $\boldsymbol{Q}\geqslant0$,并且 $\rho(\boldsymbol{P}^{-1}\boldsymbol{Q})=\rho(\frac{1}{s}\boldsymbol{B})=\frac{1}{s}\rho(\boldsymbol{B})<1$.

(7) ⇒ (8) 由(7) 得 $\boldsymbol{A}=\boldsymbol{P}(\boldsymbol{I}-\boldsymbol{C})$,其中 $\boldsymbol{C}=\boldsymbol{P}^{-1}\boldsymbol{Q}$. 因为 $\rho(\boldsymbol{C})<1$,则由定理 6.3.9 有

$$\boldsymbol{A}^{-1}=(\boldsymbol{I}-\boldsymbol{C})^{-1}\boldsymbol{P}^{-1}=(\boldsymbol{I}+\boldsymbol{C}+\boldsymbol{C}^2+\cdots)\boldsymbol{P}^{-1}$$

故从 $\boldsymbol{C}=\boldsymbol{P}^{-1}\boldsymbol{Q}\geqslant0$,得 $\boldsymbol{A}^{-1}\geqslant0$.

(8) ⇒ (1) 记 $\boldsymbol{A}^{-1}=\boldsymbol{G}=(g_{ij})$,则由(8)知 $\boldsymbol{G}\geqslant0$. 从 $\boldsymbol{A}\boldsymbol{G}=\boldsymbol{I}$ 得

$$\sum_{j=1}^{n}a_{ij}g_{ji}=1,\qquad i=1,2,\cdots,n$$

因为 $a_{ij}\leqslant 0, g_{ji}\geqslant 0(i\neq j)$，则

$$a_{ii}g_{ii}=1-\sum_{j\neq i}^{n}a_{ij}g_{ji}\geqslant 1,\qquad i=1,2,\cdots,n$$

由 $g_{ii}\geqslant 0$ 及上式得

$$a_{ii}>0, g_{ii}>0,\qquad i=1,2,\cdots,n$$

令 $s\geqslant \max\limits_{1\leqslant i\leqslant n}\{a_{ii}\}$，则 $\boldsymbol{B}=s\boldsymbol{I}-\boldsymbol{A}\geqslant 0$. 由定理 10.1.6 知 $\rho(\boldsymbol{B})$ 是 $\boldsymbol{B}$ 的特征值，并且有相应的非负特征向量 $x\geqslant 0$. 于是从 $\boldsymbol{B}x=\rho(\boldsymbol{B})x$ 得

$$\boldsymbol{A}x=(s-\rho(\boldsymbol{B}))x$$

因为 $\boldsymbol{A}$ 可逆，所以 $s\neq\rho(\boldsymbol{B})$. 从而

$$\boldsymbol{A}^{-1}x=\frac{1}{s-\rho(\boldsymbol{B})}x$$

因为 $\boldsymbol{A}^{-1}\geqslant 0, x\geqslant 0$ 且 $x\neq 0$，所以 $s>\rho(\boldsymbol{B})$. 因此 $\boldsymbol{A}$ 为非奇异 M 矩阵. □

以上讨论了非奇异 M 矩阵的一些基本性质，但一般 M 矩阵与非奇异 M 矩阵在应用中几乎同等重要. 下面我们给出一般 M 矩阵的一些特性.

定理 10.4.3 设 $\boldsymbol{A}=(a_{ij})\in\boldsymbol{Z}^{n\times n}$，则下列诸命题彼此等价：

(1) $\boldsymbol{A}$ 是 M 矩阵；

(2) 对每个 $\varepsilon>0$，$\boldsymbol{A}+\varepsilon\boldsymbol{I}$ 是非奇异 M 矩阵；

(3) $\boldsymbol{A}$ 的任意主子矩阵的每一个实特征值非负；

(4) $\boldsymbol{A}$ 的所有主子式非负；

(5) 对每个 $k(1\leqslant k\leqslant n)$，$\boldsymbol{A}$ 的所有 k 阶主子式之和为非负实数；

(6) $\boldsymbol{A}$ 的每个实特征值非负.

证明 (1) ⇒ (2) 由 M 矩阵定义即得.

(2)⇒(3) 设 $\boldsymbol{A}_k$ 为 $\boldsymbol{A}$ 的任一 k 阶主子矩阵，λ 为 $\boldsymbol{A}_k$ 的任一实特征值. 若 λ 为负实数，由(2)知 $\boldsymbol{B}=\boldsymbol{A}-\lambda\boldsymbol{I}$ 为非奇异 M-矩阵. 设 $\boldsymbol{B}_k$ 为 $\boldsymbol{B}$ 的 k 阶主子矩阵，其行、列序号与 $\boldsymbol{A}_k$ 在 $\boldsymbol{A}$ 中的行、列序号相同. 由定理 10.4.2(4) 知 $\det(\boldsymbol{B}_k)>0$. 因为 λ 为 $\boldsymbol{A}_k$ 的特征值，所以 $\det(\boldsymbol{B}_k)=\det(\boldsymbol{A}_k-\lambda\boldsymbol{I})=0$，故得出矛盾. 即(3)成立.

(3)⇒(4) 因为 $\boldsymbol{A}$ 的主子式等于相应主子矩阵的所有特征值的乘积，而非实特征值之积为正数，实特征值之积非负. 因此(4)成立.

(4)⇒(5) 显然成立.

(5)⇒(6) 类似于定理 10.4.2 证明中(5)⇒(6)的证法. 因为

$$\det(\boldsymbol{A}-\lambda\boldsymbol{I})=(-\lambda)^n+b_1(-\lambda)^{n-1}+\cdots+b_n \tag{10.4.3}$$

其中 b_k 是 $\mathbf{A}$ 的所有 k 阶主子式之和. 由(5)知 $b_k \geqslant 0(k=1,\cdots,n)$,则(10.4.3)不可能有负实根,即 $\mathbf{A}$ 的所有实特征值均非负.

(6) ⇒(1) 用类似于定理 10.4.2 中证明(6)⇒(1)的方法即得. □

习　题

1. 设 $\mathbf{A}$ 为 n 阶实矩阵, x,y 是 n 维向量,证明:

(1) 如果 $\mathbf{A}>0, x\geqslant 0$ 且 $x\neq 0$,则 $\mathbf{A}x>0$;

(2) 如果 $\mathbf{A}>0, x\geqslant y$,则 $\mathbf{A}x\geqslant \mathbf{A}y$;

(3) 如果对所有 $x\geqslant 0$ 都有 $\mathbf{A}x\geqslant 0$,则 $\mathbf{A}\geqslant 0$.

2. 设 $\mathbf{A}=\begin{pmatrix}7 & 2 & 2\\ 2 & 1 & 1\\ 4 & 2 & 2\end{pmatrix}$,求 $\rho(\mathbf{A})$ 和 $\lim\limits_{n\to\infty}[\rho(\mathbf{A})^{-1}\mathbf{A}]^n$.

3. 设 $\mathbf{A}\in\mathbf{R}^{n\times n}$, $\lambda>0$ 为 $\mathbf{A}$ 的一个单特征值,且 $\mathbf{A}$ 的其他 $n-1$ 个特征值的模都小于 λ. 证明: $\lim\limits_{k\to\infty}[\rho(\mathbf{A})^{-1}\mathbf{A}]^k$ 存在,并且若 x 是 $\mathbf{A}$ 对应于 λ 的任一特征向量, y 是 $\mathbf{A}^{\mathrm{T}}$ 对应于 λ 的任一特征向量,则

$$\lim_{k\to\infty}[\lambda^{-1}\mathbf{A}]^k=(y^{\mathrm{T}}x)^{-1}xy^{\mathrm{T}}$$

4. 设 $\mathbf{A}\in\mathbf{R}^{n\times n}$,且 $\mathbf{A}\geqslant 0$. 证明:对任意正向量 $x\in\mathbf{R}^n$,有

$$\min_{1\leqslant i\leqslant n}\frac{1}{x_i}\sum_{j=1}^n a_{ij}x_j\leqslant\rho(\mathbf{A})\leqslant\max_{1\leqslant i\leqslant n}\frac{1}{x_i}\sum_{j=1}^n a_{ij}x_j$$

$$\min_{1\leqslant j\leqslant n}x_j\sum_{i=1}^n\frac{a_{ij}}{x_i}\leqslant\rho(\mathbf{A})\leqslant\max_{1\leqslant j\leqslant n}x_j\sum_{i=1}^n\frac{a_{ij}}{x_i}$$

5. 设 $\mathbf{A}\in\mathbf{R}^{n\times n}$, $x\in\mathbf{R}^n$ 且 $\mathbf{A}\geqslant 0$ 和 $x>0$. 证明:如果存在 $\alpha\geqslant 0,\beta\geqslant 0$ 使得 $\alpha x\leqslant\mathbf{A}x\leqslant\beta x$,则 $\alpha\leqslant\rho(\mathbf{A})\leqslant\beta$;如果 $\alpha x<\mathbf{A}x$,则 $\alpha<\rho(\mathbf{A})$;如果 $\mathbf{A}x<\beta x$,则 $\rho(\mathbf{A})<\beta$.

6. 设 $\mathbf{A}\in\mathbf{R}^{n\times n}$,且 $\mathbf{A}\geqslant 0$. 证明:如果 λ 为 $\mathbf{A}$ 的任一具有正特征向量的特征值,则 $\lambda=\rho(\mathbf{A})$.

7. 设 $\mathbf{A}\in\mathbf{R}^{n\times n}$,且 $\mathbf{A}\geqslant 0$. 证明:如果 $\mathbf{A}$ 有正特征向量,则

$$\rho(\mathbf{A})=\max_{x>0}\min_{1\leqslant i\leqslant n}\frac{1}{x_i}\sum_{j=1}^n a_{ij}x_j=\min_{x>0}\max_{1\leqslant i\leqslant n}\frac{1}{x_i}\sum_{j=1}^n a_{ij}x_j$$

8. 设 $\mathbf{A}\in\mathbf{R}^{n\times n}$,且 $\mathbf{A}\geqslant 0$. 证明:如果 $\mathbf{A}$ 有正特征向量 x,则对 $i=1,2,\cdots,n$ 和 $m=1,2,\cdots$,有

$$\sum_{j=1}^n a_{ij}^{(m)}\leqslant\frac{\max\limits_{1\leqslant k\leqslant n}x_k}{\min\limits_{1\leqslant k\leqslant n}x_k}\rho(\mathbf{A})^m\quad\text{和}\quad\frac{\min\limits_{1\leqslant k\leqslant n}x_k}{\max\limits_{1\leqslant k\leqslant n}x_k}\rho(\mathbf{A})^m\leqslant\sum_{j=1}^n a_{ij}^{(m)}$$

其中 $\mathbf{A}^m=(a_{ij}^{(m)})$. 特别地,若 $\rho(\mathbf{A})>0$,则对 $m=1,2,\cdots,[\rho(\mathbf{A})^{-1}\mathbf{A}]^m$ 的元素均有界.

9. 设 $\mathbf{A}\in\mathbf{R}^{n\times n}$,且 $\mathbf{A}\geqslant 0$. 对 $m=1,2,\cdots$,记 $\mathbf{A}^m=(a_{ij}^{(m)})$,证明:如果 $\mathbf{A}$ 有正特征向量 x,则对 $i=1,2,\cdots,n$,

(1) 对 $m=1,2,\cdots$,有 $\dfrac{1}{n}\rho(\mathbf{A})^m\dfrac{\min\limits_{1\leqslant k\leqslant n}x_k}{\max\limits_{1\leqslant k\leqslant n}x_k}\leqslant\max\limits_{1\leqslant j\leqslant n}[a_{ij}^{(m)}]^2$;

(2) $\lim_{m\to\infty}\left(\sum_{j=1}^{n}a_{ij}^{(m)}\right)^{\frac{1}{m}}=\rho(\boldsymbol{A})$.

10. 设 $\boldsymbol{A}$ 是 n 阶非负素矩阵，证明：$\rho(\boldsymbol{A})>0$.

11. 设 $\boldsymbol{A}$ 是 n 阶不可约非负对称矩阵，证明：$\boldsymbol{A}$ 是素矩阵的充分必要条件是 $\boldsymbol{A}+\rho(\boldsymbol{A})I$ 非奇异.

12. 设 $\boldsymbol{A}$ 是 n 阶不可约非负矩阵，证明：当 $\lambda>\rho(\boldsymbol{A})$ 时，有 $(\lambda\boldsymbol{I}-\boldsymbol{A})^{-1}>0$.

13. 设 $\boldsymbol{A}$ 是 n 阶不可约非负矩阵，证明：$\lim_{m\to\infty}[\rho(\boldsymbol{A})^{-1}\boldsymbol{A}]^m$ 存在的充分必要条件是 $\boldsymbol{A}$ 为素矩阵.

14. 设 $\boldsymbol{A}$ 是 n 阶不可约非负矩阵，证明：如果 $\boldsymbol{A}$ 的所有对角元均为正数，则 $\boldsymbol{A}^{n-1}>0$.

15. 证明：如果双随机矩阵 $\boldsymbol{A}$ 是可约的，则存在排列矩阵 $\boldsymbol{P}$ 使得 $\boldsymbol{PAP}^{\mathrm{T}}=\begin{pmatrix}0 & \boldsymbol{A}_{12}\\ \boldsymbol{A}_{21} & 0\end{pmatrix}$.

参 考 文 献

[1] 北京大学数学系几何与代数教研室代数小组. 高等代数. 第二版，北京：高等教育出版社，1988

[2] 蒋尔雄，高坤敏，吴景琨. 线性代数. 北京：人民教育出版社，1978

[3] 吕炯兴. 矩阵论. 北京：航空工业出版社，1993

[4] 孙继广. 矩阵扰动分析. 北京：科学出版社，1987

[5] 陈公宁. 矩阵理论与应用. 北京：高等教育出版社，1990

[6] 许以超. 线性代数与矩阵论. 北京：高等教育出版社，1992

[7] 黄 琳. 系统与控制理论中的线性代数. 北京：科学出版社，1990

[8] 史荣昌. 矩阵分析. 北京：北京理工大学出版社，1996

[9] 罗家洪. 矩阵分析引论. 广州：华南理工大学出版社，1992

[10] 周树荃，戴 华. 代数特征值反问题. 郑州：河南科学技术出版社，1991

[11] Dai Hua. On the symmetric solutions of linear matrix equations. Linear Algebra and Its Applications，1990，131：1～7

[12] Lancaster P，Tismenetsky M. The Theory of Matrices with Applications. 2nd Edition，Academic Press，1985

[13] Horn R A，Johnson C R. Matrix Analysis. Cambridge University Press，1985.

[14] Bochner S，Martin W T. Several Complex Variables. Princeton University Press，1948

[15] Fleming W. 多元函数(上册). 庄亚栋译. 北京：人民教育出版社，1981